基礎細胞生物学

田村隆明 著

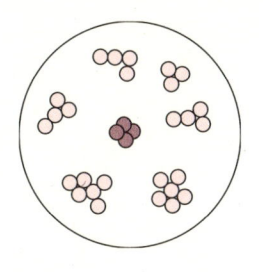

東京化学同人

基礎植物生理学

田宮博 編

東京大学同人

はじめに

"細胞はどのように増殖するの？"，"情報は細胞の中でどうやりとりされるの？" などと普段から疑問に思っていて，まずは基本的なことを一通り知りたいと考えている人のすべてに，本書 "基礎細胞生物学" を贈りたい．これまでも "細胞生物学" や "分子細胞生物学" の名を冠した成書が洋書を中心に多数出版されているが，実は初学者を対象としたものがほとんどなかったというのが実情である．"そのような本があれば" という声に応えられないだろうか．このようなナイーブな思いが本書をつくるきっかけとなった．

細胞は生命の基本単位であり，細胞を知ることは生物を知ることにつながる．生物の本質は "細胞，増殖，遺伝" であるが，遺伝の本質的な部分は現在ある程度理解された．しかし，細胞の全貌はまだなかなかとらえられていない．これは細胞分裂や細胞小器官の機能など，細胞が示す多くの現象が，細胞のもつ構造によって進められるためにほかならない．細胞現象の理解はやはり細胞という観点から行う必要があるということであろうが，個々の細胞現象が完全に統合でき，細胞を人工的につくり出すことができたときこそ（かなり難しい！？），真の細胞に対する理解がもたらされるのであろう．ともかくも，まずは反応の分子的基盤を理解して個々の細胞現象を見，そのうえで細胞全体に対する個々の現象の意義を理解しなくてはならないだろう．細胞生物学はこのようなコンセプトに則った領域である．

本書は6部構成となっているが，基礎生物学に初めてふれる初学者も想定しているため，前半部分では細胞生物学の基盤となる複数の領域をカバーした．第Ⅰ部では生物，細胞，核酸，タンパク質といった最も基本的な情報を提供し，第Ⅱ部では酵素，代謝，エネルギーを生化学の視点から述べ，第Ⅲ部ではDNA複製，転写，翻訳について説明した．これらを受け，第Ⅳ部以降では細胞に焦点を絞って論じた．第Ⅳ部は増殖というキーワードでくくったが，ゲノムや染色体から始まり，細胞増殖，染色体分離，減数分裂などについて述べ，最後に細胞死/アポトーシスにもスポットを当てた．第Ⅴ部では，細胞-細胞間相互作用，細胞膜，

細胞小器官，核構造，細胞骨格と細胞運動，そしてシグナル伝達など，細胞の示す多彩な現象にスポットを当てて解説した．第VI部は細胞特性のダイナミックな変化という観点から，分化と再生，および神経細胞の機能について述べ，最後にがん細胞について詳しく解説した．

"基礎"と銘打っているように，本書は高校を卒業した学生が，"細胞について基礎的なことをもっと知りたい"，あるいは"本格的な細胞生物学学習のための基礎固めをしたい"というときに最適の一冊である．ただ，中には高校卒業後に初めて本格的な生物学にふれる読者もいるだろう．そのようなことへの配慮から，本書は他の本格的な成書に比べると，基礎的内容の記述に関する部分を多めにとり，高校生レベルの基本的な知識があれば，ある程度は理解できるようなつくりになっている．発展の著しい分子的理解に関する新知見も取入れ，図をできるだけ使って視覚的に理解できるようにもし，メモやコラムといった囲み記事も豊富に挿入し，メリハリの効いたものに仕上がったのではないかと自負している．細胞生物学は扱う領域が広いため，どのような内容を盛り込み，いかにそのレベルをそろえるかについてはとりわけ留意した．ページ数の制限もあり，学んでほしいという著者の思いが読者諸氏に十分届かなかったかもしれないとの危惧はあるものの，本書にふれたことによって細胞生物学の奥深さを感じ，それに興味をもっていただければ，作り手としてこれに勝る喜びはない．

最後に，困難だった本企画を具体的な形にするまで終始ご協力いただいた，東京化学同人の住田六連，池田浩一の両氏に対し，この場を借りてお礼申し上げます．

2010年3月

木々の枝先に春の息吹を感じる西千葉キャンパスにて

田 村 隆 明

目 次

第Ⅰ部 細胞生物学の基礎

1. 生物と細胞 …………………………………………2
1・1 細胞は生物の単位……………………………………3
1・2 細胞生物学の発展……………………………………6
1・3 生物を二つに分類する………………………………7
1・4 生物の進化……………………………………………8

2. 細胞の構造 …………………………………………13
2・1 細胞を観る……………………………………………13
2・2 真核細胞の構造………………………………………13
2・3 細胞小器官：オルガネラ……………………………16
2・4 膜構造をもつ細胞小器官……………………………16
2・5 その他の構造体………………………………………18

3. 細胞に含まれる物質 ………………………………21
3・1 原子，分子，イオン…………………………………21
3・2 水という特異な物質…………………………………24
3・3 細胞をつくる元素……………………………………25
3・4 細胞に含まれる分子…………………………………26
3・5 糖 質…………………………………………………27
3・6 脂 質…………………………………………………29

4. 情報高分子(1)：アミノ酸とタンパク質 …………32
4・1 タンパク質を構成するアミノ酸……………………32
4・2 アミノ酸の電気的性質………………………………34
4・3 ペプチドとタンパク質………………………………34
4・4 タンパク質の高次構造………………………………35

5. 情報高分子(2)：ヌクレオチドと核酸 ……………38
5・1 核酸を構成するヌクレオチド………………………38
5・2 核酸の鎖状分子形成…………………………………41

5・3　DNAの二重鎖と塩基対の相補性……………………………41
　5・4　核酸の性質……………………………………………………42

第Ⅱ部　代謝：生体内化学反応

6. 酵　素……………………………………………………………48
　6・1　酵素はタンパク質触媒………………………………………48
　6・2　酵素の種類……………………………………………………49
　6・3　酵素反応の特性と酵素反応の阻害…………………………50
　6・4　生体でみられる酵素活性の制御……………………………51

7. 異化とエネルギー代謝………………………………………54
　7・1　酸化還元とエネルギー………………………………………54
　7・2　エネルギー代謝………………………………………………56
　7・3　高エネルギー物質：ATP……………………………………57
　7・4　糖の異化：解糖系……………………………………………58
　7・5　クエン酸回路…………………………………………………59
　7・6　グルコースの再生産と蓄積…………………………………59
　7・7　脂質の異化……………………………………………………64

8. 生体分子の合成…………………………………………………65
　8・1　ペントースリン酸回路：リボースとNADPHの合成 ……65
　8・2　脂肪酸の合成…………………………………………………66
　8・3　窒素代謝………………………………………………………66
　8・4　ヌクレオチド合成……………………………………………68

9. 光 合 成……………………………………………………………71
　9・1　独立栄養の一つ，光合成……………………………………71
　9・2　葉緑体と光合成色素…………………………………………72
　9・3　光合成における光化学反応…………………………………73
　9・4　炭酸固定：還元的ペントースリン酸回路…………………74
　9・5　炭酸固定された糖の利用……………………………………76

第Ⅲ部　遺伝情報の保存と利用

10. DNA複製………………………………………………………80
　10・1　複製の法則……………………………………………………80
　10・2　不連続合成……………………………………………………81
　10・3　複製酵素とプライマー………………………………………82
　10・4　真核細胞におけるDNA複製…………………………………84

10・5　DNAの修復 ·· 85
10・6　DNAの組換え ·· 88

11. 転写の調節：RNA合成の調節 ··· 90
11・1　転写反応 ·· 90
11・2　真核生物のRNAポリメラーゼ ··· 90
11・3　基本転写因子と転写開始機構 ·· 92
11・4　エンハンサーと配列特異的転写調節因子 ····························· 95
11・5　転写調節因子の構造 ·· 96
11・6　転写因子の活性調節 ·· 98
11・7　転写調節能を媒介するコファクターとメディエーター ············· 99
11・8　クロマチンレベルの遺伝子発現調節 ···································· 100

12. 転写後修飾とRNAの機能 ··· 103
12・1　RNA分子の修飾 ·· 103
12・2　スプライシング ·· 104
12・3　自己スプライシングとリボザイム ······································ 106
12・4　機能性RNA ·· 107
12・5　RNA干渉（RNAi）で遺伝子を抑制する ································ 108

13. タンパク質合成 ·· 110
13・1　遺伝暗号とコドンの縮重 ·· 110
13・2　tRNAとアミノ酸との結合 ··· 111
13・3　リボソーム ·· 112
13・4　翻訳機構 ··· 113
13・5　開始AUGの認識と読み枠 ·· 113
13・6　コドン中に起こった突然変異の影響 ···································· 116

14. タンパク質の局在化，成熟，分解 ·· 118
14・1　タンパク質の局在と局在シグナル ······································ 118
14・2　タンパク質の小胞体移行 ·· 119
14・3　翻訳後修飾(1)：プロセシング ·· 120
14・4　翻訳後修飾(2)：化学修飾 ·· 121
14・5　タンパク質の折りたたみと分子シャペロン ························· 122
14・6　タンパク質の分解 ··· 123

第IV部　細胞の増殖

15. ゲノムの構成 ··· 128
15・1　真核生物のゲノム ··· 128

- 15・2 遺伝子数，遺伝子密度 ……………………………… 129
- 15・3 非反復配列と反復配列 ………………………………… 130
- 15・4 遺伝子重複と遺伝子増幅 ……………………………… 133

16. 染色体とクロマチン … 136
- 16・1 染　色　体 ……………………………………………… 136
- 16・2 染色体の必須機能 ……………………………………… 137
- 16・3 テロメアの複製 ………………………………………… 139
- 16・4 DNA の折りたたみとクロマチン ………………………… 139

17. 細胞周期の駆動 … 143
- 17・1 細胞増殖の周期性 ……………………………………… 143
- 17・2 細胞周期の各過程 ……………………………………… 144
- 17・3 細胞増殖シグナルと細胞周期の開始 ………………… 145
- 17・4 サイクリン，サイクリン依存性キナーゼ（CDK）の発見 … 146
- 17・5 サイクリンと CDK ……………………………………… 148
- 17・6 CDK 活性の可逆的活性制御 …………………………… 149
- 17・7 細胞増殖の周期性にかかわるタンパク質分解系のかかわり ……… 150
- 17・8 M 期進入でみられる MPF の修飾 …………………… 152
- 17・9 S 期移行の分子機構 …………………………………… 153

18. 細胞周期の監視 … 157
- 18・1 細胞複製の正確さの保証：もう一つの細胞周期制御機構 … 157
- 18・2 G_1-S-G_2 期でみられるチェックポイント ………… 158
- 18・3 DNA 損傷チェックポイントにおける p53 の役割 …… 160
- 18・4 M 期でみられるチェックポイント …………………… 161
- 18・5 重複複製の防止 ………………………………………… 161

19. 有 糸 分 裂 … 164
- 19・1 有糸分裂の各段階 ……………………………………… 164
- 19・2 染色分体の凝集と接着 ………………………………… 164
- 19・3 中心体と微小管との相互作用 ………………………… 166
- 19・4 紡錘体の形成から中期まで …………………………… 167
- 19・5 染色体の移動：後期過程 ……………………………… 168
- 19・6 紡錘体形成チェックポイント ………………………… 169
- 19・7 細 胞 質 分 裂 …………………………………………… 171

20. 減 数 分 裂 … 173
- 20・1 減数分裂の概要 ………………………………………… 173
- 20・2 さまざまな減数分裂のタイプ ………………………… 174

20・3　減数第一分裂の前期 …………………………… 174
20・4　減数第一分裂中期から終期，減数第二分裂 …… 176
20・5　卵母細胞でみられる減数分裂過程 ……………… 177
20・6　卵母細胞減数分裂の制御 ………………………… 178
20・7　受　精 ……………………………………………… 179

21. 細胞の死 …………………………………………… 180
21・1　プログラム細胞死 ………………………………… 180
21・2　アポトーシス ……………………………………… 181
21・3　アポトーシス実行分子：カスパーゼ …………… 182
21・4　Bcl-2 ファミリー因子 …………………………… 184
21・5　カスパーゼ活性化におけるミトコンドリアの関与 … 185
21・6　アポトーシス誘導のシグナル伝達 ……………… 187
21・7　アポトーシス細胞の処理 ………………………… 188

第 V 部　細胞の基本機能

22. 細胞外マトリックスと細胞間相互作用 …………… 192
22・1　細胞外マトリックス ……………………………… 192
22・2　細胞外マトリックスの構成成分 ………………… 192
22・3　マトリックスと細胞の相互作用 ………………… 196
22・4　細胞間相互作用と細胞接着分子 ………………… 197
22・5　接着結合とカドヘリン …………………………… 199
22・6　密着結合とギャップ結合 ………………………… 200

23. 細胞膜と膜輸送 …………………………………… 202
23・1　細胞膜の構造 ……………………………………… 202
23・2　細胞膜タンパク質 ………………………………… 203
23・3　細胞膜における低分子の輸送——ATP 加水分解が関与しない機構 … 204
23・4　輸送体の種類 ……………………………………… 205
23・5　イオンチャネル …………………………………… 206
23・6　神経細胞における静止電位と活動電位の発生 … 207
23・7　ニコチン性アセチルコリン受容体 ……………… 210
23・8　ATP の加水分解を介する能動輸送 ……………… 210
23・9　細胞膜の流動性による物質の取込み：エンドサイトーシス … 212

24. 細胞小器官間輸送 ………………………………… 214
24・1　小胞体に入ったタンパク質の運搬と小胞輸送 … 214
24・2　メンブレントラフィックの概要 ………………… 215
24・3　小胞輸送における輸送方向の決定 ……………… 216

24・4	被覆タンパク質，小胞の形成と移動	217
24・5	輸送小胞と膜の融合	217
24・6	ゴルジ体の構造と機能	220
24・7	エンドソームとリソソーム	222
24・8	オートファジー	223

25. 核 ………… 224

25・1	核膜の構造と機能	224
25・2	核膜孔複合体の構造	225
25・3	輸送シグナルと受容体	226
25・4	RNA の核輸送	226
25・5	核の内部	228

26. 細胞骨格と細胞運動 ………… 229

26・1	細胞骨格タンパク質	229
26・2	アクチンフィラメント	229
26・3	アクチンフィラメントの制御と組織化	230
26・4	アクチンフィラメントの局在と機能	232
26・5	微小管とそのダイナミズム	233
26・6	細胞内における微小管形成	235
26・7	中間径フィラメント	235
26・8	モータータンパク質	236
26・9	ミオシンとその働き	237
26・10	筋肉の構造	239
26・11	筋収縮機構	241
26・12	微小管モーター：キネシンとダイニン	242
26・13	鞭毛/繊毛運動	244

27. 細胞間シグナル伝達と受容体 ………… 246

27・1	細胞間シグナル伝達	246
27・2	さまざまなシグナル伝達分子	247
27・3	細胞表面の受容体(1)：G タンパク質共役型受容体	250
27・4	細胞表面の受容体(2)：酵素連結型受容体	252

28. 細胞内シグナル伝達 ………… 256

28・1	cAMP が関与する経路：セカンドメッセンジャーとタンパク質リン酸化という概念	256
28・2	cGMP	258
28・3	リン脂質と Ca^{2+} が関与する経路	258
28・4	PI3-キナーゼ/Akt 経路	259

28・5　MAP キナーゼカスケード経路と Ras ･････････････････････････････ 261
28・6　JAK-STAT 経路および TGB-β-Smad 経路 ･････････････････････ 262
28・7　発生・分化で重要なシグナル伝達経路 ･･･････････････････････････ 264
28・8　細胞骨格系と細胞内シグナル伝達 ･･･････････････････････････････ 266

第Ⅵ部　細胞の分化とがん化

29. 分化・再生と幹細胞 ･･･ 272
29・1　細胞の分化と幹細胞 ･･･ 272
29・2　再　生 ･･･ 274
29・3　幹細胞の種類と階層 ･･･ 275
29・4　胚性幹細胞（ES 細胞）とその操作 ･････････････････････････････ 276
29・5　再生医療と幹細胞 ･･･ 278

30. 神経系の細胞と神経機能 ･･･ 281
30・1　哺乳動物の神経系 ･･･ 281
30・2　神経系の細胞：ニューロンとグリア ･･･････････････････････････ 282
30・3　ニューロンでの興奮伝導 ･･･････････････････････････････････････ 283
30・4　シナプスにおける神経伝達 ･････････････････････････････････････ 284
30・5　シナプスの可塑性 ･･･ 285

31. がん細胞 ･･･ 287
31・1　がんとは ･･･ 287
31・2　がんの発生と進展 ･･･ 288
31・3　がん細胞が獲得した能力 ･･･････････････････････････････････････ 289
31・4　試験管内がん化：トランスフォーメーション ･･･････････････････ 291
31・5　発がん要因 ･･･ 293
31・6　がんウイルス ･･･ 294
31・7　レトロウイルスのがん遺伝子とがん原遺伝子 ･･･････････････････ 296
31・8　細胞のがん遺伝子 ･･･ 299
31・9　がん抑制遺伝子 ･･･ 300
31・10　がん抑制遺伝子の役割 ･･･ 301

索　引 ･･ 305

コ ラ ム

- コラム 1　生物の条件 …………………………………………… 2
- コラム 2　寄生し，増幅する核酸 ……………………………… 4
- コラム 3　三ドメイン説 ………………………………………… 9
- コラム 4　細胞内共生による真核生物の誕生（説）………… 11
- コラム 5　原子/分子の相互作用 ……………………………… 23
- コラム 6　生物の歴史は紫外線対策の歴史でもある ………… 44
- コラム 7　補酵素 ………………………………………………… 52
- コラム 8　電子伝達系と酸化的リン酸化 ……………………… 62
- コラム 9　HAT 培地 …………………………………………… 69
- コラム 10　DNA 合成の間違いを直す ………………………… 83
- コラム 11　PCR（ポリメラーゼ連鎖反応）…………………… 88
- コラム 12　真核生物 mRNA の品質のチェック ……………… 117
- コラム 13　プリオン …………………………………………… 124
- コラム 14　3 塩基の反復により起こる疾患 ………………… 131
- コラム 15　移動性 DNA：トランスポゾン …………………… 132
- コラム 16　特殊染色体，異常染色体 ………………………… 138
- コラム 17　フローサイトメトリーと FACS ………………… 144
- コラム 18　蛍光染色 …………………………………………… 155
- コラム 19　細胞死の解明に貢献した生物：線虫 …………… 183
- コラム 20　植物の細胞壁 ……………………………………… 201
- コラム 21　核輸送制御機構 …………………………………… 227
- コラム 22　筋肉の分化 ………………………………………… 273
- コラム 23　血液細胞の分化 …………………………………… 279
- コラム 24　HIV1 は発がんウイルスではないが…… ………… 296
- コラム 25　細胞の老化とがん ………………………………… 303

I 細胞生物学の基礎

　細胞は生物の個体を構成する最小単位であり，生物の必須要素をすべて備えている．生物はさまざまな基準で分類されるが，核をもつかどうかにより大きく**真核生物**と**原核生物**（と古細菌）に分けられる．

　真核細胞の大きさや形は多種多様であるが，基本的な構造は共通しており，細胞膜で包まれた細胞質の内部には多くの**細胞小器官**が存在する．**核**は染色体をもち，細胞の形質の決定に重要な役割を果たしている．細胞質にはこのほか核の周囲に広がる**小胞体**，好気呼吸によってエネルギーを生産するミトコンドリア，タンパク質の修飾と配送をする**ゴルジ体**，そして植物では光合成を行う**葉緑体**などが見られる．

　細胞は多くの有機物，イオン化した無機塩類，そして気体を含む．有機物には**糖**，**脂質**，**タンパク質**，**核酸**などの種類がある．糖や脂質はエネルギー源になるとともに，調節作用にも関与するが，脂質は膜の構成成分としても重要である．

　特異的なアミノ酸がペプチド結合で連なってできているタンパク質は，特異的な高次構造をとることにより機能を発揮するようになり，酵素，調節因子，運動，運搬など，さまざまな生命活動に広くかかわる．

　核酸には**DNA**と**RNA**があるが，ともにヌクレオチドが多数重合した分子である．DNAは二本鎖構造をとって染色体として機能し，RNAは一本鎖として存在し，細胞質に多い．

1 生物と細胞

　生物は遺伝現象を示しながら増殖する．一方，増殖し遺伝現象を示すものの，核酸を本体とするウイルスやウイロイドといった粒子（コラム 2 参照）は，細胞をもたず，生きた細胞内でしか増えないため，通常は生物に含めない．また生物の中には，1 個の細胞が 1 個の生物である例が少なくない．このことからわかるように，細胞は生物を規定する重要な要素の一つであり，生物が生物でありうる最低限の単位でもあることがわかる．細胞の形や機能，そしてその活動を知ることは生物の本質を知ることと直結しており，細胞生物学を学ぶ意義もまたそこにある．

コラム 1

生物の条件

　生物が生きているか死んでいるかの判断は比較的容易だが，生物と生物以外のものを明確に区別することは意外に難しい．伝統的に"生物とは高度に組織化され，恒常性を保ち，増殖・成長し，刺激に応答したり環境に適応するもの"といわれる．しかし現在考えられる最も高度な能力をもつロボットは，自己増殖能を除けば上のすべての特徴をもたせることが可能である．したがって，改めて生物を端的に定義するとするならば，"**細胞，増殖，遺伝**という三つの特徴をもつもの"ということができよう（図 1・1）．細胞は外界との仕切された空間を形成し，表面では物質の出入りが行われ，内部では物質変化（**代謝**）がみられる．生物にみられる増殖の特徴は自身の力で行う自己増殖であり，遺伝（親と同じ子ができるという現象）は変異が起こる余地を含む．

生物の条件	付随する特徴
細胞からなる	・代謝が見られる ・恒常性の維持 ・成長する ・高度に組織化されている ・物質の出入りがある ・刺激に応答する ・環境に適応する ・有機物を含む
自己増殖する	
遺伝現象を示す （変異の余地を残す）	

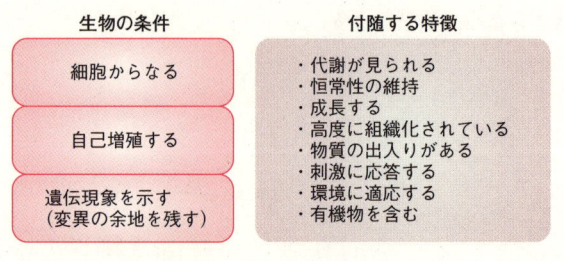

図 1・1　生物の条件

1.1 細胞は生物の単位

"細胞"という日本語は江戸時代の蘭学者，宇田川榕菴の翻訳である．**細胞**（cell："小さな部屋"の意）は非常に小さくて肉眼では見えない．細胞を最初に見た人間はR. Hookeである（1665年）．彼は自身が発明した顕微鏡を用いてコルクの薄片を観察し，おびただしい数の微小空間をもつ細胞（図1・2；実際には抜け殻となったコルク細胞の細胞壁）を発見し，"生物は細胞から構成されている"と考えた．

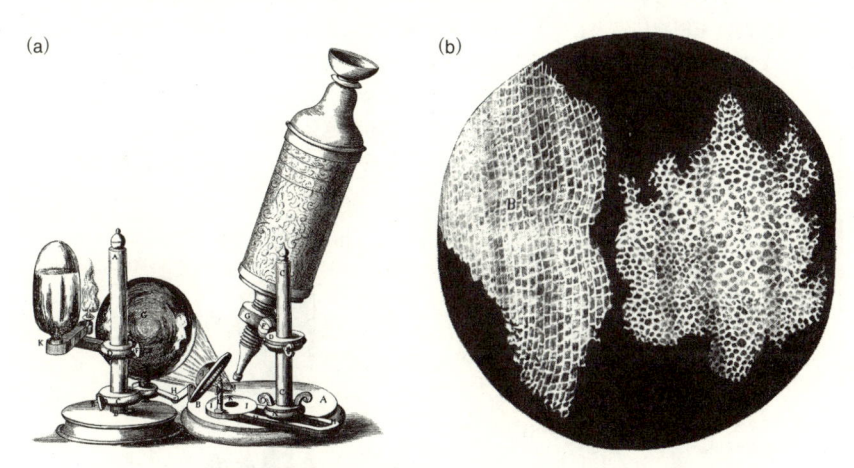

図1・2 人類が最初に見た細胞 （a）R. Hookeの顕微鏡，（b）顕微鏡で見たコルクの縦断面と横断面．コルクの観察図には"小部屋（cell）"が見える．"ミクログラフィア（*Micrographia*）"（1665）より．

その後A. van Leeuwenhoekがより高性能の顕微鏡で細菌などの微生物を観察している．このような流れを受け，1830年代にM.J. Schleidenが植物で，T. Schwannが動物で，"生物個体は細胞から成り立ち，細胞が生命の構造上の単位である"という**細胞説**を提唱した．細胞説では"細胞（すなわち，生物）がどのように生成さ

メモ 1・1　細胞，組織，器官，個体

多細胞生物において，同じ機能・形態の**細胞**が多数集まったものを**組織**といい，動物は上皮組織，結合組織，筋肉組織，神経組織などをもつ．ある目的のために複数の組織が有機的に集合してまとまった形となったものを**器官**（消化器官など）という．器官がいくつか集まって一つの生物，すなわち**個体**が形づくられる．

―― コラム 2 ――

寄生し，増幅する核酸

ウイルス（図1・4）は核酸（DNAまたはRNA）が少数のタンパク質で包まれた粒子で，生きた細胞内で増え，細胞を殺して外に出る（図1・5）．ウイルスは自身の核酸の複製と発現のほとんどを，宿主細胞の機能（すなわち，酵素や調節因子による代謝や制御）に依存しているため，生きた細胞内でしか増えることができない(つまり，自己増殖ではない)．ウイルスの本体は核酸であり，核酸だけを細胞に導入してもウイルスを増やすことができる．核酸は単なる分子であり，ウイルスが寄生性と増殖性を備えているとしても，生物でないことは明らかである．寄生性核酸にはもっと単純なものもある．**ウイロイド**は殻のない短いRNAで，植物細胞中で増殖する植物病原体である．細菌などに寄生する**プラスミド**という小さなDNAは細胞を殺さず，むしろ宿主に殺菌剤抵抗

(a) アデノウイルス　　(b) T偶数系ファージ

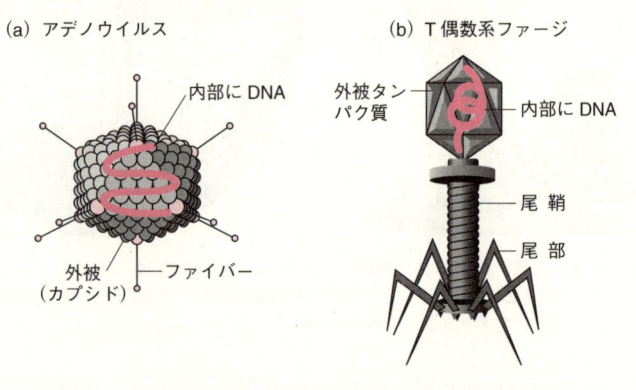

図 1・4　ウイルス　(a) アデノウイルスはヒトや哺乳類のウイルス，(b) ファージ（バクテリオファージ）は細菌のウイルス．[G. カープ，"分子細胞生物学"，第4版，山本正幸 ほか 訳，p.17，東京化学同人（2006）より改変]

れてくるのか"ということにはまだ答えていなかったが，1855年，R. Virchowによって"細胞は細胞の分裂によって生ずる"という概念が発表され，1860年，L. Pasteurが"生物の自然発生説"を明確に否定したことにより，細胞は生物増殖の単位と認識されるようになった．1個の細胞からなる生物を**単細胞生物**といい，多数で何種類もの分化した細胞からなる生物を**多細胞生物**という（図1・3）．なお，藻類の中にはボルボックス（500個以上），ユードリナ（16個あるいは32個）など，個体が集合し，**群体**として生存するものもある．

1. 生物と細胞

① 吸着　② 侵入　③ 脱殻

④ 暗黒期（ウイルス粒子が見られなくなる時期）．DNA複製・転写・翻訳が起こる．

⑤ ウイルス粒子形成

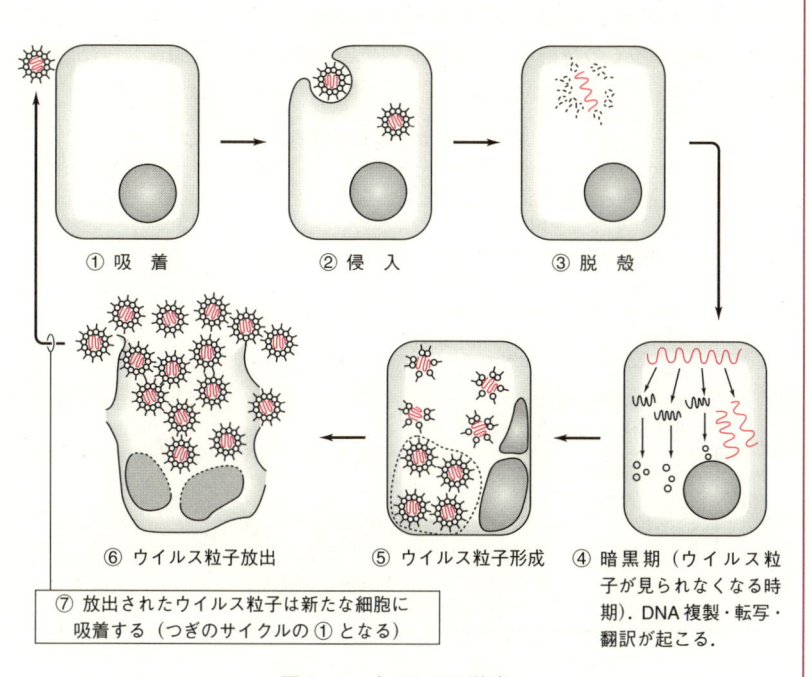

⑥ ウイルス粒子放出

⑦ 放出されたウイルス粒子は新たな細胞に吸着する（つぎのサイクルの①となる）

図1・5　ウイルスの増殖

性などの性質を付与するため，細菌と共生関係が成り立っている．ほかに，染色体中を勝手に移動したり増えたりする**トランスポゾン**という小さなDNAが存在するが，真核生物のゲノムのかなりの部分はトランスポゾンで占められている（12章参照）．

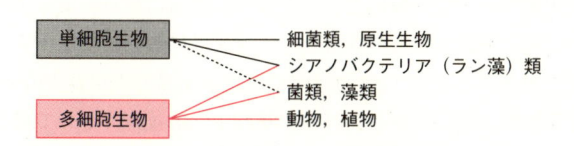

単細胞生物　─── 細菌類，原生生物
　　　　　　　　シアノバクテリア（ラン藻）類
　　　　　　　　菌類，藻類
多細胞生物　─── 動物，植物

図1・3　単細胞生物と多細胞生物

1・2 細胞生物学の発展

生物/生命を細胞を単位にとらえようとする細胞生物学は，他の基礎生物学領域における発見や多くの技術を取入れながら発展していった（表1・1）．細胞生物学

表1・1 細胞生物学の発展に関連するトピックス

年	出　来　事
1655	Hooke．顕微鏡を用いた初めての細胞の観察．
1674	Leeuwenhoek．原生動物を観察（細菌の観察は1683年）．
1838	Schleiden．植物で細胞説を発表．
1839	Schwann．動物で細胞説を発表．
1857	Kölliker．ミトコンドリアの発見．
1898	Golgi．ゴルジ体の観察．
1952〜1957	・電子顕微鏡の開発． ・細胞骨格や細胞膜の観察．
1968	共焦点顕微鏡の作成．
1974	蛍光抗体法の開発．
1980	Snellら．ノーベル賞：主要組織適合性遺伝子と免疫応答機構の研究．
1994	Rodbellら．ノーベル賞：Gタンパク質の研究．
1999	Blobel．ノーベル賞：細胞内タンパク質輸送の研究．
2001	Hartwellら．ノーベル賞：細胞周期の研究．

は伝統的に"観る"ということを重視する．初期は光学顕微鏡による細胞観察が行われたが，光学顕微鏡で見ることのできない細胞微細構造などは，電子顕微鏡により観察できるようになった（光学顕微鏡でも工夫によりいろいろな観察ができる）．多細胞生物個体の内部にある細胞はそのままでは観察や分析ができず，大きな障害となっていたが，細胞を単独で増殖させる細胞培養，あるいは組織培養の成功により，この問題は一気に解決された．細胞培養は1951年，HeLa細胞（子宮頸がん由来の細胞；HeLaは患者のイニシャル．）の樹立によりヒト細胞で初めて成功し，現在では数多くの動植物の細胞が培養されている．培養細胞を**不死化**させることにより，その使用が普遍的で一般的なものとなり，さらに酵母のように均一な細胞集団を大量かつ迅速（個体の世代時間と比べると格段に短い）に増やすことが可能になると，細胞を材料にした生化学的研究や遺伝学的研究が可能となった．1980年代以降，細胞生物学は遺伝子組換え技術や細胞工学的技術，そして発生生物学的技術など，多くの技術と科学的知見を取込んで発展し，現在に至っている．

1・3 生物を二つに分類する

 生物は，個体や細胞の形態，ゲノムや染色体構造と局在，生殖と世代交代の様式，代謝やエネルギー獲得様式などにより，一般的には**モネラ界**（細菌類など），**原生生物界**，**菌界**，**植物界**，**動物界**の五つの界（world）に分類されるが，この分類法を**五界説**という（図1・6）．これに対し，生物をより明解かつ単純に二つの**域**（ド

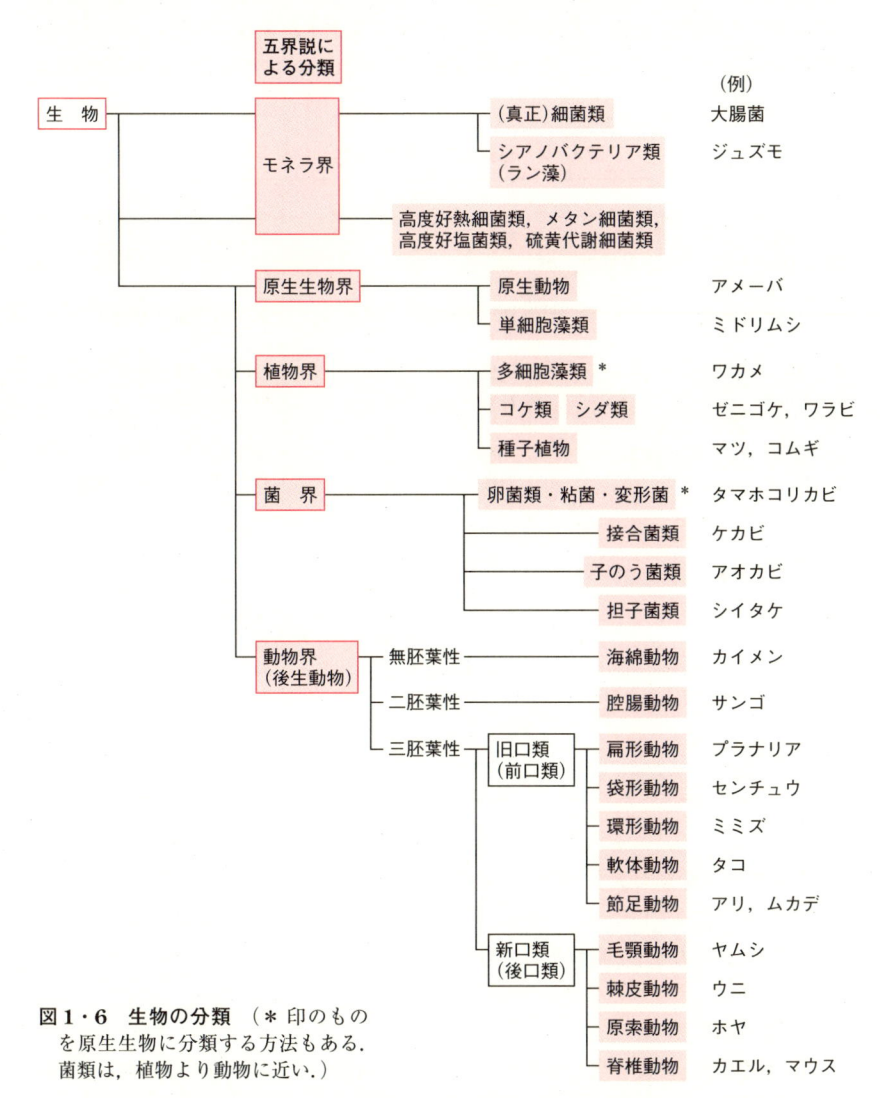

```
                          五界説に
                          よる分類                              （例）
生物 ─┬─────┬─ モネラ界 ─┬─ (真正)細菌類              大腸菌
      │     │            ├─ シアノバクテリア類        ジュズモ
      │     │            │   (ラン藻)
      │     └──────────── 高度好熱細菌類，メタン細菌類，
      │                   高度好塩菌類，硫黄代謝細菌類
      ├─ 原生生物界 ─┬─ 原生動物                      アメーバ
      │              └─ 単細胞藻類                    ミドリムシ
      ├─ 植物界 ─┬─ 多細胞藻類 *                      ワカメ
      │          ├─ コケ類  シダ類                    ゼニゴケ，ワラビ
      │          └─ 種子植物                          マツ，コムギ
      ├─ 菌界 ─┬─ 卵菌類・粘菌・変形菌 *               タマホコリカビ
      │        ├─ 接合菌類                            ケカビ
      │        ├─ 子のう菌類                          アオカビ
      │        └─ 担子菌類                            シイタケ
      └─ 動物界 ─┬─ 無胚葉性 ─── 海綿動物             カイメン
         (後生動物) ├─ 二胚葉性 ─── 腔腸動物           サンゴ
                    └─ 三胚葉性 ┬─ 旧口類 ┬─ 扁形動物  プラナリア
                                │ (前口類) ├─ 袋形動物 センチュウ
                                │          ├─ 環形動物 ミミズ
                                │          ├─ 軟体動物 タコ
                                │          └─ 節足動物 アリ，ムカデ
                                └─ 新口類 ┬─ 毛顎動物 ヤムシ
                                  (後口類) ├─ 棘皮動物 ウニ
                                           ├─ 原索動物 ホヤ
                                           └─ 脊椎動物 カエル，マウス
```

図1・6 生物の分類　（＊印のものを原生生物に分類する方法もある．菌類は，植物より動物に近い．）

メイン）に分類する方式があり，基礎生物学の分野では通常この分類法に従って生物や細胞をとらえる．2種類のドメインとは**真核生物**（eukaryote）と**原核生物**（prokaryote）である．両者の最も重要な分類基準は，細胞が核膜によって包まれた"核"をもつかどうかで，もつものを真核生物，もたないものを原核生物とする．核には染色体が含まれる．真核細胞は染色体がクロマチン状態になっており，内部はさまざまな**細胞小器官（オルガネラ）**や細胞骨格タンパク質が存在し，複雑な微細構造をもつ（表1・2）．一方，原核細胞の染色体は裸のDNAで，細胞膜の袋の

表1・2 原核生物と真核生物の違い

	原核生物	真核生物
核（核膜）	ない	ある
細胞小器官（ミトコンドリア，小胞体など）	ない	ある
DNAの存在様式	裸のDNA	タンパク質の結合したクロマチン
核相	一倍体: n	二倍体: $2n$（以上）
DNA量	約 0.01 pg	約 0.05〜10 pg
遺伝子数	少ない（約4000）	多い（1万〜10万）
RNAポリメラーゼの種類	1種類	少なくとも3種類
生殖様式	無性生殖	有性生殖．無性生殖を併せもつものもある
細胞分裂	無糸分裂	有糸分裂
分裂様式	二分裂	二分裂・出芽
細胞構成	単細胞	単細胞および多細胞
細胞壁	ある	ある・ない
表層のペプチドグリカン	ある（古細菌とマイコプラズマはない）	ない
細胞骨格（微小管，ミクロフィラメント）	ない	ある
原形質流動	ない	ある
エンドサイトーシスや食作用	ない	ある

中にリボソームが懸濁するといった単純な構造をもつ．原核生物には細菌類とシアノバクテリア類（ユレモ，ネンジュモなど）が含まれる．五界説におけるモネラ界以外の界の生物はすべて真核生物である．

1・4 生物の進化

最初の生物がどのようにして誕生したかはよくわかっていないが，すでにできあ

---コラム3---

三ドメイン説

　1980年ころから，これまでの細菌とは多くの点で異なる一連の偏性嫌気性細菌（メタン細菌，高度好塩菌，硫黄代謝細菌，高度好熱菌など）が存在することが知られるようになった．これらの細菌は形のうえでは細菌と似ているが，細胞壁にムラミン酸をもたず，ゲノム構造や遺伝子の類似の構造が真核生物に近く，クロマチン様構造をもつ．さらに，遺伝子の発現機構やそれにかかわる因子も真核生物のものと一部似ている．これらの細菌は，はじめ火山の噴気孔など，太古の地球環境に近い場所から見つかったため，**アーキア**（**古細菌**）とよばれることとなった．アーキアに対し，これまでの細菌は**バクテリア**（**真正細菌**）という（表1・3）．このような発見から，生物は**アーキア**，**バクテリア**，**ユーカリア**と，大きく三つの**ドメイン**に分けられることがわかった（**三ドメイン説**，図1・7）．アーキアのいくつかの性質はバクテリアよりはむしろユーカリアに近いため，ユーカリアの祖先はアーキアに近いものだったのではないかと推測されている（コラム4参照）．

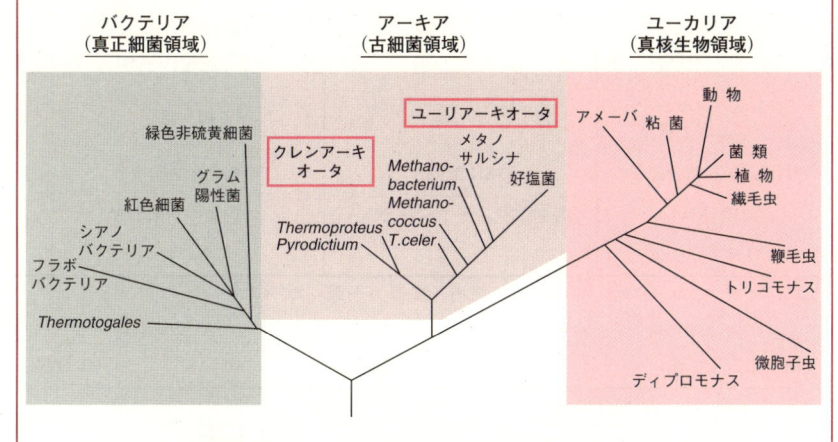

図1・7　分子系統からみた生物進化の様子　rRNAの配列を基にした系統樹．[C.R. Woese, *et al.*, *Proc. Natl. Acad. Sci. U.S.A.*, **87**, 4578 (1990) より]

がっていた**栄養**（糖などの有機物）を吸収して生存する**従属栄養生物**がまず発生し，その後，**エネルギー**を使って無機物から有機物をつくる**独立栄養生物**が生まれたと推測される．最初の独立栄養生物は光合成細菌，そして光合成をして酸素を発生させるシアノバクテリアであったに違いない．地球上（特に海）に生物が徐々に増え，また**酸素**が蓄積していった．酸素が存在すると化学合成細菌が生まれ，さらに酸素

I. 細胞生物学の基礎

表 1・3 バクテリアとアーキア

	バクテリア（真正細菌）	アーキア（古細菌）	※
大きさ	1〜10 μm		×
細胞分裂	無糸分裂		×
細胞小器官	なし		×
細胞膜	エステル型脂質	エーテル型脂質	×
細胞壁	ペプチドグリカン ムラミン酸をもつ	独自のタンパク質 ムラミン酸を欠く	×
ゲノムサイズ	小さい		×
DNA の形態	環 状		×
DNA の存在様式	裸の DNA	クロマチン様	○
複製機構	dnaA	preRC	○
岡崎フラグメント	1000 塩基以上	100〜200 塩基	○
転写プロモーター	Pribnow ボックス	TATA ボックス	○
転写開始機構	σ(シグマ)因子	基本転写因子群	○
RNA ポリメラーゼ サブユニット構造	単 純	複 雑	○
リボソーム結合部位	SD 配列	5′キャップ構造？	○
開始 tRNA	ホルミルメチオニル tRNA	メチオニル tRNA	○
プロテアソーム	なし	あり	○

※ アーキアとユーカリアの特徴との一致不一致（○: 一致，×: 不一致）

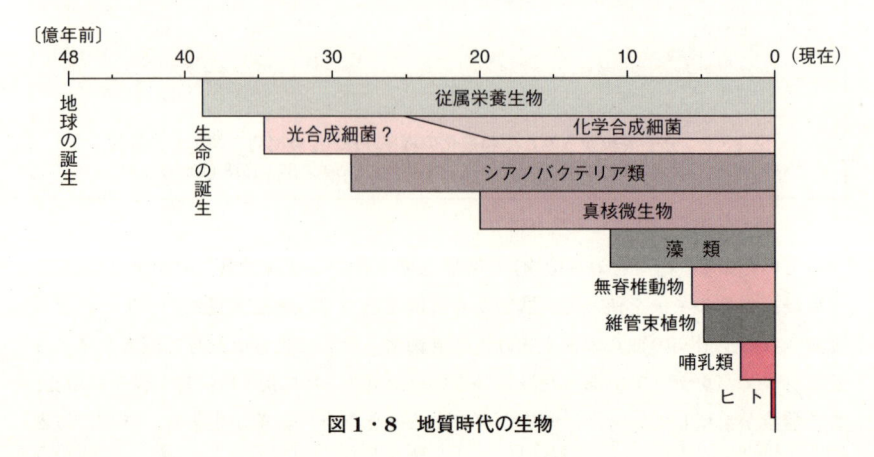

図 1・8 地質時代の生物

呼吸する動物（おもに海産の無脊椎動物）が急速に増え（カンブリア紀），やがて藻類から進化した植物が地上を覆いはじめたと考えられる．植物も独立栄養生物で，しかも大量の酸素を放出するため，成層圏において**オゾン層**が形成され，それによって**紫外線**が減少すると，動物が陸上に進出できるようになった．このころ（〜中生代）には現存する生物の祖先はすべて存在し，それが現代に至る進化の道筋をたどってきたと考えられる（図1・8）．現存生物の研究から，すべての生物は同じ祖先から進化したと考えられており，それゆえ細胞の構造や機能は，基本的な部分では共通している．

メモ 1・2　独立栄養生物と従属栄養生物（図1・9）

　独立栄養生物には化学反応のエネルギー（酸素で無機物を酸化する）を利用して無機物から有機物を合成する**化学合成独立栄養生物**（硫黄酸化細菌，硝化細菌，水素細菌など）と，光エネルギーを使って有機物を合成する**光合成独立栄養生物**（酸素を放出しない緑色硫黄細菌や紅色硫黄細菌，そして酸素を放出するシアノバクテリア，藻類，緑色植物など）がある．**従属栄養生物**（大部分の原生生物，動物など）は無機物から有機物を合成することができず，それらを養分として摂る必要がある．

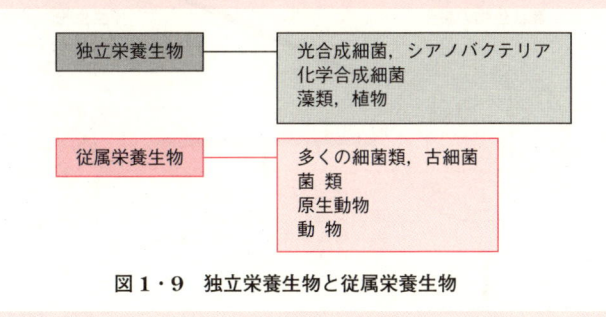

独立栄養生物	光合成細菌，シアノバクテリア 化学合成細菌 藻類，植物
従属栄養生物	多くの細菌類，古細菌 菌類 原生動物 動物

図1・9　独立栄養生物と従属栄養生物

コラム 4

細胞内共生による真核生物の誕生（仮説）

真核生物はどのように生まれたのであろうか．ヒントは真核細胞にあるミトコンドリアと葉緑体（植物の場合）にある．これら二つの細胞小器官にはDNAがあり自前で複製することができ，しかもその大きさが細菌に近い．このため，真核生物の祖先となる細胞に好気呼吸をする細菌が入り込んで**ミトコンドリア**になり，並行して染色体が膜に包まれて核ができ，真核生物ができたと考えられる．さらにここに光合成を行って酸素を生成するシアノバクテリアが入り込

み，それが**葉緑体**となったものが植物であるとされる．この"真核生物が原核生物の侵入と共生により生じた"という仮説を**細胞内共生説**という（図1・10）．事実，ミトコンドリアDNAにおける翻訳のコードは細菌のそれに近く，また葉緑体中の光化学反応は光合成細菌とは異なり，シアノバクテリアのそれに近い．原生動物がもつ**鞭毛**もらせん細菌が共生したものであり，また**ペルオキシソーム**は過酸化物を分解する細菌の名残であるという説もある．原核生物が侵入する宿主となった生物は，古細菌の遺伝子構成が原核生物よりは真核生物に近いことから，現在の古細菌に近いもの，あるいはその先祖と想像される（図1・7参照）．

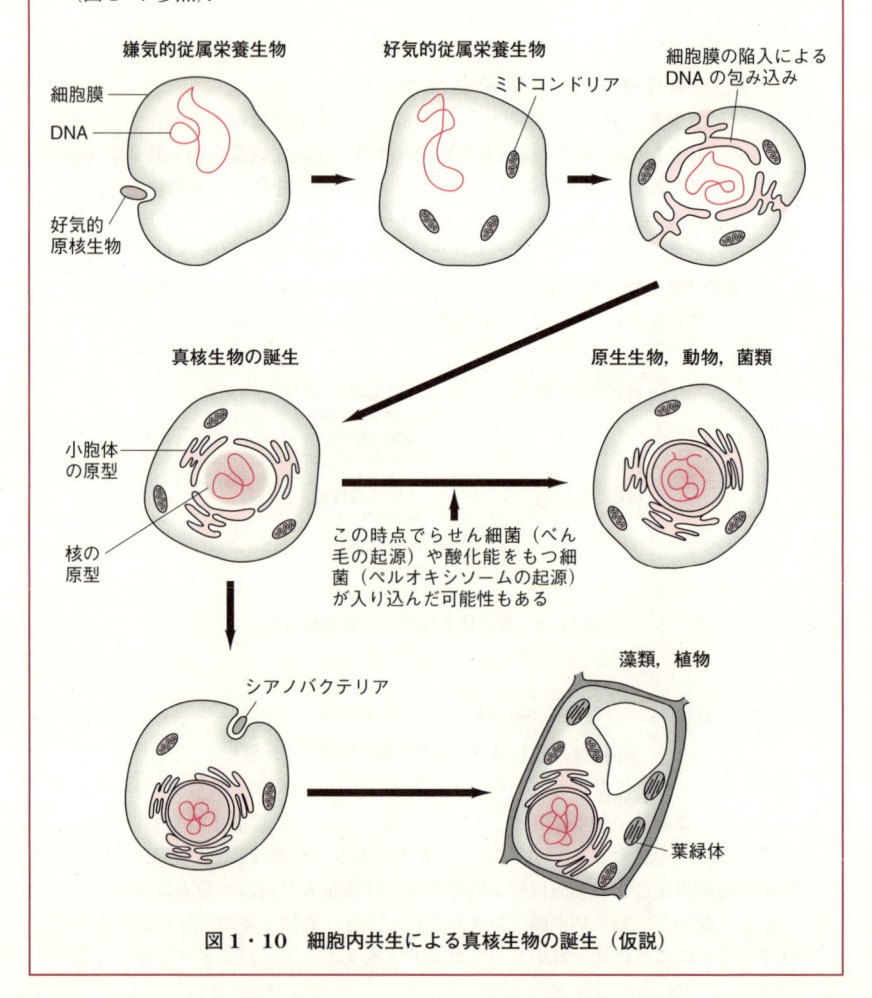

図1・10　細胞内共生による真核生物の誕生（仮説）

2 細胞の構造

2・1 細胞を観る

　真核細胞の形は一般に球状，扁平状であるが，原生動物などの単細胞生物ではそれぞれがユニークな形をもち，表面に繊毛や鞭毛などの繊維や突起をもつものも多い．多細胞生物の分化した個々の細胞の中にも，神経細胞のように突起をもつもの，筋肉細胞のように細胞が融合した結果多細胞となったもの，精子のように鞭毛をもつものなどとさまざまである．細胞の大きさはおよそ 10 μm から数十μm とまちまちである（図 2・1）が，核の大きさは直径 5〜10 μm とほぼ一定である．動物の卵細胞は 0.1 mm〜数 mm の大きさをもち，鳥類の卵（黄身の部分）は数 cm ととりわけ巨大である．植物でも，シャジクモの節間細胞（多核細胞である）のように数 cm と巨大なものがある．

2・2 真核細胞の構造

　細胞は**細胞膜**（**形質膜**）により外界と仕切られている．細胞膜は脂質からなり，ところどころにタンパク質が埋込まれている．膜が脂質でできているために，気体と脂溶性分子以外は膜を自由に通過することができない．このような膜構造は生物共通の性質であり，細胞小器官膜も同様な構造を有する（このような膜構造を一般に**生体膜**という）．細胞膜の内側には**細胞質**があり，多くの物質が溶けて全体がゾル状になっているため，**サイトゾル**ともよばれる．細胞質には細胞小器官を含む多数の構造がみられる（図 2・2）．植物では細胞に強度を与える目的で細胞膜の外にセルロースを含む**細胞壁**が存在する〔さらに，そこにペクチンやリグニン（木本植物の場合．強度を与える）を含む場合もある〕．細胞膜，細胞質，そして細胞小器

メモ 2・1　ゾルとゲル

　ゾル（sol）は高分子物質が溶媒中に溶解，あるいはコロイド状に分散して液体状態にある状態をいい，**ゲル**（gel）はゾル中の分子が凝集することにより固体の性質をもつ状態をいう．ゲルの編目構造の内部には大量の溶媒が保持される．

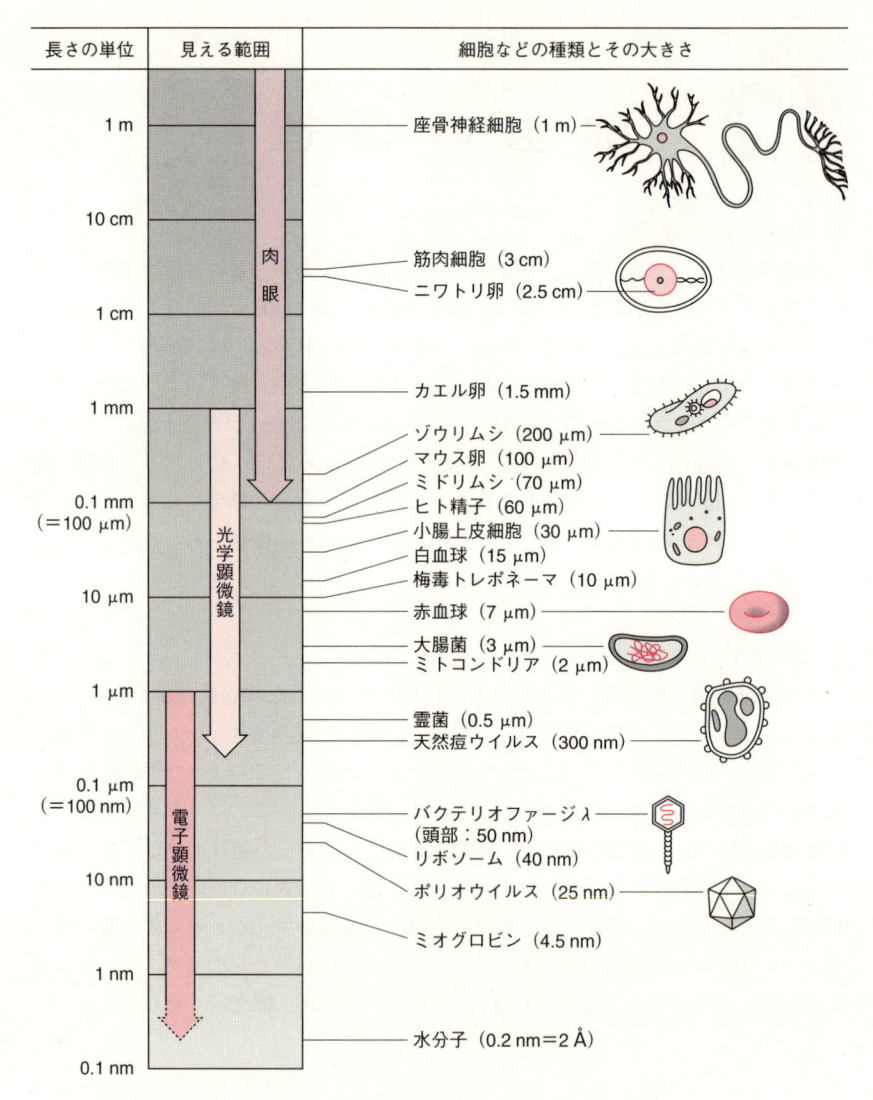

長さの単位	見える範囲	細胞などの種類とその大きさ
1 m	肉眼	座骨神経細胞 (1 m)
10 cm		
1 cm		筋肉細胞 (3 cm) ニワトリ卵 (2.5 cm)
1 mm		カエル卵 (1.5 mm)
0.1 mm (=100 μm)	光学顕微鏡	ゾウリムシ (200 μm) マウス卵 (100 μm) ミドリムシ (70 μm) ヒト精子 (60 μm) 小腸上皮細胞 (30 μm) 白血球 (15 μm) 梅毒トレポネーマ (10 μm)
10 μm		赤血球 (7 μm)
1 μm		大腸菌 (3 μm) ミトコンドリア (2 μm) 霊菌 (0.5 μm) 天然痘ウイルス (300 nm)
0.1 μm (=100 nm)	電子顕微鏡	バクテリオファージλ (頭部：50 nm) リボソーム (40 nm) ポリオウイルス (25 nm)
10 nm		ミオグロビン (4.5 nm)
1 nm		
0.1 nm		水分子 (0.2 nm=2 Å)

図 2・1 細胞の大きさ 細胞，ウイルス，分子についての大きさを示す．
イラストは形のみを示し，大きさは相対的に一致していない．

官などを併せて**原形質**といい，細胞壁，貯蔵顆粒などのように，細胞の成長過程で生じたものを"後形質"という（ただし，この用語の定義は必ずしも厳密なものではない）．

2. 細胞の構造

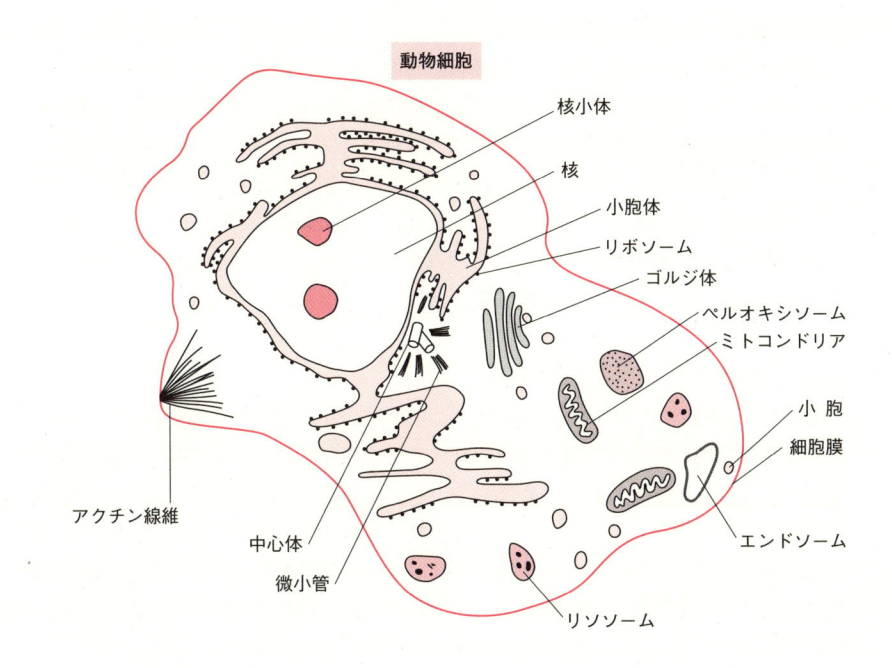

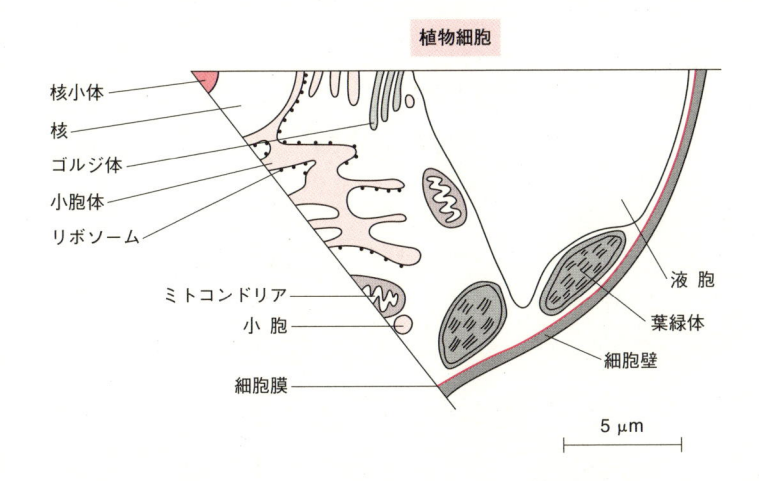

図2・2 真核細胞の内部構造

2・3　細胞小器官：オルガネラ

細胞小器官は**オルガネラ**あるいは**細胞器官**ともいい，狭義には膜で包まれたミトコンドリア，小胞体，などをさす．しかしこの用語はもともと細菌細胞と対比させるために細菌細胞にない構造体として定義されたため，広義には膜構造をもたない中心体や，場合によってはそれ以外の構造も細胞小器官に含める場合がある．後形質は一般には細胞小器官には含めない．小胞体，ゴルジ体，エンドソーム，リソソーム，液胞は互いに小胞輸送や融合により連絡を取合い，全体として協調して機能するため，これらを一括して**細胞内膜系**とよぶ．

2・4　膜構造をもつ細胞小器官

a. 核　　細胞に1個存在する最も目立つ構造（図2・3）で，同心円状の二重の膜で包まれ，内部の核質に**染色体**（通常は光学顕微鏡で見えない**クロマチン**として存在）を含む．内部には繊維状の核マトリックスが網目状に広がり，1個～数個の**核小体**が特徴的構造としてみられる（リボソーム RNA の合成が起こっている）．濃く染まる部分はヘテロクロマチンと一致し，DNA が濃縮して存在する．核膜には孔（**核孔**または**核膜孔**）が多数みられ，また外膜は小胞体の内腔とつながっている．核膜の内側は**ラミン**とよばれる繊維状タンパク質で裏打ちされている．

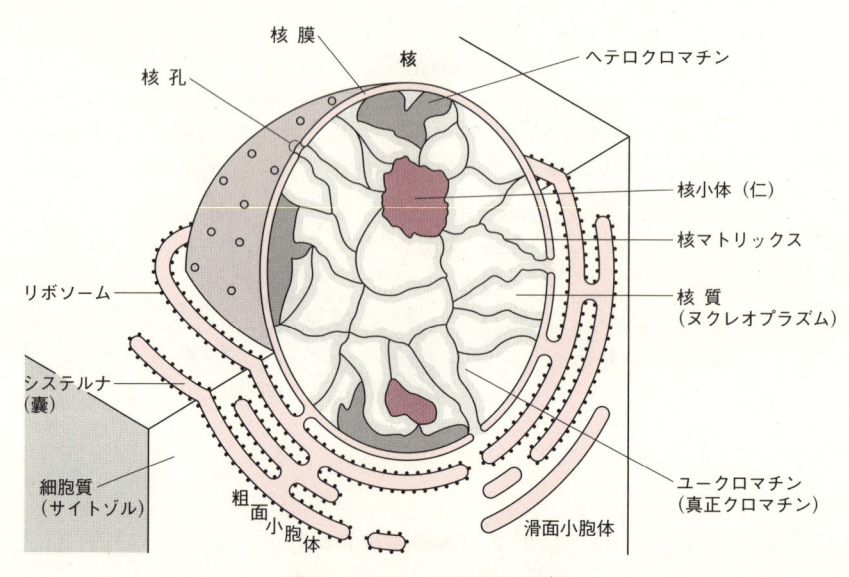

図2・3　核および小胞体の構造

b. 小胞体（ER） 英語では"細胞質内の網状構造"と表現される．細胞に張り巡らされた迷路のような袋状構造（図2・3）で，膜の内部は囊(のう)とよばれる．形態的に膜表面にリボソームをもつものを**粗面小胞体**，もたないものを**滑面小胞体**という．粗面小胞体ではおもに分泌タンパク質がつくられ，膵臓の腺房細胞などで発達している．一方，滑面小胞体では脂肪酸，リン脂質，ステロイドホルモンなどの脂質がつくられ，また解毒反応やグルコース放出が起こったり，Ca^{2+}の貯蔵場所になり，副腎皮質のホルモン産生細胞，肝臓，筋肉などで発達している．

c. ゴルジ体 ゴルジ装置ともよばれ，扁平な袋が何重にも重なり合った構造で，核の近くに1個〜複数個ある（動物細胞では中心体の部位に1個ある）．全体が湾曲しており，粗面小胞体に面している側を**シス**，反対側を**トランス**といい，タンパク質がシスからトランスに移動する（24章）．合成され小胞体に入ったタンパク質の加工・修飾の場になるとともに，細胞の膜成分供給源としても機能する．

d. ミトコンドリア 0.5〜4 μmの長さで，太いソーセージ形のようなものから高度に分岐した管状のものまで形はさまざまである（図2・4）．小さな環状DNA（ヒトで16,569 bp）をもち，細胞分裂に伴って複製する（ミトコンドリアゲノムは小さく，複製には核ゲノムの機能も必要）．細胞質の約25%を占め，好気代謝の場となり，ATPの主要な生産部位である．外膜と内膜からなるが，内膜は内側に複雑に突き出て**クリステ**という構造をとる．内膜の内側を**マトリックス**といい，クエン酸回路などが存在する．外膜は10 kDa程度のタンパク質も通過できる

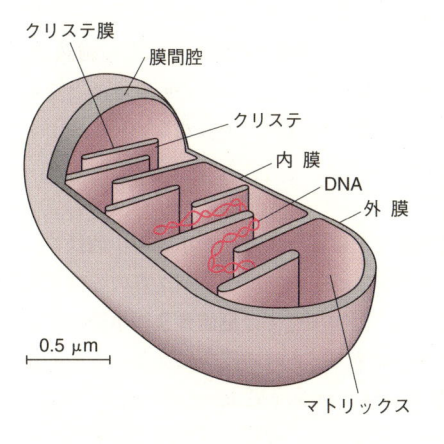

図2・4 ミトコンドリアの内部構造

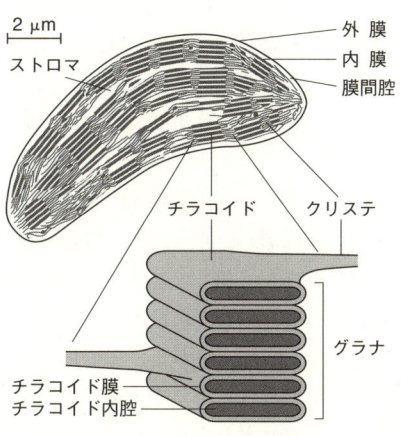

図2・5 葉緑体の構造

が，内膜は物質通過性が悪く，輸送には特異的な機構がかかわる．

e．葉緑体（クロロプラスト） 植物特有の光合成を行う細胞小器官で，液胞を除くと，細胞内では最も大きく，約 $2×10\ \mu m$ の楕円形で二重の膜で包まれている（図2・5）．内部の間質を**ストロマ**というが，この中に膜で包まれ，内部で互いに連結する円盤状の袋（**チラコイド**）が重なったグラナという構造が多数みられる（都合，三重の膜構造をもつ）．**クロロフィル**をはじめとする多くの光合成色素をもち，緑色を呈する．環状 DNA（100〜200 kb）をもち，細胞内で複製する．

f．ペルオキシソーム 1枚の膜で包まれた，0.1〜1 μm の球状細胞小器官で，**ミクロボディ**ともよばれる．多数の酵素をもって長鎖脂肪酸などの分解を行い，熱の発生原になるが，その時に副産物として出る過酸化水素（hydrogen peroxide；H_2O_2）を分解する**カタラーゼ**をもつ．このほか細胞内解毒も行う．細胞内で複製し，オキシダーゼなど多くの酸化酵素を取込み，酸化的代謝を行うという意味でミトコンドリアに似た一面をもつ（ただし，DNA はない）．植物種子には，**グリオキシソーム**というペルオキシソームに相当する細胞小器官がある．

g．リソソーム 動物細胞特有な酸性の細胞小器官で，酸性で働く加水分解酵素を多数含む．後期エンドソームに由来し，オートファジーで取込んだ細胞内物質や，エンドサイトーシス/ファゴサイトーシスで取込んだ細胞外物質の分解を行う．

h．その他 初期エンドソームは細胞膜の近くにある管状構造で，エンドサイトーシスで取込まれた小胞と融合し，取込んだ物質の選別を行う．**後期エンドソーム**は球状の小胞で，消化酵素を含む小胞を取込んでリソソームに成熟する．初期エンドソームから送られる物質の分解に関与する．細胞にはこのほかにも多くの小胞が存在し，**小胞輸送**を通して物質の運搬に関与する．**液胞**は植物にみられる構造で，植物細胞容積の大部分を占める．さまざまな物質を溶かし，物質の貯蔵場所となるほか，リソソームに相当する役割も果たす（植物にはリソソームがない）．

2・5 その他の構造体

細胞には形をつくったり，運動，物質輸送などに関与する，微小管や中間径フィラメントなど，多くの骨格系があるが（20章），細胞内ではタンパク質の分散と集合によって，その形を絶えず変化させている．動物細胞では**細胞骨格微小管**は中心体を核にして形成される．**中心体**は核のそばにあり，1対の直角に交差する**中心小体**と，その周囲にある**中心小体周辺物質**（PCM：pericentriolar material． γ チューブリンとペリセントリンを含む）からなり（図2・6），細胞分裂期には複製して両極に移動する（19章）．

2. 細胞の構造

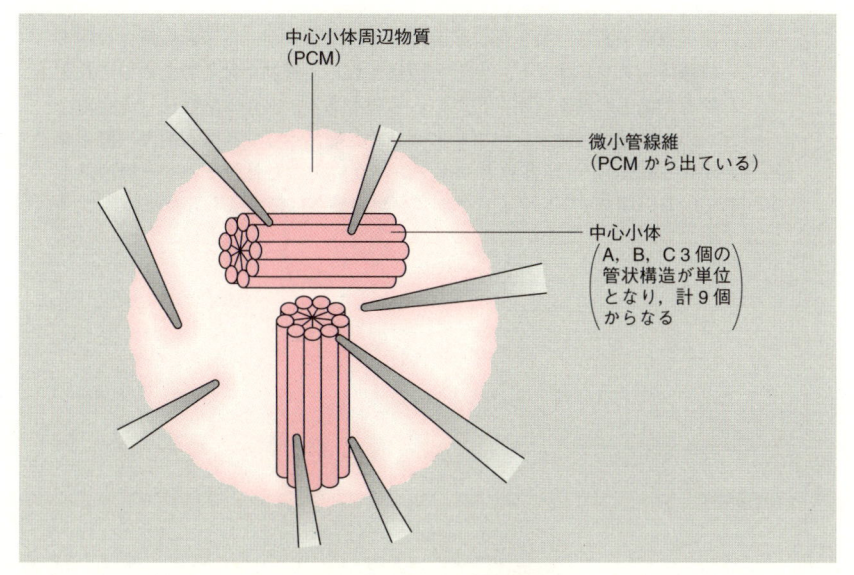

図2・6 中心体の微細構造

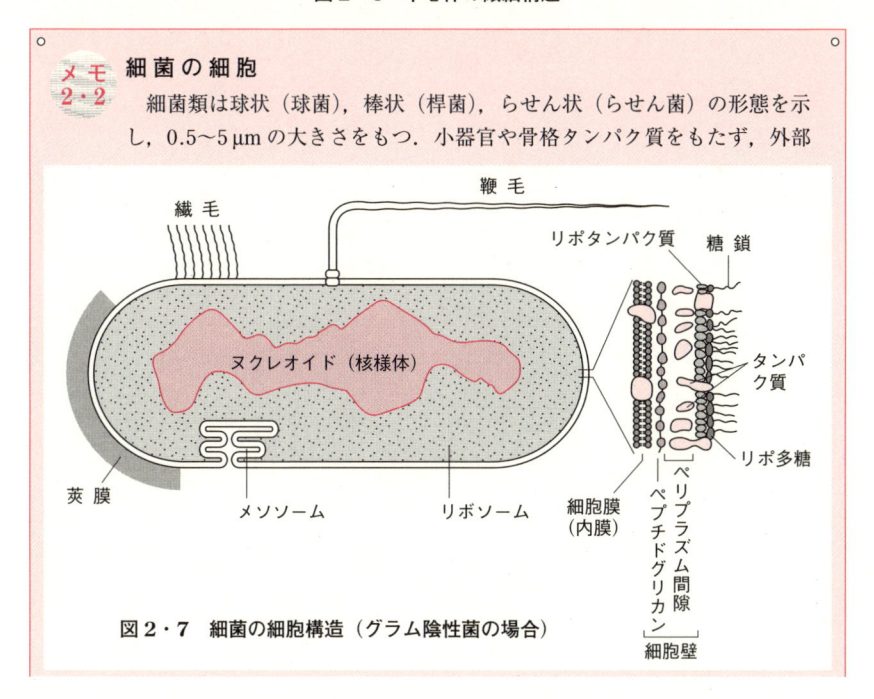

- 中心小体周辺物質 (PCM)
- 微小管線維 (PCM から出ている)
- 中心小体 (A, B, C 3個の管状構造が単位となり, 計9個からなる)

メモ 2・2　細菌の細胞

　細菌類は球状（球菌），棒状（桿菌），らせん状（らせん菌）の形態を示し，0.5～5 μm の大きさをもつ．小器官や骨格タンパク質をもたず，外部

図2・7　細菌の細胞構造（グラム陰性菌の場合）

- 繊毛
- 鞭毛
- リポタンパク質
- 糖鎖
- ヌクレオイド（核様体）
- タンパク質
- リポ多糖
- 莢膜
- メソソーム
- リボソーム
- 細胞膜（内膜）
- ペリプラズム間隙
- ペプチドグリカン
- 細胞壁

には細胞壁がある．染色体は核膜で包まれておらず，電子顕微鏡では明るい**核様体**（**ヌクレオイド**）として観察される．運動や付着のためのそれぞれ鞭毛や繊毛が細胞質から出ているものもある．グラム陰性菌（大腸菌など）の細胞壁は内側からペプチドグリカン層，ペリプラズム間隙（酵素などが含まれる），リポ多糖とリポタンパク質を含む外膜という三層構造をしている（図2・7）．マイコプラズマ類の細菌は細胞壁をもたない．

3 細胞に含まれる物質

3・1 原子,分子,イオン

　地球上の物質は100種類以上の**元素**(水素,酸素,鉄など)からなる.元素は**原子**という粒子の形で存在し,**原子核**(**陽子＋中性子**)とその周囲を回る負の電荷をもつ**電子**から構成され,陽子数が元素の種類を決めている(図3・1).水素は原子番号1で最も軽い元素であり,陽子1,電子1からなる(電子はほとんど重さをもたない).原子が共有結合で強固に結合したものを**分子**といい(酸素2個で酸素分子,

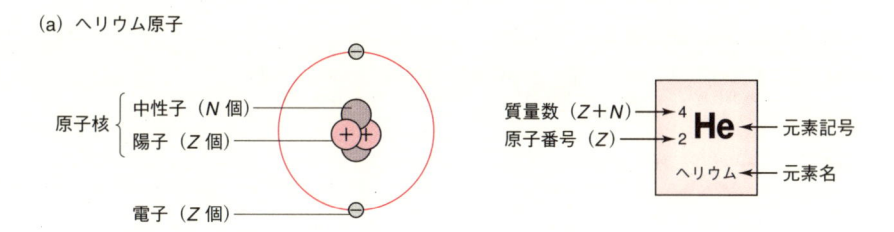

(a) ヘリウム原子

原子核 ｛ 中性子 (N 個)
　　　　陽子 (Z 個)

電子 (Z 個)

質量数 ($Z+N$) → 4
原子番号 (Z) → 2　He ← 元素記号
　　　　　　　ヘリウム ← 元素名

(b) おもな元素

$^{1}_{1}$H 水素	$^{7}_{3}$Li リチウム	$^{12}_{6}$C 炭素	$^{14}_{7}$N 窒素	$^{16}_{8}$O 酸素	$^{23}_{11}$Na ナトリウム	$^{24}_{12}$Mg マグネシウム	$^{28}_{14}$Si ケイ素
$^{31}_{15}$P リン	$^{32}_{16}$S 硫黄	$^{35}_{17}$Cl 塩素	$^{39}_{19}$K カリウム	$^{40}_{20}$Ca カルシウム	$^{55}_{25}$Mn マンガン	$^{56}_{26}$Fe 鉄	$^{59}_{27}$Co コバルト
$^{63}_{29}$Cu 銅	$^{64}_{30}$Zn 亜鉛	$^{107}_{47}$Ag 銀	$^{127}_{53}$I ヨウ素	$^{197}_{79}$Au 金	$^{202}_{80}$Hg 水銀	$^{208}_{82}$Pb 鉛	$^{238}_{92}$U ウラン

図3・1　原子の構造と原子量

酸素1個と水素2個で水分子など），異なる原子からできる分子は**化合物**といわれる．原子核は正の電荷をもち，通常電子数と一致して電気的には中性の状態だが，電子が失われたり，逆に飛び込んでくると，それぞれ正と負に荷電する．荷電した状態のものを**イオン**（それぞれ**陽イオン**，**陰イオン**）といい，また分子でも同様のこと（酢酸イオンなど）が起こる（図3・2）．水などに溶けてイオンになって電気を通すことができるものを**電解質**という．

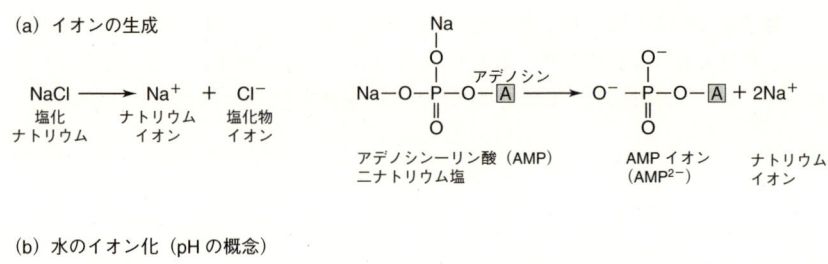

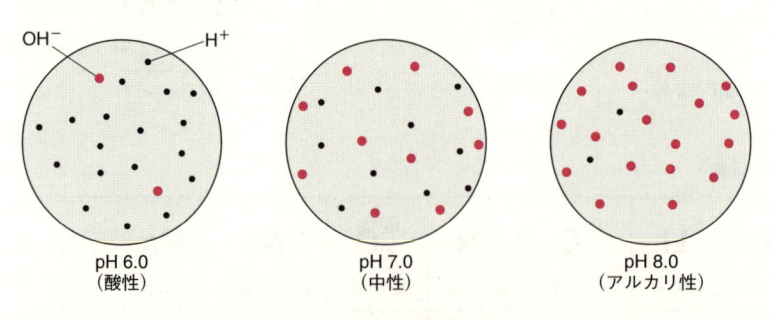

(a) イオンの生成

NaCl ⟶ Na$^+$ + Cl$^-$
塩化ナトリウム　ナトリウムイオン　塩化物イオン

Na–O–P(=O)(O–Na)–O–[A] ⟶ O$^-$–P(=O)(O$^-$)–O–[A] + 2Na$^+$
アデノシン－リン酸（AMP）二ナトリウム塩　　AMPイオン（AMP^{2-}）　ナトリウムイオン

(b) 水のイオン化（pHの概念）

H$_2$O ⇌ OH$^-$ + H$^+$　　（各イオンの濃度は 1×10^{-7} mol/L と一定）
　　　水酸化物イオン　水素イオン　　$-\log[\text{H}^+] = -\log 10^{-7} = 7$ （pH 7.0）

pH 6.0（酸性）　　pH 7.0（中性）　　pH 8.0（アルカリ性）

図3・2　電離とpH

メモ 3・1　分子量/ドルトンとモル

原子の質量（原子量）は炭素原子を12とした相対量で表し，**ドルトン**（Da）という単位を使う．分子の質量は原子量の総計となる（たとえば，水は18 Da）．N Daの原子/分子が 6.02×10^{23} 個（**アボガドロ数**）集まると N グラムとなる．アボガドロ数は**モル**（mol）という単位で表す．

3. 細胞に含まれる物質

― コラム 5 ―

原子/分子の相互作用

　化学反応や分子形成はすべて"異なる電気は引き合い，同種の電気は反発し合う"という電子がかかわる現象に起因する（図3・3）．分子骨格は**共有結合**という原子核が電子を共有し合うことで起こる結合で形成され，結合力は強い．この強い結合に対し，**イオン結合**（イオン同士の相互作用），**疎水性相互作用**（分子の親水性部分あるいは疎水性部分が，それ自身で集まろうとする性質），**水素結合**（水素原子で起こる電子の偏りが，分子に電気的に正の部分と負の部分をつくるために起こる），**ファンデルワールス力**（中性原子間に働く引力）といった力は，分子同士の弱い結合や分子自身の立体構造をつくるのに使われる．弱い結合は加熱や反応性物質の作用により容易に壊れる．

(a) 共有結合　　(b) イオン結合　　(c) 水素結合

強い結合で分子の骨格をつくるのに使われる

(d) 疎水性相互作用　　(e) ファンデルワールス力

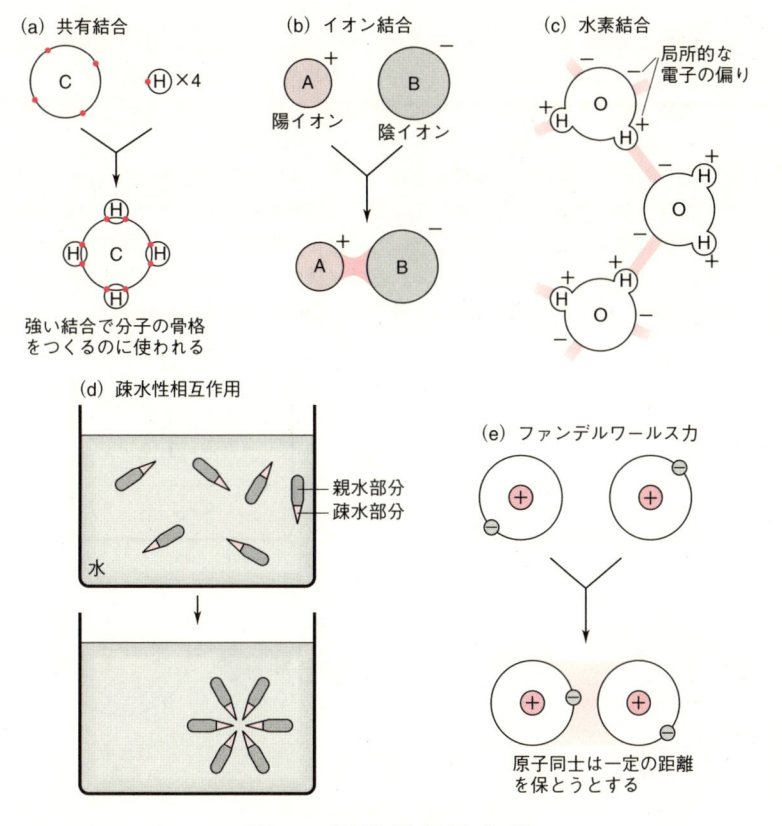

原子同士は一定の距離を保とうとする

図3・3　原子間相互作用

3・2 水という特異な物質

水というどこにでもあるありふれた物質が，生命の存在に決定的な役割を果たしている．メタン（分子量16）やブタン（分子量58）は常温常圧で気体であるが，水は分子量18という低分子であるにもかかわらず液体である．これは水分子が水素結合で互いに引き合っているために蒸発が抑えられている結果で，大きな表面張力や毛管現象もこの強い水素結合が原因である．水は分子運動が抑えられているため温まりにくく冷めにくい（すなわち，**比熱が大きい**）が，これは体温の急激な変化を防止することにつながる．水の蒸発時には大量の熱が奪われるため，汗による体温上昇抑制に好都合である．水はいろいろな物質を溶かし，溶けた分子を電離さ

メモ 3・2　pH と浸透圧

水中で水分子は部分的に 1×10^{-7} mol/L の OH^- と H^+（水素イオン）に**電離**している（図3・2）が，この状態（pH = 7）を**中性**という．水素イオンが多い状態を**酸性**（pHが7以下），少ない状態を**アルカリ性**という．細胞内や生物体内は基本的に中性である．水と水溶液を**半透膜**（分子が通れるくらいの小さな孔の開いてる膜．生体膜など）で仕切ると，水溶液側に水が侵入し圧力差が生ずるが，この圧を**浸透圧**という．生物体内の浸透は0.9％の食塩水と同等である．水は浸透圧の高い方に移動する性質があるため，細胞を真水に入れると膨らみ，海水に浸けると縮む（図3・4）．

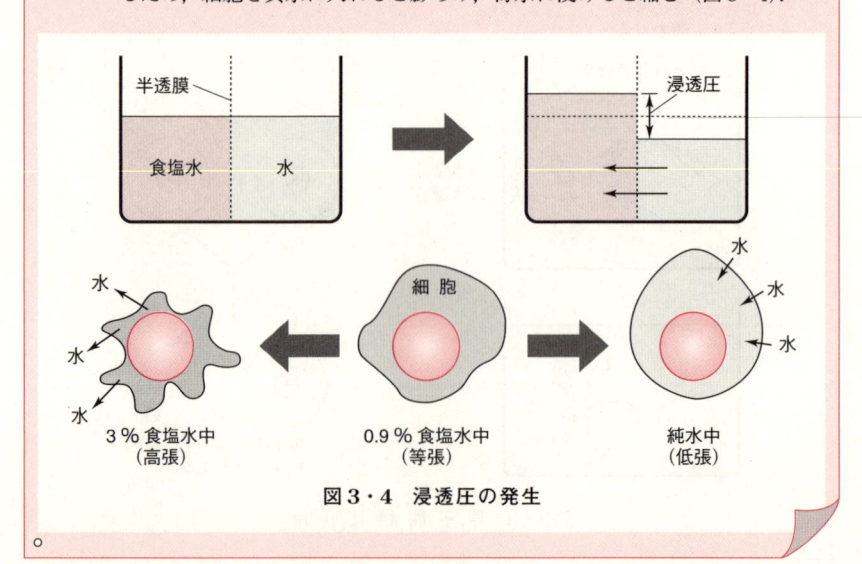

図3・4　浸透圧の発生

せやすいが，イオン化した分子は反応性が高く，化学反応が円滑に進む．地球に水が存在したことが生命の誕生や繁栄につながったと考えられる（図3・5）．

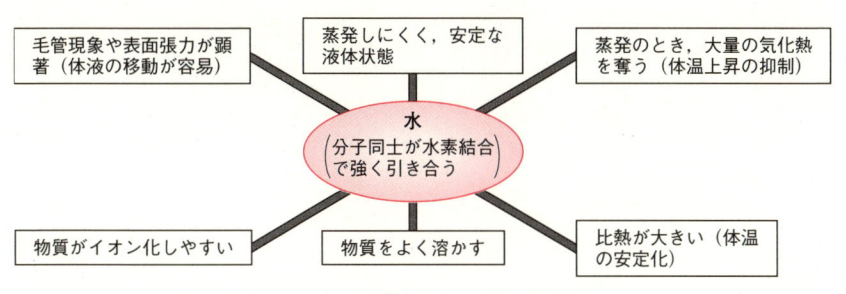

```
毛管現象や表面張力が顕著    蒸発しにくく，安定な    蒸発のとき，大量の気化熱
（体液の移動が容易）        液体状態                を奪う（体温上昇の抑制）

                    水
             （分子同士が水素結合
              で強く引き合う）

物質がイオン化しやすい     物質をよく溶かす     比熱が大きい（体温
                                              の安定化）
```

図3・5　水が生物にとって有利な理由

3・3 細胞をつくる元素

　細胞には多数の元素が含まれており，それらは15種類以上に及ぶ（図3・6）．細胞に普遍的に含まれる元素を重量比でみると酸素，炭素，水素，窒素の順に多く，これらを**主要四元素**といい，全体の95％を占める．残りで比較的多いものはカルシウムとリンで，これに硫黄，ナトリウム，カリウム，塩素，マグネシウムなどが続く．このほか**微量元素**として鉄，亜鉛，マンガンなどがある．ヒトの場合，鉄はヘモグロビンの成分として赤血球に，ヨウ素は甲状腺に多量に含まれる．

3・4 細胞に含まれる分子

　分子はいろいろな基準で分類できるが，炭素をもつ化合物を**有機物**，含まないものを**無機物**という．ただし，二酸化炭素（CO_2/炭酸ガス），一酸化炭素，単体の炭

メモ 3・3　分子の性質を決める要素

　分子の安定性や反応性，溶解性や細胞内局在，そして機能をみるポイントは分子量以外にもいくつかある．水に溶けやすい（**水溶性/親水性**．反対の性質を**脂溶性**，**疎水性**という）かどうかはイオン化しやすいか，−OH基のような親水性基を含むかどうかで決まる．溶解して水素イオンを出して負に荷電するものを**酸性物質**，水素イオンを捕捉して正に荷電するものを**塩基性物質**という．

I. 細胞生物学の基礎

(a) 重量比でみる細胞の元素組成

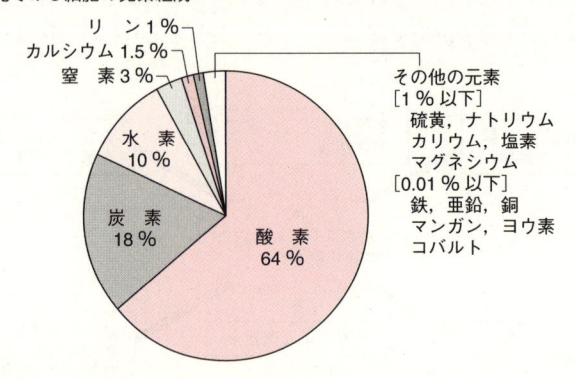

- リン 1%
- カルシウム 1.5%
- 窒素 3%
- 水素 10%
- 炭素 18%
- 酸素 64%

その他の元素
[1% 以下]
硫黄，ナトリウム
カリウム，塩素
マグネシウム
[0.01% 以下]
鉄，亜鉛，銅
マンガン，ヨウ素
コバルト

(b) 各種元素の働きと局在

元　素	おもな働き，局在
酸素	有機物全般，吸気として外界から取入れる．水
炭素	有機物全般，二酸化炭素の形で呼気として排出
水素	有機物全般，水
窒素	アミノ酸（タンパク質も含む），塩基（核酸やヌクレオチドを含む）
カルシウム	骨，歯．細胞機能調節，神経細胞，酵素活性制御
リン	骨，歯．核内に多い（染色体 DNA や RNA）タンパク質や脂質と結合，リン酸の形で利用される
硫黄	タンパク質を構成するアミノ酸（システイン，メチオニン）
ナトリウム	体液，細胞，浸透圧調節，細胞機能制御
カリウム	体液，細胞，細胞機能制御
塩素	体液，細胞，細胞機能制御
マグネシウム	酵素活性の調節，タンパク質に結合（植物：葉緑体）
鉄	赤血球のヘモグロビン，筋肉中のミオグロビンの成分，酸素と結合
亜鉛	タンパク質と結合，機能調節
銅	さまざまなタンパク質
マンガン	酵素活性の調節，タンパク質と結合
ヨウ素	甲状腺ホルモン
コバルト	ビタミン B_{12}

図 3・6　生物を構成する元素（ヒトの場合）

素は無機物に含める．有機物は生物に関連して存在するという特徴をもつ．石油や石炭のように多くの有機物を含む鉱物も，もとは地質時代の生物の遺骸である．細胞のもつ分子を大きく分類すると糖，脂質，タンパク質/アミノ酸，そして核酸に分けられる．生体分子の大きさは 1000 Da（1 kDa）以下のもの（すなわち，**低分子**）が大部分であるが，その一方で，低分子が多数結合した高分子あるいは重合分子も

さまざま存在する．生体にはこのほか，気体（酸素，二酸化炭素，一酸化窒素など）や塩類（リン酸カルシウムなど）といった無機物質も含まれる．

3・5 糖 質

3～9個の炭素の骨格に複数のヒドロキシ基（-OH），さらにアルデヒド基（-CHO）かケトン基（>C=O）をもつ分子を**糖質**（sugar）という．糖質は基本の糖，すなわち単糖と，少数の単糖が結合した**オリゴ糖（少糖）**，さらには多数結合した**多糖**

表3・1 糖質の分類

単糖類	五炭糖（リボース，デオキシリボース） 六炭糖（グルコース，フルクトース，マンノース，ガラクトース） 単糖の誘導体（アミノ糖，ウロン酸，糖アルコール） その他
オリゴ糖類	二糖類（マルトース，スクロース，ラクトース） 三糖類 その他
多糖類	デンプン，セルロース，グリコーゲン，グリコサミノグリカン（ヒアルロン酸，コンドロイチン硫酸） 複合多糖類（糖タンパク質，糖脂質）

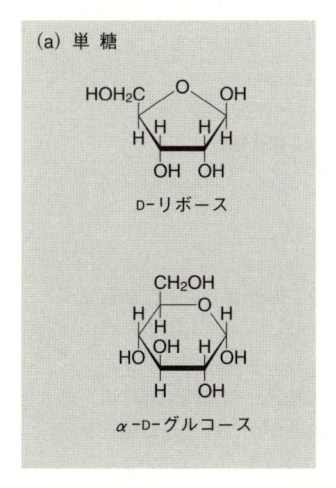

図3・7 代表的な単糖と二糖

に分類される（表3・1，図3・7）．単糖で特に重要なものは**五炭糖**と**六炭糖**だが，前者にはヌクレオチドの成分となるリボースが含まれる．六炭糖としてはエネルギー源の中心となるグルコース（ブドウ糖）が特に重要である．オリゴ糖類の中で，二糖類であるスクロース（ショ糖），マルトース（麦芽糖），ラクトース（乳糖）などは植物に多く，甘味をもつものが多い．グルコースが多数重合した**単純多糖**のうち植物のデンプンや動物のグリコーゲンはエネルギー貯蔵物質として，セルロース（植物の場合）は**構造多糖**として機能している．単糖の誘導体（N-アセチルグルコサミンなど）を含む多糖であるグリコサミノグリカン（酸性ムコ多糖）は動物細胞の細胞外マトリックスに多くみられる（たとえば，眼球のレンズや関節に含まれる

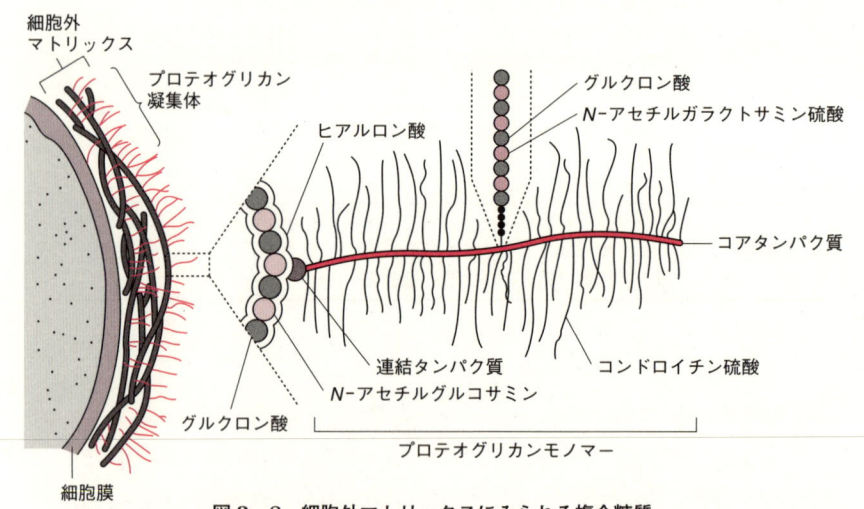

図3・8　細胞外マトリックスにみられる複合糖質

> **メモ 3・4　糖鎖情報**
>
> 　タンパク質にオリゴ糖が結合したものを**糖タンパク質**といい，血清タンパク質や乳腺や肝臓に由来する分泌性タンパク質にみられる．糖タンパク質の糖鎖に結合するタンパク質を**レクチン**という．生体内ではレクチンによる糖鎖認識を通じて特定部位へのタンパク質輸送，細胞間相互作用，細胞外からのシグナル受容といった現象がみられるが，このように糖タンパク質中のオリゴ糖には**糖鎖情報**が存在する．

ヒアルロン酸，軟骨に含まれるコンドロイチン硫酸，血液凝固成分であるヘパリン）．多糖やオリゴ糖がタンパク質や脂質に結合したものを**複合糖質**といい，糖部分は糖鎖を構成する（図3・8）．プロテオグリカンは膜タンパク質や分泌タンパク質に存在する高分子で，糖鎖は上述のグリコサミノグリカンで，分子量の大部分を糖鎖が占める．

3・6 脂　質

　水に溶けにくく有機溶媒に溶けやすい生体分子を**脂質**（lipid）という（表3・2）．炭化水素の鎖にカルボキシ基の付いたものを**脂肪酸**というが，生体ではグリセロールとのエステル，すなわち中性脂肪として存在する（図3・9）．脂肪酸は動植物油脂の主成分で，主要なエネルギー貯蔵物質となり，リパーゼでグリセロールと脂肪酸に加水分解される．大部分の脂肪酸の炭素数は偶数で，16（パルミチン酸など）か18（オレイン酸など）が多い．さまざまな生理活性（子宮収縮/弛緩，血管拡

(a) 脂肪酸

	脂肪酸[*1]		融点〔℃〕
飽和脂肪酸	酢　酸	CH_3COOH	16.7
	酪　酸	C_3H_7COOH	−7.9
	パルミチン酸	$C_{15}H_{31}COOH$	63.0
	ステアリン酸	$C_{17}H_{35}COOH$	69.6
不飽和脂肪酸[*2]	オレイン酸	$C_{17}H_{33}COOH$	13.4
	リノール酸	$C_{17}H_{31}COOH$	5.0
	ドコサヘキサエン酸	$C_{21}H_{31}COOH$	−44.0

*1　一般構造は R−C(=O)OH
*2　二重結合をもつ

(b) 中性脂肪の構造

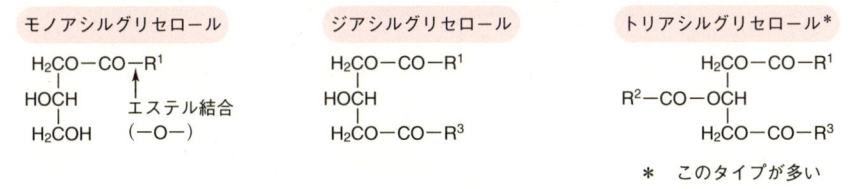

モノアシルグリセロール
$H_2CO-CO-R^1$
$HOCH$ 　エステル結合 (−O−)
H_2COH

ジアシルグリセロール
$H_2CO-CO-R^1$
$HOCH$
$H_2CO-CO-R^3$

トリアシルグリセロール*
$H_2CO-CO-R^1$
$R^2-CO-OCH$
$H_2CO-CO-R^3$

*　このタイプが多い

図3・9　脂肪酸と中性脂肪

表3・2　機能による脂質の分類

機　能	脂　質
貯蔵エネルギー	中性脂肪
生体膜成分	リン脂質，コレステロール，糖脂質
脂質の消化促進	胆汁酸
脂質運搬体	リポタンパク質
生体機能調節	プロスタグランジン，イノシトールリン脂質
ホルモン，遺伝子発現調節	ビタミンA，ステロイドホルモン，甲状腺ホルモン

張/弛緩など）をもつプロスタグランジン類は炭素20個の脂肪酸からつくられる．リン酸をもつ脂質を**リン脂質**というが，このうちグリセロールを含む**グリセロリン脂質**（図3・10）は細胞膜の成分にもなる（ホスファチジルコリンなど）．糖に脂質の付いたものを**糖脂質**といい，この中には血液型物質になっている**スフィンゴ糖脂質**などがある．脂質の中にはステロイド核をもつものがあり，コレステロールを代表とするステロール類，コール酸などの胆汁酸類，ビタミンD前駆体であるプロビタミンD_2（エルゴステロール），そしてステロイドホルモン（たとえば，グルココルチコイド，テストステロンやエストロゲンなどの性ホルモン）がある．

グリセロリン脂質の基本構造（R-CO-：アシル基）

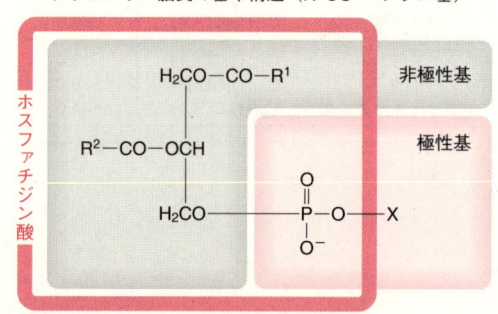

X	リン脂質の名称
$-CH_2-CH_2-\overset{+}{N}(CH_3)_3$	ホスファチジルコリン（レシチン）
$-CH_2-CH_2-NH_2$	ホスファチジルエタノールアミン
$-CH_2-CH-COOH$ 　　　$\mid$ 　　　NH_2	ホスファチジルセリン

図3・10　グリセロリン脂質

メモ 3・5　脂質と界面活性

　脂肪酸の炭化水素部分は疎水性を，カルボキシ基は親水性をもつので，水と油を混ぜるせっけんのような活性（**界面活性**）を示す（図3・11）．胆汁酸のように親水基ももつ脂質は一般に界面活性がある．

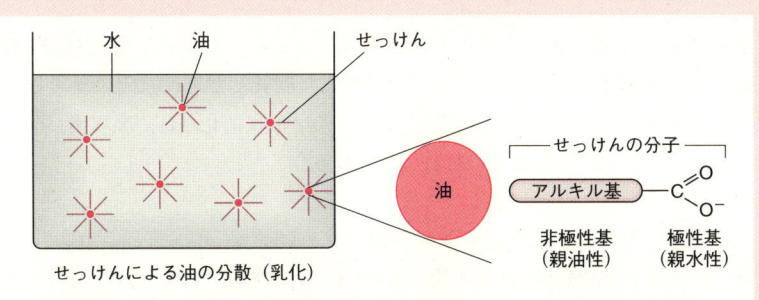

図3・11　せっけんによる油の分散　せっけんのように分子内に極性基と非極性基をもつ分子は上のような界面活性を示す．

4 情報高分子(1)：アミノ酸とタンパク質

　直接の遺伝情報をもつ高分子を**情報高分子**といい，**タンパク質**と**核酸**（**DNA**, **RNA**）がそれに相当する．タンパク質は糖質，脂質とともに三大栄養素の一つであるが，栄養として摂取したタンパク質はアミノ酸に消化され，吸収後，全身の細胞に運ばれてタンパク質合成の材料に使われる．

4・1　タンパク質を構成するアミノ酸

　タンパク質は20種類の**アミノ酸**（表4・1）から構成される．これらのアミノ酸はカルボキシ基の付いている炭素（α炭素）にアミノ基と水素，そしてアミノ酸特異的化学基である**側鎖**が結合している（図4・1）．α炭素を中心にした正四面体の頂点の位置に各化学基が位置するが，カルボキシ基を上，側鎖を奥にしたとき，アミノ基が左にあるものをL形，右にあるものをD形という（これらの**不斉分子**は，互いに異なる**旋光性**をもつ**光学異性体**である）．天然のアミノ酸はL形である．アミノ酸の性質は大きく**親水性**と**疎水性**に分けられ，前者には正電荷をもつもの（リシンなど），負電荷をもつもの（アスパラギン酸など），アミドをもつもの（グルタミンなど），ヒドロキシ基をもつもの（セリンなど）がある．一方疎水性アミノ酸は，芳香環をもつもの（チロシンなど），硫黄をもつもの（システインなど），脂肪族の

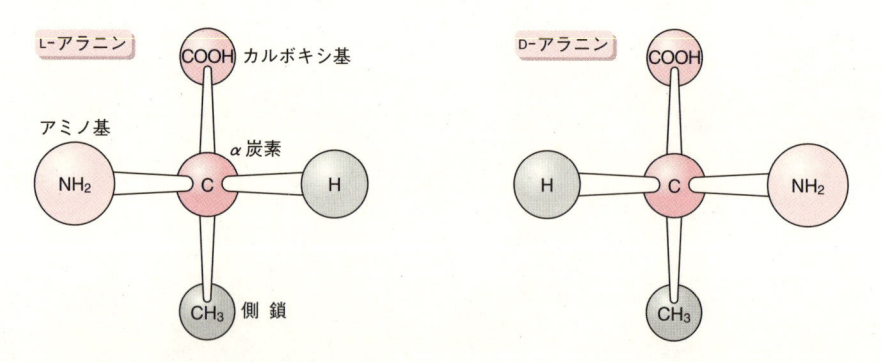

図4・1　アミノ酸の基本構造　L-アラニンとD-アラニンを示す．両者は鏡像関係にあり，天然のアミノ酸はL形である．

4. 情報高分子(1): アミノ酸とタンパク質

表 4・1　タンパク質を構成する 20 種類のアミノ酸

性質		名称	3文字表記	1文字表記	側鎖 (R) の構造	等電点	R の pK_a
中性		グリシン	Gly	G	$-H$	6.0	
親水性	正電荷をもつ	ヒスチジン	His	H	$-CH_2-$ (imidazole, NH^+)	7.6	6.0
		リシン	Lys	K	$-(CH_2)_4-\overset{+}{N}H_3$	9.7	10.5
		アルギニン	Arg	R	$-(CH_2)_3-NH-C(\overset{+}{=}NH_2)-NH_2$	10.8	12.5
	負電荷をもつ	アスパラギン酸	Asp	D	$-CH_2-COO^-$	2.8	3.7
		グルタミン酸	Glu	E	$-CH_2-CH_2-COO^-$	3.2	4.3
	アミドを含む	アスパラギン	Asn	N	$-CH_2-CO-NH_2$	5.4	
		グルタミン	Gln	Q	$-CH_2-CH_2-CO-NH_2$	5.7	
	ヒドロキシ基を含む	セリン	Ser	S	$-CH_2OH$	5.7	
		トレオニン	Thr	T	$-CH(OH)-CH_3$	6.2	
疎水性	芳香環をもつ	フェニルアラニン	Phe	F	$-CH_2-$(phenyl)	5.5	
		チロシン	Tyr	Y	$-CH_2-$(phenyl)$-OH$	5.7	10.1
		トリプトファン	Trp	W	$-CH_2-$(indole)	5.9	
	硫黄を含む	メチオニン	Met	M	$-CH_2-CH_2-S-CH_3$	5.7	
		システイン	Cys	C	$-CH_2-SH$	5.1	10.2
	脂肪族の性質をもつ	アラニン	Ala	A	$-CH_3$	6.0	
		ロイシン	Leu	L	$-CH_2-CH(CH_3)_2$	6.0	
		イソロイシン	Ile	I	$-CH(CH_3)-CH_2-CH_3$	6.0	
		バリン	Val	V	$-CH(CH_3)_2$	6.3	
		プロリン	Pro	P	$HN-$(pyrrolidine)$-COOH^\dagger$	6.3	

† プロリンは全構造を示す.

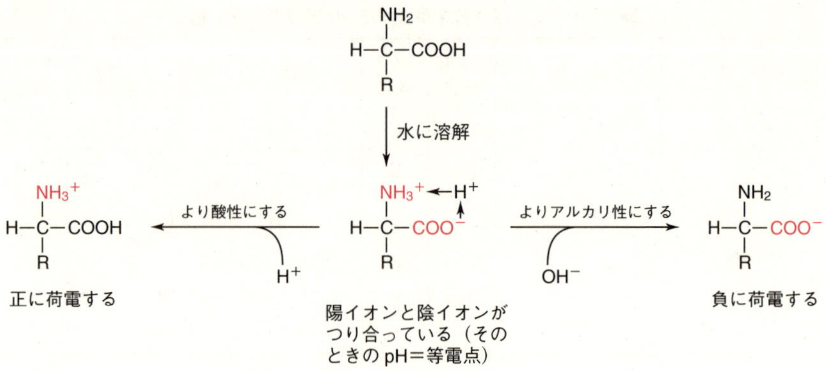

図4・2 アミノ酸の電離 アミノ酸は正と負に荷電する基をもつ両性電解質である．

性質をもつもの（ロイシンなど）がある．このような性質は溶解度，電気的性質，分子の大きさや回転の自由度にかかわる．

4・2 アミノ酸の電気的性質

アミノ酸は分子内に負に荷電するカルボキシ基と正に荷電するアミノ基をもつ**両性電解質**である（図4・2）．イオン化状態はそのときの**水素イオン濃度（pH）**で異なるが，あるpHで正と負のイオンが電気的につり合うとき，そのpHを**等電点**という．多くのアミノ酸の等電点は弱酸性にあって，水中では負に荷電している．等電点が特に低いもの（グルタミン酸，アスパラギン酸）や高いもの（リシン，アルギニン）もある．"酸"といっても，塩基性アミノ酸を溶かした溶液のpHはアルカリ性に偏っている．

4・3 ペプチドとタンパク質

アミノ酸2個が，カルボキシ基とアミノ基の間で起こる**脱水縮合**で結合したものを（ジ）**ペプチド**といい，その結合様式を**ペプチド結合**という（図4・3）．このよ

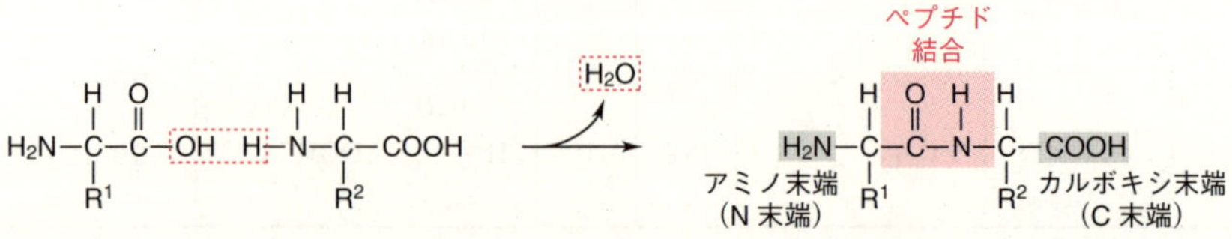

図4・3 2個のアミノ酸からのジペプチドの生成

うな結合がペプチド鎖の遊離カルボキシ基とアミノ酸のアミノ基の間でつぎつぎに起こることにより，ペプチド鎖が順次伸びる（生体で起こるタンパク質合成もこの方向で進む）．アミノ酸20個程度まで含むペプチドを**オリゴペプチド**という．それ以上長いものを**ポリペプチド**といい，タンパク質とほぼ同義である．アミノ酸が20種あるため，タンパク質の種類は非常に多様性に富むが，そのアミノ酸配列は遺伝子によって決められている（13章参照）．アミノ酸の質量は平均110 Daであり，大部分のタンパク質は10〜200 kDaの範囲に入る．

4・4 タンパク質の高次構造

ペプチド結合はある程度の柔軟性があるため，タンパク質はさまざまな構造（分

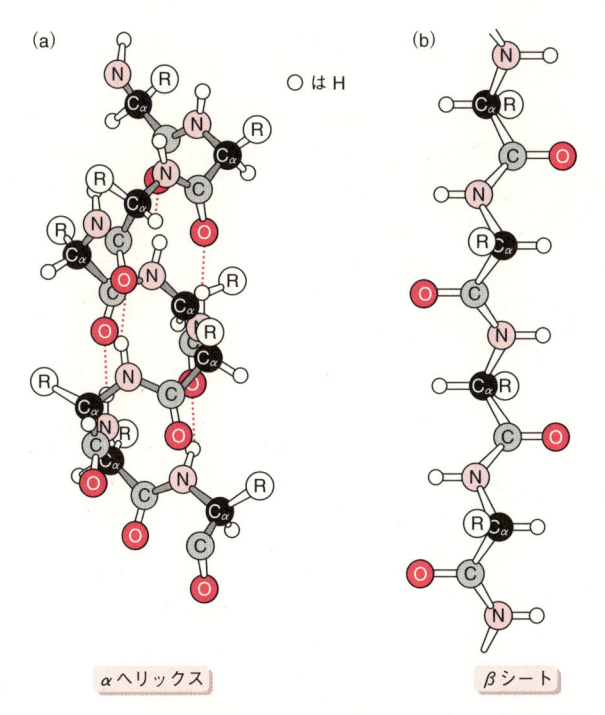

(a) αヘリックス　　(b) βシート

○はH

図4・4　タンパク質の代表的な二次構造　βシート（β構造）は複数のシート状が平行，あるいは逆平行で並ぶとβひだ状構造をとる（β構造が複数並んだ構造をβシートと区別して表現する場合もある）．

子形）をとることができる．アミノ酸配列を**タンパク質の一次構造**という．ペプチド鎖が近傍のアミノ酸中の原子同士の相互作用でつくる特徴的構造を**二次構造**というが，らせん状のαヘリックスと，伸びたβシートが知られている（図4・4）．これらの構造はそれぞれ互いにゆるく結合する傾向がある（タンパク質同士がゆるく結合する場合も，これらの二次構造同士の相互作用がかかわることが多い）．二次構造がいくつか集まって分子全体の形，すなわち**三次構造**が形成される．システインの-SH基（スルフヒドリル基）同士で共有結合した-S=S-結合（ジスルフィド結合）も三次構造に含まれる．多くのタンパク質は折りたたまれた三次構造をとって球状になる（図4・5；おもに疎水性アミノ酸は芯の部分に，親水性アミノ酸は表面部分に位置する）が，中には繊維状構造をとるもの（絹タンパク質のフィブロインなど）もある．タンパク質の三次構造は，基本的には一次構造から必然的・自

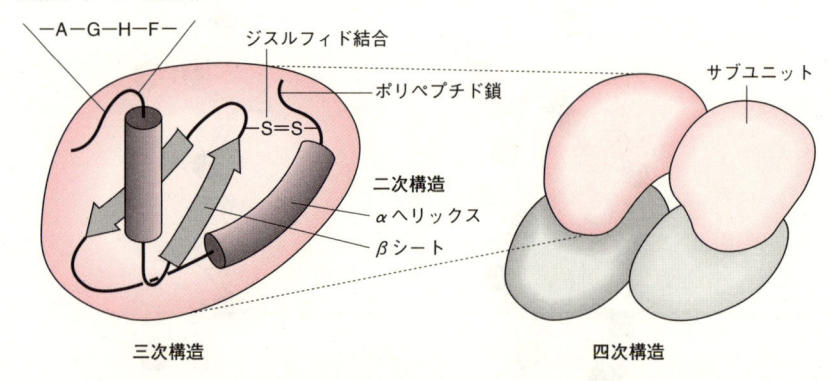

図4・5　タンパク質の高次構造　二～四次構造を高次構造という．サブユニットは同じものである場合と，異なるものである場合の両方がある．

発的に形成され，二次構造と三次構造の形成は並行して進む．三次構造をとったポリペプチド鎖が数個ゆるく結合し（個々を**サブユニット**という），**四次構造**をつくるものもある．二～四次構造を**タンパク質の高次構造**という．タンパク質の機能は高次構造をもつことで発揮されるため，熱や試薬（水素結合を切断する尿素など）でこれが破壊されると（これを**タンパク質の変性**という）活性が失われる（図4・6）．

4. 情報高分子(1)：アミノ酸とタンパク質

三次構造をとっている
ポリペプチド鎖

変性剤 → 変性
SS 結合の解除

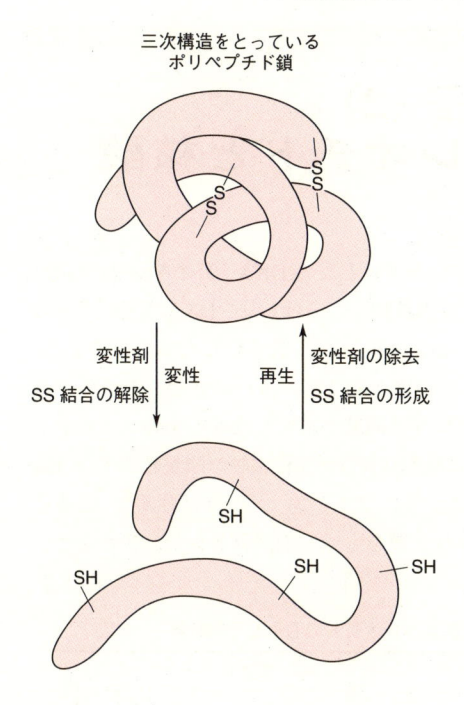

変性剤の除去 ← 再生
SS 結合の形成

変性剤（変性要因）
　高　温
　強　酸
　ハロゲン（ヨウ素など）
　界面活性剤（ドデシル
　　　　硫酸ナトリウムなど）
　水素結合切断試薬（尿素など）
　重金属類
　有機溶媒
　SH 試薬
　その他

図 4・6　タンパク質の変性　この図は可逆的変性の例を示したが，変性要因によっては，変性が不可逆的な場合もある．

5 情報高分子(2)：ヌクレオチドと核酸

5・1 核酸を構成するヌクレオチド

核酸は核にある酸性物質として発見されゲノムとなる **DNA**（デオキシリボ核酸）と，そこから転写されてできる **RNA**（リボ核酸）に分けられ，DNA は遺伝子そのものでもある．核酸は**ヌクレオチド**（nucleotide）が多数重合した高分子である．塩基と糖（DNA は 2-デオキシリボース，RNA はリボース）が結合したものを**ヌクレオシド**（nucleoside）といい，それにリン酸基が結合したものをヌクレオチドという（表 5・1，図 5・1）．糖の 1′ 位に塩基が付き，5′ 位にリン酸が結合する〔塩基に 1, 2, …… と番号を付すので，糖は番号にプライム（′）を付ける〕．塩基はDNA では**アデニン**，**グアニン**という**プリン環**をもつもの，**シトシン**，**チミン**とい

表 5・1 ヌクレオシドおよびヌクレオチドの名称とその略号

塩基		ヌクレオシド		ヌクレオチド		
		糖[†1]	名 称	一リン酸	二リン酸	三リン酸
プリン塩基						
	アデニン (A)	R D	アデノシン デオキシアデノシン	アデニル酸 (AMP) デオキシアデニル酸 (dAMP)	ADP dADP	ATP dATP
	グアニン (G)	R D	グアノシン デオキシグアノシン	グアニル酸 (GMP) デオキシグアニル酸 (dGMP)	GDP dGDP	GTP dGTP
	ヒポキサンチン	R	イノシン	イノシン酸 (IMP)[†2]	IDP	ITP
ピリミジン塩基						
	シトシン (C)	R D	シチジン デオキシシチジン	シチジル酸 (CMP) デオキシシチジル酸 (dCMP)	CDP dCDP	CTP dCTP
	ウラシル (U)	R D	ウリジン デオキシウリジン	ウリジル酸 (UMP) デオキシウリジル酸 (dUMP)	UDP dUDP	UTP dUTP
	チミン (T)	D	（デオキシ）チミジン	（デオキシ）チミジル酸 (TMP)	TDP	TTP

[†1] R: リボース，D: デオキシリボース
[†2] IMP はヌクレオチドの合成前駆体となる．

5. 情報高分子(2)：ヌクレオチドと核酸

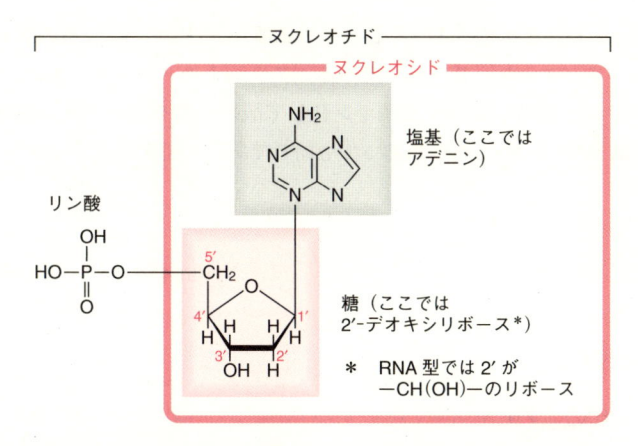

図5・1　ヌクレオチドの構造　ここではデオキシアデノシン一リン酸 (dAMP) を示す．

うピリミジン環をもつ4種類で，RNAではチミンの代わりにウラシルが使われる（図5・2）．ヌクレオチドを単体でみた場合，たとえばアデニンにデオキシリボースの付いたヌクレオシドをデオキシアデノシンといい，それに1個のリン酸が付いたものはデオキシアデノシン一リン酸（dAMP: deoxyadenosine monophosphate）とよぶ．リン酸は3個まで結合でき，2個付いたものをデオキシアデノシン二リン酸 (dADP)，3個付いたものをデオキシアデノシン三リン酸

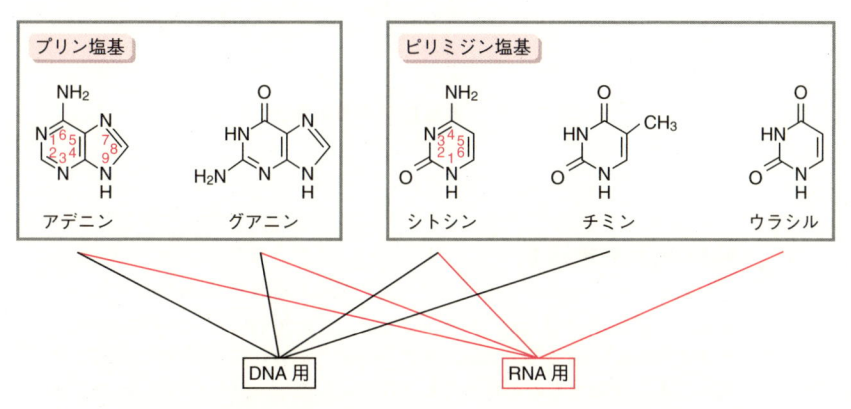

図5・2　核酸を構成する塩基　プリンは9位のN，ピリミジンは1位のNが糖と N-グリコシド結合する．

(dATP) という．高エネルギー物質として重要な ATP は，RNA 型のヌクレオシド三リン酸"アデノシン三リン酸"である．ヌクレオチド中のリン酸にある -OH 基は水素イオンを放出して $-O^-$ とイオン化して酸の性質を示す．リン酸基のこのような性質は DNA や RNA の中にあっても同じである（図 5・3）．

(a) 構造式による表示　　　　(b) 線状模式図による表示

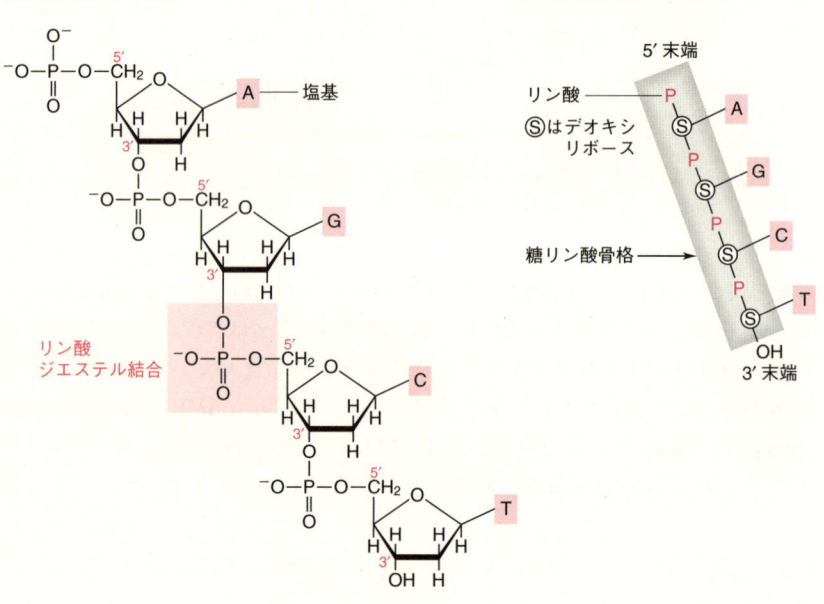

図 5・3　一本鎖 DNA の基本構造

メモ 5・1　個数を示す接頭語

1, 2, 3, ……, 10 という数を表すときにはそれぞれ **モノ**(mono)，**ジ**(di；あるいは **ビ** bi)，**トリ**(tri)，**テトラ**(tetra)，**ペンタ**(penta)，**ヘキサ**(hexa)，**ヘプタ**(hepta)，**オクタ**(octa)，**ノナ**(nona)，**デカ**(deca) という接頭語が使われる．複雑なものを数えるときなどには 2, 3, 4, …… に対し **ビス**，**トリス**，**テトラキス**，…… などが使われる．

5・2 核酸の鎖状分子形成

デオキシヌクレオシド一リン酸が 2 個（$dNMP_1$, $dNMP_2$）あるとき，$dNMP_2$ の 3′-OH と $dNMP_1$ の 5′-リン酸（P）の OH 基との間で水が取れる形で両者は結合することができ，この形の結合を**リン酸ジエステル結合**という（図 5・3 a 参照）．同じような反応が $dNMP_3$, $dNMP_4$, $dNMP_5$, ……と続いても同様な反応が起こり，ヌクレオチドの重合する線状分子が形成される．ヌクレオチド数 2〜100 個程度のものを**オリゴヌクレオチド**，それ以上のものを**ポリヌクレオチド**といい，ポリヌクレオチド鎖がすなわち DNA の鎖である（ただし，ここではまだ一本鎖）．RNA 鎖の形成も同様に進む．核酸は糖とリン酸の骨格に塩基が突き出ている分子で，鎖の一方が糖の 5′ 末端，他方が 3′ 末端となる．核酸はこのように方向性をもつ分子であり，合成は上のように，5′ 末端から 3′ 末端の方向に起こる．実際のヌクレオチド重合反応では，基質として三リン酸型のヌクレオチド（dNTP）が使われ，DNA には 5′ 炭素の 1 個のリン酸（この位置のリン酸を α 位といい，それに β 位，γ 位が続く）のみが残る．

5・3 DNA の二重鎖と塩基対の相補性

細胞中で RNA は一本鎖であるが，DNA は実際には 2 本一組として存在する．J.D.Watson と F.H.C.Crick によりその構造は図 5・4 に示すような**二重らせん構造**をしていることが明らかにされた．2 本の DNA は塩基を内側に結合し，外側には糖とリン酸の骨格が位置し，全体はピッチ 34 Å の右巻きのらせんとなる．塩基同士の結合はアデニン（A）とチミン（T），シトシン（C）とグアニン（G）という対で，塩基同士はゆるい**水素結合**で結合し，水素結合の数は AT 対では 2 個，GC 対では 3 個と安定性に違いがある．塩基の順番（**塩基配列**）はそれぞれの DNA に特異的で，遺伝子はこの配列により決まる．一方の塩基配列が決まれば自動的に他方も決まるこの性質を**塩基配列の相補性**といい，この正確なペアリングが DNA の複製や DNA から RNA を転写する場合の正確さを期すために必須となる．

メモ 5・2　B 形 DNA

塩基対を糖-リン酸骨格が保護し，右巻きらせんをとる図 5・4 の構造を **B 形 DNA** という（水のないところでつくられる構造は **A 形 DNA** という）．細胞にはこのほかにも，部分的に左巻き（**Z 形 DNA**）や**三本鎖 DNA** というものも存在する．

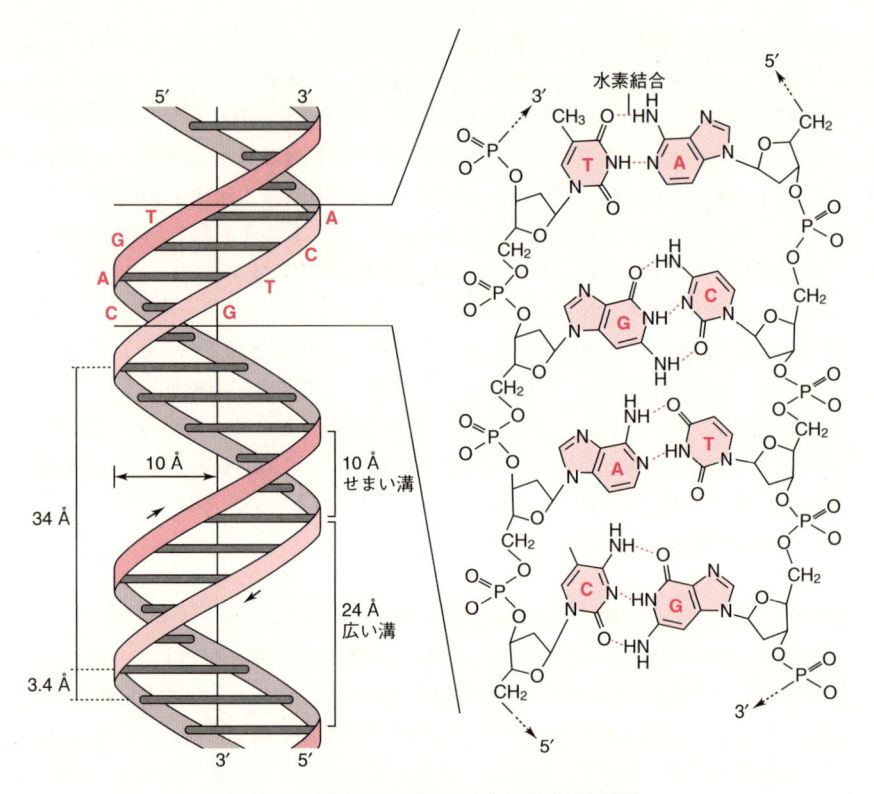

図5・4　DNAの二重らせんと塩基対の相補性

5・4　核酸の性質

a. 変性とアニール　　DNA二本鎖間の水素結合は不安定なため，沸騰水中では容易に壊れてDNAは一本鎖となるが，それをゆっくりと冷ますと個々の分子は相補的な相手の鎖とまた結合し，元の二本鎖が復元する．DNAが一本鎖になることを**DNAの変性**といい，元に戻ることを**アニール**という("焼きなまし"の意．リアニールともいう；図5・5)．このような二本鎖⇌一本鎖という変化は部分的には細胞内で複製や転写，修復や組換えのときに実際に起こっている．DNAが50%変性する温度を**融解温度**といい，T_m と記す．天然のDNAの T_m は70〜90℃の間に入るが，GC対の多いほど高い．一価陽イオン（Na^+，NH_4^+ など）濃度の低下や水素結合を切る試薬の添加（尿素，ホルムアミドなど）は T_m を下げるが，細胞には二本鎖を一本鎖にする酵素（DNAヘリカーゼ）が多数存在し，種々のDNAの

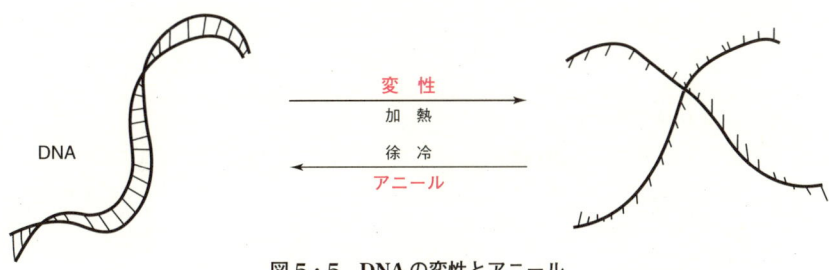

5. 情報高分子(2)：ヌクレオチドと核酸

図 5・5　DNA の変性とアニール

ダイナミズムに役割を果たしている．DNA のアニールは一本鎖が相補的であれば，その起源が別である DNA や RNA との間でもみられ，また必ずしも相補性が 100 ％でなくとも起こる．これらの過程を**核酸のハイブリダイゼーション**（"雑種形成"の意）という．

b. DNA の分子形と立体構造　　細胞内の DNA は通常線状だが，原核生物ゲノムやミトコンドリア DNA などのような環状 DNA も存在する．天然の DNA はらせんの巻き数が理論値（10.4 塩基/1 回転）よりわずかに少ないため，環状 DNAのように末端が自由に回転しない DNA は自身で安定になろうとして，全体が右にねじれる．この構造を **DNA の超らせん**（特に**負の超らせん**）という（図 5・6）．DNA 上で複製や転写が進行するとき，進行方向下流側ではらせんが詰まって**正の超らせん**ができてそれ以上反応が進まず，逆に下流ではらせんを積極的につくらなくてはならない．細胞にはこのような DNA の立体的（トポロジカル）な不都合を解消する酵素**トポイソメラーゼ**が多数存在する．この酵素のない大腸菌は，複製した環状の娘 DNA が鎖状につながった連環となって結合してしまうため，細胞分裂ができずに死んでしまう．RNA や一本鎖 DNA の中に --GTCCG-//--CGGAC-- といった配列があると，分子内で部分的二本鎖ができ，RNA ではこのような形が一般的である（図 5・7；二本鎖部分を**ステム**，間の輪の部分を**ループ**という）．

超らせん構造をとる二本鎖 DNA

図 5・6　DNA の超らせん

(a) 二本鎖 DNA の場合

回文構造

---AGTTGGC───//───GCCAACT---
---TCAACCG───//───CGGTTGA---

(b) 一本鎖 DNA/RNA の場合

---GTCCG───//───CGGAC---

図5・7　分子内二重鎖の形成

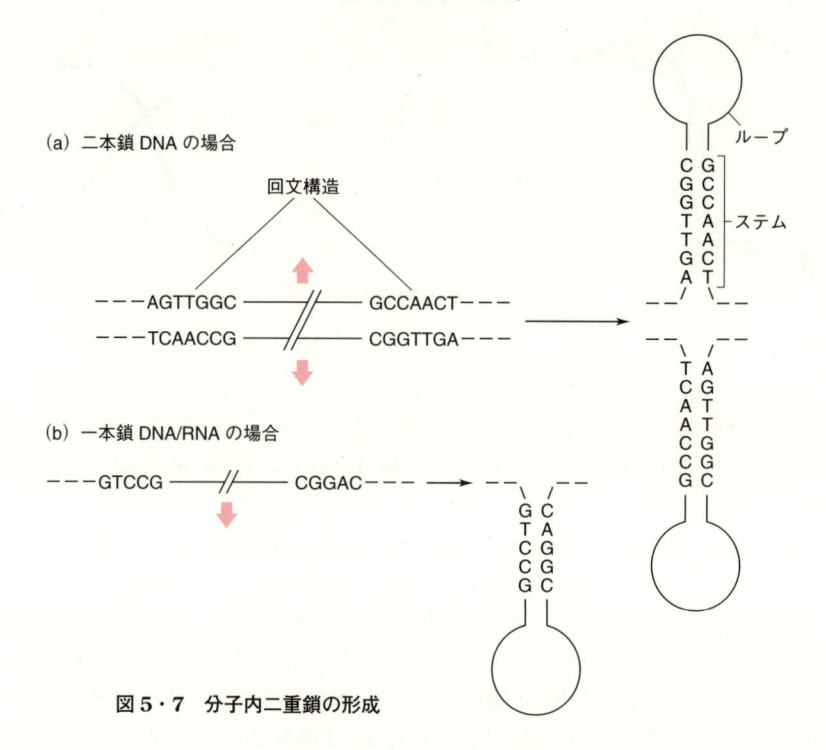

┌─ コラム 6 ─────────────────────────────
生物の歴史は紫外線対策の歴史でもある

　紫外線は DNA 構造，特に塩基構造を変化させ，複製や転写を阻害するため，細胞の死を招くことがある．また塩基構造の変化が**塩基の誤対合**を誘導し（たとえば，CC の間で紫外線によって二量体ができると，反対側の塩基が G から A に変化し，最終的に AT 対ができる），**突然変異**となる．この結果細胞の死やがん化がひき起こされることがある．このように基本的に紫外線は生物にとって有害である．太陽光線には大量の紫外線が含まれているため，生物が生きていくためには紫外線による傷をいかに軽減できるかが鍵になる．現存する生物は紫外線で生じた傷を修復する多様な修復酵素をもつようになって生き残ることができた．太古の昔，地上に植物が繁栄して大量の酸素が生成されたが，これによって大気圏に**オゾン層**がつくられた．オゾンは紫外線吸収効果が非常に高く，地上に届く紫外線の量は大幅に減少している．単に酸素をつくったり CO_2 濃度を下げたりするだけではなく，植物からもたらされる重要な恩恵の一つである．

メモ 5・3　ヌクレオチドの紫外線吸収能

　塩基は**紫外線**を吸収する性質があり，とりわけ 260 nm の波長の紫外線を特異的に吸収する．DNA 濃度は 260 nm の吸光度 1.0 で 50 μg/mL となる．紫外線を吸収した DNA には塩基構造の変化など（図 5・8；たとえば，隣接するピリミジン塩基の二量体ができる），さまざまな傷害効果が現れる．

(a) チミン二量体の形成

(b) CC 部分における突然変異

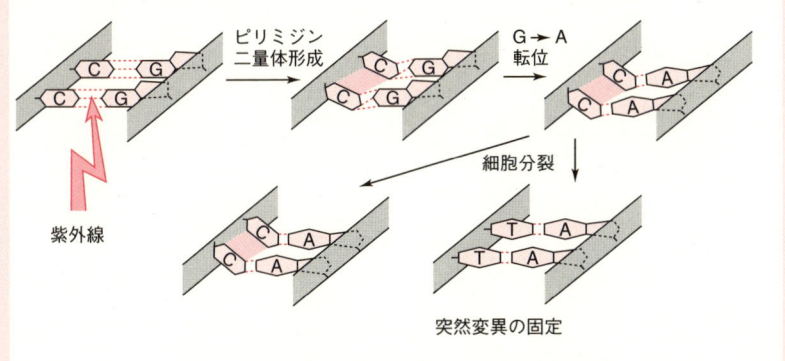

図 5・8　紫外線によって起こる DNA の構造変化

II 代謝：生体内化学反応

　細胞は取込んだ物質を元に ATP を合成するという形でエネルギーを獲得し，それを種々の細胞活動や必要な物質の合成に利用する．このような物質の化学変化"**代謝**"の大部分は**酵素**というタンパク質触媒の作用により，制御を受けながら効率よく進められる．

　糖や脂質の**異化**は，おもにエネルギーを得るために行われる**エネルギー代謝**で，水素に付随した電子からエネルギーが取出され，ATP が合成される．細胞ではまず無酸素条件でグルコースがピルビン酸を経て乳酸に異化されて ATP がつくられるが，この経路を**解糖系**という．つぎにピルビン酸は**クエン酸回路**に入り，そこで生成した NADH に転移した電子が**電子伝達系**と**酸化的リン酸化**を経るときに大量の ATP がつくられる．この過程は，電子受容体として酸素を必要とする．脂質も最終的に糖の代謝経路に入り，ATP 産生にあずかる．

　細胞ではこのほか，細胞維持にとって必要な物質を合成する**同化**反応も種々行われているが，この中には NADPH やリボースをつくる**ペントースリン酸回路**，アミノ酸合成を中心とする**窒素代謝経路**，核酸の素材であるヌクレオチドを合成する経路などがある．細胞にエネルギーの余裕がある場合，糖はグリコーゲンや脂肪酸につくり換えられ，蓄えられる．

　植物は葉緑体の中で**炭酸同化**という独特の同化反応を行うが，ここでは二酸化炭素と水を材料に，光によって糖が合成され（**光合成**），副産物として酸素が発生する．

6 酵　　　　　素

6・1　酵素はタンパク質触媒

　化学反応がA→Bと進んでいるようにみえても，一定の確率でB→Aという逆反応も起こり，反応特有の平衡状態で安定する．温度を上げると反応はより速く進むが，さらに反応効率を高めるために白金などの金属を**触媒**として用いる．触媒は反応にかかわる原子や電子の受け渡しを行い，反応開始に必要な活性化エネルギーを下げることにより反応を進みやすくするが，反応の平衡には影響せず，反応の前後で自身の構造は変わらない（図6・1a）．生体内で起こる化学反応を**代謝**（metabolism）というが，代謝も体温といった低い温度でも効率よく反応が起こるように，やはり触媒が関与している．生体で働く触媒を**酵素**といい，タンパク質からなり，金属触媒にない特徴がある．多くの酵素は中性のpHで高い活性を発揮する．しかし胃にあるペプシンやリソソームの酵素のように酸性条件を好むもの，十二指腸の酵素のようにアルカリ性条件を好むものもある．触媒効果は高温ほど高いが，酵素タンパク質は高温で失活するため，**最適温度**が存在する．通常，酵素の最適温度は体温，あるいは生息温度である（好熱性細菌では最適温度が～90℃と

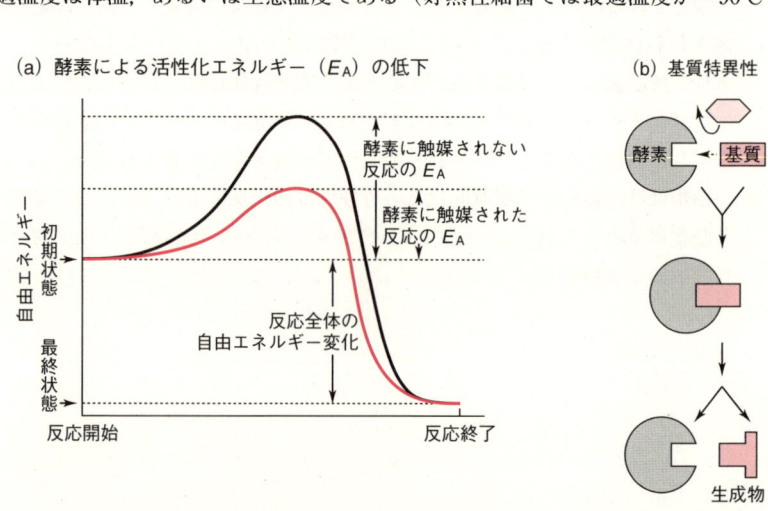

図6・1　酵素の性質

いう酵素もある)．酵素にはいろいろなものがあり，種類により触媒する反応が決まっているが，さらに反応にかかわる基質(反応にかかわる分子)の種類も決まっている(**酵素の基質特異性**；図6・1b)．

> **メモ 6・1　誘導適合**
> 　　酵素は基質と結合した後，触媒能を発揮しやすいよう，遷移的に構造を変化させるが，この現象を**誘導適合**といい(図6・3b参照)，金属触媒にはない性質である．

6・2　酵素の種類

　酵素は触媒する反応の種類により六つに分類される(表6・1)．1) **酸化還元酵素**は2種類の基質間の酸化と還元(電子の授受)を触媒し，一つの基質が酸化されると他方は還元される．大部分は脱離した水素を補酵素(NAD^+や$NADP$など)に渡す脱水素酵素(デヒドロゲナーゼ)であるが，このほかにも電子を酸素に渡す酸化酵素(オキシダーゼ)，分子状酸素を結合させるオキシゲナーゼなどがある．2) **転移酵素**(トランスフェラーゼ)はある化学基を他の分子に移すもので，ヌクレオチドを転移・重合させるRNAポリメラーゼやリン酸基を移すキナーゼがある．3) 水分子が基質の分解に関与する反応を触媒する酵素は**加水分解酵素**(消化酵素など)といい，4) 水が関与しない場合は**脱離酵素**(リアーゼ)に分類される(デカルボキシラーゼなど)．5) **異性化酵素**(イソメラーゼ)は構造異性体生成にかかわり，6) ATPのリン酸基切断に伴って生ずる自由エネルギーを使って2分子を連結する酵素は**合成酵素**(リガーゼ)という．

表6・1　酵素の種類

酸化還元酵素	2種の基質間の酸化還元反応(電子の転移)を行う．
転移酵素(トランスフェラーゼ)	アミノ基やメチル基などをある基質から他の基質に移す．
加水分解酵素	エステル結合，多糖，タンパク質の加水分解．
脱離酵素(リアーゼ)	加水分解や酸化によらず，基質からある基を取除く．
異性化酵素(イソメラーゼ)	アミノ酸のラセミ化，糖のエピマー化，シス-トランス変換，分子内転位，その他のトポロジー変化を触媒する．
合成酵素(リガーゼ)	ATPの加水分解を伴って二つの分子を結合させる．

> **メモ 6・2　酵素の命名**
> 　標準的には"基質名＋反応様式＋ase（アーゼ）"と命名する（グルコースイソメラーゼ，ピルビン酸デカルボキシラーゼなど）が，反応生成物名に由来するもの（DNAポリメラーゼなど）や，慣用名を用いるもの（トリプシンなど）もある．

6・3　酵素反応の特性と酵素反応の阻害

　酵素反応には反応の進行は遅いが，反応物は十分にできるもの，あるいは逆に反応は速いが生成物の量は少ないものなど，その動力学（キネティックス）は酵素特異的である．酵素の特性は，V_{max}とK_mという，酵素反応のキネティックスを表す**ミカエリス・メンテン（Michaelis-Menten）の式**で使われる酵素固有の指数で決められる（図6・2）．酵素反応液に加える基質濃度を上げると反応速度は上昇するが，やがては安定する．このときの最大反応速度をV_{max}といい，酵素の触媒能の程度を表す．V_{max}の半分の反応速度を与える基質濃度をK_m（**ミカエリス定数**）という．K_mは基質と酵素の親和性を表す（試験管内で酵素反応を行う場合はK_mの数倍程度の基質濃度にする）．

　酵素反応を阻害する物質を加えた場合，阻害物質の種類により阻害形式が異なる．阻害物質を取除くと阻害がなくなるタイプの阻害を**可逆的阻害**といい，以下のような様式がある．阻害物質が基質類似物質であるが反応はしないという場合，基質と

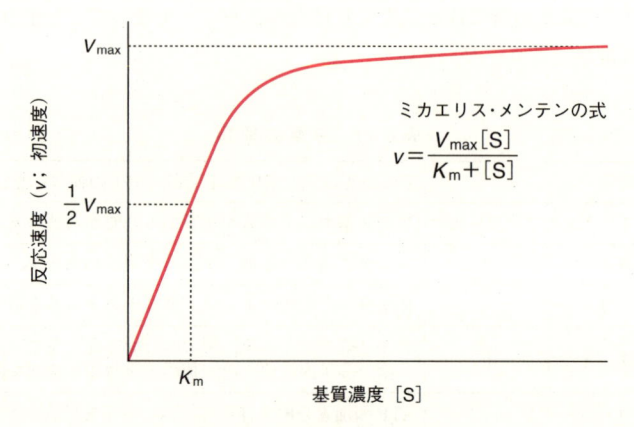

ミカエリス・メンテンの式
$$v = \frac{V_{max}[S]}{K_m + [S]}$$

図6・2　酵素反応の特性

6. 酵素

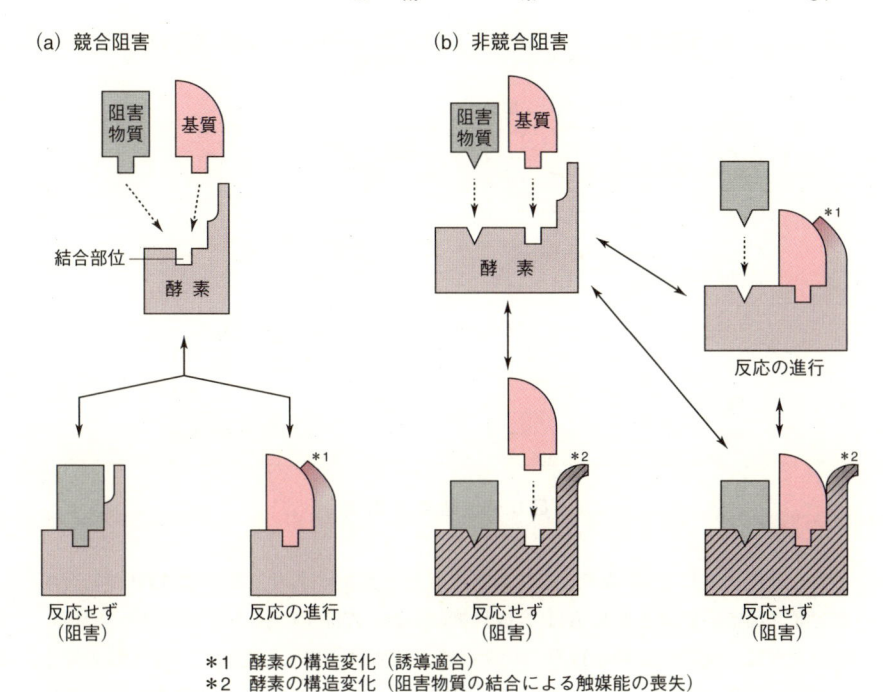

(a) 競合阻害   (b) 非競合阻害

*1 酵素の構造変化（誘導適合）
*2 酵素の構造変化（阻害物質の結合による触媒能の喪失）

図 6・3 酵素反応の阻害

阻害物質が競争的に酵素に結合するので（**競争阻害**または**競合阻害**；図 6・3a），基質濃度を上げると阻害は解消される（K_m は上がるが V_{max} は変化しない）．阻害物質が基質結合部位以外に結合する場合は**非競合阻害**（図 6・3b）がみられる（K_m は変化しないが V_{max} は低下する）．このほか，阻害物質が酵素-基質複合体に結合する**不競合阻害**というものもある（K_m と V_{max} 両方が低下する）．

6・4 生体でみられる酵素活性の制御

酵素は細胞内化学反応のバランスを通して恒常性の維持に働いている．細胞内での酵素活性の調節は，すでにある酵素活性を修飾することによって調節するという方式がおもにとられる．酵素に結合する物質が基質結合部位以外の部位（**アロステリック部位**）に結合することにより酵素活性が調節される現象を**アロステリック効果**といい（図 6・4a），活性化につながる場合と阻害につながる場合がある．前述の非競争阻害もこの方式を使っている．ATP 合成代謝にかかわるホスホフルクト

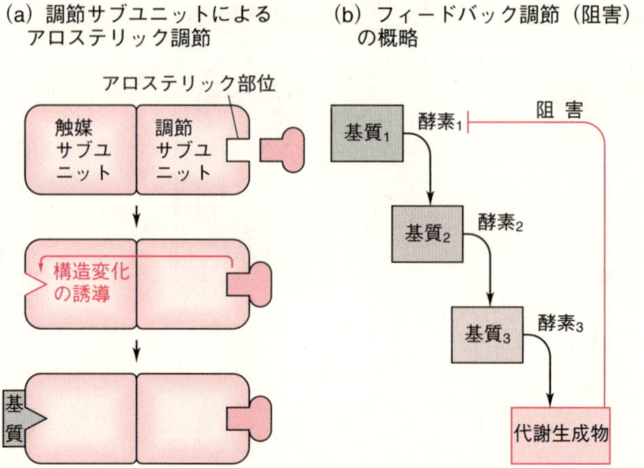

(a) 調節サブユニットによる　　(b) フィードバック調節（阻害）
　　アロステリック調節　　　　　　の概略

図6・4　酵素の調節

　キナーゼにはATPが結合できるアロステリック部位があり，ここにATPが結合すると酵素反応が阻害されてATP合成は抑制され，ATPのつくりすぎが防止される．このように，反応生成物が自身の代謝経路の酵素に作用して阻害し，生成物の産生を抑える現象を**フィードバック調節（阻害）**という（図6・4b）．酵素活性の調節にはこのほか，リン酸化を受けて活性化する例（たとえば，プロテインキナーゼカスケード中のプロテインキナーゼ）や，不活性なプロ酵素が限定分解によって活性化される例（たとえば，キモトリプシノーゲンからキモトリプシン，プロトロンビンからトロンビン）がある．

コラム 7

補　酵　素

　酵素反応に直接かかわる有機物で，反応に必須な役割を果たすものを**補酵素**という．補酵素は酵素の一部ではなく，基質から特定の原子団を受取ったり与えたりする役割をもつため，基質の一つととらえることができる．補酵素分子が酵素と強固に結合して一体化している場合，それらを**補欠分子族**という．補酵素には酸化還元反応において水素の受け渡しを行うNAD^+やNADP（それらの還元型はNADHやNADPH；図6・5），アシル基運搬体となる補酵素A（コエンザイムA　CoA），アルデヒド基の転移を行うチアミン，アミノ基転移にかかわるピリドキサールリン酸などがある．表6・2に記したように，補酵素の多くは水溶性ビタミンを主要構成成分とする．

6. 酵 素

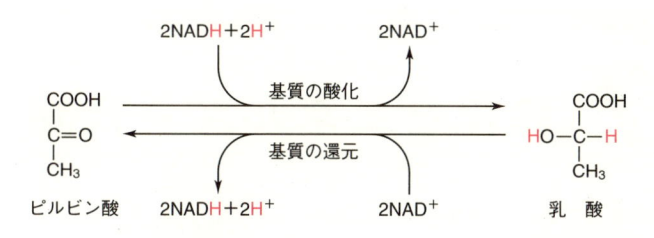

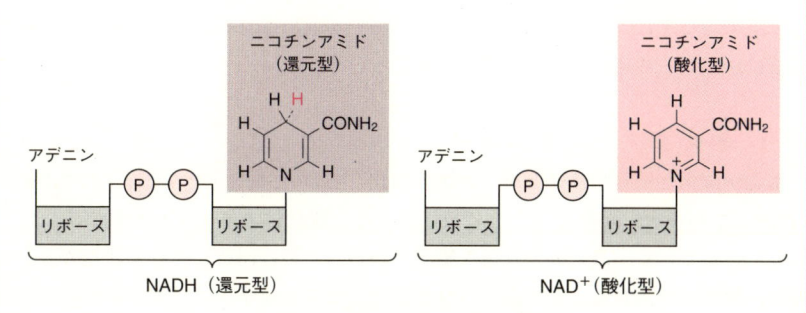

図6・5 補酵素の関与する反応

表6・2 補酵素とビタミン

補 酵 素	主要構成成分	酵 素 反 応
チアミン二リン酸 (TPP)	チアミン (ビタミン B_1)	アルデヒド基の転移 脱炭酸反応
フラビンモノヌクレオチド (FMN) フラビンアデニンジヌクレオチド (FAD)	リボフラビン (ビタミン B_2)	脱水素反応と酸化反応
補酵素A (コエンザイムA, CoA)	パントテン酸	アシル基の運搬
ピリドキサール 5′-リン酸 (PLP)	ピリドキシン (ビタミン B_6)	アミノ基転移反応
L(−)-5, 6, 7, 8-テトラヒドロ葉酸	葉酸 (ビタミン M/B_c)	ホルミル基やメチル基の転移
5′-デオキシアデノシルコバラミン	コバラミン (ビタミン B_{12})	分子内カルボキシル転移
補酵素R	ビオチン (ビタミン H)	CO_2 固定反応

7 異化とエネルギー代謝

　生物が使う主要なエネルギー源は植物などが光エネルギーを使ってつくるグルコースである．合成されたグルコースにはエネルギーが蓄積されているので，それを分解することにより，蓄積されたエネルギーが取出される．生体で起こる合成と分解にかかわる代謝をそれぞれ**同化**，**異化**という．

7・1　酸化還元とエネルギー

　水素が酸素と結合することを"水素の酸化"といい，炎を上げて燃え，エネルギー（**自由エネルギー**）が熱や光として放出される．**酸化**はエネルギーを取出す反応ということができる．酸化の逆反応を**還元**といい，両者は同時に進行するため，上の場合，酸素は水素が結合して還元されたことになる．化学的には電子を得ることを還元，失うことを酸化という（図7・1；たとえば，三価鉄が電子を得て二価鉄になることは還元である．$Fe^{3+} + e^- \longrightarrow Fe^{2+}$）．電子とどれだけ結合しやすいか（還元されやすいか）は各反応がもつ固有の**標準還元電位**（表7・1）で異なるが，電

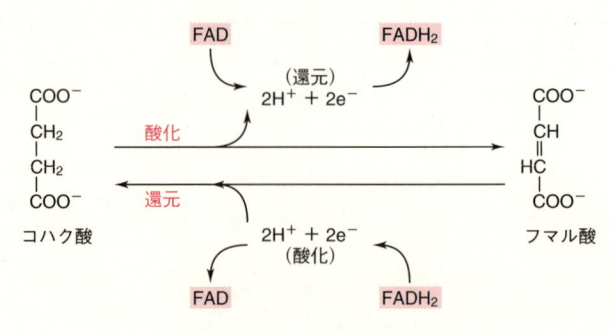

図7・1　補酵素が関与する生体酸化還元反応の例

メモ 7・1　自由エネルギー
　仕事を行うために取出すことのできる内部エネルギーを**自由エネルギー**という．

7. 異化とエネルギー代謝

表7・1 標準還元電位

半反応[1]	標準還元電位〔V〕
$\frac{1}{2}O_2+2H^++2e^-\to H_2O$	0.816
$Fe^{3+}+e^-\to Fe^{2+}$	0.771
シトクロム c (Fe^{3+})+$e^-\to$ シトクロム c (Fe^{2+})	0.254
ユビキノン+$2H^++2e^-\to$ ユビキノール	0.045
フマル酸+$2H^++2e^-\to$ コハク酸	0.031
$2H^++2e^-\to H_2$ (pH 0)	0.000[2]
ピルビン酸+$2H^++2e^-\to$ エタノール	−0.197
$NAD^++H^++2e^-\to NADH$	−0.320
2-オキソグルタル酸+CO_2+$2H^++2e^-\to$ イソクエン酸	−0.38
$2H^++2e^-\to H_2$ (pH 7.0)	−0.414

[1] 還元反応のみを示すため
[2] pH 0（1 M 水素イオン）と 1 気圧水素ガスとの間の電位を 0 とする

子は電位の低い方から高い方に移動するため，それにより酸化還元反応の方向が決まる（図7・2）．NADH と Fe^{3+} がある場合は，NADH は酸化されて水素イオンと電子を放出し，電子が Fe^{3+} に渡って Fe^{2+} が生ずる．酸化還元反応では自由エネルギーが放出され（たとえば，1 mol の分子の間で 2 個の電子が 0.5 V の電位差で移

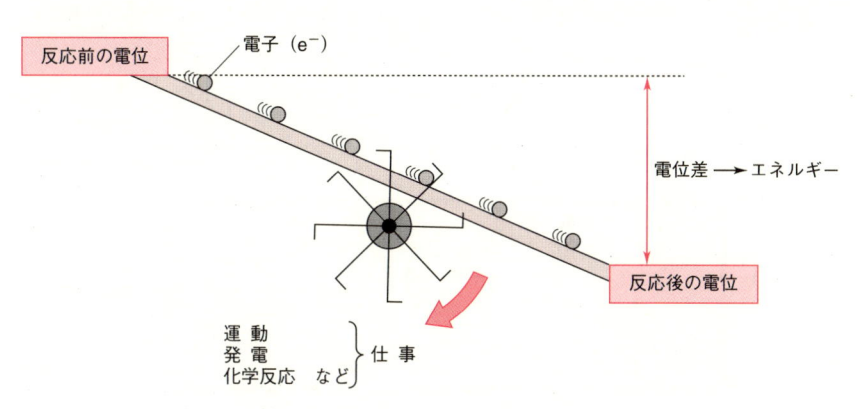

エネルギー：J（ジュール）
 1 J = 0.24 cal（1 cal は 1 g の水を 1 ℃ 上昇させる熱量）

自由エネルギー変化（J/mol）=
 標準還元電位の差（V）× 96,480（J/V·mol）×電子数×（-1）

図7・2 電位差とエネルギー

動すると96,480 Jのエネルギー変化がみられる），放出エネルギー量は電位差に比例する．

7・2　エネルギー代謝

　生体エネルギーも酸化反応によって得られるが，エネルギー源としては通常グルコースが使われる．グルコースを燃やす（酸素と化合させる）と，水ができると同時に大量の熱がエネルギーとして発散するが，生体ではグルコースが酵素反応で徐々に酸化され，熱としてのロスをできるだけ少なくして自由エネルギーが取出される（図7・3；取出したエネルギーはいったんATPに移される；§7・3）．生体がエネルギーを得るために行うエネルギー代謝は一般に**呼吸**といわれ，酸素を使う**好気呼吸**と使わない**無気呼吸**がある．好気呼吸の最終産物は水だが，無気呼吸（たとえば，解糖系；§7・4）では異化途中の有機物が蓄積する．グルコースには多数

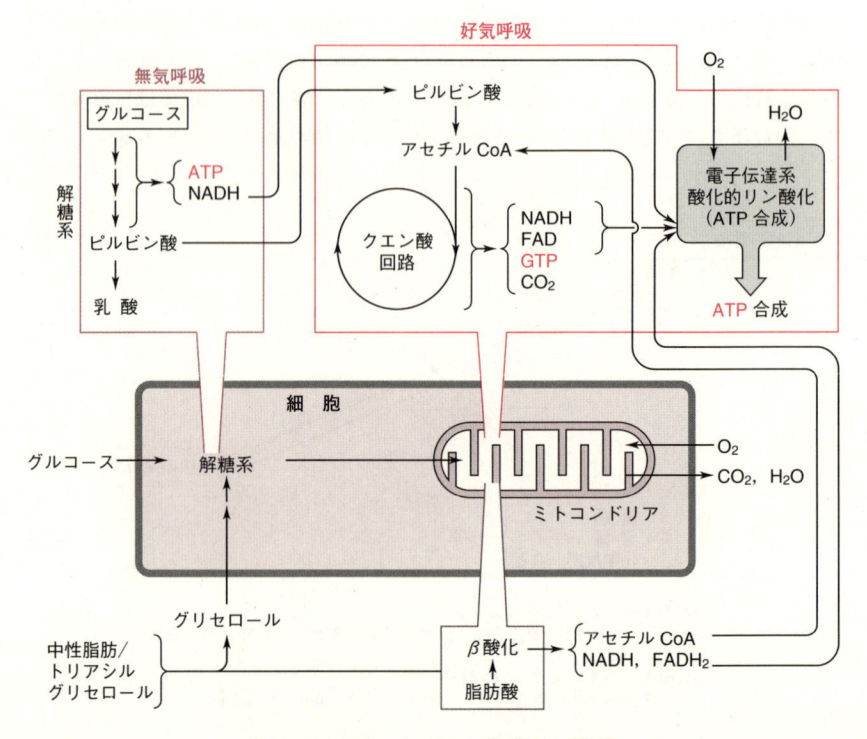

図7・3　エネルギー代謝の概要

の水素が結合しているが，この水素を取去ること（水素と一緒に電子も除かれる）が酸化反応の始まりとなる．脱水素反応は種々の脱水素酵素（デヒドロゲナーゼ）により進められるが，酵素反応では，この水素を一時的に受取る NAD（ニコチンアミドアデニンジヌクレオチド）や FAD（フラビンアデニンジヌクレオチド）などの補酵素がかかわる（6 章参照）．基質から水素を受取った補酵素の一部は還元反応にあずかるが，多くはミトコンドリアに移動し，そこで水素イオンと電子を放出する．電子は**電子伝達系**に入りエネルギーを発生させる（コラム 8）．

> **メモ 7・2　内呼吸と外呼吸**
> 外気から酸素を取込み，CO_2 を放出する呼吸は**外呼吸**といい，細胞内で起こるエネルギー代謝（**内呼吸**）とは意義が異なる．

7・3　高エネルギー物質：ATP

細胞は酸化反応で取出した自由エネルギーを使って ADP（アデノシン二リン酸）と無機リン酸から ATP（アデノシン三リン酸）を合成する．リン酸基結合には大きなエネルギーが必要で（表 7・2），ATP は**高エネルギー物質**といわれ（25 J/mol 以上の自由エネルギーをもつものを高エネルギー物質という．クレアチンリン酸やアセチル CoA も含まれる），ATP が ADP に分解されるときには 1 mol 当たり約 29.3 J の自由エネルギーが放出される（図 7・4）．ATP は生物が普遍的に用いる一時的なエネルギー保管物質で，必要な部分に運ばれたのち，化学反応，物質移動（能

表 7・2　リン酸化化合物加水分解における自由エネルギーの変化

物質（加水分解の形式）	標準自由エネルギー変化〔J/mol〕
ホスホエノールピルビン酸	-61.9
クレアチンリン酸	-43.1
ADP（→AMP + P_i）	-32.6
ATP（→ADP + P_i）	-30.5
ATP（→AMP + PP_i）	-45.6
PP_i（→2 P_i）	-16.7
グルコース 1-リン酸	-20.9
グルコース 6-リン酸	-13.8
グリセロール 1-リン酸	-9.20
アセチル CoA（→酢酸 + CoA）	-31.4

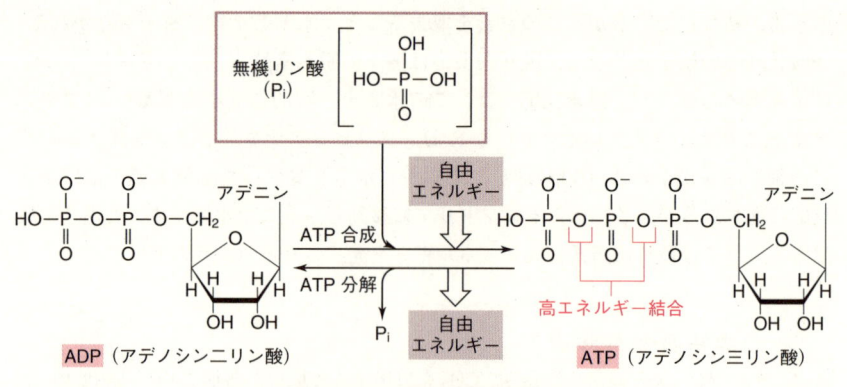

図 7・4　ATP の合成と分解

動輸送），運動などに利用される．ATP 合成には，高エネルギーリン酸化合物（ホスホエノールピルビン酸など）の脱リン酸と共役して ADP から ATP をつくる**基質レベルのリン酸化**，ミトコンドリアで起こる**酸化的リン酸化**（コラム 8），葉緑体で起こる**光リン酸化**（§9・4）がある．ATP はエネルギー通貨としての役割をもつ．

7・4　糖の異化：解糖系

グルコースはまず**解糖系**〔図 7・5；エムデン・マイヤーホフ・パルナス（EMP）経路ともいう〕に沿って異化される．最初のステップはグルコースのリン酸付加と

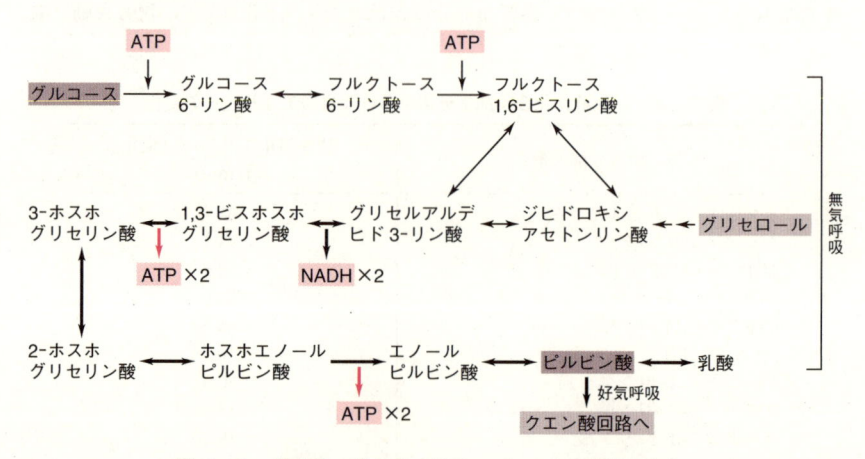

図 7・5　解糖系　赤矢印は基質レベルのリン酸化を表す．

フルクトースへの異性化でフルクトース 1,6-ビスリン酸ができる（2分子の ATP が関与）．これは開裂してグリセルアルデヒド 3-リン酸（GAP）とジヒドロキシアセトンリン酸になるが，後者は GAP に変換されるので，都合グルコース 1 mol から 2 mol の GAP が生ずる．GAP は脱水素反応（NAD^+ の還元），2 回の基質レベルの ATP 合成を経てピルビン酸となる．この過程で正味 2 mol の ATP が生産されるが，酸素は関与しない．無気呼吸が起こっているとき（たとえば，筋肉を激しく動かす）はこの反応が起こり，ピルビン酸は還元されて乳酸となる（乳酸発酵でもこの経路が働く）．

> **メモ 7・3　グルコース以外の六炭糖の利用**
>
> いずれもまずリン酸化後に解糖系に入るが，フクルトースはそのまま，マンノースはフルクトースに異性化されてから，ガラクトース（ラクトースの加水分解で生ずる）は UDP 化された後でグルコースに変換され，その後解糖系に入る．

7・5　クエン酸回路

解糖系で生じたピルビン酸はミトコンドリアに入り，NAD^+ と CoA 存在下で酸化的脱炭酸反応を受けてアセチル CoA が生じ，このアセチル CoA がオキサロ酢酸と結合し，CoA が外れてクエン酸ができ，**クエン酸回路**〔図 7・6；**トリカルボン酸（TCA）回路，クレブス回路**ともいう〕で代謝される．最後にオキサロ酢酸ができ，これはアセチル CoA とともにまたクエン酸となる．回路を一周することによ

> **メモ 7・4　ATP 合成の収支**
>
> ATP はグルコース 1 分子当たり解糖系で 2 個，クエン酸回路で 2 個（GTP として）つくられ，計 4 個となる．種々の計算から 1 個の ATP 合成には少なくとも 4 個のプロトンが必要とされることがわかっている．NADH からは 10 個（ATP としては 2.5 個），$FADH_2$ からは 6 個（ATP としては 1.5 個）のプロトンが発生する．NADH 生産は解糖系で 2 個，クエン酸回路に入ってから 8 個なので計 10 個，ATP としては 25 個となる．$FADH_2$ は 2 個生ずるので $2 \times 1.5 = 3$ ATP となり，すべてを合わせると 32 ATP となる（NADH がグリセロールリン酸シャトル機構で電子伝達系に入る場合は 2 ATP が減じられ，30 ATP となる）．このように，好気呼吸は解糖系に比べて ATP の生産効率が高い．

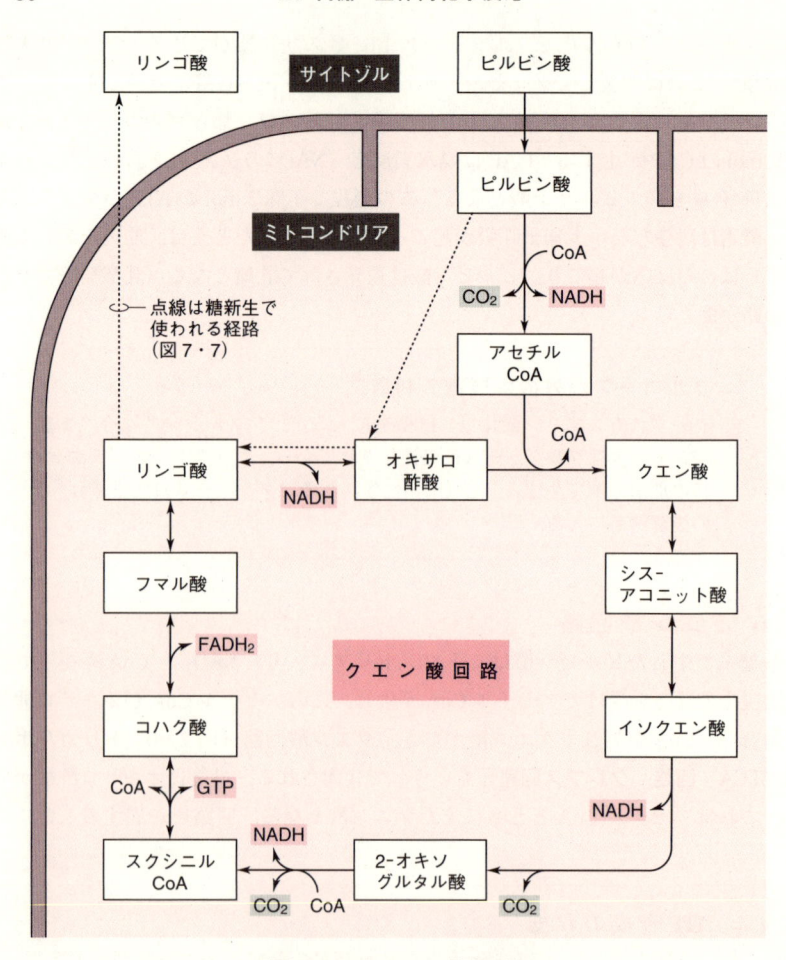

```
      リンゴ酸          サイトゾル       ピルビン酸
                                            │
                                            ▼
                        ミトコンドリア   ピルビン酸
                                            │ CoA
                      点線は糖新生で     CO₂↙ ↘NADH
                      使われる経路         ▼
                      （図7・7）      アセチル
                                       CoA
                                            │ CoA
        リンゴ酸 ←──→ オキサロ ──────→ クエン酸
                 NADH  酢酸                │
          ↕                                 ▼
        フマル酸                        シス-
          ↕ FADH₂                     アコニット酸
        コハク酸                           │
       CoA↙↕GTP        クエン酸回路        ▼
      スクシニル                         イソクエン酸
        CoA                               NADH↙
             ↖NADH                          │
          CO₂↙ CoA    2-オキソ   ←────────
                     グルタル酸   CO₂
```

図7・6 クエン酸回路

り NADH 3 mol, FADH₂ 1 mol, GTP（ATP と等価）1 mol ができるが, CO_2 が 2 mol 除かれる（好気呼吸で生ずる CO_2 はこれに由来する）. 好気呼吸はミトコンドリアで行われるが, クエン酸回路自体は酸素を必要としない.

7・6 グルコースの再生産と蓄積

エネルギーに余裕がある場合，細胞はグルコースの異化産物からグルコースを再生産する（**糖新生**；図7・7）. ピルビン酸が余った場合，いったんミトコンドリア

7. 異化とエネルギー代謝

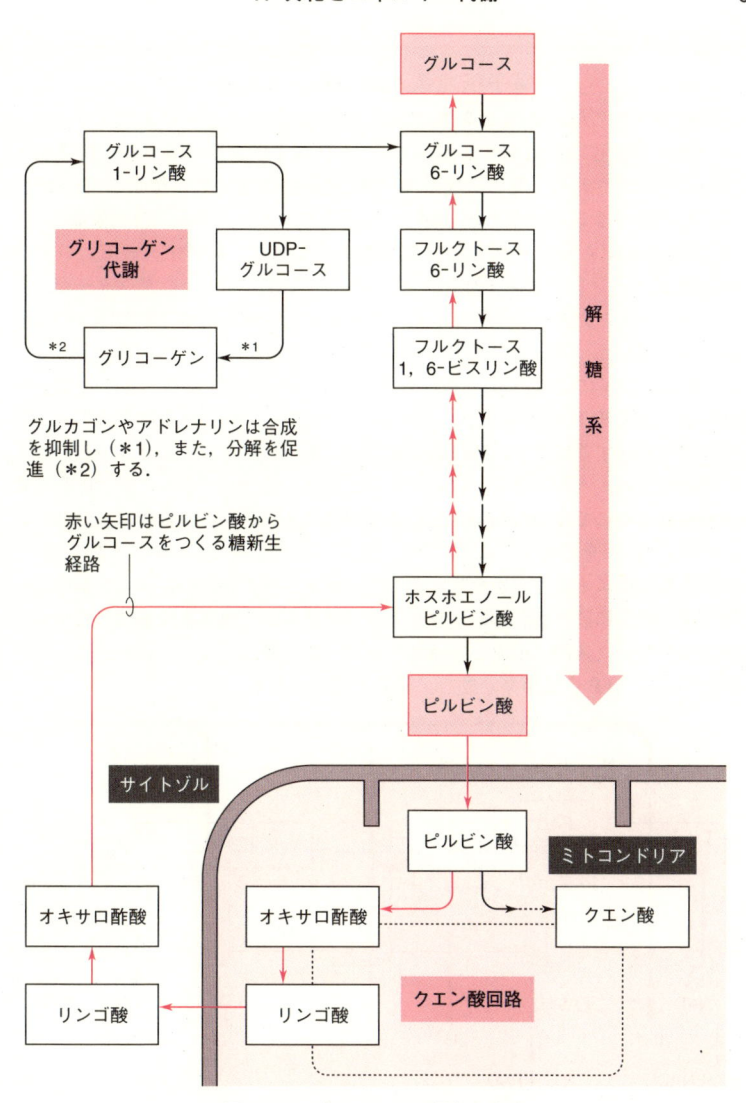

図7・7 グルコースの保存と生産

に入り，それからオキサロ酢酸，リンゴ酸とクエン酸回路の一部を遡り，リンゴ酸がミトコンドリア外に出て，解糖系分子の一つであるホスホエノールピルビン酸（PEP）となる．PEPは解糖系を遡ってグルコースになる（逆反応の一部は順反応

―コラム8―

電子伝達系と酸化的リン酸化

　解糖系で生じたNADHはミトコンドリア内部のマトリックスに入り，マトリックスで生じたNADHやFADH$_2$とともに**電子伝達系**（図7・8；呼吸鎖ともいう）に供される．電子伝達系は，膜に組込まれている4種類の複合体と，膜内を移動できるユビキノン/CoQとシトクロムcからなる．複合体はⅠ，Ⅱ，Ⅲ，Ⅳの4種類あり，それぞれはNADH-ユビキノンレダクターゼ，コハク酸-ユビキノンレダクターゼ，ユビキノール-シトクロムcレダクターゼ，シトクロムcオキシダーゼ活性をもち，電子を移動させるための補助因子や補酵素を含んでいる．電子は複合体ⅠからCoQを通過してⅡ，そしてシトクロムcを通過してⅣに運ばれる．マトリックスにあるNADHは複合体Ⅰに電子を渡すが，FADH$_2$は複合体Ⅱから入りCoQを経由して複合体Ⅲに合流する．複合体Ⅳに到達するに従って各反応の標準還元電位は徐々に上がり，最後に酸素に受け渡され，水素イオン（プロトン）と結合して水ができる．好気呼吸で必要な酸素はここで用いられ，水もここで生成する（シアン化合物はシトクロムcオキシダーゼを阻害することにより，呼吸を停止させる）．複合体Ⅰ，Ⅲ，Ⅳでは大きな自由エネルギーが発生するので，マトリックス内のプロトンが内膜の外（膜間腔）に汲出される．プロトンポンプによって膜間腔に蓄積したプロトンはマトリックス内に逆流しようとするが（**化学浸透**），このとき分子モーター装置である**ATP合成酵素**が動き，ATPが合成される．

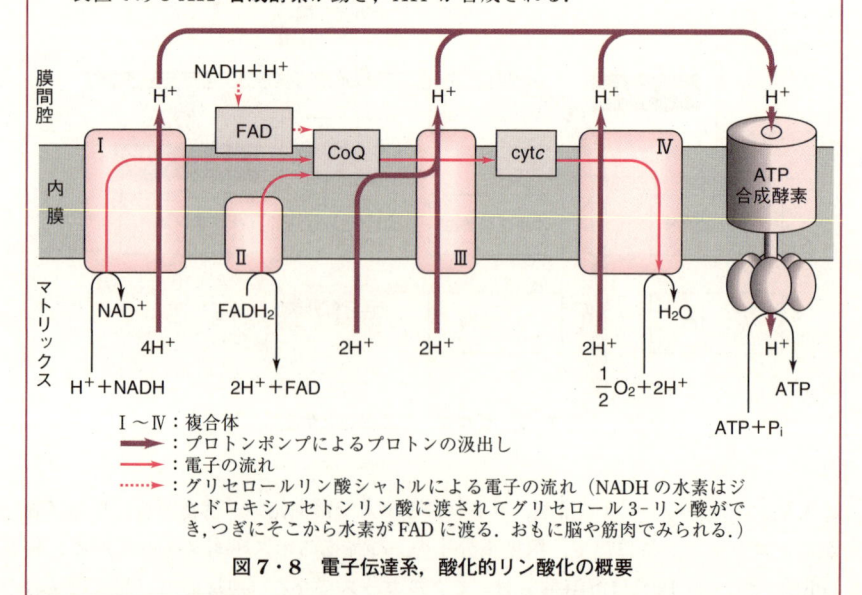

Ⅰ～Ⅳ：複合体
　➡：プロトンポンプによるプロトンの汲出し
　→：電子の流れ
　┈▶：グリセロールリン酸シャトルによる電子の流れ（NADHの水素はジヒドロキシアセトンリン酸に渡されてグリセロール3-リン酸ができ，つぎにそこから水素がFADに渡る．おもに脳や筋肉でみられる．）

図7・8　電子伝達系，酸化的リン酸化の概要

7. 異化とエネルギー代謝

で作用する酵素と異なる酵素がかかわる).グルコースに余裕がある場合,細胞(特に肝臓や筋肉)ではグルコースからグリコーゲン(グルコースの重合体)をつくる代謝が働く(グルコース6-リン酸から別経路に入る).蓄えられているグリコーゲンはグルコースが必要になると分解され,経路を遡って解糖系に戻る.グルカゴンやアドレナリン(エピネフリン)といった闘争や活動にかかわるホルモンはcAMP

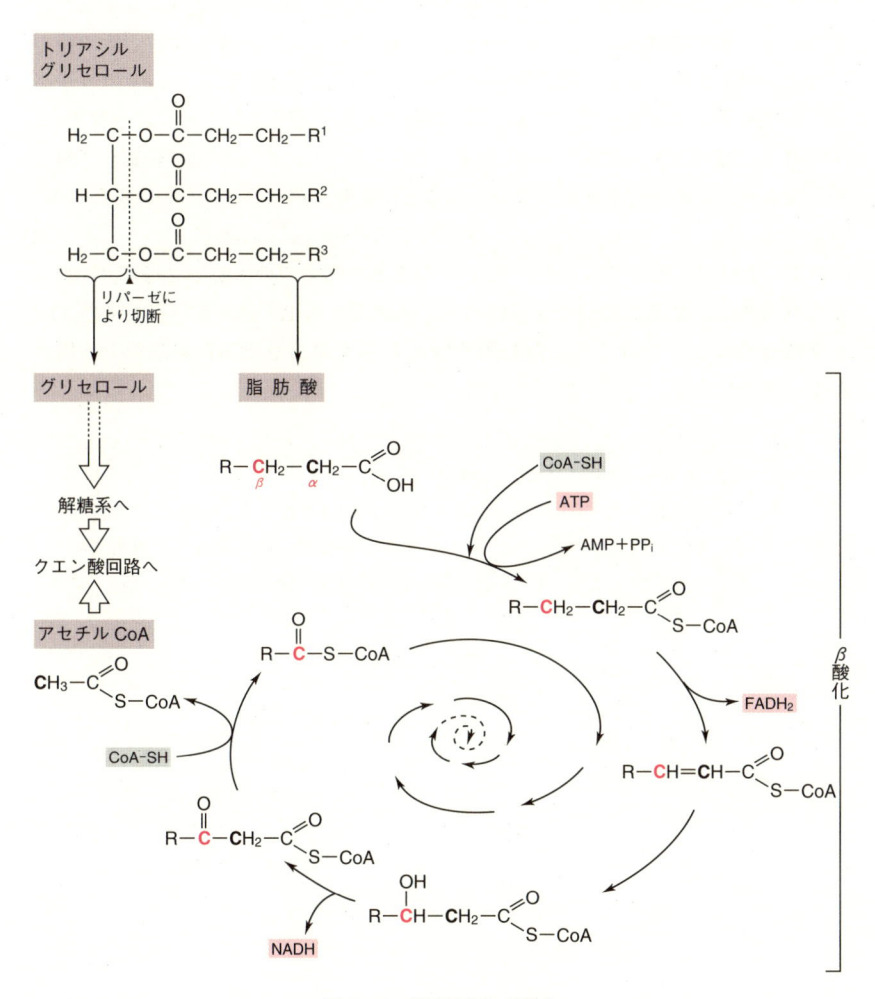

図7・9 脂肪酸のβ酸化

濃度上昇とそれに続くプロテインキナーゼ活性上昇を介して，関連する酵素活性を調節し，グリコーゲンの合成を抑え，分解を促進する．

7・7　脂質の異化

中性脂肪/トリアシルグリセロールはまずリパーゼでグリセロールと脂肪酸に分解され，グリセロールはリン酸化された後グリセロール-3-リン酸デヒドロゲナーゼと NAD^+ によって酸化され，ジヒドロキシアセトンリン酸となって解糖系で代謝される．脂肪酸はATPとアセチルCoA存在下でアシルCoAとなり，その後いくつかの因子がかかわる経路を経てミトコンドリアに入る．アシルCoAはカルボキシ基から数えて2番目の β 炭素の前で切断される β **酸化**という形式で分解され，NADHと $FADH_2$ が各1分子つくられる（図7・9）．1回の β 酸化で炭素が2個分短くなるが，この反応が連続して起こることにより，鎖はつぎつぎと分解される．分解で生じたアセチルCoAはクエン酸回路で代謝される．炭素16のパルミチン酸の場合，7回の β 酸化で8個のアセチルCoAと7個ずつのNADHと $FADH_2$ がつくられるので，結果的には1分子のパルミチン酸から108分子という大量のATPが合成されることになる（ただし脂肪酸にCoAを結合させるために都合2個のATPを消費する）．

メモ 7・5　ペルオキシソームでの β 酸化

β **酸化**は，電子伝達系やATP合成系がないペルオキシソームでも起こる．ここで取出された電子がもつエネルギーは最終的に**熱**として放出される．ペルオキシソームは熱発生にとって重要な小器官となっている．

8 生体分子の合成

8・1 ペントースリン酸回路: リボースとNADPHの合成

　グルコースがかかわる代謝には解糖系, 糖新生, グリコーゲン合成以外にもいくつかあるが, その一つに**ペントースリン酸回路**がある (図8・1). ペントースリン酸回路では, まずグルコース6-リン酸がいくつかの経路を経て五炭糖 (ペントース) であるリブロース5-リン酸となるが, この過程で脂肪酸合成に必要なNADPHがつくられる. リブロース5-リン酸はリボース5-リン酸を経てフルクトース6-リン酸とグリセルアルデヒド3-リン酸になるが, これらは解糖系を遡ってグルコース6-リン酸となるので, 循環型の代謝経路が形成される. リボース5-リン酸はホスホリボシル二リン酸となり, ヌクレオチド合成における糖の供給源としての必須

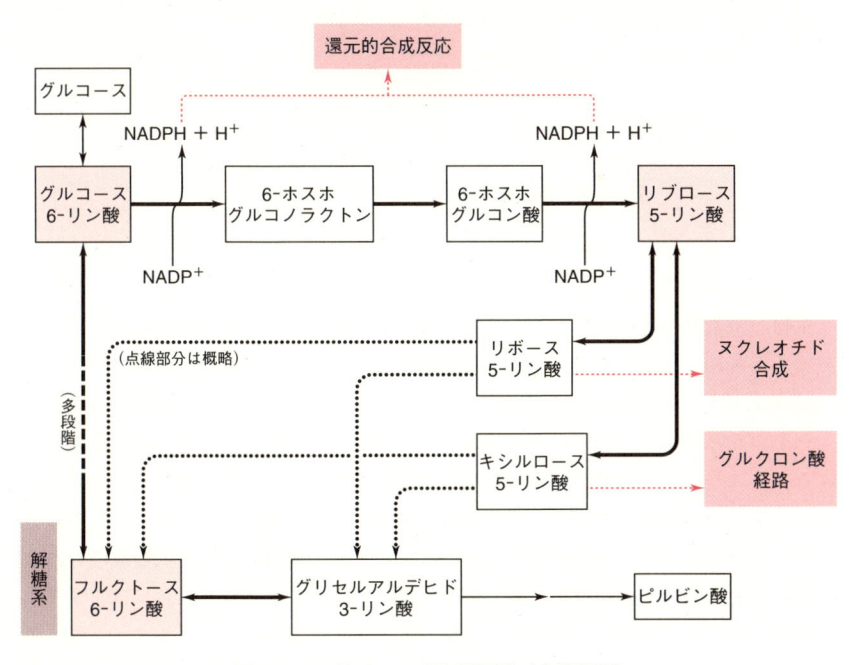

図8・1　ペントースリン酸回路 (太線部分)

な役割を果たす．

8・2 脂肪酸の合成

摂りすぎた糖質は脂肪酸合成（図8・2）を経て，トリアシルグリセロールとして貯蔵される．脂肪酸合成の原料はアセチル CoA で，これと CO_2，そして ATP から，炭素3個のマロニル CoA がつくられる．マロニル CoA 中の炭素2個とアセチル CoA の炭素2個が NADPH 存在下で重合反応を起こし，炭素鎖が伸びる（炭素数4）．このような炭素が2個ずつ伸びる反応が連続して起こり，炭素数が2の倍数であるパルミチン酸（炭素数16）やリノール酸（炭素数18）などの脂肪酸が合成される．なお脂肪酸合成がミトコンドリアで起こる場合には，マロニル CoA の代わりにアセチル CoA が使われる．

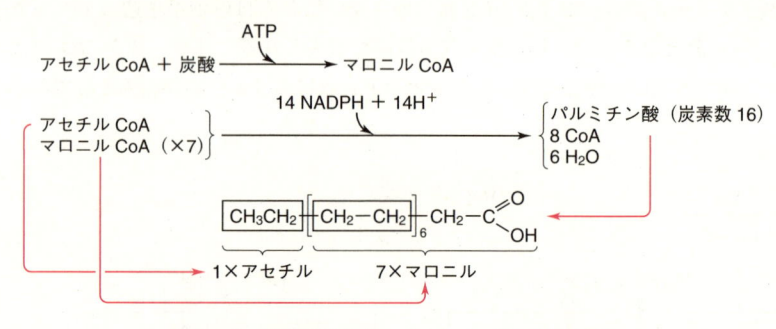

図8・2 脂肪酸の合成 パルミチン酸の例を示す．

8・3 窒素代謝

生物の窒素源の基本はアンモニアで，これを炭素化合物と結合させることによって窒素を利用している．この過程を**窒素同化**という．アンモニアの窒素同化には，2-オキソグルタル酸からグルタミン酸をつくる反応と，グルタミン酸からグルタミンをつくる反応の二つがある（図8・3）．他のアミノ酸はグルタミン酸を原料とするアミノ基転移反応でつくられるが，その経路は大きくクエン酸回路に由来するもの，解糖系に由来するもの，解糖系/ペントースリン酸回路に由来するものに分けられる（図8・4）．高等動物の体内で合成できず，食物として摂取しなければならないアミノ酸を，**必須アミノ酸**という．アミノ酸が分解される場合にはまずアミノ基除去が起こり，それぞれのアミノ酸のアミノ基は最終的にはグルタミン酸に集まる．グルタミン酸は**酸化的脱アミノ反応**によってアンモニアを生成する．アンモ

8. 生体分子の合成

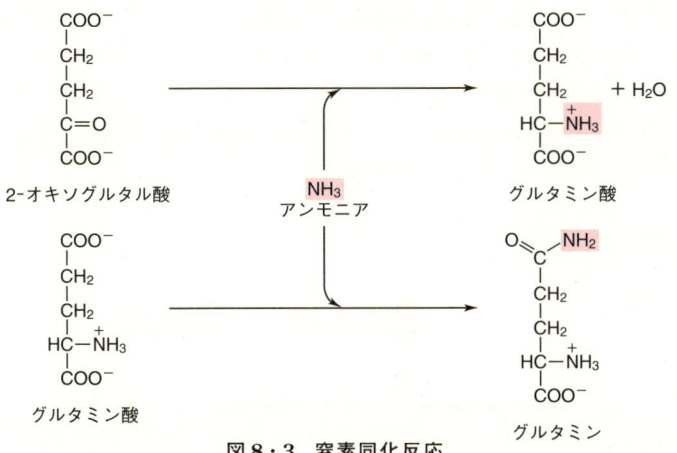

図8・3 窒素同化反応

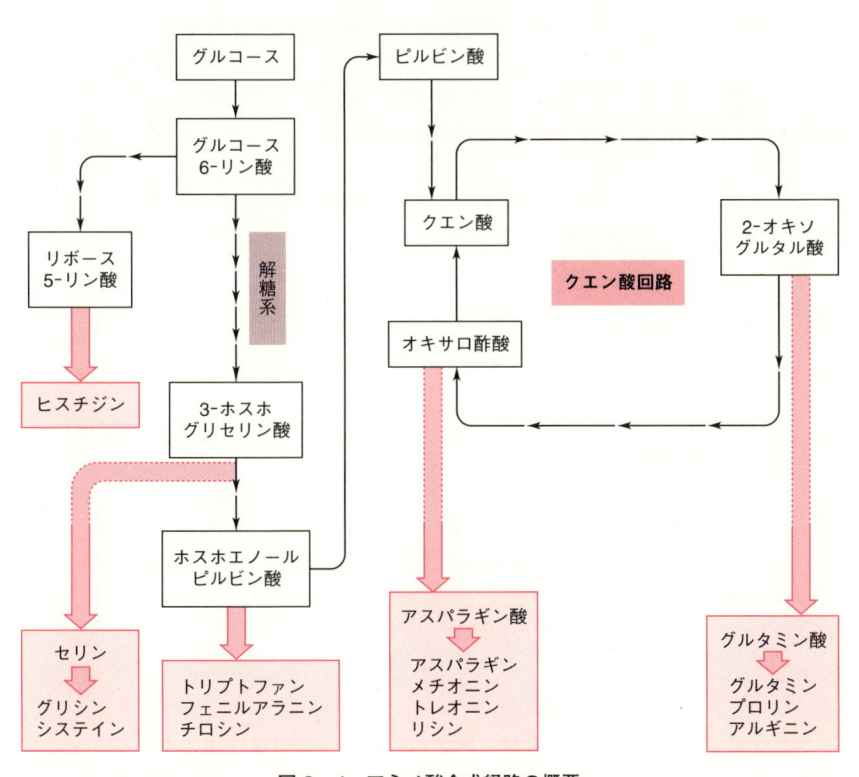

図8・4 アミノ酸合成経路の概要

ニアには毒性があり，生物はこれを無毒化して排出する．水生生物はそのまま排出するが，鳥類と爬虫類は尿酸，哺乳類は尿素に変えてから排出する．哺乳類は肝臓において尿素をつくる**尿素回路**（図8・5）が働くが，アンモニアはまずオルニチンと結合してシトルリンになり，アルギニノコハク酸，アルギニンとなる．アルギニンは尿素を放出してオルニチンに戻る．

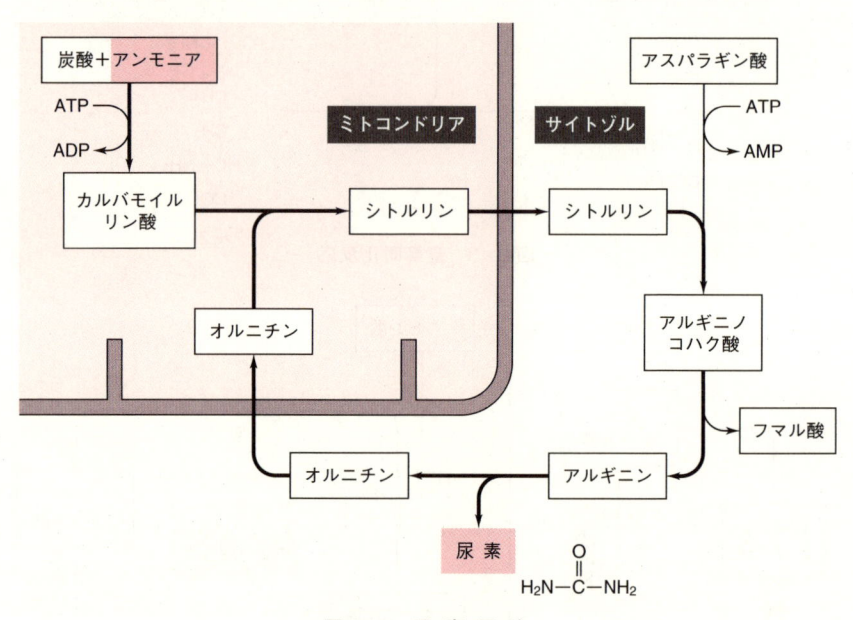

図8・5 尿素回路

メモ 8・1　窒素固定

　大気中の窒素ガスを還元してアンモニアにする代謝を**窒素固定**といい，地中窒素固定細菌（アゾトバクターなど），シアノバクテリア類，そしてマメ科植物の根粒に生息する共生細菌類（リゾビウム属細菌など）がこの活性をもつ．

8・4　ヌクレオチド合成

　プリンヌクレオチドの新生経路（図8・6）においてはまずホスホリボシル二リン酸（PRPP）上にアミノ酸，CO_2，葉酸誘導体などが作用してヒポキサンチンと

8. 生体分子の合成

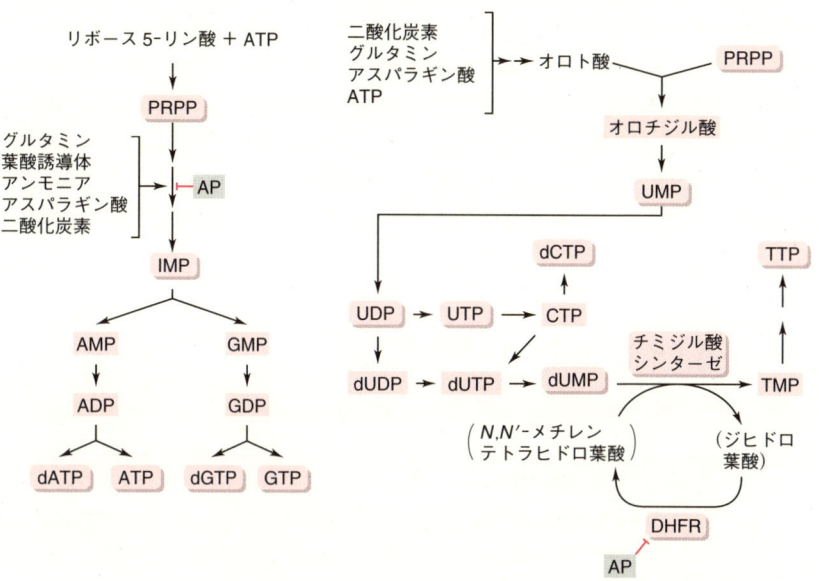

図 8・6 ヌクレオチド新生合成経路 AP: アミノプテリン (葉酸類似物質), PRPP: ホスホリボシル二リン酸, DHFR: ジヒドロ葉酸レダクターゼ, ⊥: 反応の阻害を表す.

── コラム 9 ──

HAT 培 地

ヒポキサンチン (hypoxanthine), アミノプテリン (aminopterin), チミジン (thymidine) を含む培地で, 動物細胞の培養において, チミジンキナーゼ欠損細胞を除くために用いられる. アミノプテリンは葉酸誘導体で, IMP 生成や TTP 生成するヌクレオチド新生経路を阻害するため, そのままでは細胞は増殖することができない (図 8・6 参照). しかしこれにヒポキサンチンとチミジンを加えると, 前者はプリンの, 後者はピリミジンの再利用経路に利用されるため, ヌクレオチド合成が回復し, 細胞は生きることができる. チミジンキナーゼ (TK) がない場合は TTP 合成ができず, やはり細胞は増えることができない. TK 欠損細胞に遺伝子導入する実験で, チミジンキナーゼ遺伝子を同時に導入して遺伝子導入のマーカーとして使用する場合, 遺伝子が入らなかった細胞はこの培地で除かれる.

いう塩基が構築され，イノシン一リン酸（IMP）ができる．IMPはその後GTP/dGTPをつくる経路とATP/dATPをつくる経路に分かれ，核酸合成の基質などに用いられるヌクレオチドが合成される．ピリミジンヌクレオチドの場合は，まずいくつかの低分子物質から塩基の原形であるオロト酸ができる．オロト酸はPRPPと結合してオロチジル酸，そしてウリジン一リン酸（UMP）となる．UMPはUDPからCTP/dCTPあるいはdUMPとなるが，dUMPはメチレンテトラヒドロ葉酸存在下でチミジル酸シンターゼによってチミジル酸となり，最終的にTTPが合成される．

メモ 8・2 ヌクレオチドの分解と再利用

核酸はヌクレオチドに分解され，さらに塩基が糖から切離される．プリン塩基は尿酸に異化され，ピリミジン塩基はCO_2とアンモニアに分解される．一方，細胞にはこれら塩基をヌクレオチド合成のために利用するヌクレオチド**再利用経路**もある（図8・7）．この場合，ヒポキサンチンとグアニンはPRPP存在下でそれぞれIMPとGMPとなる．チミンはチミジンシンターゼでチミジンとなった後，チミジンキナーゼでリン酸が付き，TTPに組立てられる．

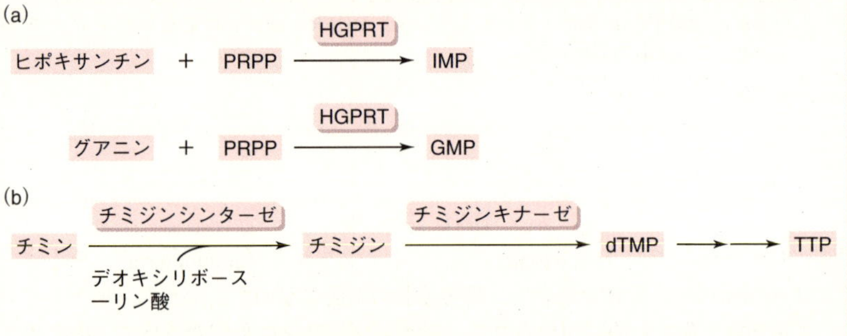

(a)

ヒポキサンチン ＋ PRPP —[HGPRT]→ IMP

グアニン ＋ PRPP —[HGPRT]→ GMP

(b)

チミン —[チミジンシンターゼ]→ チミジン —[チミジンキナーゼ]→ dTMP → TTP

（デオキシリボース一リン酸）

図8・7 ヌクレオチド合成の再利用経路 HGPRT：ヒポキサンチングアニンホスホリボシルトランスフェラーゼ

9 光合成

9・1 独立栄養の一つ,光合成

　生物がエネルギー源物質であるグルコースを得る方法には,動物や多くの微生物が行うように体外から吸収する**従属栄養**という形式と,自身で生合成する**独立栄養**という形式がある.独立栄養生物はエネルギーを利用して空気中のCO_2を糖に組込む(**炭酸固定,炭酸同化**;図9・1).ある種の細菌は無機物(硝酸,亜硝酸,硫黄,鉄,水素)の酸化で発生したエネルギーを使う化学合成を行うが,植物や藻類,そして光合成細菌(紅色硫黄細菌など)やシアノバクテリア(ラン藻)は光エネルギーを使ってグルコースをつくる**光合成**を行う(図9・1).植物で行われる光合成は,CO_2と水からグルコースをつくるとともに酸素を放出する反応で,以下の式で表される.

$$6\,CO_2 + 12\,H_2O + 光エネルギー \longrightarrow C_6H_{12}O_6\,(グルコース) + 6\,H_2O + 6\,O_2$$

(水分子を差し引くと,見かけ上は好気呼吸の逆反応になる.)

　光合成細菌では酸素は発生しない.光合成は光に依存する**光化学反応**(エネルギー生産にかかわる.古典的には**明反応**といわれる)と,光にあまり依存しないCO_2を糖に組込む反応(**暗反応**ともいわれる)に分けられる.

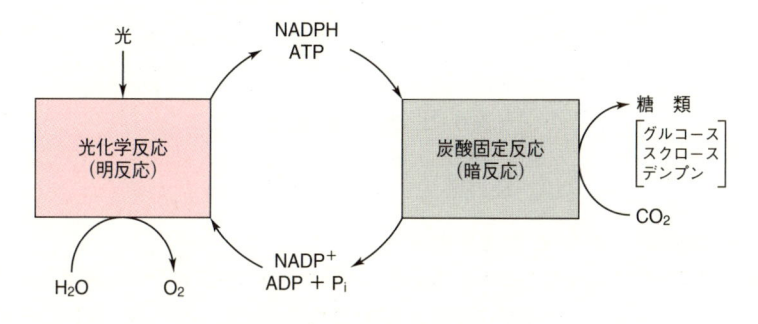

図9・1 光合成の過程

9・2 葉緑体と光合成色素

緑色植物の光合成は，葉の細胞にある**葉緑体**で行われる．葉緑体は二重の膜で包まれ，内部に膜で囲まれた扁平な**チラコイド膜**が何重にも積み重なった**グラナ**という構造をもつ．チラコイド膜には光を集める光合成色素が含まれ，光化学反応を行う（このために葉が緑に見える）．一方，葉緑体間隙は**ストロマ**とよばれ，炭酸固定や糖の合成が行われる．光合成にかかわる主要な色素は**クロロフィル a** および **b** で，緑色以外の青紫色や赤色の光を吸収する（図9・2）．葉緑体にはこのほか別の波長の光を吸収するカロテノイド系の補助色素（β-カロテンなど）も含まれ，広い範囲の波長の光を吸収する工夫がなされている．チラコイド膜には光合成の**反応中心**が多数あり，光エネルギーはエネルギーをもつ電子として反応中心に集められる（図9・3）．反応中心には**光学系Ⅰ**と**光学系Ⅱ**という反応系があり，それぞれは**P700**，**P680**とよばれるクロロフィルを含む（特殊なクロロフィルaで，吸収光の波長によって区別される）．

(a) 光合成色素の吸収スペクトル　　(b) 集光装置

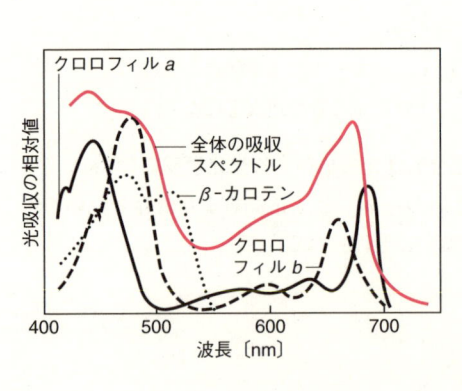

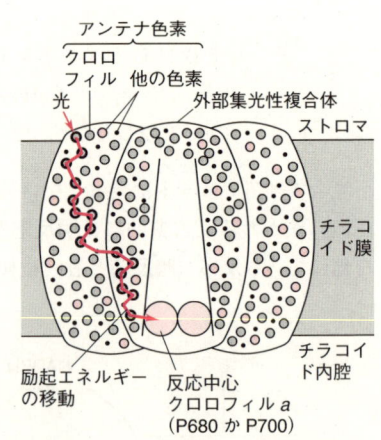

図9・2　光合成色素

9・3 光合成における光化学反応

チラコイド膜には光化学系ⅠとⅡがあり（図9・4），さらにそこに隣接してミトコンドリアにあるような**電子伝達系**と**ATP合成系**が存在している．反応はまず光化学系Ⅱが働く．光化学系Ⅱで光エネルギーを受取ったP680が励起状態となり，

9. 光 合 成

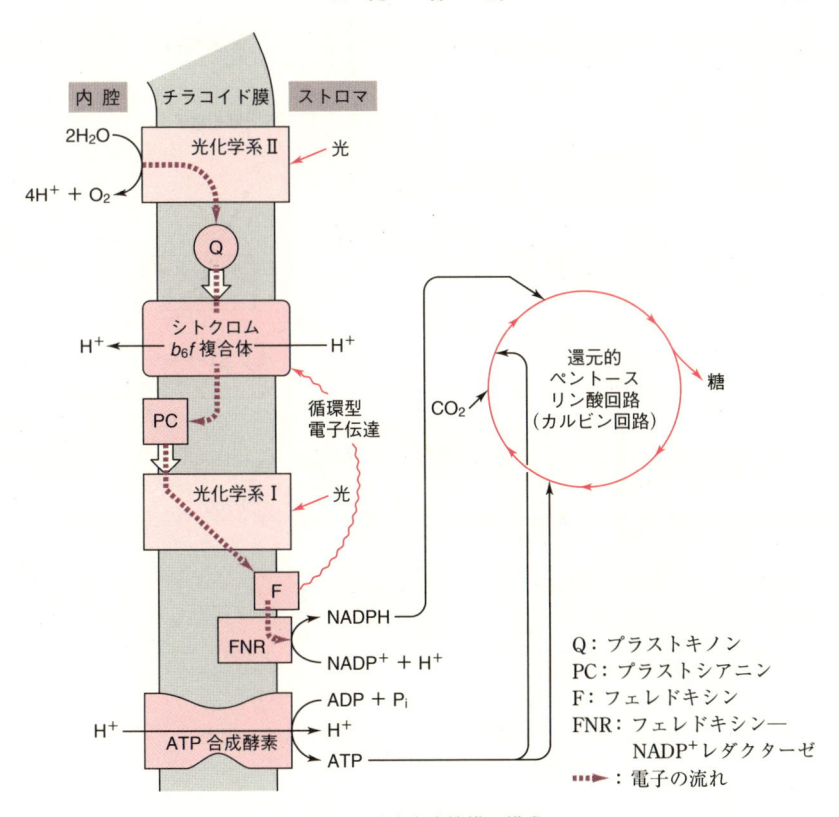

図9・3 光合成機構の構成

内腔 / チラコイド膜 / ストロマ
$2H_2O$ → 光化学系II ← 光
$4H^+ + O_2$
Q
H^+ ← シトクロム b_6f 複合体 ← H^+
PC
循環型電子伝達
光化学系I ← 光
F
NADPH
FNR
$NADP^+ + H^+$
ADP + P_i
H^+ → ATP合成酵素 → H^+, ATP
CO_2 → 還元的ペントースリン酸回路（カルビン回路）→ 糖

Q: プラストキノン
PC: プラストシアニン
F: フェレドキシン
FNR: フェレドキシン—NADP$^+$レダクターゼ
┅▶ : 電子の流れ

励起電子が呼吸鎖のようにいくつかの電子伝達体（プラストシアニンなど）に渡りエネルギーを失っていく．電子を失ったP680は水から電子を受取って元の状態に戻る．電子は光エネルギーによる水の分解（水→酸素＋プロトン＋電子）によって供給されるが，このとき副産物として酸素が発生する．電子伝達で発生したエネルギーはミトコンドリアのようにプロトンポンプを駆動することができるので，プロトンがチラコイド内腔に汲入れられ，そこで生ずるプロトンの勾配とストロマへの浸透によってATP合成酵素が働き，ATPが合成される（**光リン酸化**．7章参照）．光化学系Iでは光を受けて励起したP700の電子が電子伝達系の因子を通ってNADP$^+$に渡され，NADPHが産生される．NADPHは炭酸固定代謝のために使われる（ATPは光化学系Iではつくられない）．電子を失ったP700は光化学系IIでエネルギーを失った電子を受取ったプラストシアニンから供給される．

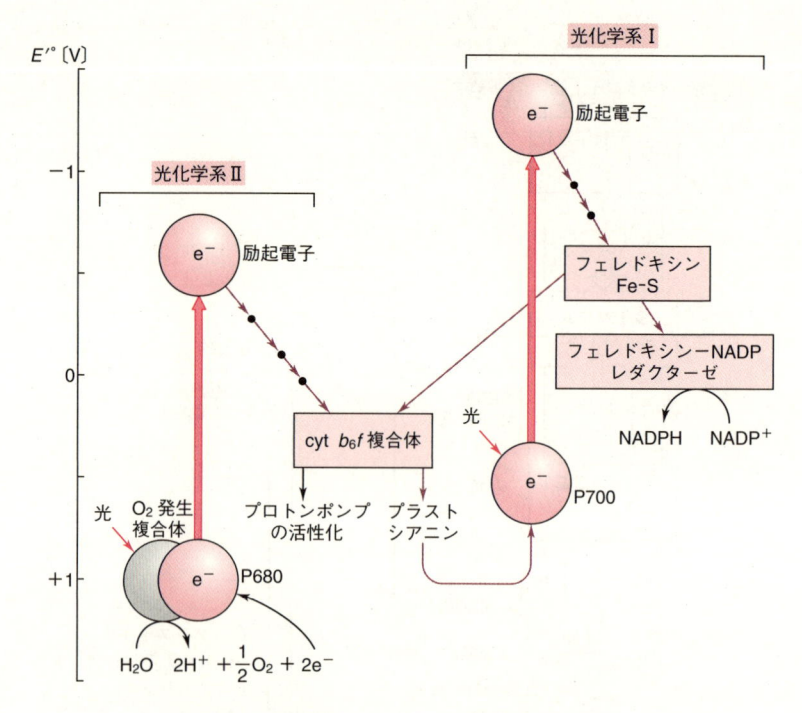

図9・4 光化学系 いわゆるZ型模式図で示した．
⟶ は電子の流れを示す．

> **メモ 9・1 循環型電子伝達**
>
> 　光化学系は NADPH が ATP に対して十分あるときには，積極的に ATP を合成しようとする．光化学系Ⅰでエネルギーを得た電子は（フェレドキシンにある電子），光化学系Ⅱの電子伝達体（b_6f 複合体）に渡され，その結果プロトンポンプが駆動する．この過程を **循環型電子伝達** という．

9・4　炭酸固定：還元的ペントースリン酸回路

　ストロマでは3分子の CO_2 を6分子のリブロース1,5-ビスリン酸（炭素数5）に結合させて6分子の **3-ホスホグリセリン酸**（炭素数3）をつくる反応から始まり，リブロース1,5-ビスリン酸に戻る炭酸固定のための代謝が働く．この経路を **還元的ペントースリン酸回路（カルビン回路）** といい（図9・5），炭酸固定に働く

9. 光合成

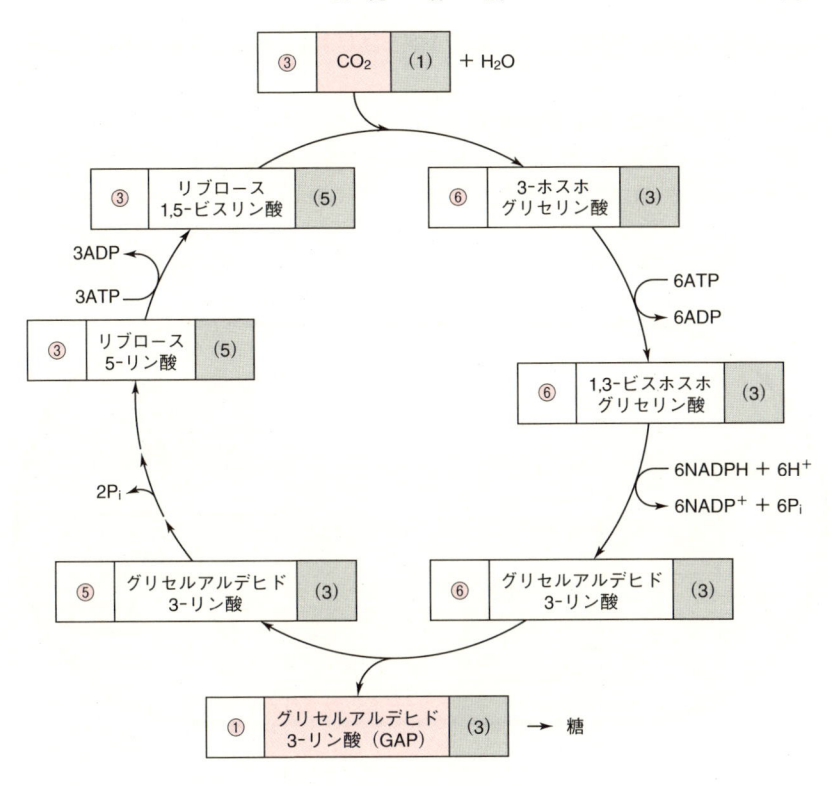

```
         ③ CO₂ (1)  + H₂O
```

図9・5 還元的ペントースリン酸回路（カルビン回路） 枠内の丸数字は分子数，かっこ内の数字は炭素数を表す．

最初の酵素は **RuBisCO**（<u>ribu</u>lose-<u>bis</u>phosphate <u>c</u>arb<u>o</u>xylase；ルビスコ）といわれる．3-ホスホグリセリン酸はグリセルアルデヒド3-リン酸（GAP）などを経て元に戻る．還元的ペントースリン酸回路には，光化学系でつくられたATPとNADPHが使われる．GAPの1/6は回路から出て貯蔵糖の合成などに利用され，残りがリブロース1,5-ビスリン酸に戻る．反応の収支は

$$CO_2 + 3\,ATP + 2\,NADPH + 2\,H^+ \longrightarrow CH_2O + H_2O + 2\,NADP^+ + 3\,ADP + 3\,P_i$$

と表すことができ，都合3分子のCO_2から1分子の三炭糖（トリオース）が産出されることになる．1分子のグルコース産生のためには6分子のCO_2と12分子の水

9・5 炭酸固定された糖の利用

植物が利用できる形の糖は，還元的ペントースリン酸回路で生ずるグリセルアルデヒド3-リン酸（GAP）を出発物質としてつくられる．GAPはストロマ中でフル

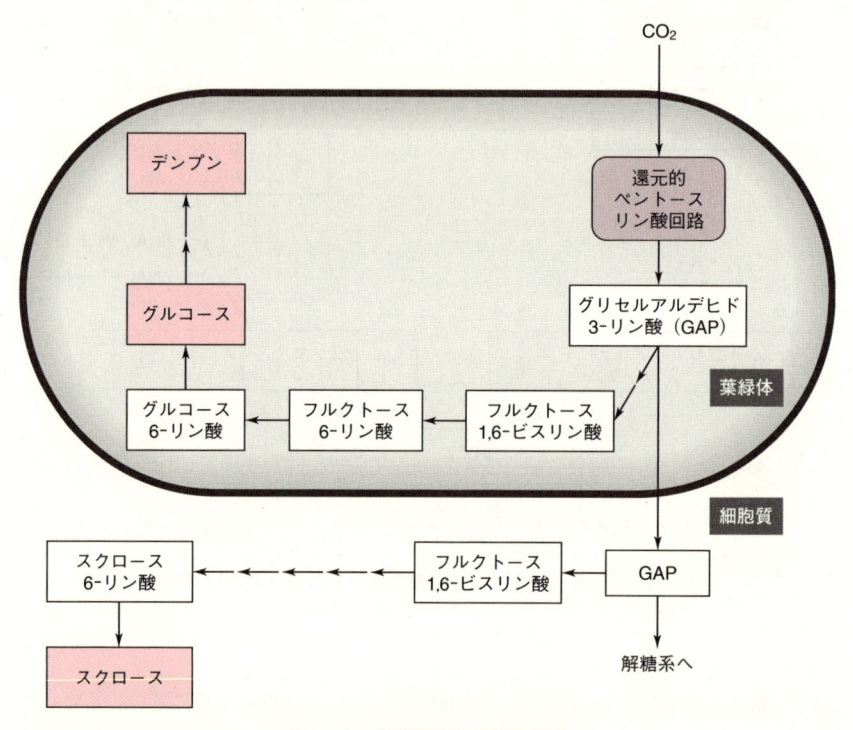

図9・6　炭酸固定後の糖の代謝

> **メモ 9・2　C_3植物とC_4植物**
>
> 　還元的ペントースリン酸回路でできる3-ホスホグリセリン酸が炭素数3のため，通常の植物はC_3植物といわれる．しかしサトウキビなど，高温環境に生育する植物は，炭素数4のオキサロ酢酸がはじめにできるのでC_4植物といわれる．いったんつくったC_4を維管束細胞に移し，そこでCO_2を放出して還元的ペントースリン酸回路を働かせる．

クトース 6-リン酸，グルコース 6-リン酸を経由して**グルコース**になるが（7章参照），その大部分は ADP グルコースを経由して**デンプン**に組立てられ，ストロマ中にそのまま蓄えられる（図 9・6）．さらに GAP の一部は葉緑体から細胞質に出てフルクトース 1,6-ビスリン酸となり，いくつかの代謝経路をたどって**スクロース**に組立てられ，果実などに貯蔵される．GAP の一部は解糖系にも供される．

III 遺伝情報の保存と利用

　細胞は，増殖，刺激応答，分化のために，遺伝情報の保存，**複製**，**発現**を行っているが，第III部では細胞機能の根本をなすこのような分子遺伝学的な事項について解説する．

　複製機構はすべての生物で共通しており，真核生物の複製も多数の酵素や因子によって進むが，DNA合成は校正機能をもつ**DNAポリメラーゼ**によってきわめて正確に実行される．安定であるべきDNAも細胞内では意外に動的で，**突然変異**，傷害，**修復**，**組換え**といった現象が頻繁にみられる．

　遺伝子発現はセントラルドグマに従って，転写，翻訳の順で実行される．真核生物の転写開始は**RNAポリメラーゼ**とそれに付随する**基本転写因子**によって行われるが，実際にはさらに数多くの**転写調節因子**や**転写コファクター**，そして**クロマチン修飾因子**などがかかわり，転写効率に幅をもたせている．合成されたRNAはそのまま利用されることはあまりなく，部分切断，**スプライシング**，化学修飾などの加工を経て成熟する．RNAの分子種は非常に多く，タンパク質合成以外にも，酵素活性，制御，結合など，多様な機能にかかわる．真核生物のmRNAは核から細胞質に移動した後でリボソームと結合し，アミノ酸重合が起こってタンパク質がつくられるが，リボソームには遊離のものと膜結合型のものがあり，それぞれでつくられるタンパク質の局在場所は異なる．つくられたタンパク質は細胞内で品質管理，部分切断，消化，化学修飾などの処理を受ける．

10 DNA 複製

真核生物のゲノムは巨大であり，ゲノムをいかに正確に複製し，維持するかは，正常な細胞活動にとってきわめて重要である．

10・1 複製の法則

DNA 複製の基本機構は大腸菌を用いた研究で明らかにされたが，その原則は基本的に真核生物においても保存されている．複製ではまず二本鎖 DNA が変性して一本鎖となり，それぞれが鋳型となって相補的な DNA 鎖がつくられ，2 個の二本鎖 DNA (**娘 DNA**) ができるが，このように親 DNA の半分が娘 DNA に入る複製方式を**半保存的複製**という (図 10・1)．ゲノムの複製は染色体上の特定の位置 (**複

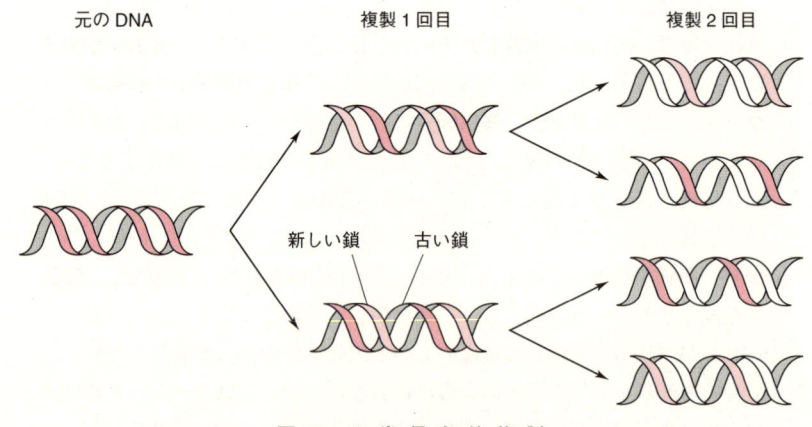

図 10・1 半保存的複製

製起点: *ori*. 酵母染色体には約 400 個存在する) から始まって両側に進み，一定の範囲を複製して終わる (図 10・2)．1 個の複製領域を**レプリコン**というが，染色体が巨大なため，染色体には多数のレプリコンが存在することになる (環状 DNA をゲノムにもつ原核生物は単一レプリコンである)．複製起点には複製因子が最初に結合する特異的配列である **ARS** (**自律複製配列**) が存在する．酵母の *ori* は 50〜100 bp〔塩基対〕の ARS を含み，ARS 内中心部分の約十数 bp に複製開始因子が結

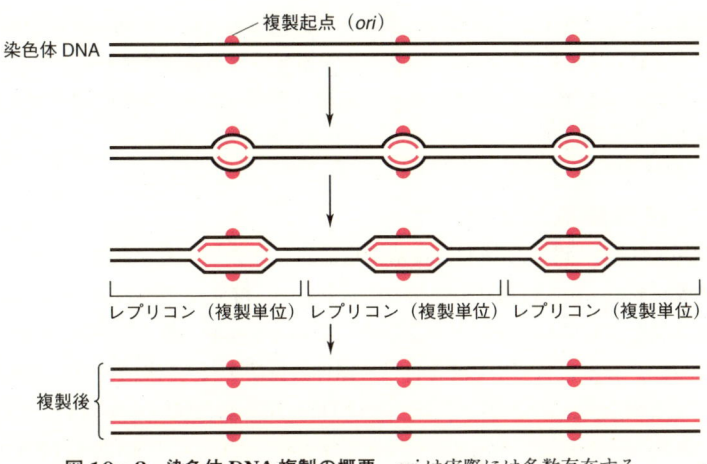

10. DNA 複製

図10・2 染色体DNA複製の概要　*ori*は実際には多数存在する.

合する．DNA合成は常に鎖が3′方向に伸びるように進むが（**DNA合成の定方向性**），この原則はRNA合成においても守られている．

10・2　不連続合成

複製が起こっているDNA部分を**複製フォーク**というが，フォーク部分の娘DNAの合成様式はそれぞれの鋳型鎖で異なる（図10・3）．一方の鋳型鎖から合成されるDNA鎖（**リーディング鎖**）の合成はフォークの複製開始後にすぐ起こり，進行方向と同じ方向に連続的に進む．ところがもう一方の鋳型鎖からできる**ラギング鎖**DNAは少し遅れて合成が始まり，またフォークの進行方向と逆の方向に伸びるこ

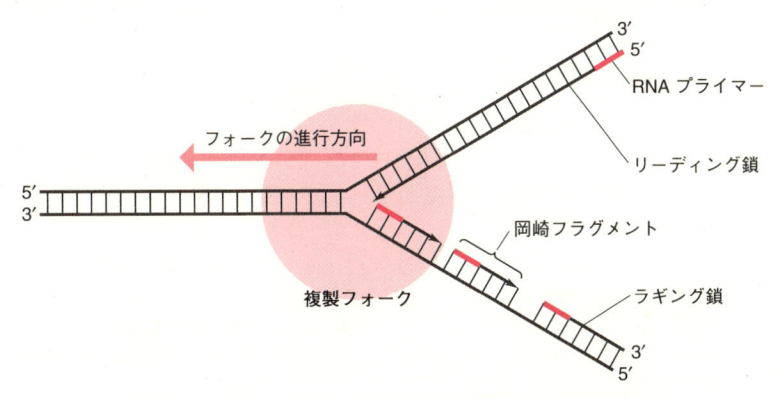

図10・3　複製フォークでのリーディング鎖，ラギング鎖合成

とになる.そこでラギング鎖ではまずフォーク進行とは逆の方向に短いDNAが合成され,それがすでにつくられた鎖とつながるという**不連続合成**が行われることになる.このときにできる一本鎖DNAを**岡崎フラグメント**といい,約100〜200塩基長をもつ.

10・3 複製酵素とプライマー

DNAを合成する酵素は鋳型の塩基に相補的なヌクレオチドを結合させる**DNAポリメラーゼ**で,細胞は複数の種類の酵素をもつ.酵素はデオキシリボヌクレオシド三リン酸を基質にし,鋳型と水素結合している一本鎖核酸の3′-OH末端にデオキシリボヌクレオシド一リン酸を付ける**鎖伸長反応**を行う(図10・4).RNAポリメラーゼと異なり,DNAポリメラーゼはDNA鎖を新たにつくり出すことはできない.合成の引き金となる一本鎖核酸を**プライマー**といい,DNAでもRNAでもよいが,複製では数塩基長の短鎖RNAが使われる.DNA合成にかかわる主要な酵素は真核生物ではDNAポリメラーゼδおよびϵであり,両者は協調して働く.DNA

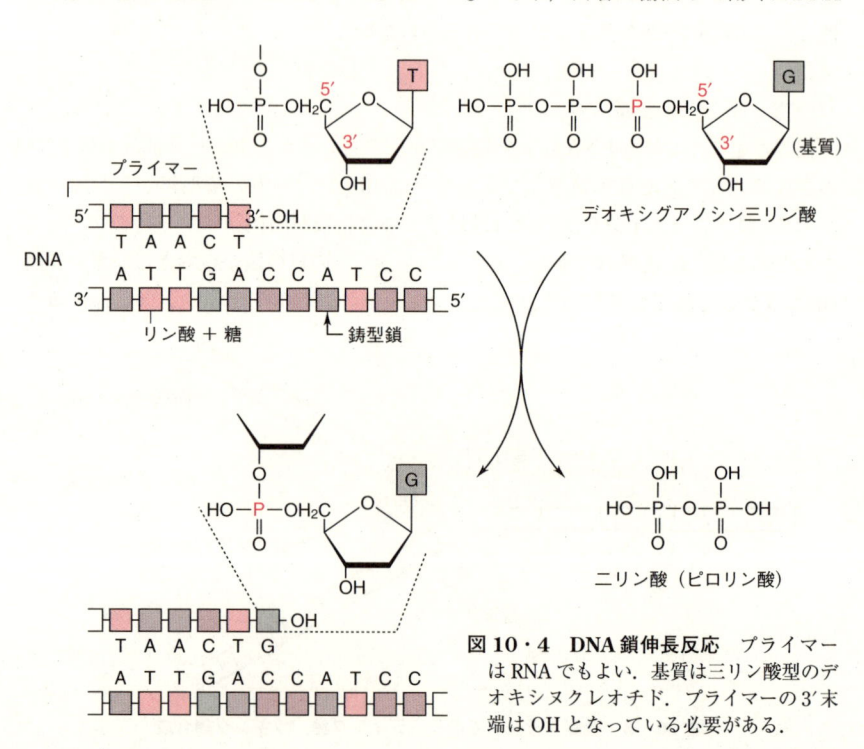

図10・4 DNA鎖伸長反応 プライマーはRNAでもよい.基質は三リン酸型のデオキシヌクレオチド.プライマーの3′末端はOHとなっている必要がある.

10. DNA 複製

ポリメラーゼαはプライマーゼと複合体をなし，ラギング鎖合成の最初に働く．細胞にはこのほか修復にかかわるDNAポリメラーゼβもある（DNAポリメラーゼγはミトコンドリアDNAの複製を行う）．

コラム 10

DNA合成の間違いを直す

DNAポリメラーゼによるDNA合成は意外に不正確である．大腸菌では0.1％程度の誤りが起こるが，このような低い精度の複製ではDNAは使いものにならない．実は細胞にはこの誤りを直す仕組みがあるが，その機能はDNAポリメラーゼ自身がもっている．DNAポリメラーゼδ/εには重合活性のほかに$3' \rightarrow 5'$エキソヌクレアーゼ活性がある（エキソは"外から"，ヌクレアーゼは"核酸分解酵素"の意）．酵素が間違ったヌクレオチドを取込むとヌクレアーゼ活性が発揮されるため，酵素は上流に向かってすでに合成したDNAを削る．適当なところまで削ると今度はヌクレオチド重合活性が働き，再びDNA鎖伸長が起こる．この仕組みを**DNAポリメラーゼの校正機能**という（図10・5）が，この機能があるため，複製の間違いはきわめて低く（さらに百分の1～千分の1に）抑えられている．

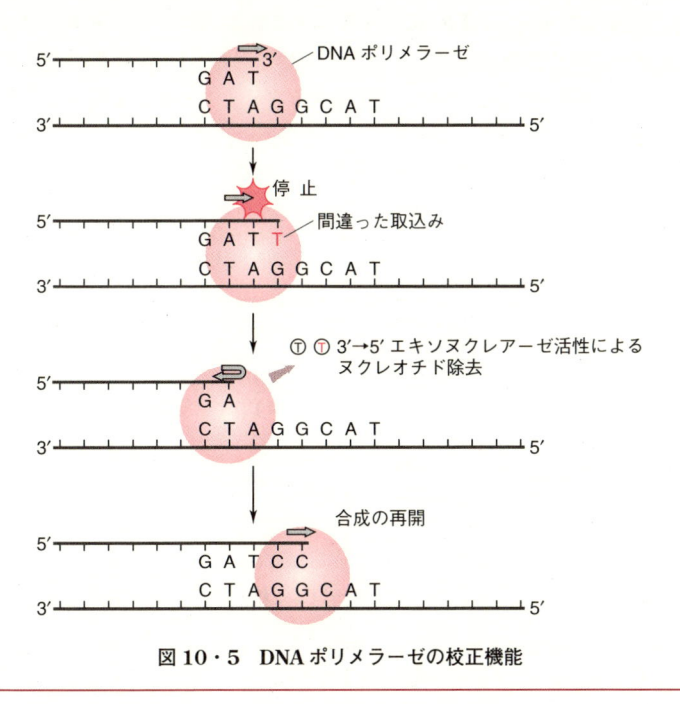

図10・5 DNAポリメラーゼの校正機能

> **メモ 10・1　特殊なDNA合成酵素**
>
> DNA合成に関与する酵素の中には鋳型なしでも鎖を伸ばせるもの（末端デオキシヌクレオチジルトランスフェラーゼ）や，RNAを鋳型にするもの〔HIV1などが属するレトロウイルスの**逆転写酵素**や，テロメア複製を行う**テロメラーゼ**（16章参照）〕がある．

10・4　真核細胞におけるDNA複製

原核生物ではDNA複製が終わるや否やつぎの複製が始まるが，真核生物では細胞周期の定まった時期，すなわち G_1 期の後半でチェックポイントを通過できてS期に入った細胞でのみ起こる（18章参照）．まず複製起点に**複製起点認識複合体（ORC）**が結合し，六量体の**MCMヘリカーゼ**が動員され，このDNAヘリカーゼ活性により二本鎖が一本鎖となる（図10・6）．サルのウイルスであるSV40の複製では，ウイルスタンパク質の**T抗原**がDNAヘリカーゼとして機能する．染色体複製では，細胞分裂後にライセンス因子として**MCMヘリカーゼ**がすでに動員されており，S期開始直前にはORCに活性化因子であるプロテインキナーゼが結合して複製前複合体の活性化が起こり，複製が開始される．DNA合成のプライマーとなるRNAは，DNAポリメラーゼαに付随するプライマーゼによりつくられる．

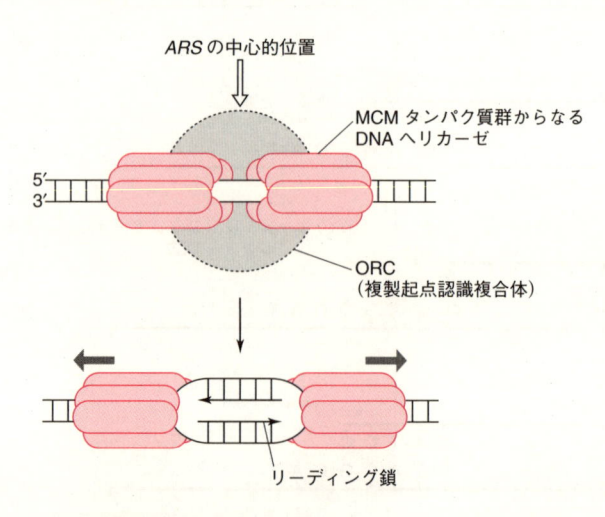

図10・6　複製開始時にみられる反応　はじめにリーディング鎖の合成が起こり，遅れてラギング鎖の合成が始まる．

DNAポリメラーゼδ/εには複製因子C（**RFC**）や増殖細胞核抗原（**PCNA**）が付随して複製を推進する．ラギング鎖で先につくられているDNA断片の後部（5′末端）にはDNAリガーゼが付随した**リボヌクレアーゼH**（DNA/RNA不均一二重鎖のRNA部分を分解する酵素）複合体があり，先につくられた岡崎フラグメントの5′側にあるRNAプライマーを分解するので，後発で岡崎フラグメントを合成するDNAポリメラーゼδ/εは分解されたRNA部分をDNAに変換できる．後発でつくられたDNAがDNAリガーゼの働きによって先のDNAと連結され，その部分までのDNAの二本鎖が完成する．リーディング鎖とラギング鎖でのDNA合成は，図10・7のような立体配置をとり，複製にかかわる因子群全体が大きな複合体（**レプリソーム**）を形成し，まとまって進行すると考えられる．

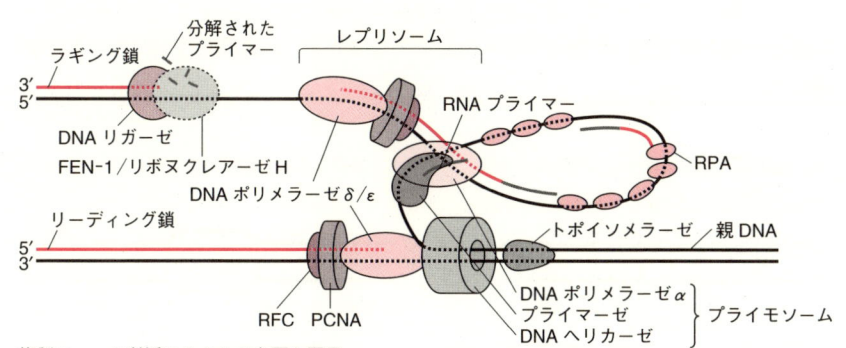

複製フォーク付近にみられる主要な因子
RFC：複製因子C，PCNA：増殖細胞核抗原，RPA：複製タンパク質A，
FEN-1：Flapエンドヌクレアーゼ1．

図10・7 真核生物におけるDNA複製機構

> **メモ 10・2　大腸菌のDNAポリメラーゼIとIII**
> 大腸菌では鎖伸長はDNAポリメラーゼIIIが行い，岡崎フラグメント中のRNAはDNAポリメラーゼIがもつ5′→3′エキソヌクレアーゼによって除かれる．

10・5　DNAの修復

DNAが物理的・化学的ストレスを受けて異常な構造に変化する場合がある．DNAに傷害があると細胞死に陥ったり，塩基配列の変化（**突然変異**）が誘導されてがん化に向かう場合もある．このため，傷害や変異を与える**変異原**には発がん物

表 10・1 DNA傷害の例

構造変化	例	代表的な原因
誤対合	C $\xrightarrow{\text{脱アミノ}}$ U⇔A A $\xrightarrow{\text{脱アミノ}}$ ヒポキサンチン⇔C	亜硝酸塩 亜硝酸塩
塩基の除去	N-グリコシド結合の切断	アルキル化剤,酸,高温
塩基構造の変化	チミン二量体の形成	紫外線など
単鎖切断[†]	リン酸ジエステル結合の切断	SH化合物,電離放射線,DNase

[†] 単鎖切断が両鎖で起こると二本鎖切断となる.

質も含まれる〔たとえば,電離放射線(X線やγ線など),ニトロソ化合物(タールに含まれる成分)〕.生物にとって最も重要な変異原は太陽光に多量に含まれる**紫外線**である.連続したピリミジン塩基に紫外線が当たると塩基同士が共有結合する

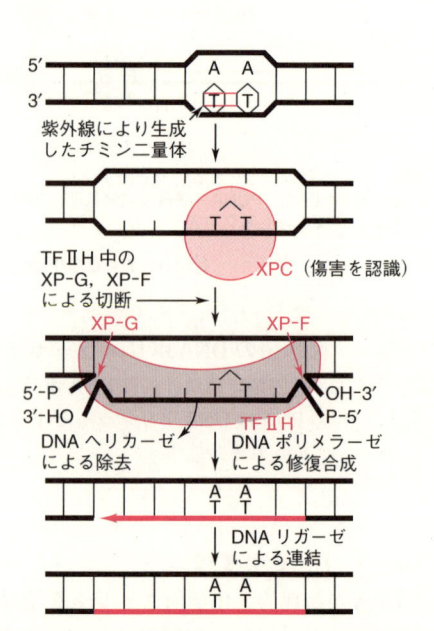

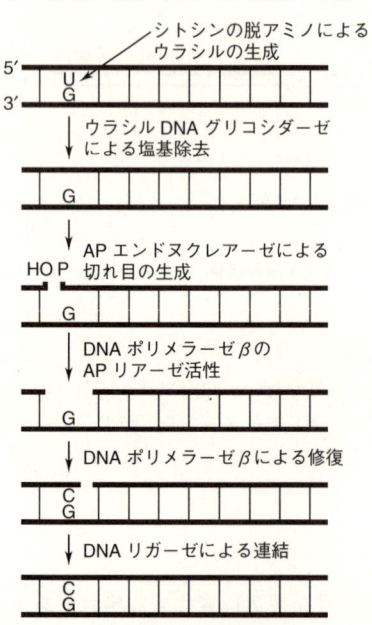

図 10・8 2種類のDNA除去修復 (a) 塩基除去修復.この修復には他の経路も存在する. (b) ヌクレオチド除去修復.TFⅡHは基本転写因子の一つ.

タイプの傷となる（たとえば，チミン二量体の形成）．DNA 傷害にはこのほか，塩基置換（たとえば，シトシン→ウラシル），塩基除去，切断などがある（表10・1）．DNA に傷害があると細胞は種々の修復関連酵素を動員して傷を修復する．修復機構には傷のある塩基を除いてから糖-リン酸骨格を削り，その後 DNA 合成でギャップ修復する**塩基除去修復**（図10・8a）や，傷をもつ DNA 一本鎖を大きく除いた後に DNA 合成で修復する**ヌクレオチド除去修復**（図10・8b）などが知られている．二本鎖切断修復時には，DNA 鎖を直接連結するタイプの修復や，組換え修復が働く．塩基対の誤り（突然変異）は DNA ポリメラーゼの校正機能によって十分に低くなっているが，残存する不対塩基対は除去修復に似た機構により，変異がさらに低く抑えられる．

10・6　DNA の組換え

細胞内に同じ塩基配列をもつ2本の DNA があるとその間で組換えが起こるが

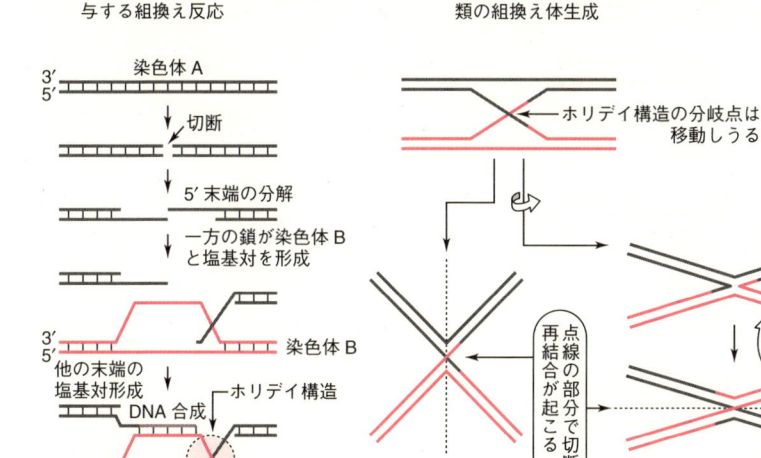

図10・9　相同組換えのモデル

(**相同組換え**；図10・9)，真核生物では配偶子をつくる減数分裂時においてみられる．組換え反応ではまず二本鎖切断後に，一本鎖DNA部分が変性して相手DNAの一本鎖部分にそれぞれアニールして部分的な複製が起こり，2個のDNAがX字状構造(**ホリデイ構造**)でつながる．その後，分岐点の移動，DNA合成，そして鎖の切断と再結合を経て，遺伝子変換型や交差型といった組換えDNA分子が生成する．なお，組換えは非相同なDNA間でも起こることがある〔たとえば，免疫グロブリン遺伝子の再配列，トランスポゾン(転位性DNA)の転位，2種類のDNA断片の単純な連結〕．

コラム 11

PCR (ポリメラーゼ連鎖反応)

　PCRにより *in vitro* でDNAを簡単に増やすことができる．DNAのある特定領域を増幅しようとするとき，DNAのほかにその領域を挟むようにして設計した1対のプライマー，そして基質ヌクレオチドと耐熱性DNAポリメラー

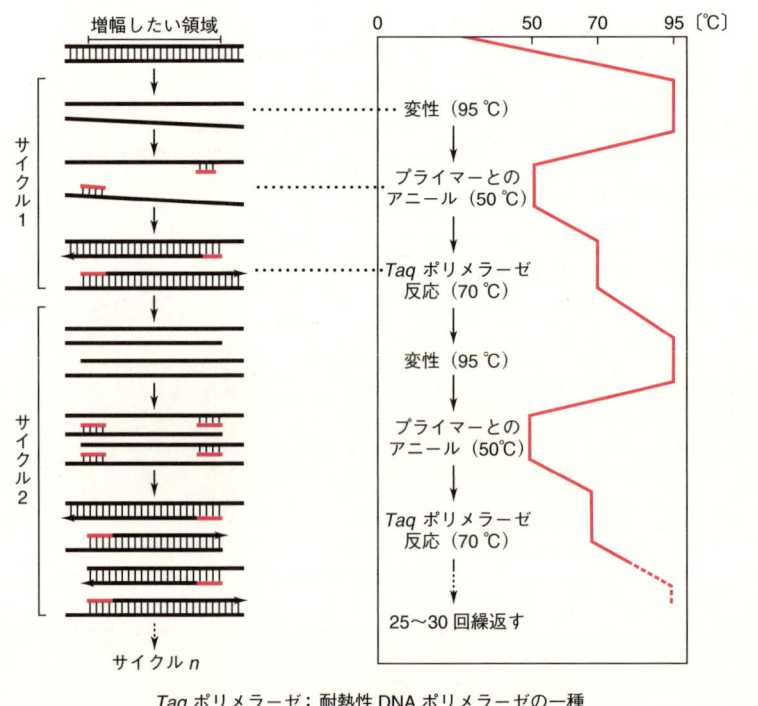

Taq ポリメラーゼ：耐熱性DNAポリメラーゼの一種
図10・10　PCRの原理

ゼを加えた反応液を用意する．反応液をまず95℃にしてDNAを変性させ一本鎖にし（このとき，酵素は失活しない），つぎに50℃まで冷やしてプライマーをDNAにハイブリダイズさせる．温度を70℃（酵素の最適反応温度）にしてDNA合成反応を行う．一連の過程で目的部分のDNAが2倍になる．この温度の上げ下げの操作を約20回ほど繰返すとDNAが100万倍近くにまで増え，極微量しかないDNAも電気泳動で検出できるようになる（図10・10）．プライマー部分のDNAが存在しなければ増幅DNAは検出できず，また多く存在すれば増幅量も多くなるので，PCRは目的DNAの検出（研究以外にもたとえば，犯罪捜査，血縁関係検査，細菌やウイルスなどの病原体の同定などに）や定量に利用される．逆転写酵素を用いてRNAから合成したDNA，すなわちcDNAを用いると，RNA量（遺伝子発現量）も間接的に検出できるが，この方法を **RT–PCR**（逆転写 **PCR**）という．

11 転写の調節：RNA合成の調節

遺伝子発現は一義的に転写，すなわちRNA合成で達成される．転写は細胞活動にDNAがかかわる過程を減らすことによりDNAが被る傷害の確率を下げ，RNA合成量の変化を介して遺伝子機能を変化させられるという利点があり，さらにRNA自身にも機能をもつものがあり，細胞のさまざまな調節に直接関与する．

11・1 転写反応

転写は二本鎖DNAの一方を鋳型にしてRNAポリメラーゼが相補的な塩基をもつリボヌクレオシド一リン酸を重合する反応（アデニンにはウラシルを対合させる）で，核内で起こる（図11・1）．複製と比べた場合，基質に三リン酸型のヌクレオチドを用い，鎖が3′側に伸びるという共通性はあるが，遺伝子ごとに起こる点，細胞周期のどの時期でも起こりうる点，一定時間に何度でも起こる点などは複製と異なる（表11・1）．RNAを合成するRNAポリメラーゼは鋳型上の何もないところに最初のヌクレオチドを呼び込み，さらにその3′-OH末端にヌクレオチドを重合させるのでプライマーは不要である．このため，RNAの5′末端のヌクレオチドは3個のリン酸をもつ．

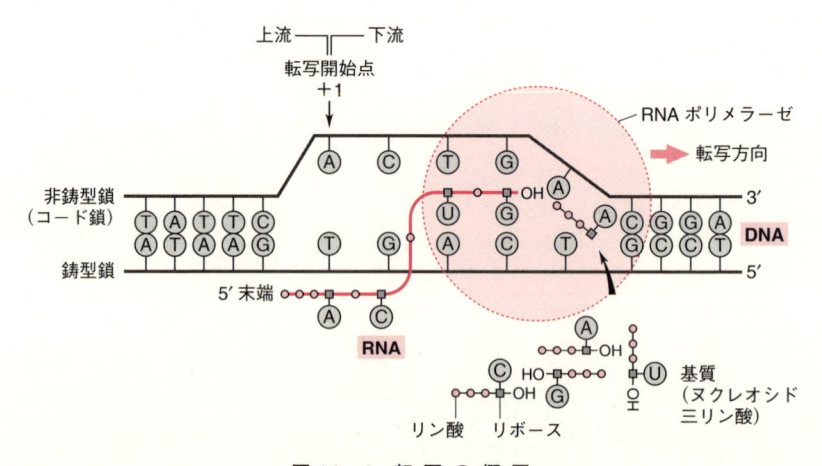

図11・1 転写の概要

11. 転写の制御:RNA合成の調節

表11・1 転写と複製の比較

	転写/RNA合成	複製/DNA合成
鎖伸長の方向	RNAでみて3′の方向	新生DNAでみて3′の方向
プライマー	不要	必要(複製ではRNA)
基質	リボヌクレオシド三リン酸	デオキシリボヌクレオシド三リン酸
塩基	鋳型のG, A, T, Cそれぞれに C, U, A, Gが対合する	鋳型のG, A, T, Cそれぞれに C, T, A, Gが対合する
酵素	RNAポリメラーゼ	DNAポリメラーゼ
鋳型	二本鎖DNA(酵素結合部分は変性している)	変性した一本鎖DNA
鋳型鎖の選択	酵素の進む方向で決まる	両鎖が鋳型となる
鋳型の範囲	DNA中のごく一部分	レプリコン全域
反応の頻度	一定期間中に複数回起こる	細胞分裂の前に1回だけ起こる
生成物の寿命	短い(数分〜数日)	長い(細胞の寿命に等しい)

> **メモ 11・1 モノシストロニック転写**
> 真核生物で一般的なタンパク質単位で起こる転写のこと.原核生物では複数のタンパク質領域がまとめて転写される**ポリシストロニック転写**がみられる.

11・2 真核生物のRNAポリメラーゼ

　原核生物には1種類のRNAポリメラーゼしかないが,真核生物は3種類の核RNAポリメラーゼ(RNAポリメラーゼⅠ,RNAポリメラーゼⅡ,RNAポリメラーゼⅢ)をもつ(表11・2).RNAポリメラーゼⅠ〜Ⅲそれぞれは,リボソームRNA(rRNA),mRNAと多くのsnRNA(低分子核内RNA),そしてtRNAや5S rRNAといった小さなRNAを合成する.いずれの真核生物のRNAポリメラーゼも10個以上のサブユニットからなるが,RNAポリメラーゼⅡはその最大サブユニットに**CTD(C末端繰返し領域)**という特徴的な構造が存在する(図11・2).CTDはYSPTSPS(Tyr-Ser-Pro-Thr-Ser-Pro-Ser)という7アミノ酸が何回も繰返す構造をもち,内部のセリン,トレオニンが基本転写因子TFⅡHや転写伸長因子P-TEFb,そしてメディエーターなどのプロテインキナーゼ活性によりリン酸化され

表 11・2　真核生物の RNA ポリメラーゼ

酵素[†1]	サブユニット数	局在	αアマニチン[†2]	合成される RNA	備考
RNA ポリメラーゼ I	出芽酵母 14 マウス 14	核小体	非感受性	rRNA 前駆体	低濃度アクチノマイシン D で阻害[†3]
RNA ポリメラーゼ II	出芽酵母 12 ヒト 14	核質	高感受性	mRNA 前駆体と多くの snRNA	最大サブユニットに CTD をもつ
RNA ポリメラーゼ III	出芽酵母 16	核質	弱感受性	tRNA, 5S rRNA, 一部の snRNA, *Alu* 配列	

†1　植物には 4 番目の酵素が存在する.
†2　キノコ毒(タマゴテングタケ属のキノコがつくるペプチド性毒素)の成分
†3　0.04 μg/mL で 95 % 以上の活性を阻害(放線菌のつくる抗生物質の一種).

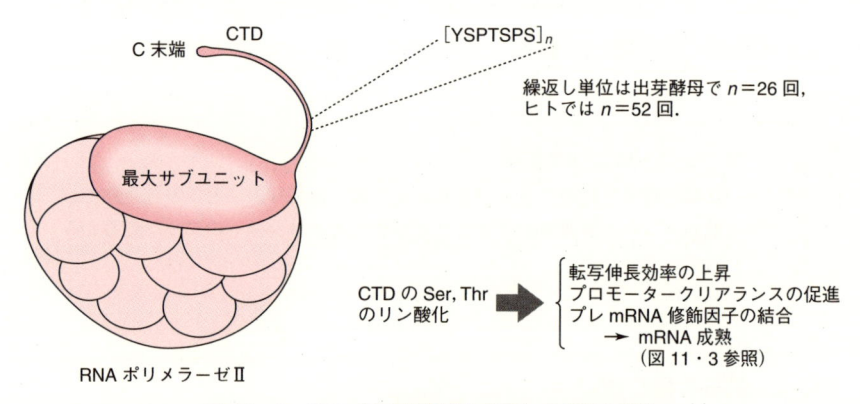

図 11・2　CTD(C 末端繰返し領域)の構造と機能

繰返し単位は出芽酵母で $n=26$ 回, ヒトでは $n=52$ 回.

CTD の Ser, Thr のリン酸化 → 転写伸長効率の上昇
プロモータークリアランスの促進
プレ mRNA 修飾因子の結合
　→ mRNA 成熟
　　(図 11・3 参照)

る. CTD リン酸化は RNA ポリメラーゼ II のプロモーターからの離脱や転写伸長の促進に必要である. リン酸化 CTD にはキャッピング酵素, ポリ(A)ポリメラーゼ, スプライシング因子などが結合し, mRNA の成熟にかかわる.

11・3　基本転写因子と転写開始機構

　RNA ポリメラーゼは遺伝子上流の**プロモーター**という DNA 領域に結合し, 下流部分に移動しながら RNA を合成する(最初につくられる RNA の 5′ 末端側を上流と表現する). プロモーターは転写方向の決定と転写の基本量確保にかかわるが,

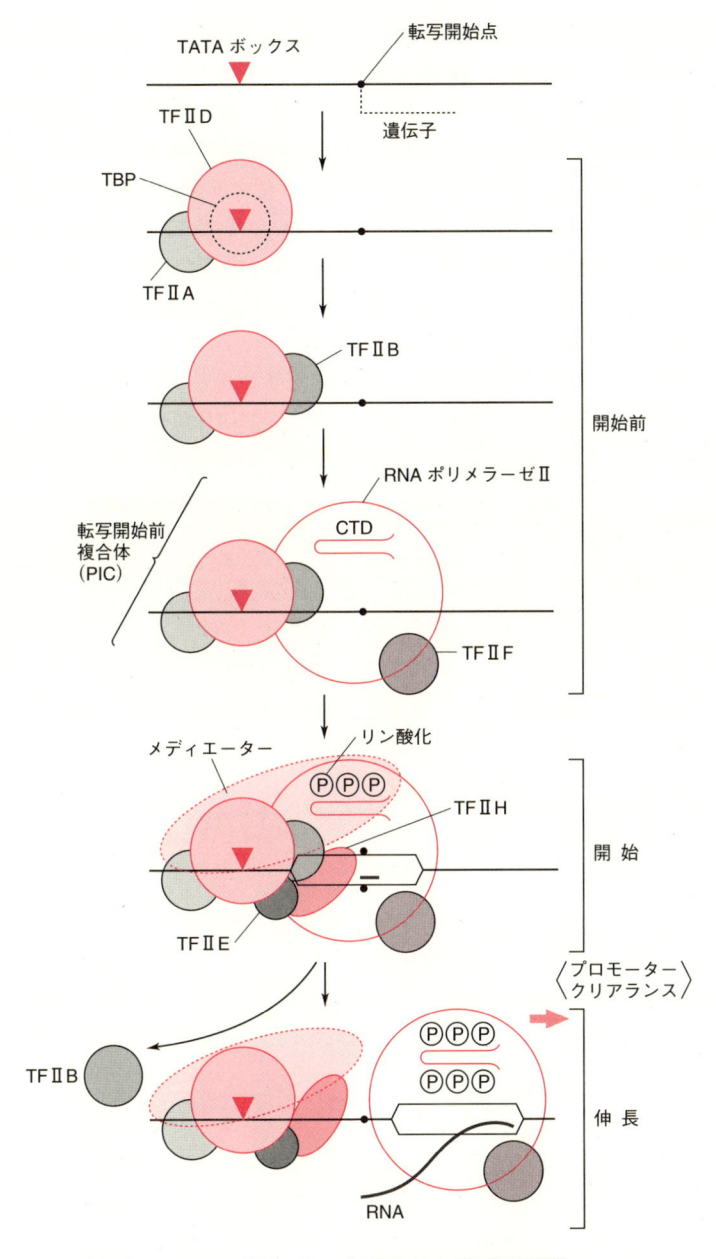

11. 転写の制御：RNA 合成の調節　　　　93

図 11・3　RNA ポリメラーゼⅡ遺伝子の転写開始機構

遺伝子ごとに構造が異なる．真核生物のRNAポリメラーゼは自身ではプロモーターに結合できず，複数の**基本転写因子**の助けが必須である．RNAポリメラーゼⅡの基本転写因子にはTFⅡA, -B, -D, -E, -F, -Hがあり，その機能が異なる（表11・3）．RNAポリメラーゼⅡ遺伝子の転写開始機構を図11・3に示す．RNAポリメラーゼや基本転写因子がDNAに結合した状態を**転写開始前複合体**(PIC)という．RNAポリメラーゼⅡ系遺伝子のプロモーターはT/Aに富む**TATAボックス**という配列をもつ場合がある（図11・4）．転写開始の準備のため，まずTFⅡDがTFⅡAの助けでTATAボックスに結合する．TFⅡDは複合体であり，その中の**TBP**(TATAボックス結合タンパク質) サブユニットがDNAと結合する．この後TFⅡBが結合し，ついでTFⅡFの結合したRNAポリメラーゼⅡが取込まれる．最後にTFⅡHがTFⅡEの助けでPICに取込まれるが，TFⅡHには**CTD**のSerをリン酸化

表11・3　RNAポリメラーゼⅡ遺伝子の基本転写因子

基本転写因子	機能　など
TFⅡD	コアプロモーター内シス配列に結合．TBP[†]はTATAボックスに結合
TFⅡA	TFⅡDのDNA結合を促進．TBPに強く結合
TFⅡB	TFⅡA-TFⅡD複合体に進入．RNAポリメラーゼⅡのための結合部位となる
TFⅡF	RNAポリメラーゼⅡに結合．伸長中の酵素にも結合し，伸長効率の維持に関与
TFⅡH	DNAヘリカーゼ活性，CTDキナーゼ活性をもつ．PIC[†]および酵素の活性化
TFⅡE	TFⅡHの進入を助ける

[†] TBP: TATAボックス結合タンパク質，PIC: 転写開始前複合体

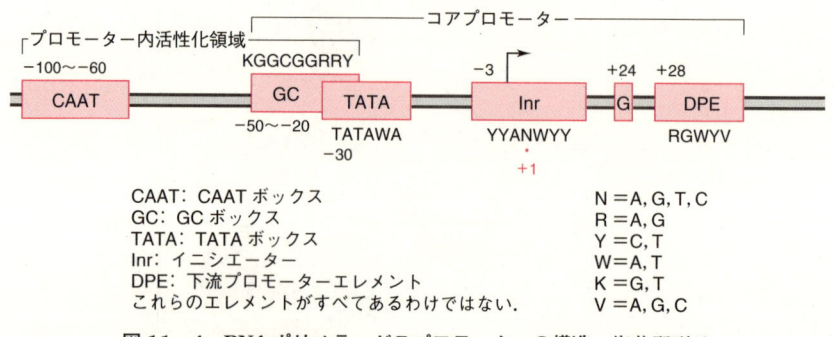

CAAT: CAATボックス
GC: GCボックス
TATA: TATAボックス
Inr: イニシエーター
DPE: 下流プロモーターエレメント
これらのエレメントがすべてあるわけではない．

N = A, G, T, C
R = A, G
Y = C, T
W = A, T
K = G, T
V = A, G, C

図11・4　**RNAポリメラーゼⅡプロモーターの構造**　塩基配列は一方のみ（非鋳型鎖）を示す．

11. 転写の制御：RNA 合成の調節

> **メモ 11・2　シス配列とトランス作用因子**
> 遺伝子発現を調節する遺伝子に連結して働く DNA 領域（配列）を**シス配列**といい，そこに結合して実際に機能する転写因子を**トランス作用因子**という．

するプロテインキナーゼ活性と，DNA ヘリカーゼ活性があり，ヘリカーゼはプロモーター DNA を変性させて反応を進みやすくする働きがある．転写開始直後は RNA 鎖の伸長は不安定だが，RNA ポリメラーゼⅡの CTD が十分にリン酸化されてプロモータークリアランスという段階を越えると安定な伸長段階に移る．伸長を促進させる転写伸長因子も存在する（SⅡなど）．RNA ポリメラーゼⅡは決まった配列で転写を停止せず，また決まった転写終結因子もなく，mRNA が十分に伸びた後，**ポリ(A) シグナル**の約 30 塩基の部分で切断されて 3′ 末端ができる．

> **メモ 11・3　プロモーターを構成するコア領域と活性化領域**
> RNA ポリメラーゼの**プロモーター**は **TATA ボックス**，GC に富み TATA ボックスの代わりに働く **GC ボックス**，転写開始部位にある**イニシエーター**，そして**下流エレメント DPE**（downstream core promoter element）などの組合わせからなる**コアプロモーター**（約 60 bp の範囲の必須な領域機能）と，コアプロモーターの上流にあってその活性を高める**活性化領域**（CCAAT ボックスなど）から構成される．

11・4　エンハンサーと配列特異的転写調節因子

それぞれの遺伝子はプロモーターからの転写を高めたり，抑制したりするシス配列を遺伝子近傍にもつが，このような調節配列で活性化能をもつものを**エンハンサー**（図 11・5），抑制能をもつものを**サイレンサー**という．エンハンサーは遺伝子の上流 1 kbp 以内にあることが多い（より上流，あるいは遺伝子の内部や下流に存在する場合もある）．エンハンサーの種類，数，位置は遺伝子特異的であり，このことが遺伝子特異的な転写調節を可能にしている．ホルモンや熱に応答して転写活性化する応答配列もエンハンサーの一種であり（表 11・4），また転写の組織特異性や時期特異性もエンハンサーによって担われている．エンハンサーには特異的 DNA 結合能をもつタンパク質（**配列特異的転写調節因子**，あるいは単に**転写調節**

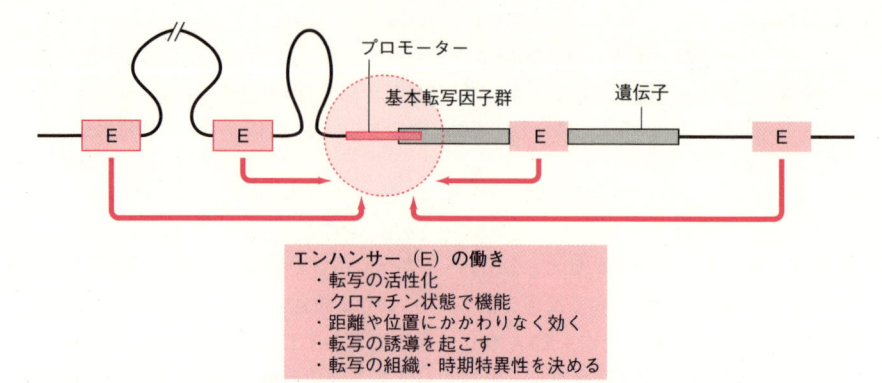

図 11・5 エンハンサーの働き　エンハンサーの数や種類は遺伝子特異的である．

エンハンサー (E) の働き
・転写の活性化
・クロマチン状態で機能
・距離や位置にかかわりなく効く
・転写の誘導を起こす
・転写の組織・時期特異性を決める

表 11・4　応 答 配 列 の 種 類

応答配列（略称）	結合因子[†2]	結合配列
cAMP 応答配列（CRE）	CREB/ATF	TGACGTCA
TPA[†1] 応答配列（TRE）	AP-1（c-Jun/c-Fos）	TGACTCA
熱ショックエレメント（HSE）	HSTF	CtNGAAtNTtCtaGa
グルココルチコイド応答配列（GRE）	GR[†3], MR[†3]	AGAACAN$_3$TGTTCT
血清応答配列（SRE）	SRF	CCATATTAGG

[†1] TPA: テトラデカノイルホルボール 13-アセテート
[†2] 刺激によりシグナル伝達機構が働き，転写因子が特定の配列（応答配列）に結合する．
[†3] グルココルチコイドおよびミネラルコルチコイド

因子という）が結合して作用を発揮する．

11・5　転写調節因子の構造

転写調節因子（配列特異的転写調節因子）は DNA 結合ドメインや転写活性化ドメイン，タンパク質相互作用ドメインなどのドメイン構造がいくつか組合わさって特徴的なモチーフ構造をとる（図 11・6）．モチーフの種類はそれほど多くない．**ジンクフィンガー**はシステインやヒスチジンが亜鉛原子と結合する DNA 結合モチーフである．**bZip 因子**は塩基性部分で DNA と結合し，αヘリックス部分（ロイシンが同じ側に位置する**ロイシンジッパー**という構造をとる）で二量体となる．**bHLH**（**塩基性ヘリックス・ループ・ヘリックス**）も二量体構造をとるが，塩基性領域で DNA と結合し，HLH 部分で二量体となる．**HTH**（**ヘリックス・ターン・ヘリッ**

11. 転写の制御：RNA 合成の調節　　　　　　　　97

(a) bZip モチーフ

ロイシンジッパー部分

ロイシン

塩基性領域

(b) ジンクフィンガーモチーフ

αヘリックス
βシート
亜鉛原子

(c) ヘリックス・ターン・ヘリックスモチーフ

αヘリックス
N 末端アーム

ホメオドメインタンパク質と DNA との結合の様子

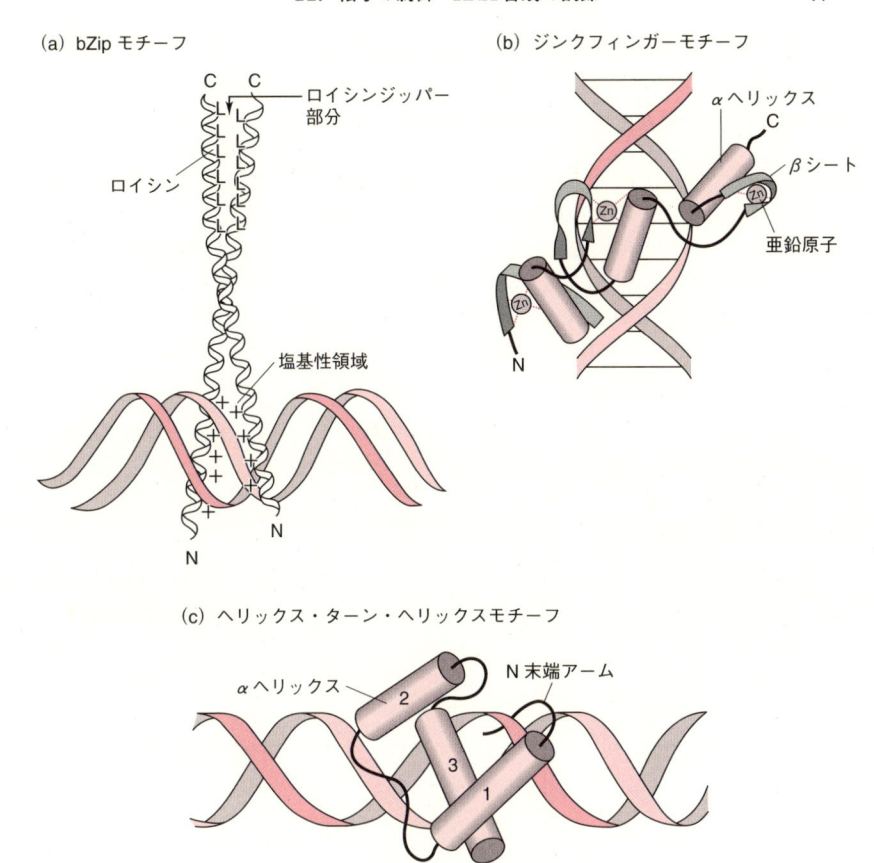

図 11・6　転写調節因子と DNA との結合

クス）は α ヘリックスで DNA に入り込む．ほかにもいくつかのモチーフが知られているが，真核生物の転写調節因子の多くはこの 4 種類のどれかに分類される．転写因子は二量体になって結合するものが多いが，二量体になることで結合力が上がり，ペアとなる相手を変えることにより機能に多様性をもたせることができる（たとえば，c-Myc は Mad との二量体化で活性化能を失い，Max との二量体化で活性化能を得る）．

11・6 転写因子の活性調節

転写因子の細胞内存在様式や活性はさまざまな機構で調節される（表11・5）．転写調節因子が必要なときに当該遺伝子が発現して転写調節因子のタンパク質が新

メモ 11・4　DNA結合タンパク質を検出する方法：ゲルシフト解析

ゲル中でDNAに電圧をかけるとDNAは陽極に移動する（**電気泳動**）が，DNAにタンパク質が結合すると移動がゆっくりになる（シフトする）．放射能標識したDNAを使ってX線フィルム上でDNAの位置を検出することにより，（遊離DNAとは異なるDNA泳動位置から）DNA結合タンパク質の有無や結合配列がわかる（図11・7）．

(1) 電気泳動　　(2) X線フィルムを重ねる　　(3) X線フィルムを現像

図11・7　ゲルシフト解析の原理

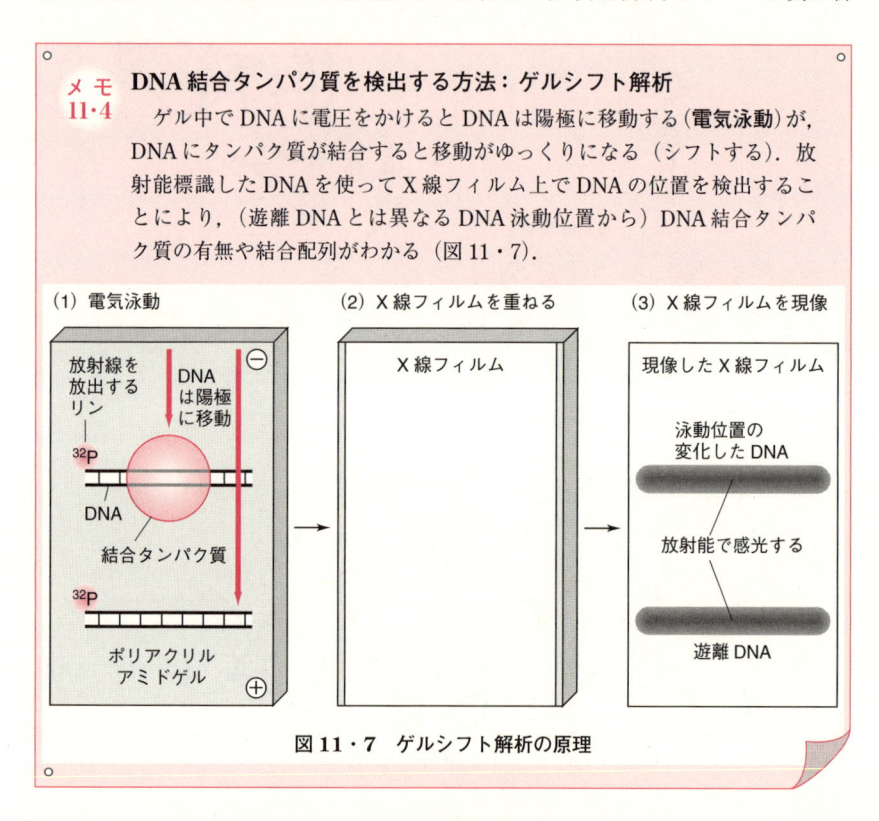

表11・5　転写因子の細胞内活性化機構

活 性 化 機 構	例
タンパク質の合成	ホメオタンパク質
リン酸化	熱ショックタンパク質，CREB，c-Jun
リガンド結合	核内受容体
複合体からの離脱→核移行	STAT因子群
阻害因子の解離・限定分解→核移行	NF-κB
二量体化の変化	bHLH因子群，c-Myc

たにつくられる例はホメオボックス遺伝子産物や成長ホルモン遺伝子を調節するPit-1などにみられるが，多くの因子はすでにある因子が修飾を受け，活性が速やかに変化する．その一つの例として，普段は細胞膜や細胞質にある因子がシグナルを受けて核移行するものがある．おもなシグナルは**リン酸化**であるが，限定分解や随伴因子の変化を伴う場合もある．転写調節因子が急速に活性を失う場合，リン酸化やタンパク質との結合を経てのタンパク質分解がよく起こる．これとは別に，c-JunやCREB（cAMP応答配列結合タンパク質）のように，すでに核にある因子がリン酸化シグナル伝達の最終標的として核で修飾を受けるものもある．

11・7 転写調節能を媒介するコファクターとメディエーター

細胞に転写調節因子があるにもかかわらず標的遺伝子が活性化されない場合があるという現象から，転写調節因子と基本転写装置を物理的・機能的に仲介する**転写補助因子（コファクター）**が発見された．コファクターの種類は多様で，ある程度の転写調節因子特異性があり，転写活性化に働く**コアクチベーター**と抑制に働く**コリプレッサー**に分けられる．コアクチベーターの中にはヒストンのリシン残基をアセチル化する **HAT**（ヒストンアセチルトランスフェラーゼ）活性をもつものがある（GCN5，CBPなど；図11・8）．逆にコリプレッサーの中にはアセチル基を除くヒストンデアセチラーゼ（**HDAC**）と結合するものがある．これらの酵素はヒストンのみならず，種々の転写因子にも作用し，クロマチン状態の変化や他の因子との結合性の変化を通して調節能を現す（図11・9）．**メディエーター**は約30個のサ

CRE: cAMP応答配列
CREB: CRE結合配列
CBP: CREB結合タンパク質
HAT: ヒストンアセチルトランスフェラーゼ

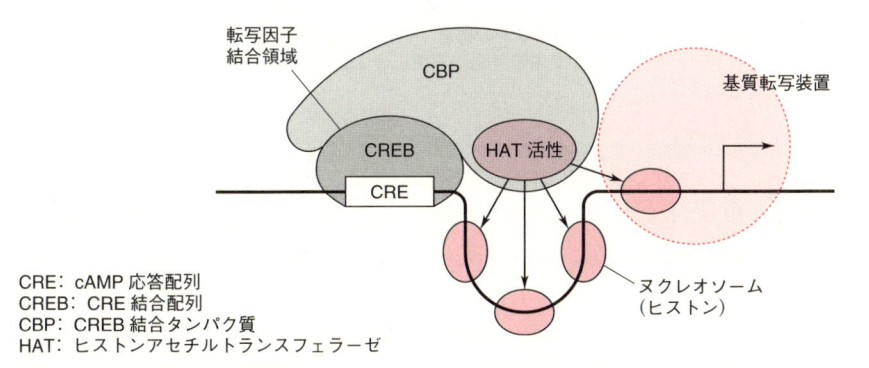

図 11・8 代表的なコアクチベーター（CBP） CBPの転写因子結合領域には，CREBのほか，核内受容体，c-Myb，TFⅡB，MyoD，PCAF（別のコアクチベーター）など，多くの因子が結合する．

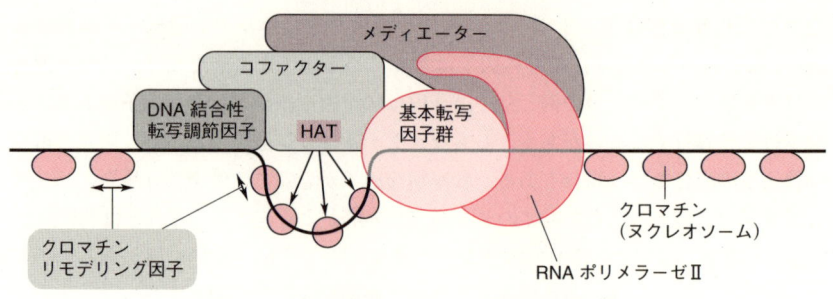

図11・9 転写調節にかかわる因子群の全体像

ブユニットをもつ巨大複合体で，その中にはプロテインキナーゼをはじめとする種々の因子が含まれる（図11・10）．メディエーターはRNAポリメラーゼや基本転写因子，転写調節因子やコファクターと結合することにより，転写調節シグナルを統合し，グローバルな転写調節にかかわる．

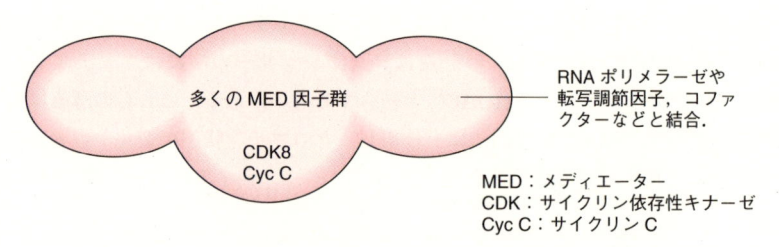

図11・10 **メディエーターの構造** CDK8/Cyc C複合体はRNAポリメラーゼⅡのCTD（C末端繰返し領域）の5番目のSerをリン酸化する．

11・8 クロマチンレベルの遺伝子発現調節

真核生物ゲノムはクロマチン構造をとっているため，遺伝子発現は通常抑制されており，転写されるためにはクロマチンを変化させる必要がある．クロマチン修飾はDNAによるものとヒストンに作用するものがある（表11・6）．おもなDNA修飾はシトシンのメチル化である．**DNAメチル化**の多くは遺伝子抑制に働くが，**ゲノムインプリンティング**（**遺伝子刷込み**．一方の親の遺伝形質が優先的に現れる現象）の原因ともなる．ヒストンに対する化学修飾にはリン酸化，アセチル化，メチル化，ユビキチン化，異性化などと多くのものがあり（図11・11），やはり遺伝子

11. 転写の制御：RNA合成の調節

表11・6　クロマチンに関連する修飾

標的		修飾のタイプ	具体例/現象/特徴
クロマチン	DNA	DNA（おもにシトシン）のメチル化	ゲノムインプリンティング 遺伝子抑制
	ヌクレオソーム	コアヒストンの化学修飾[†]	アセチル化 メチル化 リン酸化 ユビキチン化
		ヌクレオソームの位置の変更	クロマチンリモデリング ATP要求性 クロマチン構造変化

[†] 非ヒストンタンパク質に及ぶ場合もある．

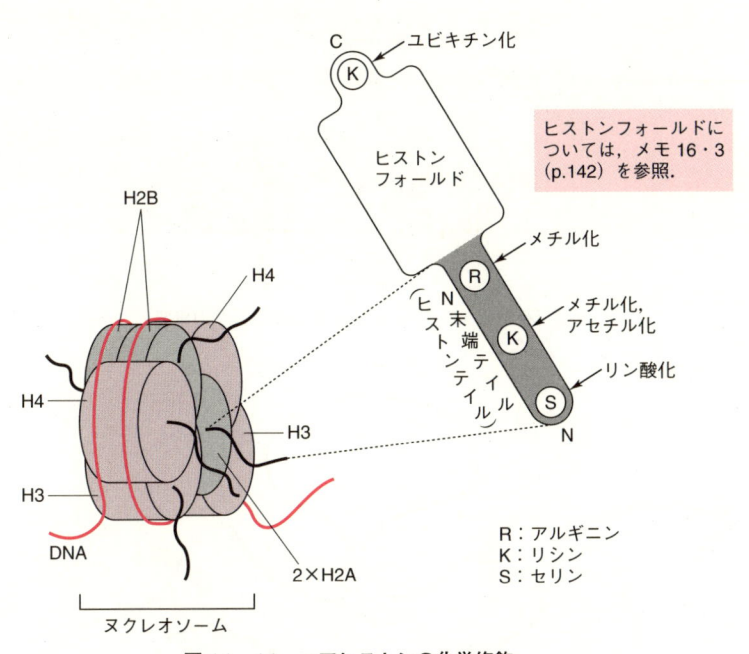

図11・11　コアヒストンの化学修飾

発現に影響する．クロマチン構造（実際にはヌクレオソームの位置）を変化させる**クロマチンリモデリング**という機構がある（図11・12）．クロマチンの位置の変化はRNAポリメラーゼの移動の円滑化や，転写因子のDNA結合の促進につながる．

また，クロマチン上では特定のエンハンサーの効果が近隣の無関係な遺伝子に及ばないよう，**インスレーター**〔バウンダリー，**LCR**（遺伝子座調節領域）ともいう〕といわれるタンパク質構造体がクロマチンを区画化している（図11・13）.

ヌクレオソーム

転写調節因子

クロマチン
リモデリング因子 → ← ATP
(SWI/SNF
 NuRF
 ACF　など)

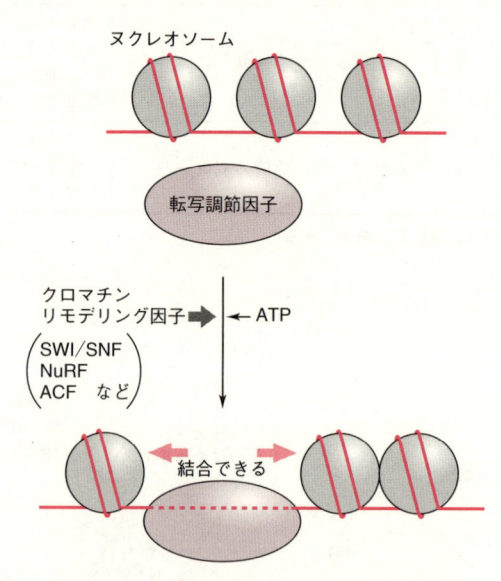

結合できる

図11・12　クロマチンリモデリングの概要

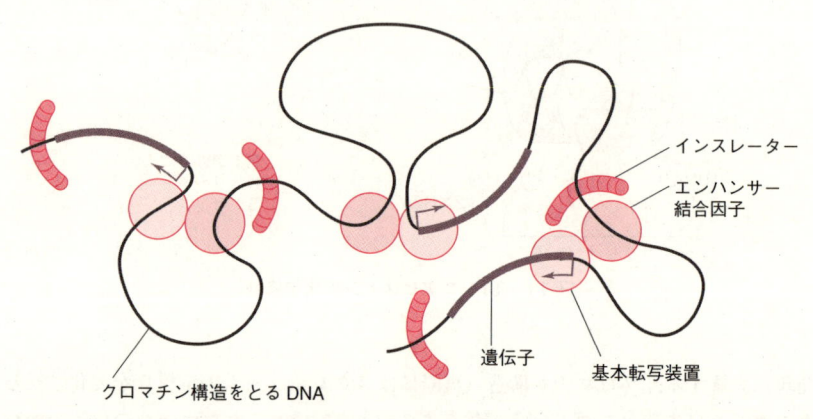

インスレーター
エンハンサー結合因子
クロマチン構造をとる DNA
遺伝子
基本転写装置

図11・13　インスレーターの概念　クロマチンがインスレーターで区分されているため，エンハンサー因子が無関係な遺伝子発現には影響しないようになっている．

12 転写後修飾とRNAの機能

12・1 RNA分子の修飾

　RNAは転写されたままの形で利用されることはなく，さまざまに加工される．加工方式には**限定分解**（たとえば，45S rRNA前駆体が28S，18S，5.8S rRNAに切断される），**スプライシングや編集**（メモ12・2参照），**化学的修飾，付加**などがある（表12・1）．mRNAの5′末端には本来のヌクレオチドの先に7-メチルグアノシンが結合し，また場合によっては末端部分のヌクレオチドの塩基や糖がメチル化されるが，この修飾様式を**キャップ**構造といい，スプライシングと翻訳の効率維持に

表12・1　RNAの修飾

修飾の種類	具体的な内容
プロセシング	末端の切断，除去
化学修飾	mRNAのキャップ，tRNAの特殊塩基
ヌクレオチド付加	キャップ，ポリ(A)鎖
スプライシング	内部配列の除去
トランススプライシング	異種RNAのつなぎ換え
編　集	内部配列の変更，欠失，付加

メモ 12・1　S　値
　Svedberg（スベドベリー）**単位**で表した**沈降係数**の値．分子の大きさを示す指標（分子形も少しは影響する）で，遠心分離実験から得られる沈降速度から求める．RNAの場合，28Sは約5000塩基に相当する．

メモ 12・2　RNA編集
　転写されたRNA中の塩基が他の塩基へ置き換わったり，塩基が欠失，挿入したりする現象．一般的ではないが，遺伝子の多様性を高める一つの方式としてみられる．

重要である．成熟mRNAの3′末端から約30塩基上流にはAAUAAAという共通配列をもつポリ(A)シグナルがあり，これを目印に3′末端にアデニル酸50～200個からなる**ポリ(A)鎖**（**ポリ(A)テイル**ともいう）が付加される（図12・1）．いずれの修飾もRNAの安定化を高める．

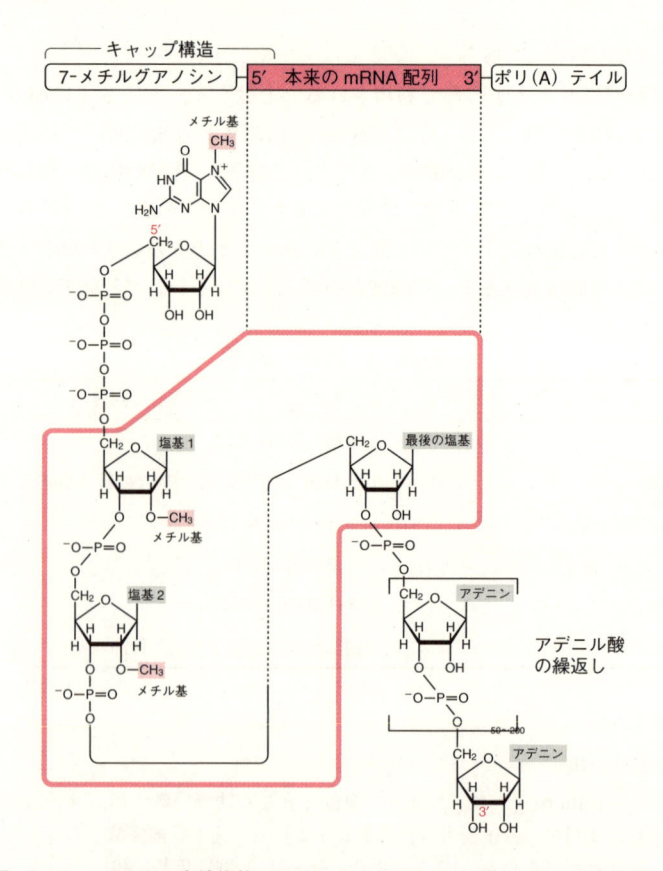

図12・1　mRNAの末端修飾　ヌクレオチド1, 2の2′位は-Hの場合もある．

12・2　スプライシング

RNA内部の不要な部分が除かれて，両端がつながる反応を**スプライシング**という．除かれる領域は**イントロン**といい，1箇所～複数箇所と遺伝子により異なる．残る部分は**エキソン**という．mRNAのスプライシングでは，イントロンの上流・

12. 転写後修飾とRNAの機能

下流部分に 5′-GU-----AG-3′ という配列が共通にみられ，またエキソンの境界部分には G が多くみられる（図 12・2）．スプライシングは核で起こり，スプライシングを終えた分子が核孔から細胞質に出てくる．スプライシングにはスプライソ

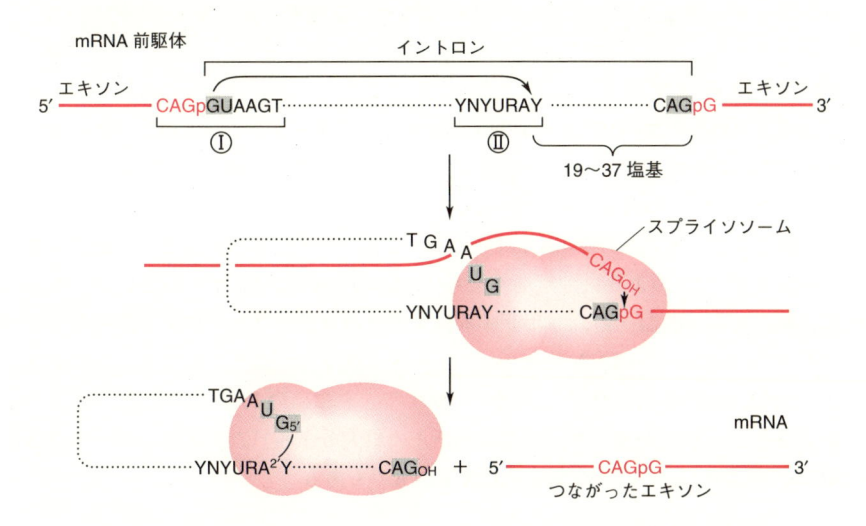

図12・2 mRNAのスプライシング イントロンの GU……AG は特に高く保存される．①，②にはそれぞれ U1 snRNA, U2 snRNA が相補的に結合する．

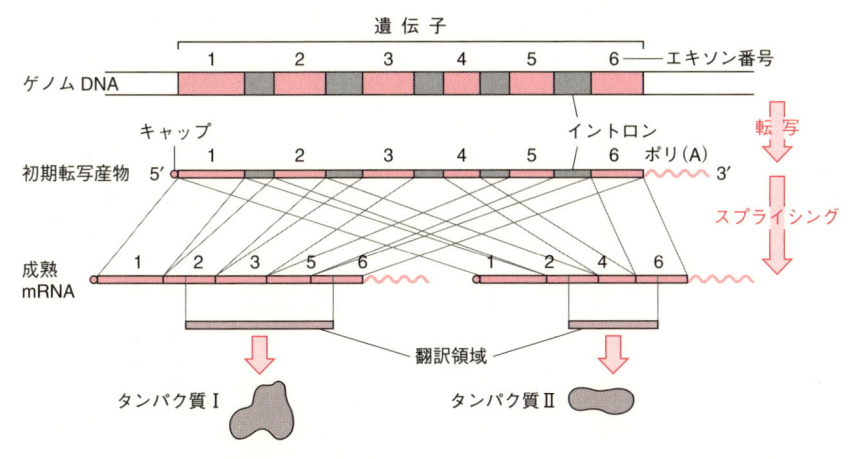

図12・3 スプライシングを介する遺伝子発現 選択的スプライシングで2種類のタンパク質が生成する過程を示す．エキソン1は非翻訳エキソン．

ソームという大きな複合体が関与し，内部に複数の小型 snRNA（mRNA 前駆体のスプライス部分に結合する）とタンパク質を含む．多数のエキソンがある場合，内部エキソンが種々の組合わせでつながるという現象がよくみられ（**選択的スプライシング**），単一遺伝子から複数のタンパク質をつくる機構に利用される（図 12・3）．

12・3　自己スプライシングとリボザイム

ある種の真核生物の tRNA や rRNA 前駆体には**グループ 1 イントロン**（テトラヒメナ rRNA 前駆体など），あるいは**グループ 2 イントロン**（酵母ミトコンドリアの遺伝子など）といわれるイントロンがあるが，これらのイントロンはタンパク質因子が関与せず，イントロン RNA 自身によってスプライシングが起こる（**自己スプライシング**）．このように触媒活性をもつ RNA を一般に**リボザイム**といい，多くの種類がある（表 12・2）．リボザイムには上述の自己スプライシング能をもつイントロン，RNaseP の RNA 成分，ハンマーヘッド型リボザイム活性をもつウイロイド RNA，mRNA 前駆体の 5′ 末端を切断する 5′ 末端部の RNA 自身など，RNA 切断活性をもつものが多いが，中には rRNA の最大分子種（たとえば，ヒトの 28S rRNA）のように，ペプチド重合活性をもつものもある．

表 12・2　リボザイムの例

機　能	例
自己切断能	ハンマーヘッド型リボザイム ヘアピン型リボザイム ヒトデルタ型肝炎ウイルス RNA mRNA ポリ(A) シグナル下流で切断する配列［CoTC］
他の RNA を切断	RNaseP 中の RNA（tRNA のプロセシング）
DNA 切断	自己スプライシング RNA による
スプライシング	グループ 1 イントロン グループ 2 イントロン snRNP（低分子リボ核タンパク質）中の RNA（？）
ペプチド結合形成	rRNA の最大分子種
RNA の修飾 　リン酸化，アルキル化， 　アミノアシル化， 　RNA 重合，DNA 連結	*in vitro* での特定 RNA

12・4 機能性RNA

1980年代ころまで，RNAといえばmRNA, tRNA, rRNAというタンパク質合成にかかわるものであった．機能未知の小型RNAなど，非遺伝子領域から"もれて"つくられるRNAの存在は示唆されていたが，その意義は不明であった．しかし近年の分子生物学の進展により，**低分子**RNA（小分子RNA）の中には独自の機能をもつものが多数存在することが明らかになった（表12・3）．核内低分子RNA（snRNA）はスプライシング制御にかかわる古典的な小型RNAで，mRNAと部分的に結合する．miRNA（マイクロRNA．たとえば，線虫のlin4）をコードするDNAはゲノム中に複数種存在し，大きな前駆体から20〜25塩基長が切出された後，ある程度ハイブリダイズできるmRNAと水素結合することによって翻訳を阻害する（100％塩基対が形成されるとmRNAは切断される）．このようなRNAは，植物ではウイルスやウイロイドの感染阻止，動物での発生やがん化の制御にかかわる．真核生物はクロマチンに結合するさまざまな小型のRNA（siRNA：短鎖干渉RNA）を発現しているが〔ヘテロクロマチン誘導siRNA（hc-siRNA），X染色体不活性化特異的RNA（*Xist* RNA）など〕，これらはクロマチンレベルの遺伝子発現を抑制す

表 12・3 RNA の役割

機能	RNAの種類，例
タンパク質合成	mRNA（タンパク質の鋳型） tRNA（アミノ酸の運搬） rRNA（リボソームの成分）
酵素（リボザイム）	RNaseP 中の RNA
翻訳阻害，mRNA 分解	miRNA（マイクロ RNA），siRNA（短鎖干渉 RNA）
クロマチンの抑制	hc-siRNA（ヘテロクロマチン誘導 siRNA），rasiRNA（反復配列関連 siRNA），*Xist* RNA（X染色体不活性化特異的 RNA）
転写調節因子	転写コアクチベーターとしての SRA（ステロイド受容体 RNA アクチベーター）
スプライシング制御	snRNA（低分子核内 RNA）
核小体 RNA の加工	snoRNA（低分子核小体 RNA）
DNA 合成プライマー	プライマー RNA
RNA 編集	低分子ガイド RNA
アプタマー（結合性核酸）	ウイロイドの RNA，人工の RNA，リボスイッチとしての mRNA

メモ 12·3　アプタマー

特異的結合性をもつ核酸を総称して**アプタマー**といい，RNAアプタマーは標的分子の構造からデザインすることもでき，RNA抗体として利用できるものもある．

る機能をもつと考えられる（たとえば，染色体のヘテロクロマチン化，雌の一方のX染色体不活性化）．

12·5　RNA干渉（RNAi）で遺伝子を抑制する

RNAを使って人為的に遺伝子抑制を行う方法に，**RNA干渉（RNAi）**がある．特定mRNAの配列の一部をもちヘアピン構造をつくる小さなRNA（shRNA）などを細胞で発現させると，当該mRNAが分解されて遺伝子を抑制できるという現象

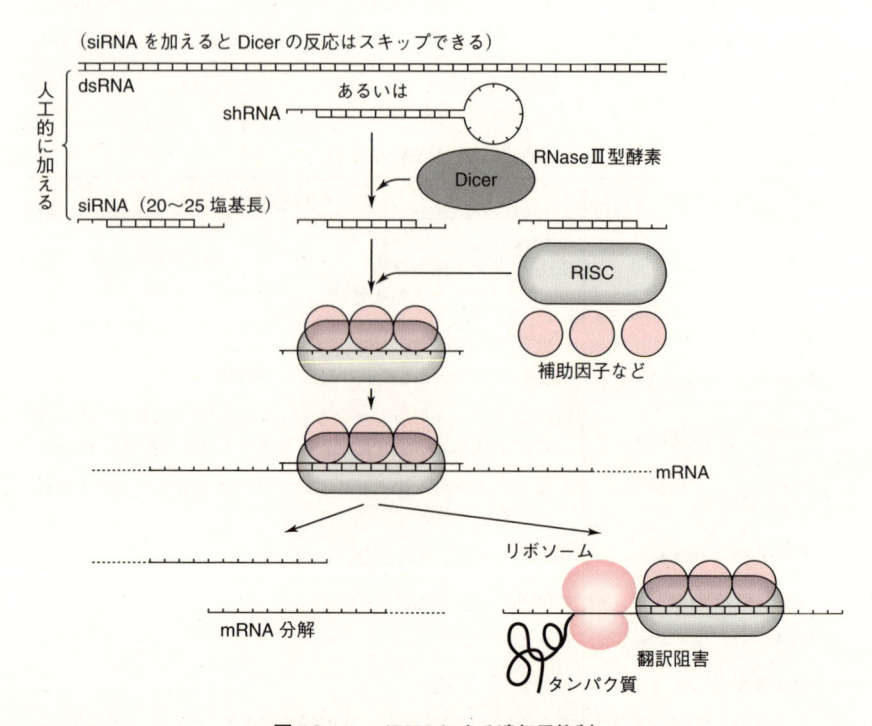

図12·4　siRNAによる遺伝子抑制

12. 転写後修飾とRNAの機能

> **メモ 12・4　ノンコーディング RNA**
>
> mRNA 以外の RNA はタンパク質をコードしないので，一括してノンコーディング RNA（**ncRNA**）とよばれる．最近の研究により，非遺伝子領域 DNA の大部分も RNA に転写されていることが明らかになったが，このような RNA も ncRNA である．ncRNA は一般に遺伝子発現抑制能をもつ．

で，簡単な操作で大きな効果が得られるため，細胞生物学研究で広く使われる．shRNA の二本鎖部分は二本鎖 RNA 切断酵素活性（RNaseIII 活性）をもつ **Dicer**（ダイサー）で切断されて約 21 塩基長の二本鎖の siRNA になる．siRNA は **RISC**（リスク．RNA 誘導性サイレンシング複合体．ヌクレアーゼとヘリカーゼ活性をもつ）に受け渡され，そこで一本鎖になるが，この複合体が mRNA と結合し，mRNA が分解される（図 12・4）．細胞に人為的に短い二本鎖 RNA（**siRNA**）を入れると Dicer による過程は省略される．miRNA による遺伝子抑制においても，RNAi と似た機構が関与する（図 12・5）．

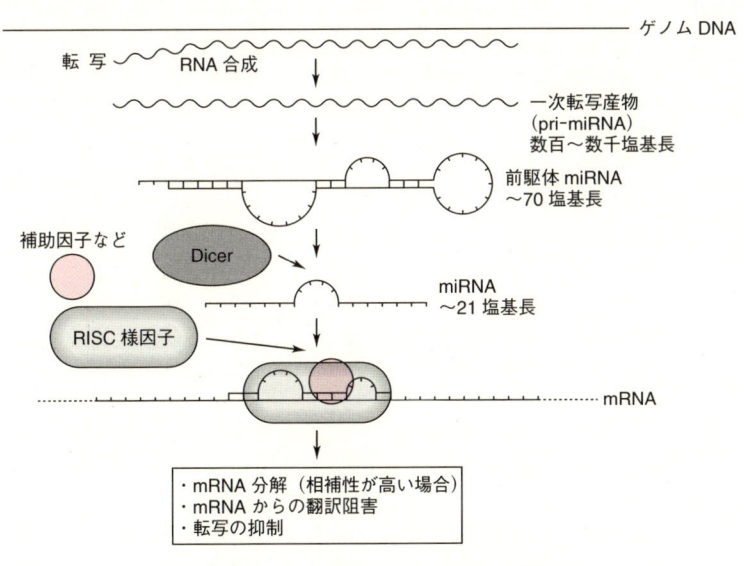

図 12・5　miRNA による遺伝子抑制

13 タンパク質合成

　mRNAに転写される遺伝子はタンパク質ができることにより遺伝子発現が完了する．DNAやmRNA中で塩基配列によって暗号化されていた遺伝子が，アミノ酸配列に解読されるため，タンパク質合成は**翻訳**といわれる．mRNAとアミノ酸の間に介在する分子は**tRNA**（**転移RNA**）である．

13・1　遺伝暗号とコドンの縮重

　mRNA中の塩基配列とタンパク質中のアミノ酸の対応関係を**遺伝暗号**といい，表13・1のような関係にある．mRNAの中央にあってタンパク質のアミノ酸をコー

表13・1　遺伝暗号表（コドン表）

第1字目	第2字目				第3字目
	U	C	A	G	
U	UUU Phe UUC Phe UUA Leu UUG Leu	UCU Ser UCC Ser UCA Ser UCG Ser	UAU Tyr UAC Tyr UAA オーカー[†2] UAG アンバー[†2]	UGU Cys UGC Cys UGA オパール[†2] UGG Trp	U C A G
C	CUU Leu CUC Leu CUA Leu CUG Leu	CCU Pro CCC Pro CCA Pro CCG Pro	CAU His CAC His CAA Gln CAG Gln	CGU Arg CGC Arg CGA Arg CGG Arg	U C A G
A	AUU Ile AUC Ile AUA Ile AUG Met[†1]	ACU Thr ACC Thr ACA Thr ACG Thr	AAU Asn AAC Asn AAA Lys AAG Lys	AGU Ser AGC Ser AGA Arg AGG Arg	U C A G
G	GUU Val GUC Val GUA Val GUG Val	GCU Ala GCC Ala GCA Ala GCG Ala	GAU Asp GAC Asp GAA Glu GAG Glu	GGU Gly GGC Gly GGA Gly GGG Gly	U C A G

mRNA上の塩基配列を示す．
†1　開始コドンとしても用いられる．大腸菌ではホルミルメチオニン．
†2　ナンセンスコドンであり，終止コドンとして用いられる．

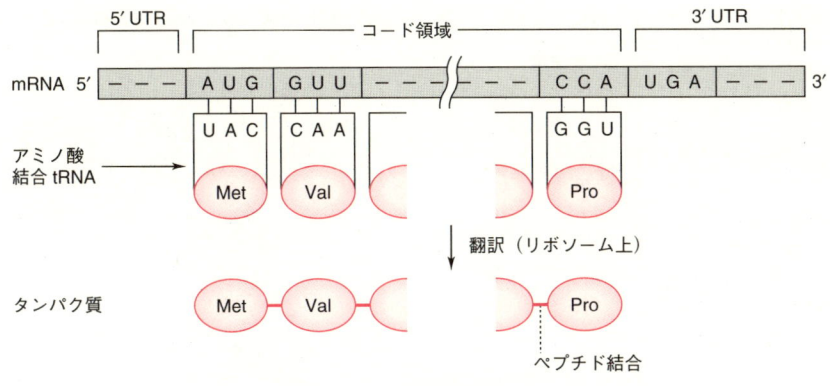

13. タンパク質合成

図 13・1 翻訳の概要

ド（暗号化）する部分を**コード領域**といい，その両端を**非翻訳領域（UTR）**という（図13・1）．UTRの長さはまちまちだが，およそ50～200塩基程度である．コード領域中の各アミノ酸はmRNA上の連続した3塩基（**コドン**）でコードされる．コドンは全部で64（$=4^3$）通りあるが，UAA，UAG，UGAの三つはどのアミノ酸も指定せず，翻訳終了の目印となる**終止コドン**である．突然変異によってコード領域にこれらのコドンができる変異を**ナンセンス変異**，できたコドンを**ナンセンスコドン**という．都合61個のコドンが20種類のアミノ酸をコードするため，一つのアミノ酸に複数のコドンが割当てられるという現象が起こる（**コドンの縮重**）．同じアミノ酸に対するコドンを**同義コドン**という（たとえば，グリシンの場合はGGU，GGC，GGA，GGGの4種）．同義コドンの多くは3番目の塩基が変化しているが，この現象は3番目の塩基と対応するtRNA中の塩基との塩基対形成が厳密でないために起こる．メチオニンのコドンAUGは**開始コドン**としても使われる．

13・2 tRNAとアミノ酸との結合

　tRNAは約75塩基の小型RNAで，少なくともアミノ酸の数の種類が存在する．tRNAは分子内にいくつかのステムループ構造をもつが，このうちの**アンチコドンループ**中の3塩基がmRNA上のコドンと相補的に結合する（図13・2）．tRNAの3′末端の2′-OHあるいは3′-OHは，**アミノアシルtRNAシンテターゼ**とATPが関与し，対応するアミノ酸と結合して**アミノアシルtRNA**を生成する．この連結反

(a) クローバーモデルで一般化した構造　　(b) 酵母 tRNA^Phe の L 字形三次元構造

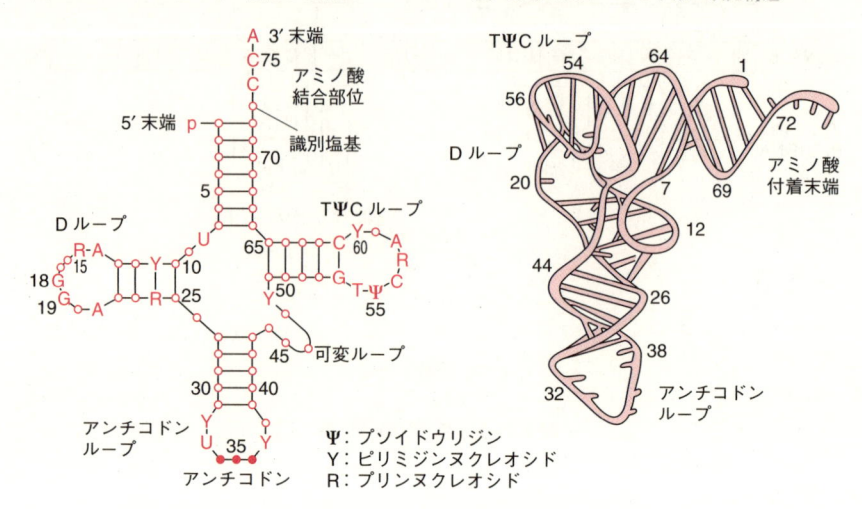

Ψ: プソイドウリジン
Y: ピリミジンヌクレオシド
R: プリンヌクレオシド

図 13・2　tRNA の構造

応では，tRNA とアミノ酸の組合わせは厳密に一致する．アミノ酸はこの状態でリボソームに運ばれる．

13・3　リボソーム

　リボソームは沈降係数 80S の粒子で，60S の**大サブユニット**（大亜粒子．約 2.8 MDa）と 40S の**小サブユニット**（小亜粒子．約 1.4 MDa）からなる．大サブユニットには 28S, 5.8S, 5S の rRNA（リボソーム RNA）と約 49 個のタンパク質が，小サブユニットには 18S の rRNA と約 33 個のタンパク質が含まれる（図 13・3）．両サブユニットは mRNA を挟んで結合するが，mRNA は小サブユニットに結合し，

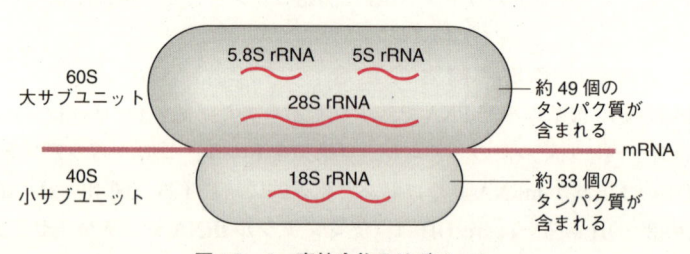

図 13・3　真核生物のリボソーム

大サブユニットは tRNA と結合するとともに，ペプチド重合反応に関与する．リボソームには tRNA が位置する三つの領域，**A**（アミノアシル）**部位**，**P**（ペプチジル）**部位**，そして **E**（出口）**部位**があり，tRNA は A → P → E と移動する．

13・4 翻訳機構

翻訳は**開始**，**伸長**，**終結**という段階に分けられる（図 13・4）．まず開始 AUG に小サブユニットが多数の翻訳開始因子とともに結合し，つぎにメチオニル tRNA が P 部位に結合する．このあと開始因子が解離し，大サブユニットが結合する．すると翻訳伸長因子と GTP を伴った 2 番目のアミノ酸アミノアシル tRNA が A 部位に進入し，伸長因子とともに最初のペプチド結合がつくられる（ここで伸長因子が解離し，GTP → GDP 加水分解が起こる）．つぎにメチオニル tRNA と 2 番目のアミノアシル tRNA がそれぞれ E 部位と P 部位に移動し（ここでも別の伸長因子と GTP が必要），A 部位が空く．2 個目のペプチド結合ができるときにはメチオニル tRNA は出口から放出され，あとはこの反応が繰返されてペプチド鎖が伸びる．終止コドンが A 部位に入ると終結因子と GTP が A 部位に取込まれ，リボソームが mRNA から離れるとともにペプチド鎖が tRNA から切断される．

> **メモ 13・1　ポリソーム（ポリリボソーム）**
> 1 本の mRNA に約 80 塩基の間隔でリボソームが多数結合している状態の複合体．この構造ができることにより，細胞内ではタンパク質分子数が mRNA 分子数より多くなる．

13・5 開始 AUG の認識と読み枠

翻訳の開始にあたってはまずリボソームが mRNA の 5′ 末端にあるキャップ構造に結合し，そこから下流にスキャンしながら移動し，AUG が現れるとそれを開始コドンと認識して翻訳を開始する〔図 13・5．原核生物では 5′ 末端にある **SD**（シャイン・ダルガーノ）**配列**に結合してから下流に移動する〕．したがって真核生物 mRNA では，原則的に開始 AUG の上流には余分な AUG 配列は存在しない．開始 <u>AUG</u> の周囲には RNN<u>AUG</u>G という配列（**Kozak のコンセンサス配列**）がよくみられる．AUG に結合したあと，リボソームは機械的に 3 塩基ずつコドンを区切りながら下流に進む．コドンの区切りを**読み枠**という．mRNA には 3 種類の読み枠が存在するが，そのうち一つが意味のあるもので，ほかは利用されない（いずれナンセンスコドンが出現してしまう）．ただ塩基配列における読み枠は固定されたも

(a) 翻訳開始

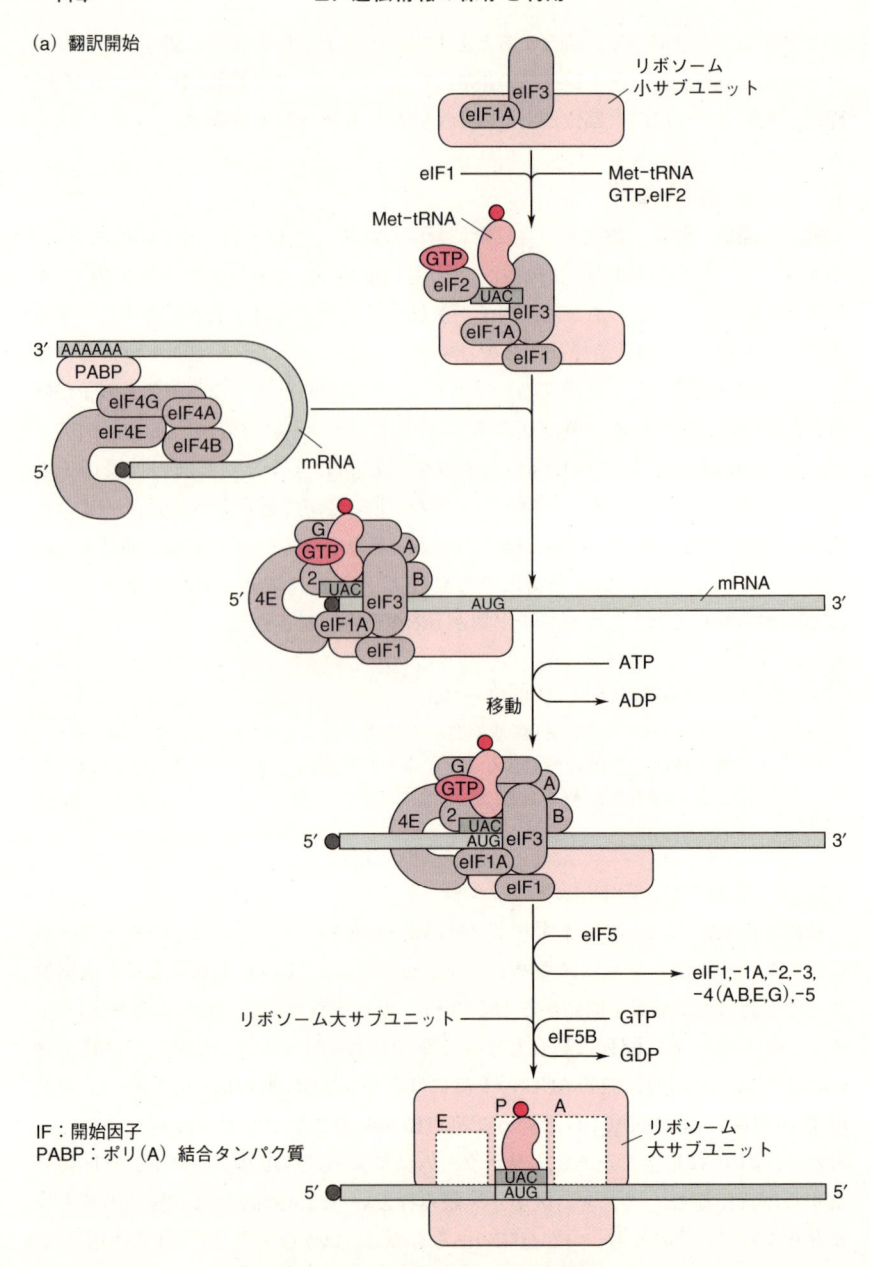

図 13・4 真核生物における翻訳機構

IF：開始因子
PABP：ポリ(A)結合タンパク質

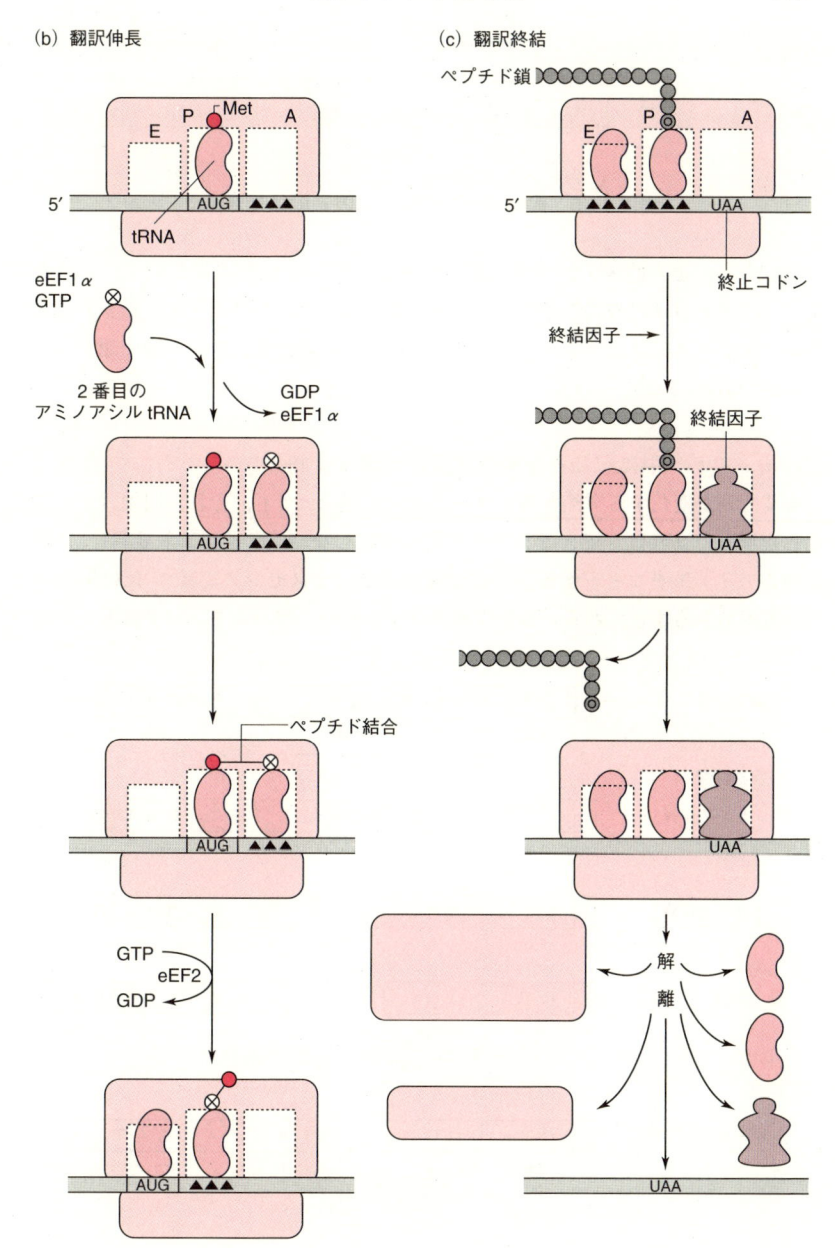

図 13・4 真核生物における翻訳機構(つづき)

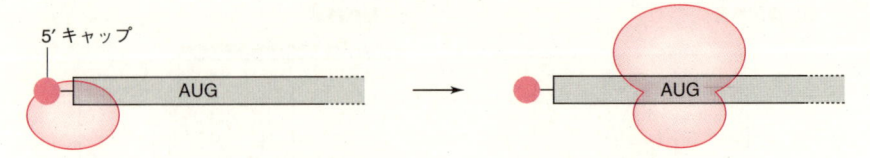

図 13・5　真核生物のリボソームの mRNA 結合様式

のではなく，選択的スプライシングで生成した異なる mRNA において，途中のエキソン以降からは別の読み枠に従った異なる一次構造のペプチド鎖ができることがある．ウイルスでは通常のコード鎖に対する他方の鎖が独自の読み枠で翻訳に使われる例がある．

13・6　コドン中に起こった突然変異の影響（図 13・6）

塩基配列が変化する突然変異がコード領域に起こっても，それが同義コドンに変化した場合であれば，できるタンパク質は変化しない（**サイレント変異**）．コドンが別のアミノ酸をコードするように変異すると（**ミスセンス変異**），ほぼ同じタンパク質ができる場合，あるいは活性が低下またはなくなったタンパク質となる場合

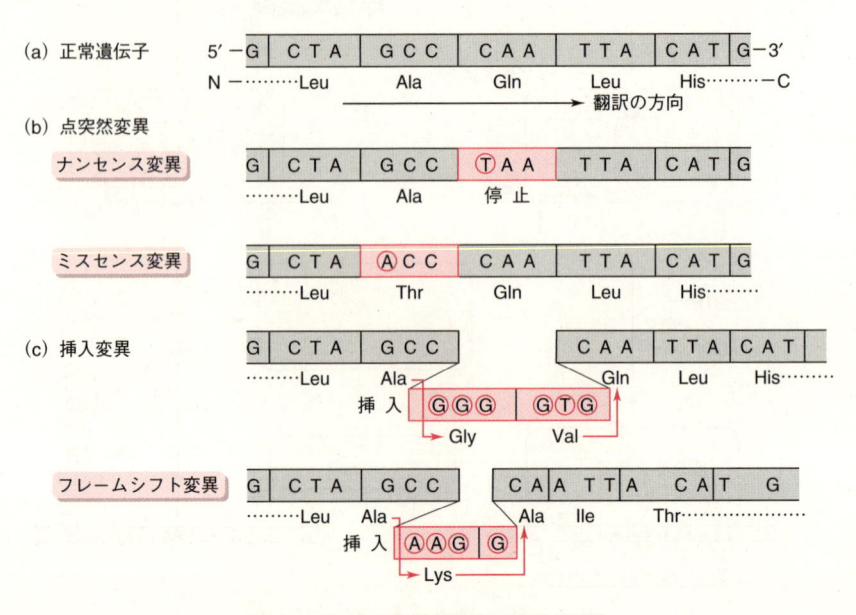

図 13・6　突然変異が翻訳に及ぼす影響

> **メモ 13・2　IRES**
> ある種の mRNA やウイルス RNA ではリボソームは RNA の端から進入せず，**IRES**（リボソーム内部進入部位．読みはアイレス）に直接結合し，そこから下流の AUG に移動した後翻訳を開始する．

がある（たとえば，温度変化で機能を失う）．重要な遺伝子に**ナンセンス変異**が起こるとタンパク質ができず，致死などの重大な影響が出る場合がある．塩基の欠失や挿入が起こるタイプの変異の場合，変異塩基数が 3 の倍数以外ではアミノ酸配列は途中から変化していずれナンセンスコドンが現れてしまう．3 の倍数の場合，欠失では短いタンパク質ができ，挿入では配列によってナンセンス変異となるか大きめのタンパク質ができるかのいずれかである．

コラム 12

真核生物 mRNA の品質のチェック

突然変異によって異常 mRNA が出現し，そこから異常タンパク質が産生されると細胞にとって不都合となるため，細胞はさまざまな機構で異常 mRNA を分解除去する．異常 mRNA には大きく分けて，ナンセンス変異を生じるものと，終止コドンがなくなって，翻訳がポリ(A)鎖まで進んで**ノンストップ mRNA** ができる二つのタイプがある．ナンセンス変異をもったものは**ナンセンス変異依存 mRNA 分解機構（NMD）**で分解される．ノンストップ mRNA も，そこからできるポリリシン鎖によって mRNA が分解される機構が働く．

14 タンパク質の局在化,成熟,分解

14・1 タンパク質の局在と局在シグナル

　真核生物のリボソームには単独に存在する**遊離型リボソーム**と小胞体膜表面に付着している**膜結合型リボソーム**の2種類があり,リボソームの結合している小胞体を**粗面小胞体**,結合してないものを**滑面小胞体**とよぶ.タンパク質は合成後そのまま細胞質にとどまるものもあるが,多くは必要な場所に輸送され,局在化する(図14・1).輸送先は小胞体,核,ミトコンドリア,葉緑体,ペルオキシソームの五つにまとめられる.膜結合型リボソームは一義的には小胞体に局在するタンパク質を合成し,それ以外の場所に局在するものは遊離型リボソームで合成される(リボソーム自体に機能的差異はない.小胞体に輸送されるタンパク質には遊離型リボソームでつくられるものもある).ゴルジ体,エンドソーム,リソソーム,小胞/輸送小胞に局在するものや,細胞外に分泌されるものの大部分は結合型リボソームでつくられ,小胞体に入ったのち(次節),細胞小器官間輸送でそれぞれの小器官に運ばれ

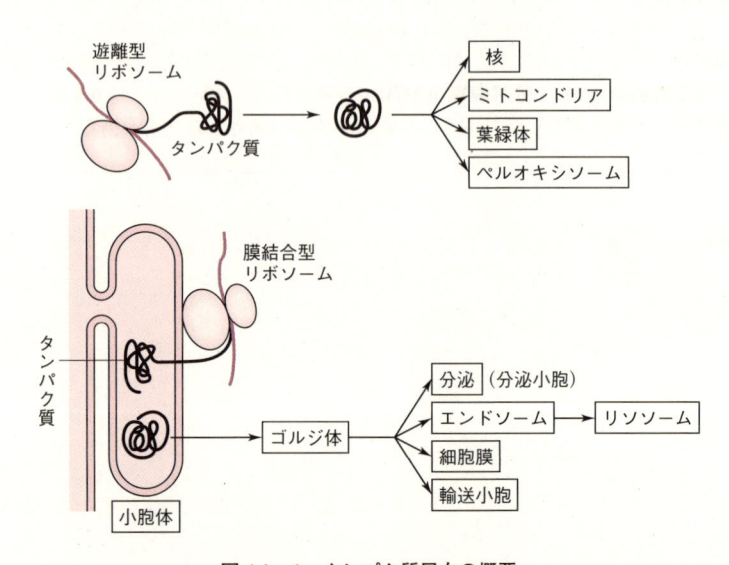

図14・1　タンパク質局在の概要

14. タンパク質の局在化，成熟，分解

る（24章参照）．タンパク質局在化の目印（**局在化シグナル，移行シグナル，輸送シグナル**などとよばれる）はタンパク質一次構造の中にあり，タンパク質はシグナルに依存して輸送される（**シグナル仮説**という）．

14・2 タンパク質の小胞体移行

分泌小胞やゴルジ体を経由して局在化するタンパク質のN末端には20〜50個のアミノ酸からなる**シグナル配列**（内部に疎水性アミノ酸を多数含む．**リーダー配列**ともいう）が存在する（図14・2）．この部分が翻訳されると**シグナル認識粒子**（**SRP**）が結合し（翻訳はいったん停止する），複合体は小胞体（ER）膜上のSRP受容体に運ばれる．受容体のわきには**トランスロコン**というチャネルがあり，シグナル配列はトランスロコンの入口に積換えられる．翻訳の再開に伴い伸びたタンパク質鎖が内部に入るが（挿入圧は翻訳反応に依存するが，シグナル配列はチャネル内に捕捉される），シグナル配列はトランスロコンに付随した小胞体内のシグナルペプチ

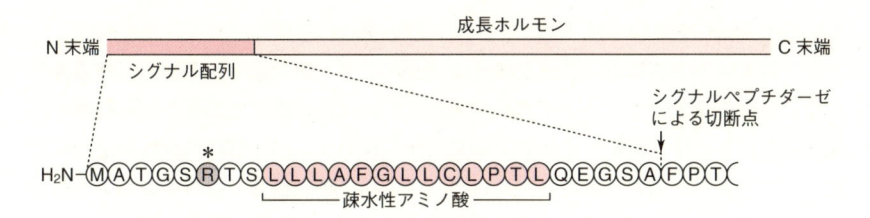

図14・2 膜通過に関するシグナル配列の構造 多くのシグナル配列は塩基性アミノ酸（*）に続く一連の疎水性アミノ酸を含む．

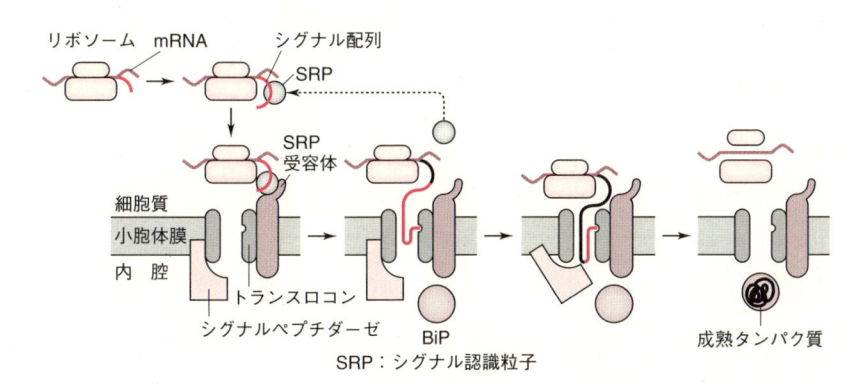

図14・3 シグナル配列の切断とタンパク質の膜通過

SRP：シグナル認識粒子

ダーゼによって切取られ，限定分解を受けたタンパク質の小胞体輸送が完了する（図14・3）．このような機構のほか，遊離型リボソームで翻訳を終えたタンパク質がSRPによってトランスロコンに誘導されるという機構もある（表14・1）．これらの機構にはGTPからGDPへの加水分解が必要であり，また小胞体内のペプチド鎖の正しい折りたたみには**BiP**（メモ14・3参照）が関与する．

表14・1 シグナル配列

シグナルの機能	シグナル配列の例
小胞体内腔に保留	-Lys-Asp-Glu-Leu-COO$^-$
ミトコンドリアへの輸送	$^+$H$_3$N-Met-Leu-Ser-Leu-Arg-Gln-Ser-Ile-Arg-Phe-Phe-Lys-Pro-Ala-Thr-Arg-Thr-Leu-Cys-Ser-Ser-Arg-Tyr-Leu-Leu-
核への輸送	-Pro-Pro-Lys-Lys-Lys-Arg-Lys-Val-
ペルオキシソームへの輸送	-Ser-Lys-Leu-

14・3　翻訳後修飾（1）：プロセシング（表14・2）

多くのタンパク質は翻訳されたままのポリペプチド鎖では機能がなく，機能獲得のために修飾を受ける．タンパク質が成熟のために特定部位で切断される機構を**限定分解**といい，N末端にメチオニンが見つからないタンパク質の場合は限定分解が起こった可能性が高い．限定分解にはペプチド鎖の特定部分で切断するエンドペプチダーゼ型の加水分解酵素**シグナルペプチダーゼ**が関与する．限定分解はタンパク質が小胞体膜を通過し，小胞体内に入るタイプのタンパク質に関して一般的にみられる（前節参照）．よく知られている限定分解の例は**インスリン**で，翻訳されたばかりのプレプロインスリンが1段階目の限定分解でプロインスリンとなり，ジスル

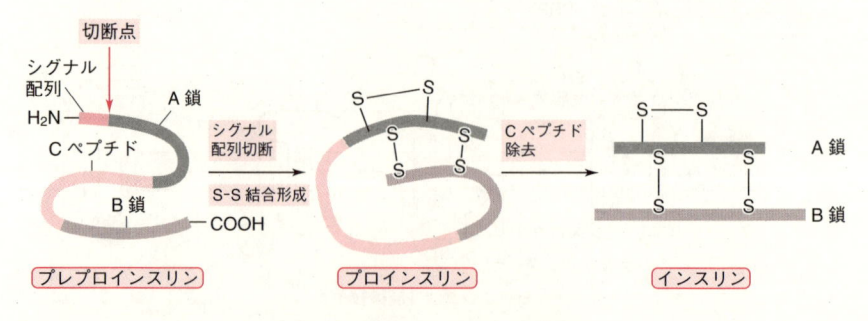

図14・4　インスリンの成熟過程

> **メモ 14·1　タンパク質スプライシング**
> RNAスプライシングのように，タンパク質の内部が抜け落ちて，離れた領域がつながる現象．ペプチド鎖だけで起こる自己スプライシング．

フィド結合形成ののち，2段階目の限定分解で成熟インスリンが完成する（図14·4）．限定分解でタンパク質が活性化する例は加水分解酵素に多くみられ，消化管酵素（たとえば，キモトリプシノーゲンがキモトリプシンになる）や血液凝固系はその典型である．

表 14·2　タンパク質の翻訳後修飾

（I）プロセシング	・限定分解 ・リーダー配列除去 ・タンパク質スプライシング
（II）化学修飾	・SS結合形成 ・原子団の付加 　　[リン酸化, メチル化 　　 アセチル化, ほか] ・糖付加 ・小型タンパク質結合（24章参照） 　　[ユビキチン化 　　 SUMO化 　　 Nedd化] ・異性化

14·4　翻訳後修飾(2)：化学修飾（表14·2）

　共有結合を介してタンパク質に分子/原子団が結合する化学修飾には糖付加，リン酸化，小型タンパク質結合などさまざまなものがある．**糖付加**にはアスパラギンを標的とする **N結合型糖鎖**，セリンやトレオニンを標的とする **O結合型糖鎖** がある．N結合型糖鎖は少数のN-アセチルグルコサミンを介してマンノースやグルコースなどが分岐を伴って結合し，小胞体，ゴルジ体と移動する間に複雑な加工（部分除去やさらなる付加）が加わる（図14·5）．**リン酸化**はアミノ酸残基のヒドロキシ基（-OH基）に起こるため，ヒドロキシ基をもつセリン，トレオニン，チロシンが標的となる．タンパク質リン酸化は細胞のさまざまな場所で起こり，それにかかわる酵素**プロテインキナーゼ**の種類も多様で，タンパク質特異性をもつものも多い．一般的にリン酸化はタンパク質の活性化と相関し，細胞内シグナル伝達にも

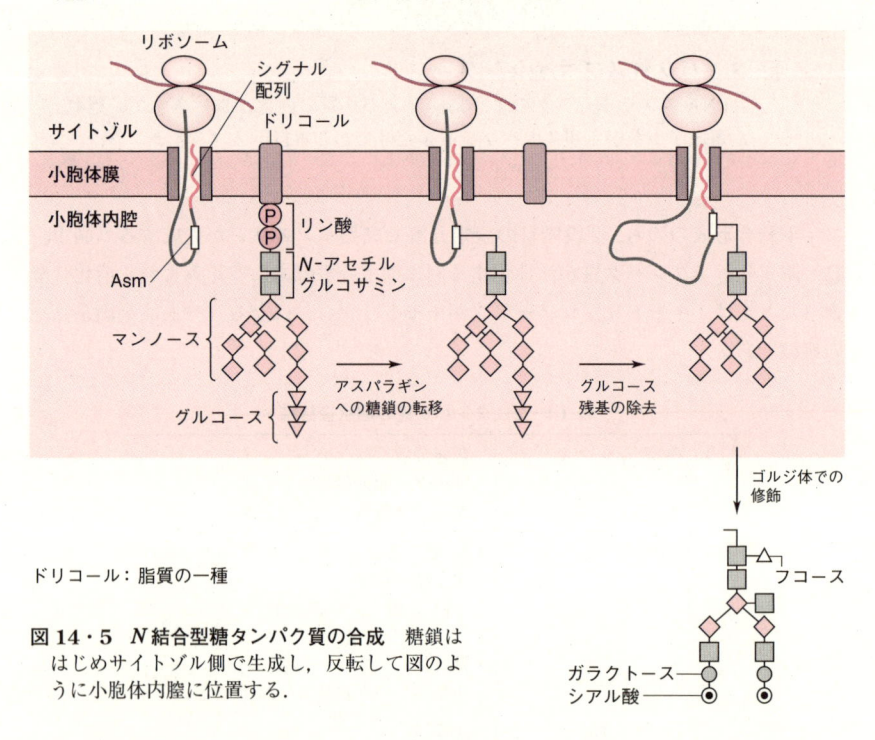

図 14・5 N 結合型糖タンパク質の合成　糖鎖ははじめサイトゾル側で生成し，反転して図のように小胞体内腔に位置する．

利用される（リン酸化状態はホスホプロテインホスファターゼにより元の状態に戻る）．ヒストンのリシン残基の**アセチル化**は転写の活性化と深く関連し（12章参照），**ユビキチン化**はタンパク質の活性調節や分解シグナルに関連する（§14・6）．

14・5　タンパク質折りたたみと分子シャペロン

　ポリペプチド鎖が正しく折りたたまれること（フォールディング）が活性のあるタンパク質となる条件だが，この過程は基本的には一次構造によって自動的に決まる．これを **Anfinsen のドグマ**といい，事実，二次構造を破壊した変性タンパク質

> **メモ 14・2　SH 基の酸化**
> 　離れた場所にある 2 個のメルカプト基［-SH］（スルフヒドリル基，チオール基）が酸化されてジスルフィド結合（-S-S-）する反応も（4 章参照），広い意味で**翻訳後化学修飾**である．

溶液から変性剤を取除くと，正しくフォールディングしたタンパク質が再生される．*in vitro* でタンパク質を高濃度にすると変性したものが少しでもあると不溶化し沈殿する．細胞内ではタンパク質の不溶化は致死的になるので，積極的に不溶化状態を避ける工夫があるが，この過程には**シャペロン**とよばれる一群のタンパク質〔たとえば，真核生物の **HSP70**（熱ショックタンパク質 70）〕がかかわる（図 14・6）．

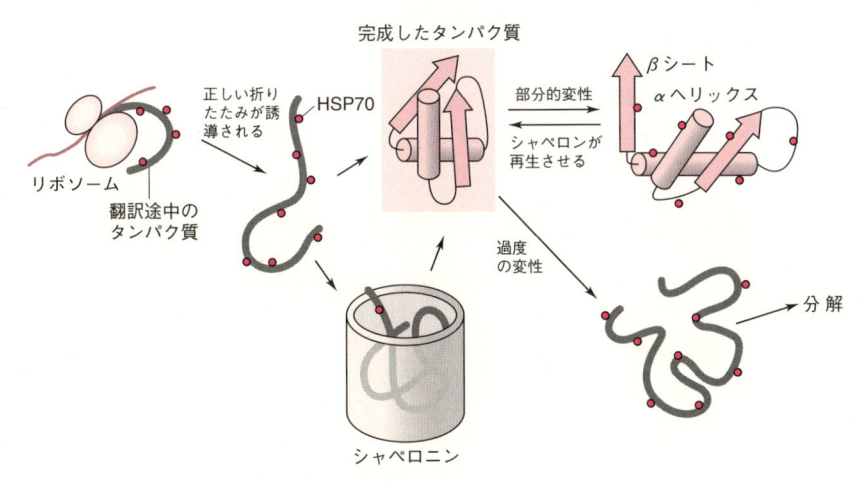

図 14・6　シャペロンの働き　シャペロンとして HSP70 の例を示す．

シャペロンはもともと熱でわずかに変性したタンパク質を正しく折りたたませ，活性を復活させる ATP 依存的因子として発見された．タンパク質によってはさらにシャペロンから**シャペロニン**（真核生物の Tric/CCT や大腸菌の GroEL）に渡され，そこで折りたたみ反応が実行される場合もある．もし翻訳の途中で，できたペプチド部分からすぐに折りたたみが始まると，分子全体が正しく折りたたまれなくなってしまうが，シャペロンは翻訳途中のペプチド鎖に結合して安定化させ，その後の正しい折りたたみを誘導する．

14・6　タンパク質の分解

　異物として入ったものはもちろん，細胞内タンパク質は，不要になったり変性した場合，あるいはアミノ酸再利用が必要になったり細胞がアポトーシスに向かうときなど，さまざまな理由や状況によって分解される．タンパク質が恒久的に細胞内に存続しつづけることはほとんどなく，細胞内でタンパク質は固有の半減期で分

コラム 13

プリオン

タンパク質の折りたたみの不調が病気や死に直結する場合がある．**プリオンタンパク質**は脳などで発現するらせん構造をもつ可溶性タンパク質であり，**クロイツフェルト・ヤコブ病（CJD）**患者は変異したプリオンをもつ．変異プリオンはらせん構造が減り，βシート構造が増えて不溶化しやすい．不溶化した異常プリオンが沈着することで脳細胞が死滅し，脳症を発症して死に至る（図14・7）．動物にも類似の病気〔**BSE（ウシ海綿状脳症）**など〕があるが，BSE

(a) 異常プリオン感染・増殖の仮説

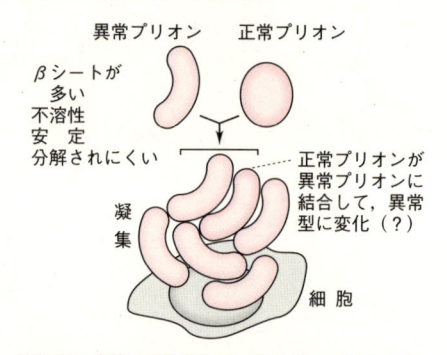

異常プリオン　正常プリオン

βシートが多い
不溶性
安定
分解されにくい

正常プリオンが異常プリオンに結合して，異常型に変化（？）

凝集

細胞

脳細胞に沈着→脳細胞の死→脳の死→プリオン病

(b) おもなプリオン病

病　名	動　物	原　因
クロイツフェルト・ヤコブ病（CJD）	ヒ　ト	遺伝性，医原性（硬膜移植），変異型（BSEからの感染）
クールー	ヒ　ト	感染（食人による）
スクレイピー	ヒツジ，ヤギ	感　染
ウシ海綿状脳症（BSE）	ウ　シ	感　染

図14・7　プリオンの構造変化とプリオン病の発症（仮説）

牛肉とともに摂取された異常プリオンがヒトの脳で増殖・沈着し，いわゆる変異型 CJD をひき起こすとされている．変異型プリオンが鋳型となって正常プリオンを異常型に変化させることによって"感染"が成立し，それにより異常プリオンが"増殖"するようにふるまうと考えられる．**アルツハイマー病**や**ハンチントン病**では，不溶化した特異的タンパク質の脳細胞への沈着とそれに起因する脳細胞の死が起こる．

14. タンパク質の局在化，成熟，分解

> **メモ 14・3　タンパク質の品質管理と小胞体ストレス**
>
> 細胞にはタンパク質の品質をチェックする機構が小胞体を中心に存在する（図14・8）．小胞体では HSP70 シャペロンの一種 **Bip**（読みはビップ）がタンパク質を認識し，正しく折りたたむ．誤って折りたたまれた状態のタンパク質が生ずると，細胞は① 翻訳反応を止め，② 変性タンパク質の凝集を防ぎ，再生プロセスを動かさせる．③ 再生ができない場合は新たな遺伝子発現の関与する **小胞体関連分解（ERAD）** 機構が働いてプロテアソームで分解される．④ 変性・凝集が激しい場合はアポトーシスが起こり，細胞自体が死滅する．異常な折りたたみをもつタンパク質が小胞体に蓄積することを **小胞体ストレス** といい，このような細胞の応答を **小胞体ストレス応答** という．
>
> ```
>             遺伝子発現*    → ② シャペロンの発現上昇
>  小胞体     誘導シグナル   核へ
>  ┌─────┐                → ERAD にかかわる因子群の発現
>  │変性タンパク質│
>  │   BiP │              → ③ 変性タンパク質のプロテアソーム分解
>  PERK 動員
>  │ BiP │  翻訳因子の      → ④ アポトーシス誘導
>  └─────┘   リン酸化       → ① 翻訳停止
> ```
>
> ＊ 転写因子 ATF がかかわる．
> BiP: HSP70 ファミリーのシャペロン
> PERK: 小胞体膜にあるプロテインキナーゼ
> ERAD: ER 関連分解
>
> **図14・8　タンパク質品質管理と対処機構の概要**

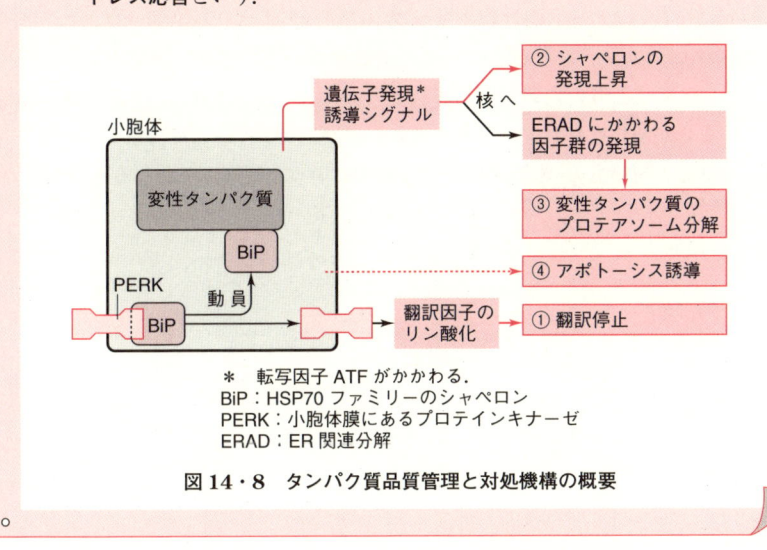

解・合成（**代謝回転** または **ターンオーバー** ともいう．通常数分〜数カ月）される．タンパク質の分解様式には，リソソーム酵素によるものと，プロテアソームによるもの（24章参照）があり，アポトーシスには関連プロテアーゼ（**カスパーゼ**）がかかわる（21章参照）．

a. リソソーム　リソソームは内部が酸性の小器官で，プロテアーゼ，リパーゼ，グリコシダーゼ，ヌクレアーゼなど，50種類以上の消化酵素を含み，広い範囲の生体(高)分子を分解することができる．リソソームで分解処理される基質は，エンドサイトーシスで取込んだ物質（23章参照），オートファジーでリソソームに取込

b. ユビキチン-プロテアソーム経路（図14・9）　細胞質で分解されるタンパク質はリソソームと異なり中性条件で分解されるが，選択性をもたせるため，細胞は分解すべきものにポリユビキチン鎖を付ける．まず分解すべき標的タンパク質のリシン残基に，ユビキチンリガーゼ（**E3酵素**ともいい，多くの種類がある）によって小型タンパク質（76アミノ酸）である**ユビキチン**が多数連結する（**ポリユビキチン化**．ユビキチンはまずE1酵素で活性化され，E2酵素でE3に転移される）．その後ポリユビキチン化タンパク質は巨大プロテアーゼである**プロテアソーム**によって分解・消化される．プロテアソームはαタンパク質からなるαリングとβタンパク質からなるβリング2個ずつが会合した円筒形構造体（20Sプロテアソーム）に，両端に複数のATPaseを含む**キャップ**（CAP）とよばれる調節サブユニットを含む26Sプロテアソームとなっている．標的タンパク質はキャップのもつシャペロン機能によって折りたたみが解消されて内部に入り分解される．ユビキチンは単量体にはなるが消化はされず，再利用される．プロテアソームで分解されるタンパク質には寿命の短いもの，細胞周期や転写制御といった制御にかかわるものが多い．

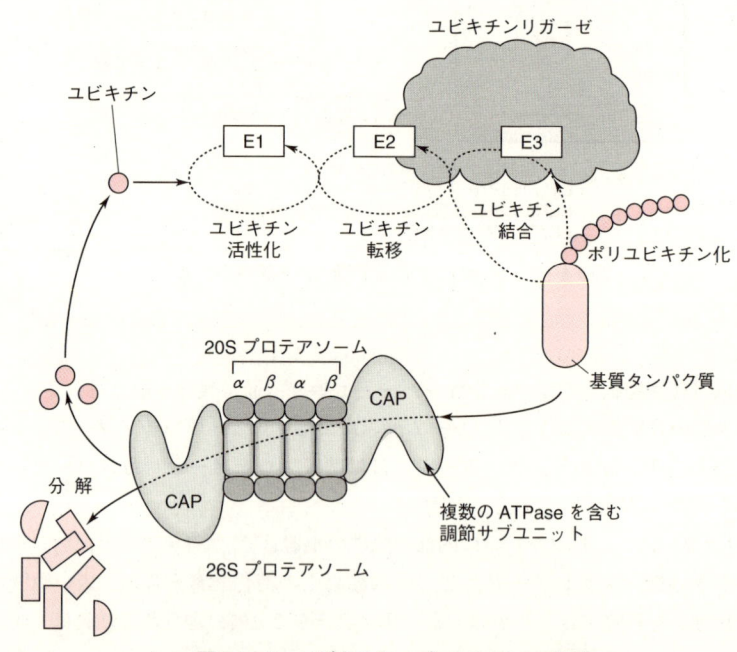

図14・9　ユビキチン-プロテアソーム経路

Ⅳ 細胞の増殖

　第Ⅳ部は**細胞増殖**という，細胞にとって最も本質的な事象を扱うが，最初の2章で真核生物のゲノム構造の特徴や染色体構造について述べ，その後で分裂に関する説明を行う．真核細胞の増殖は，間期と分裂期を交互に繰返す一定の**細胞周期**に従って行われるが，この規則性は，それを駆動するサイクリン＋サイクリン依存キナーゼと，その働きを抑える種々の因子とのバランスのうえで成り立っており，このバランスの乱れは細胞の**がん化**や死という現象を起こす．

　細胞分裂過程で，DNA損傷や染色体が等分されないなどの不備があると，細胞は正常に増殖しつづけることができない．しかし細胞にはそのような欠陥を検知し，細胞周期をそこで停止させて修復を行い，修復できない場合は細胞を死に向かわせるという**チェックポイント**能がある．

　細胞分裂の最もドラマティックなイベントは**染色体分離**であるが，この時期，複製した染色体は動原体で接着して細胞中央に並び，それらが紡錘体微小管によって両極に引っ張られるという過程が整然と進行する．通常細胞の分裂である**有糸分裂**に加え，真核生物では配偶子をつくるための特殊な細胞分裂，**減数分裂**もみられる．

　細胞の挙動の一つに，細胞が遺伝子プログラムに従って**アポトーシス**を起こして死滅するという現象がある．アポトーシスは細胞増殖因子の枯渇や発生プログラムによる指令など，さまざまな原因で起こるが，そこには特殊なタンパク質分解酵素である**カスパーゼ**が関与する．

15 ゲノムの構成

15・1 真核生物のゲノム

　染色体に含まれる DNA 1 セットを**ゲノム**という．二倍体 ($2n$) の動物や種子植物などは 2 セット分のゲノムをもつ．近年ゲノム塩基配列の解読が進み，細菌からヒトに及ぶ多くの生物のゲノム構造が明らかにされた (図 15・1)．ゲノムサイズ，すなわち DNA 含量は原核生物→単細胞真核生物→多細胞真核生物の方向や，進化や複雑さに従って増加する傾向にある．それぞれのゲノムサイズは原核生物であるマイコプラズマと大腸菌でそれぞれ 0.5 Mbp〔Mbp = 1×10^6 bp（塩基対）〕と 4.6 Mbp，真核生物では出芽酵母が 12 Mbp，ショウジョウバエが 170 Mbp，ヒト

				コピー数	ゲノムに占める比率 (%)
ヒトゲノム	タンパク質コード遺伝子	単独遺伝子		1	~15 (0.8)*
		重複・分岐した遺伝子		2～1000	~15 (0.8)*
	tRNA, snRNA をコードする縦列反復遺伝子			20～300	0.3
	遺伝子間隙配列（スペーサー DNA）			—	~25
	反復 DNA	縦列反復配列		—	3
		散在性反復配列	DNA トランスポゾン	3×10^5	3
			LTR 型トランスポゾン	4.4×10^5	8
			非 LTR 型トランスポゾン LINE	8.6×10^5	21
			SINE	1.6×10^6	13
		加工済偽遺伝子		1～100	0.4

* タンパク質コード部分

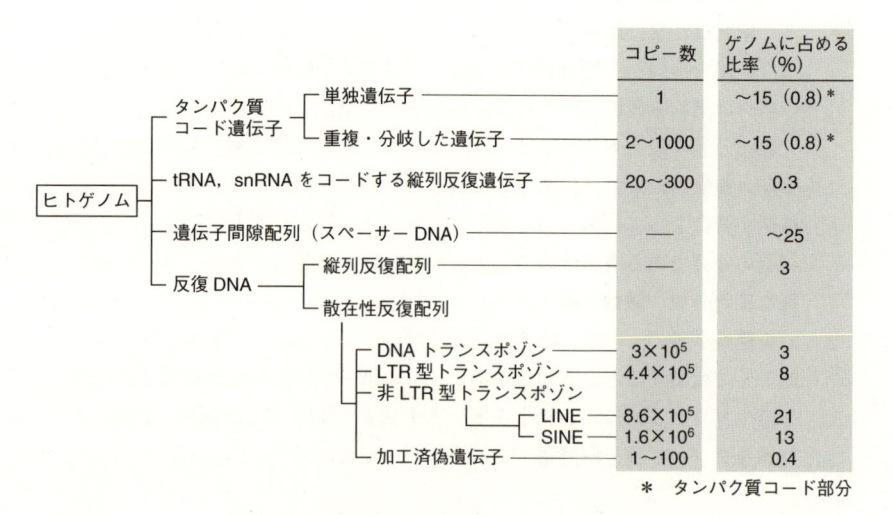

図 15・1　ヒトゲノムの DNA 構成　E. S. Lander, *et al.*, *Nature*, **409**, 860 (2001) より．

メモ 15・1　ヒトゲノム計画

　ヒトゲノムの解読作業は 1980 年代後半に始まり，2003 年に完了した．

は 3000 Mbp（30 億 bp）である（表 15・1）．しかしこの原則も生物個別では必ずしも適応されないことがあり，ある種の魚類，両生類，植物，原生動物のゲノムサイズはヒトより 1 桁以上大きい．

表 15・1 ゲノムサイズと遺伝子数

生物種（等）	ゲノムサイズ〔Mbp〕	遺伝子数
ウイルス		
インフルエンザウイルス A 型	0.018	8
古細菌		
メタン細菌（*Methanococcus aeolicus*）	1.6	1490
原核生物		
マイコプラズマ（*Mycoplasma genitalium*）	0.58	470
インフルエンザ菌	1.8	1743
大腸菌	4.6	4288
真核生物		
出芽酵母	12	5500
マラリア原虫	23	5263
細胞性粘菌	34	12500
シロイヌナズナ	125	26000
イ　ネ	390	30000
線　虫	97	19000
ショウジョウバエ	170	14000
ホ　ヤ	160	16000
フ　グ	370	20000
ニワトリ	1000	20000
マウス	2500	22000
ヒ　ト	3000	22000

> **メモ 15・2　古細菌のゲノム**
> 　古細菌の一種，メタン細菌の遺伝子数は小型の真正細菌のそれとほぼ同程度である．半分以上は独自の遺伝子であるが，3分の1は真正細菌および真核生物に類似した構造をもつ．

15・2　遺伝子数，遺伝子密度

ゲノムに含まれるタンパク質をコードする典型的な遺伝子数は大腸菌で 4288,

出芽酵母で約 5500，ショウジョウバエで 14,000，ヒトは約 22,000 である．進化に伴って遺伝子数もが増加する傾向はあるが，ゲノムサイズと同様にこの基準に合わない生物も多い．最も単純な細菌であるマイコプラズマ類は遺伝子数が 500 ほどしかなく，これが生命維持に必要な最少遺伝子数と考えられる．単細胞生物の遺伝子数は 2000〜6000 の範囲に入るが，多細胞生物はほぼ約 1.5 万〜3 万の範囲に入ることから，多細胞化に伴って遺伝子数の増幅が起こったことがわかる．遺伝子の塩基対数はおよそ数 kbp〜数十 kbp の範囲に入るため，遺伝子密度は真核生物になり，また進化が進むに従い低くなる傾向にあり，ヒトゲノムの約 70 % は遺伝子間隙配列（スペーサー DNA）や，一見無意味な反復配列（次節）で占められている（ヒト遺伝子に関する平均値は，遺伝子サイズが 3 万 bp，エキソンが 2500 bp，コード領域は 800 bp である）．ゲノムに占める mRNA コード領域の比率は酵母で 70 %，ショウジョウバエで 13 %，ヒトでは約 1.2 % である．

15・3 非反復配列と反復配列

真核生物ゲノムには，ゲノム中に一度しか現れない**非反復配列**（**ユニーク配列**）と何度も現れる**反復配列**が存在する．ヒトの場合非反復配列には遺伝子（ゲノムの約 30 %）と遺伝子間隙配列（約 25 %）が含まれ，残り約 45 % が反復配列にあたる．反復配列は**縦列反復配列**と**散在性反復配列**に分けられる（メモ 15・3 の**高度反復配列**，**中頻度反復配列**にそれぞれ相当する）．縦列反復配列はゲノムの約 3 % を占め

> **メモ 15・3　反復配列推定法**
>
> 変性ヒトゲノム DNA を二本鎖にすると，速く二本鎖になる成分と比較的速く二本鎖になる成分の存在が示唆される．繰返しの程度と二本鎖形成速度が相関するという原理から，前者を**高度反復配列**あるいは**単純反復配列**，後者を**中頻度反復配列**といい，それぞれゲノムの 5〜10 %，30〜40 % を占める．

るが，その長さから**サテライト**（0.1 Mbp〜数 Mbp．ヘテロクロマチンやセントロメアに存在），**ミニサテライト**（数 kbp〜数 Mbp．テロメアなどに存在），**マイクロサテライト**（数百 bp．ゲノム全体に存在し，変異しやすい）などに分けられる．サテライト DNA 内では数塩基〜数十塩基の単純配列が高度に繰返している．散在性反復配列は，DNA トランスポゾン（ゲノム全体の数 %）や偽遺伝子（重複した

遺伝子のうち機能を失ったもの）を除くと，その大部分は RNA が中間体となる転位 DNA の**レトロトランスポゾン**で，ゲノム全体の 40％以上を占める．レトロトランスポゾンは数百 bp〜数千 bp の長さをもち，ゲノム中に散らばって数十万〜百万個存在する．反復配列は真核生物のゲノムサイズ膨張に重要な役割を果たした．

─ コラム 14 ─

3塩基の反復により起こる疾患

塩基配列が 3 塩基の単位で反復して異常に長く（数十コピー〜1000 コピー）なり，疾患（**トリプレットリピート病**）の原因となる場合がある．トリプレトリピートがタンパク質コード領域の CAA や CAG を単位に発生すると，タンパク質内部に長いグルタミンの鎖が生じて起こる**ポリグルタミン病**となる（図 15・2．ハンチントン病のハンチンチン遺伝子などがある）．グルタミン鎖はタンパク質を不溶化させやすく，タンパク質が神経細胞に沈着して細胞死を誘発し，中枢神経疾患をひき起こす．これらの遺伝病は変異優性の遺伝様式をとる．

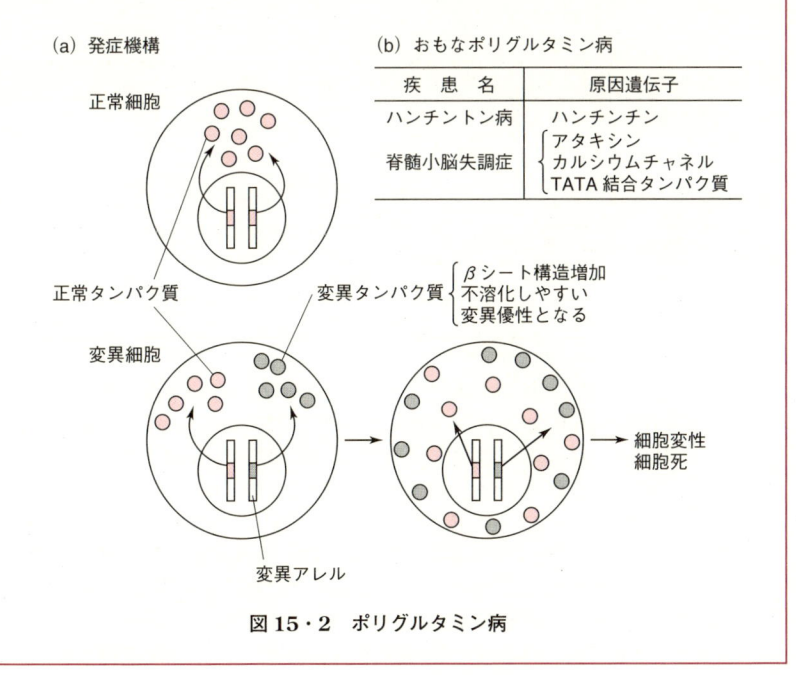

(a) 発症機構

(b) おもなポリグルタミン病

疾 患 名	原因遺伝子
ハンチントン病	ハンチンチン
脊髄小脳失調症	アタキシン カルシウムチャネル TATA 結合タンパク質

変異タンパク質 { βシート構造増加／不溶化しやすい／変異優性となる }

→ 細胞変性 細胞死

図 15・2　ポリグルタミン病

―― コラム 15 ――

移動性 DNA: トランスポゾン

　DNA にはゲノムの他の場所に転位することのできる移動性（可動性）の DNA が存在し，一般に**トランスポゾン**とよばれる．トランスポゾンは **DNA トランスポゾン**と **RNA トランスポゾン（レトロトランスポゾン）**に分けられ（表15・2），後者は生成に RNA がかかわる．DNA トランスポゾンは末端に反復配列をもち，原核生物，真核生物（たとえば，トウモロコシの Ds や Ac，ショウジョウバエの **P 因子**）のいずれにも存在する．大腸菌の DNA トランスポゾンには**挿入配列**（IS）や典型的トランスポゾン（たとえば，Tn5．薬剤耐性遺伝子をもつ）があり，転位に必要な酵素（トランスポザーゼ）遺伝子をもつ．これら DNA の組込みは，非相同組換え機構で進む．

表15・2　トランスポゾンの種類

DNA トランスポゾン		
	大腸菌	トランスポゾン（Tn9 など）
		IS 因子（IS3 など）
		Mu ファージ
	トウモロコシ	Ac, Ds
	ショウジョウバエ	P 因子
	イ ネ	nDart
RNA トランスポゾン（レトロトランスポゾン）		
LTR 型レトロトランスポゾン		
	酵 母	Ty
	哺乳類	レトロウイルス（様）プロウイルス DNA
	ショウジョウバエ	コピア
非 LTR 型レトロトランスポゾン		
LINE	ヒ ト	L1〜L3
SINE	ヒ ト	*Alu* 配列

　レトロトランスポゾンはレトロウイルスの**プロウイルス DNA** に構造が類似し，末端に 500 bp 程度の長い末端繰返し配列（**LTR**：long terminal repeat）をもつ LTR 型レトロトランスポゾンともたない非 LTR 型レトロトランスポゾンに分けられ，いずれも RNA の逆転写産物 DNA がゲノムに組込まれる（図15・3）．LTR 型レトロトランスポゾン（酵母の **Ty**，ショウジョウバエの**コピア**など）はレトロウイルスを起源とするが，いくつかの遺伝子は崩れており，完全なウイルスは生成しない（コピアは細胞内で粒子状形態をつくる）．非 LTR 型レトロトランスポゾンは数 kb の **LINE**（長い散在性反復配列．ヒトの L1 など）と数百 bp の **SINE**（短い散在性反復配列．ヒトの *Alu* 配列など）に

分けられる．LINE は内部に逆転写酵素などのタンパク質をコードする領域をもつが，SINE はもたない．レトロトランスポゾンに関連する逆転写酵素は DNA 合成のほか，DNA の組込みにもかかわり，SINE の転位には細胞内にある逆転写酵素が関与すると考えられる．

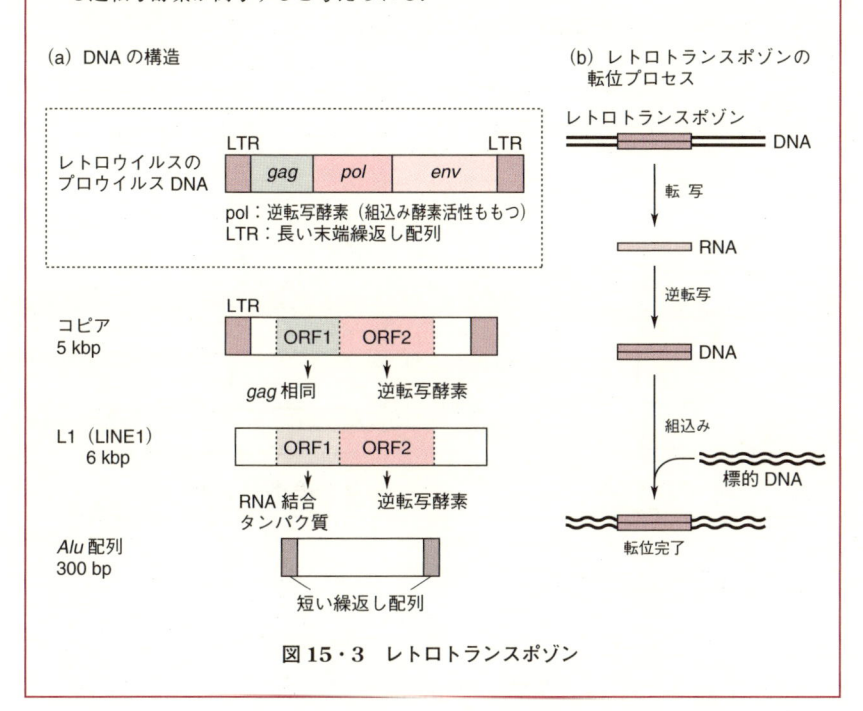

(a) DNA の構造

レトロウイルスのプロウイルス DNA: LTR – gag – pol – env – LTR
pol：逆転写酵素（組込み酵素活性ももつ）
LTR：長い末端繰返し配列

コピア 5 kbp：LTR – ORF1 – ORF2 – LTR
ORF1：gag 相同　ORF2：逆転写酵素

L1 (LINE1) 6 kbp：ORF1 – ORF2
ORF1：RNA 結合タンパク質　ORF2：逆転写酵素

Alu 配列 300 bp：短い繰返し配列

(b) レトロトランスポゾンの転位プロセス

レトロトランスポゾン DNA → （転写）→ RNA →（逆転写）→ DNA →（組込み，標的 DNA）→ 転位完了

図 15・3　レトロトランスポゾン

15・4　遺伝子重複と遺伝子増幅

真核生物はゲノムサイズが大きくなる方向に進化してきたが，これには **DNA 複製スリップ**による縦列反復配列やトランスポゾンを介する反復配列の増加のほか，**不等乗換え**もかかわっている（図 15・4 の 1〜4）．不等乗換えによりゲノム中にある遺伝子が増え（**遺伝子重複**），変異を経てそれぞれの重複遺伝子が特異的機能をもつようになり，遺伝子ファミリーが形成される（図 15・5）．重複遺伝子がある生物のゲノム中にある場合，それぞれの遺伝子は**パラログ**の関係にあるという．他方，異なる生物種間にみられる機能的相同遺伝子は**オルソログ**という．重複遺伝子の中には進化の途中に変異が蓄積し，機能を失った**偽遺伝子**も含まれる．また別の機構として，特定の遺伝子がタマネギ型複製を行ったり（たとえば，メトトレキセー

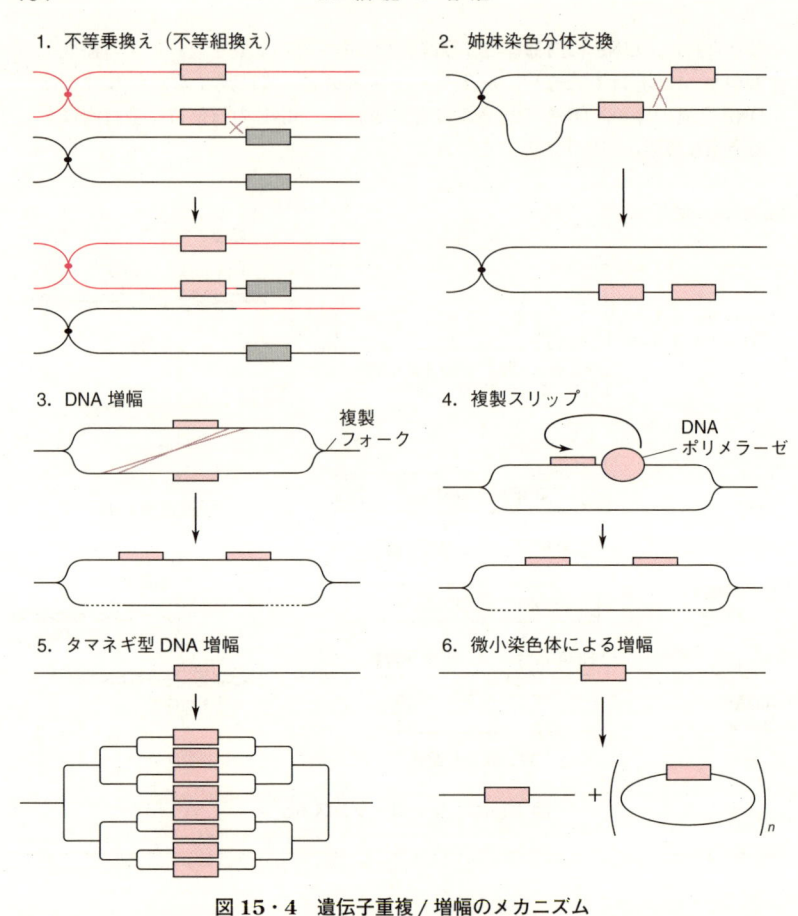

1. 不等乗換え（不等組換え）
2. 姉妹染色分体交換
3. DNA 増幅
   複製フォーク
4. 複製スリップ
   DNA ポリメラーゼ
5. タマネギ型 DNA 増幅
6. 微小染色体による増幅

図 15・4　遺伝子重複/増幅のメカニズム

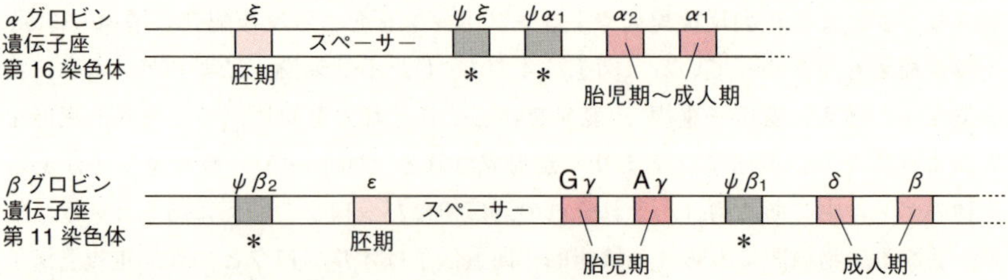

α グロビン遺伝子座
第 16 染色体
ξ　スペーサー　$\psi\xi$　$\psi\alpha_1$　α_2　α_1
胚期　　　　　　　*　　*　　胎児期～成人期

β グロビン遺伝子座
第 11 染色体
$\psi\beta_2$　ε　スペーサー　$G\gamma$　$A\gamma$　$\psi\beta_1$　δ　β
*　　胚期　　　　　　胎児期　　*　　成人期

図 15・5　遺伝子重複の例（ヒトのグロビン遺伝子ファミリー）　＊は偽遺伝子．

ト耐性遺伝子，カエルの卵母細胞における rRNA 遺伝子），染色体の一部分がちぎれて**微小染色体**として複製するなど，遺伝子が一過的に増幅するという現象も知られている（図15・4の5, 6）．

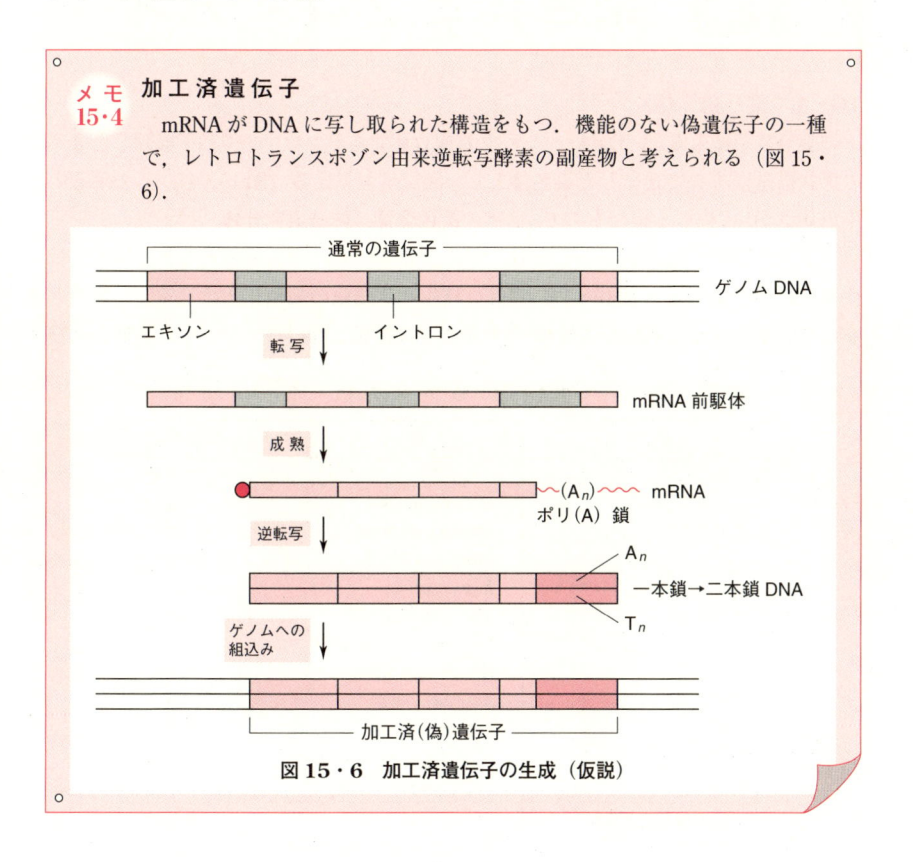

メモ 15・4　加工済遺伝子

mRNA が DNA に写し取られた構造をもつ，機能のない偽遺伝子の一種で，レトロトランスポゾン由来逆転写酵素の副産物と考えられる（図15・6）．

図 15・6　加工済遺伝子の生成（仮説）

16 染色体とクロマチン

16・1 染色体

　細胞分裂期に入ると，DNA-タンパク質複合体であるクロマチンは，凝縮した2本の棒状構造が中央で連結した**染色体**として顕微鏡で見える（図16・1）．この形態の染色体はDNA複製を経たもので，2本の**染色分体**（**姉妹染色分体**）は中央のセントロメア（くびれて動原体のある部分）で結合している．染色体の形と数（**核型**）は生物種に特有である（表16・1）．高等真核生物体細胞の染色体数は通常2の倍数となっているが，この状態を**二倍体**（$2n$と表し，**複相**ともいう）といい，雄性および

表16・1　染色体の数

一般名	学名	染色体数
動　物		二倍体数
ヒト	Homo sapiens	46
アカゲザル	Macaca mulatta	42
イヌ	Canis familiaris	78
ウマ	Equus calibus	64
マウス	Mus musculus	40
ウサギ	Oryctolagus cuniculus	44
ニワトリ	Gallus domesticus	78 ±
アフリカツメガエル	Xenopus laevis	36
コイ	Cyprinus carpio	104
キイロショウジョウバエ	Drosophila melanogaster	8
線虫	Caenorhabditis elegans	12
二倍体の植物と菌類		二倍体数
出芽酵母	Saccharomyces cerevisiae	36 ±
緑藻（カサノリ）	Acetabularia mediterranea	20 ±
コムギ（原種）	Triticum monoccum	24
トマト	Lycopersicon esculentum	24
タバコ	Nicotiana tabacum	48
エンドウ	Pisum sativum	14
シロイヌナズナ	Arabidopsis thaliana	10
一倍体の植物と菌類		一倍体数
細胞性粘菌	Dictyostelium discoideum	7
クロカビ	Aspergillus nidulans	8
アカパンカビ	Neurospora crassa	7

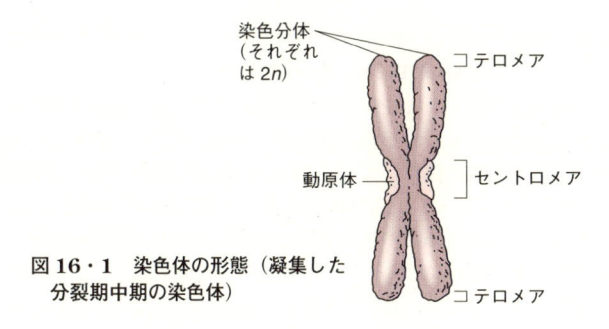

16. 染色体とクロマチン

図 16・1 染色体の形態（凝集した分裂期中期の染色体）

ラベル: 染色分体（それぞれは2n）、テロメア、動原体、セントロメア、テロメア

雌性配偶子（それぞれ精子および卵など）に由来する相同な染色体を2本ずつもつ. 染色体のうち2本は性にかかわる**性染色体**で，それ以外は**常染色体**という．配偶子は体細胞の半分の染色体をもつ**一倍体**（nと表し，**半数体，単相**ともいう）である．単細胞真核生物や菌類，藻類やコケ植物の中には，単相で成長するものもある．

16・2 染色体の必須機能

染色体が細胞分裂を経ても細胞内で安定に維持されつづけるためには以下のa〜cの三つの要素が必要であり（図16・2），これらを含ませて人工的に構築したDNA

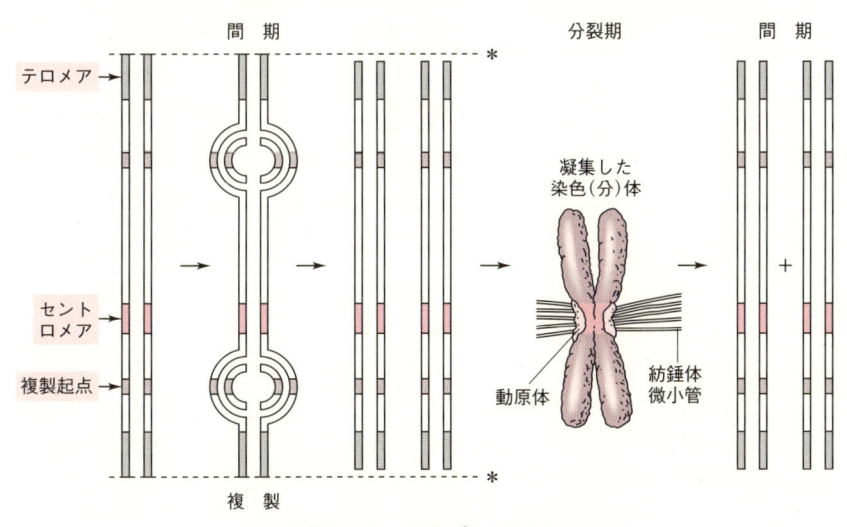

図 16・2 染色体に必須な三つの要素

* 複製後テロメアがわずかに短くなっている

コラム 16

特殊染色体，異常染色体

ゲノム構造が染色体のレベルで変化する現象が生理的あるいは病的に起こる場合がある．染色体が複製しても細胞分裂が起こらず，何百本もの染色体が平行に並んで凝集する**多糸染色体**は，ユスリカなどの昆虫の唾腺の細胞に**唾腺染色体**として存在する（図16・3）．染色体が全体で倍加し，四倍体や六倍体となる例が魚類や種子植物を含めた多数の生物で知られている（**同質倍数体の生成**）．異なる同質倍数体由来の配偶子からは奇数セットの染色体をもつ体細胞ができるが，このような個体からは配偶子が正常に形成されないため，その個体は**不稔（有性生殖不能）**となる．特定の染色体のみが倍加すると（**部分倍数体**），細胞としては生存できても個体としては欠陥をもつ表現系となることが多い〔たとえば，ヒト第21染色体の三倍体性（**トリソミー**）で起こる**ダウン症**や，性染色体を3本もつ半陰陽〕．また，慢性骨髄性白血病でみられる**フィラデルフィア染色体**の生成のように，異常な染色体組換えが疾患の原因となる場合がある（図16・4；第9と第22染色体の長腕の末端部分での相互組換え）．

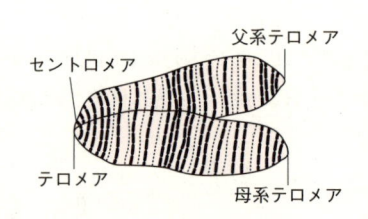

図16・3 多糸染色体 ショウジョウバエ4番染色体の多糸（polytene）染色体のバンドパターンを示す．セントロメアからテロメアの間で10回複製し，DNA鎖は合計 $2^{10}=1024$ 本になっている．

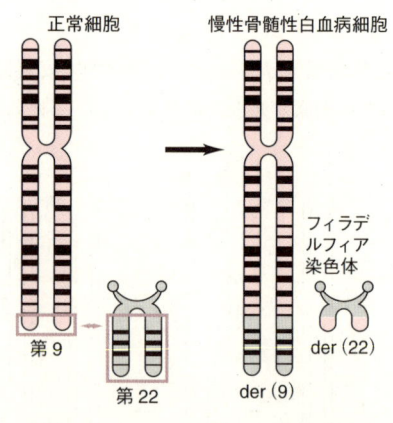

図16・4 フィラデルフィア染色体

メモ 16・1　染色体における位置の表示

動原体は染色分体の中央からずれた位置にある．動原体を基準に長い側を**長腕**（q），短い側を**短腕**（p）といい，これと染色体を染めて見えるバンドから染色体の位置をおおよそ指定できる（たとえば，第12染色体の長腕21の位置は12q21と表される）．

は，細胞内で染色体として挙動する〔酵母のYAC (yeast artificial chromosome) など〕．

a. 複製起点　　DNA複製開始の起点で，染色体に多数存在する（10章参照）．

b. セントロメア　　染色分体の連結部分に存在する構造で，染色分体の分離に必須な機能をもつ．真核生物に共通なセントロメア結合タンパク質として変種のヒストンH3がある(ヒトではCENP-Aといわれる)．出芽酵母のセントロメア(*CEN*)は125 bpと短いが，分裂酵母では数kbの単位からなる配列が65 kbにも及ぶ．高等真核生物のセントロメアは数百万bpの大きさをもち，約170 bの繰返しからなるサテライトDNAから構成される．高等真核生物のセントロメアには多数のタンパク質からなる板状構造の動原体が付着し，動原体微小管（紡錘糸）の結合部位となり，染色分体の分配にかかわる．

c. テロメア　　染色体末端領域．ミニサテライト（15章参照）を含む5〜10 kbの領域で，数塩基対からなる単純配列（たとえば，ヒトでは5′-TTAGGG）が高度に反復した構造をもつ．線状DNAを細胞に入れてもDNAは末端から分解されたり，末端同士で融合してしまう．テロメアには多数の因子が結合しており，これがDNA末端の結合や分解を阻止し，染色体末端を核の特定の領域につなぎとめている．このようにテロメアは染色体の安定的保持に必須である．線状DNAは複製のたびに末端が欠失して徐々に短くなるが（10章参照），テロメアは染色体内部の遺伝子の保護にもかかわる．

16・3　テロメアの複製

　テロメアは複製のたびに短くなり，やがて消失すると必須遺伝子の欠損が起こり，細胞はそれ以上増えることができなくなるが，このことが細胞寿命の大きな決定要因となっている．事実，**テロメラーゼ**（テロメア伸長酵素）を強制発現させると細胞分裂が無限に続くようになる（**不死化**する）．テロメラーゼは寿命のある通常の細胞にはほとんどないが,**不死化能**を獲得したがん細胞などには高く発現している．生殖系列細胞はテロメラーゼ活性が高い個体内唯一の場所であり，配偶子形成時にテロメアの復元が行われる．テロメラーゼにはテロメアの繰返し塩基配列単位に相補的に結合するRNAが含まれており，それが鋳型となって単位DNAを複製する（図16・5）．つまり，テロメラーゼは逆転写酵素の一種である．

16・4　DNAの折りたたみとクロマチン

　直径2 nmのらせん状DNAは核内で塩基性タンパク質ヒストンと高度に会合し

た複合体，すなわち**クロマチン（染色質）**として存在する〔クロマチンには転写因子や HMG（high mobility group）タンパク質などの非ヒストンタンパク質も結合している〕．クロマチンは均一に染まる**ユークロマチン（真性クロマチン）**と不均一に濃く染まる**ヘテロクロマチン**（染まった染色体がほどけたとき，濃く染まったままで残る）として存在する（図2・3参照）．ヘテロクロマチンは**構成的ヘテロクロマチン**と**条件的ヘテロクロマチン**に分けられる．いずれも転写されていない領域に相当するが，前者はサテライト DNA などの非遺伝子領域を含み，セントロメアやテロメアにみられるが，後者には発生の特定の時期に発現する遺伝子などが含まれる．

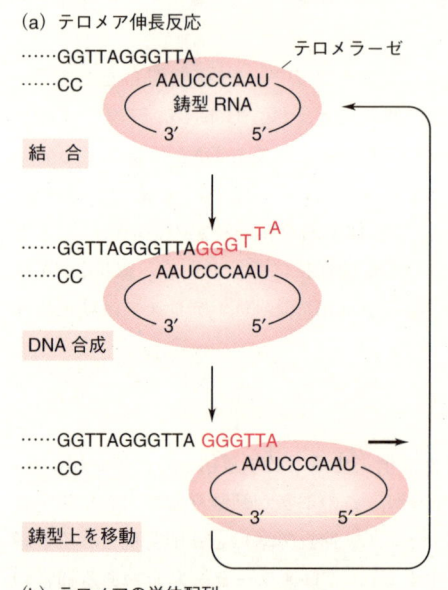

(a) テロメア伸長反応

(b) テロメアの単位配列

生物種	対象	繰返し単位*
テトラヒメナ	大核	5′-TTGGGG
トリパノソーマ	微小染色体	TAGGG
細胞性粘菌	rDNA	TAGGG
パン酵母	染色体	$(TG)_{1\sim3}TG_{2\sim3}$
シロイヌナズナ	染色体	TTTAGGG
ヒト	染色体	TTAGGG

* セントロメアからテロメア側に向かって 5′→3′ の向きに表した．

図 16・5 テロメアの複製

(a) ヒストンオクタマー ヒストン(H2A, H2B, H3, H4)×2 = ヌクレオソームコア

(b) ヌクレオソームコア，リンカーヒストン（ヒストン H1 など），146 塩基対，約 200 塩基対

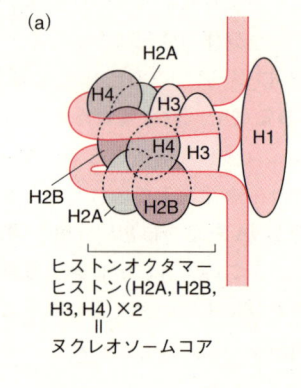

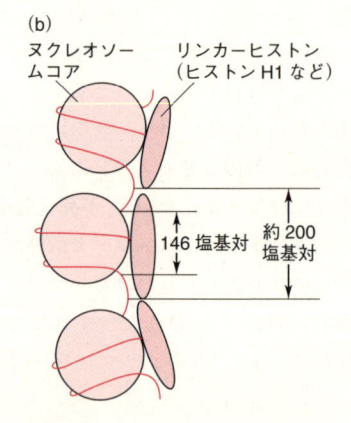

図 16・6 ヌクレオソームの構造

16. 染色体とクロマチン

DNA 二重らせん — 2 nm

ヌクレオソームが数珠状に連なったヌクレオソーム — 10 nm

ヌクレオソーム

ヌクレオソームが密に並んだ繊維（ソレノイド構造）— 30 nm

染色体骨格

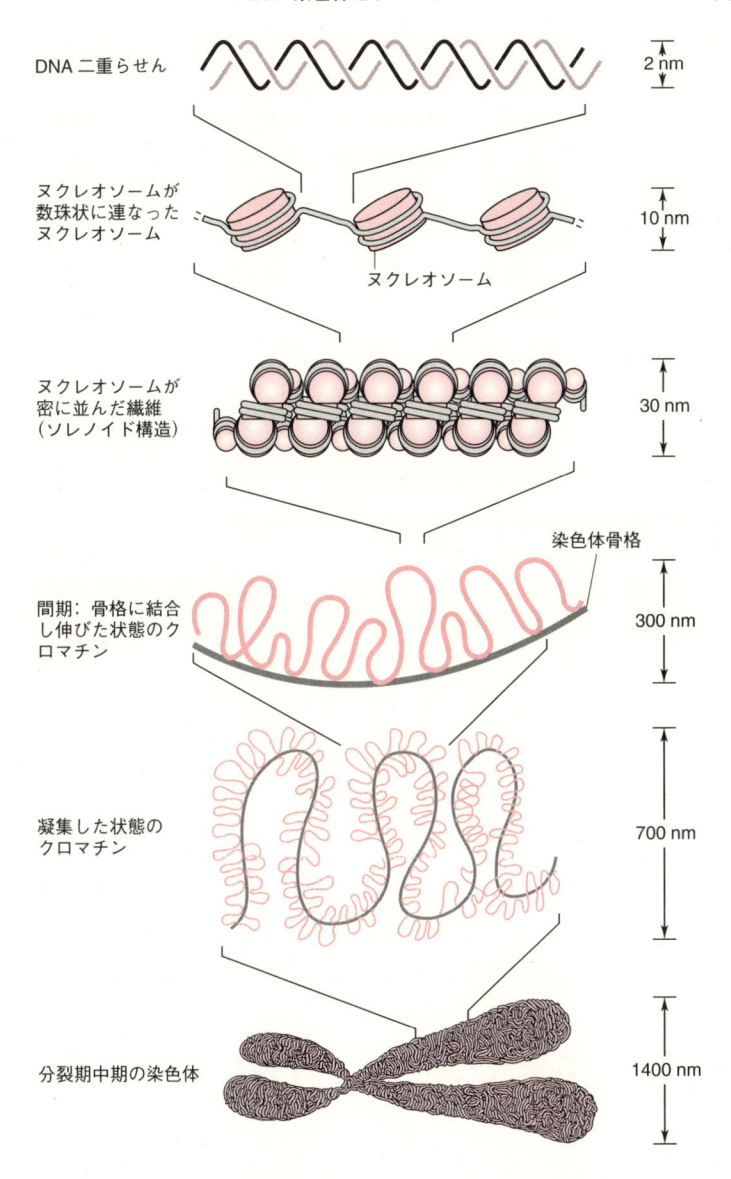

間期：骨格に結合し伸びた状態のクロマチン — 300 nm

凝集した状態のクロマチン — 700 nm

分裂期中期の染色体 — 1400 nm

図 16・7 クロマチンの段階的折りたたみ　H. ロディッシュ ほか，"分子細胞生物学（第 5 版）"，p.370, 石浦章一 ほか 訳，東京化学同人（2005）より改変．

コアヒストンとよばれる4種類のヒストン（ヒストンH2A, H2B, H3, H4）はおのおのが2個ずつ集まって八量体（**ヒストンオクタマー**）の**ヒストンコア**を形成する．ヒストンコアには146塩基対のDNAが左向きに175回巻付き，直径10 nmの**ヌクレオソーム構造**をとるが，ヌクレオソームは約200塩基ごとに形成される（図16・6）．数珠状構造のヌクレオソームは**リンカーヒストン**（ヒストンH1など）によって束ねられて**30 nm 繊維構造**をとるが（いわゆる**ソレノイド構造**．この状態で遺伝子は不活性化されている），30 nm 繊維は染色体骨格タンパク質を芯に折りたたまれ，太さ300 nm の繊維となる（図16・7）．このような折りたたみにより，1本に伸ばすと2mにも及ぶDNA分子を核という狭い空間に詰込むことが可能になる．細胞が間期から分裂期に入ると300 nm 繊維はコンデンシン（19章参照）の作用を受けてさらに折りたたまれ，顕微鏡で見える幅約700 nmの染色体という形態となる．

メモ 16・2　プロタミン

脊椎動物の精子ではヒストンの代わりに，より塩基性の強い**プロタミン**が用いられ，遺伝子発現は完全に不活化される．

メモ 16・3　ヒストンテイル

クロマチンはメチル化といったDNAの化学修飾やヌクレオソームの形成位置の変化，コアヒストンの化学的修飾（共有結合の変化を伴う変化）といった変化を受ける（11章参照）．コアヒストンは中央の**ヒストンフォールド**といわれる折りたたみ領域の両側に不定型な領域をもつが，N末端部分はその長さが長く，**ヒストンテイル**といわれる（図16・8）．ヒストンテイルはヒストン化学修飾の中心的な部分で，遺伝子発現制御と深いかかわりがある（たとえば，リシンのアセチル化は転写活性化につながる）．

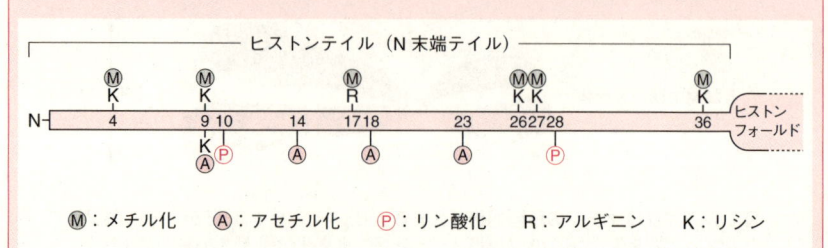

Ⓜ：メチル化　Ⓐ：アセチル化　Ⓟ：リン酸化　R：アルギニン　K：リシン

図16・8　ヒストンH3のもつ"ヒストンコード"

17 細胞周期の駆動

17・1 細胞増殖の周期性

　細胞増殖は DNA 複製，染色体分配，細胞分裂という過程を通して行われるが，真核生物ではこれらの過程は協調的かつ順序立てて実行され，逆行することはない．増殖しつづける細胞ではこの基本過程が繰返される周期性を示すが，これを**細胞周期**といい，すべての真核生物で保存されている．細胞周期は**分裂期**とそれ以外の時期（**間期**；interphase）に大別されるが，細胞周期の大部分は間期が占める．間期では染色体は比較的ゆるんで核質全体に広がっているが，分裂期では高度に凝集する染色体として観察できる．分裂期は染色体が微小管で牽引される**有糸分裂**（mitosis）がみられ，細胞が最も大きく変化する時期である．

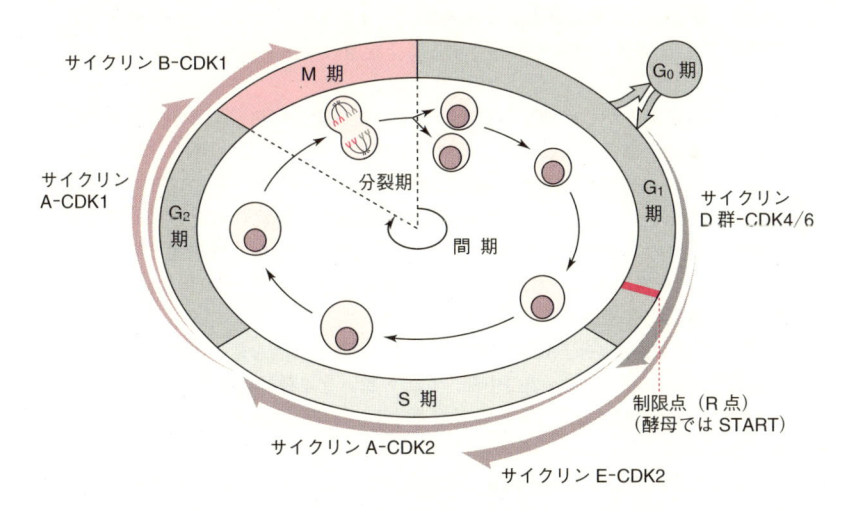

図 17・1　**サイクリンによる細胞周期の調節**（§17・4）　脊椎動物を中心に示す．① あるサイクリンが増加し，対応する CDK（サイクリン依存性キナーゼ）と複合体形成され，② CDK が活性化され，次期への移行が促進される．③ 期が変わるとサイクリンは分解される（§17・7）．

17・2 細胞周期の各過程

間期は DNA 合成を行う S 期〔合成（synthesis）期〕とその前後の合間（gap）の時期からなるが，S 期の前を G_1 期，後を G_2 期といい，細胞周期は G_1 期→ S 期→ G_2 期→ M 期と推移して G_1 期に戻る（図 17・1）．一周に要する時間は酵母のように 90 分と短いものから動物細胞のように 1 日以上かかるものまでさまざまである．細胞の大きさは G_1 期の最初が最も小さく，しだいに成長して G_2 期後半で最大となる．24 時間の細胞周期をもつ一般的な細胞の場合，G_1 期は約 11 時間，S 期は 8 時間，G_2 期は 4 時間，そして M 期は 1 時間である．G_1 期以外の期間に要する時間は細胞による差は少なく，増殖速度はおもに G_1 期の長さに依存する．G_1 期では DNA 合成に備えて代謝が活発に起こり，G_2 期では細胞分裂に備えた準備が行われる．細胞の中には成体中の神経細胞や肝細胞のように分裂をやめた細胞があるが，

コラム 17

フローサイトメトリーと FACS

フローサイトメトリーとは，DNA を蛍光色素で標識した細胞を液体とともに流し，個々の細胞の DNA 量を蛍光強度を基に測定・分析する技術である．**FACS**（**蛍光標示式細胞分取器**；読みはファックス）とはそのために使用される機械であり，多数の細胞中に存在する特定細胞の検出を行うことができる（図 17・2 a）．

分析の前にあらかじめ細胞を蛍光物質で処理（**蛍光染色**）するが，蛍光物質には単なる結合物質〔たとえば，**ヨウ化プロピジウム**（PI）；DNA に強く結合する〕以外にも抗体に結合するもの〔たとえば，**FITC**（フルオレセインイソチオシアネート）〕がある．処理細胞集団が毛細管内を流れるときに，蛍光物質励起のためのレーザーを照射するが，蛍光色素をもつ細胞は蛍光を発するので，その蛍光を検出する．対照（すべての細胞のためのデータ取得用）として，励起光の散乱光も検出する．

PI で染色した細胞を FACS で解析すると，細胞は DNA 量の相対値（すなわち蛍光強度）が 1，2，1〜2 の中間，1 以下という 4 種類の集団として識別されるが，それぞれは G_1 期（$2n$），G_2/M 期（$4n$），S 期，死滅細胞に相当する（図 17・2 b）．

FACS ではこのように細胞増殖状態の解析ができるが，このほか特定の表面抗原をもつリンパ球やウイルス感染細胞の検出などもできる．蛍光の種類や強さに応じて細胞を含む液滴を荷電させ，高圧に荷電した電極板の間を落下させると，液滴の落下位置が荷電状態に応じて変わるため，落下位置で細胞を受ければ，目的細胞の分取も可能である．

これらの細胞は G_1 期から**休止期**である G_0 期に入ったと見なされる．

> **メモ 17・1 受精卵の分裂速度**
> 動物の受精卵は約30分という短時間で1回の分裂を行う．この場合，細胞の成長は起こらず，すぐに細胞質分割が起こるため，細胞は分裂のたびに小さくなる．

17・3 細胞増殖シグナルと細胞周期の開始

細胞増殖には増殖因子刺激が必要だが，増殖因子は G_1 期から出た細胞のDNA合成の開始やその後の細胞現象が正しく起こるよう，G_1 期の細胞を協調的制御が

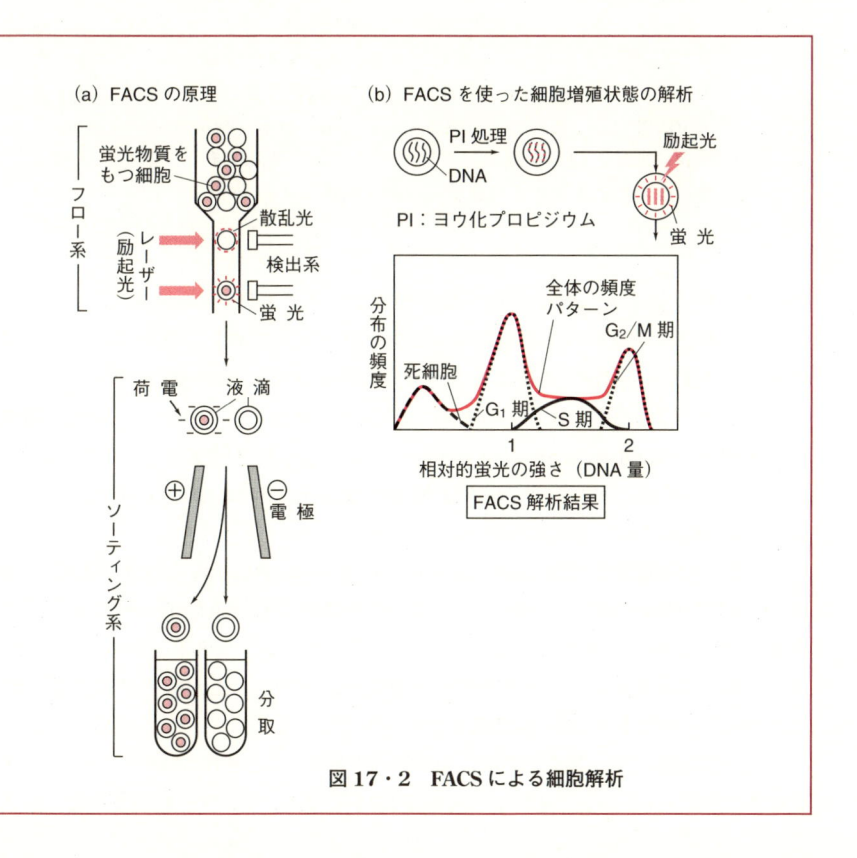

図 17・2 FACSによる細胞解析

開始できる特定の制御点に置く作用がある．制御点は**出芽酵母**（*Saccharomyces cerevisiae*）では **START**，動物などの一般の細胞では**制限点**（**R 点**）とよばれるが，細胞が一定の大きさに成長することが制限点通過に必須である（出芽酵母では栄養素も必須）．細胞がいったん制限点を越えると，あとは増殖因子の関与なしに S 期を進み，G_1 期に戻るまで止まらない．G_1 期にある細胞は増殖因子がないと休止状態の G_0 期に入るが，増殖因子が加えられると再び G_1 期に戻って制限点を通過する．G_0 期ではタンパク質合成などは低下するが，基本的な代謝は維持されている．**分裂酵母**（*Schizosaccharomyces pombe*）や卵母細胞のように制限点が G_2 期にある細胞もある（卵母細胞はホルモン刺激が入るまでは長く減数第一分裂の G_2 期にとどまる）．

メモ 17・2　同調培養

細胞を集団として細胞周期をそろえて培養する手法．たとえば，栄養枯渇で G_1 期で停止している細胞に栄養を添加すると，細胞は一斉にかつ同調的に S 期に進入する．薬剤を使って細胞を特定の時期で停止させ，薬剤を除去することにより同調させることもできる．動物細胞の場合，S 期同調には**ヒドロキシ尿素**，**アフィジコリン**，高濃度チミジンが，M 期同調には**コルヒチン**や**ノコダゾール**が使われる．

17・4　サイクリン，サイクリン依存性キナーゼ（CDK）の発見

アフリカツメガエル卵母細胞をホルモン（プロゲステロン）処理すると，G_2 期の細胞が減数第一分裂の M 期に入るが（**卵成熟**という），この細胞の細胞質をホルモン未処理の卵母細胞に注入すると細胞が M 期に移行することから，**MPF**（**卵成熟促進因子** maturation promoting factor）が発見された（図 17・3）．MPF は通常の細胞にもあることがわかり，現在は **M 期促進因子**（metaphase promoting factor）といわれている．

出芽酵母の細胞分裂周期（cell division cycle：*cdc*）遺伝子の変異体である *cdc28* は START で細胞増殖停止を起こし，また分裂酵母の相同遺伝子 *cdc2* は S 期移行や M 期移行に働く．*cdc28* や *cdc2* はセリン-トレオニンプロテインキナーゼをコードし，細胞周期進行にタンパク質のリン酸化がかかわることが明らかにされたが，この遺伝子産物の名称は現在 **CDK1** と統一されている．

一方，動物細胞から，間期で増加し M 期後半で消失する 2 種類の周期性を示すタンパク質**サイクリン** A と B が発見された．その後 MPF はサイクリン B と CDK1 の複合体で，

17. 細胞周期の駆動

(a) MPF発見の経緯（カエル卵母細胞）

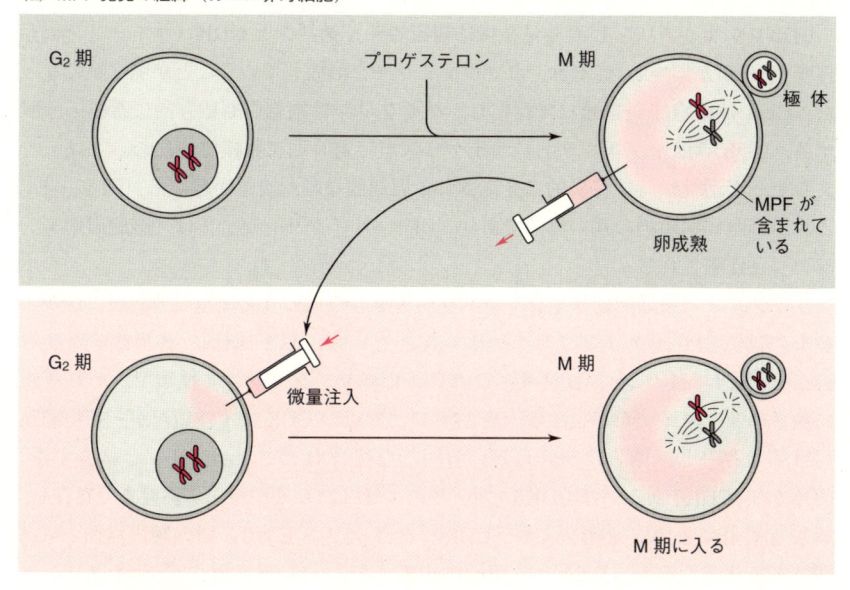

(b) MPFの活性発現

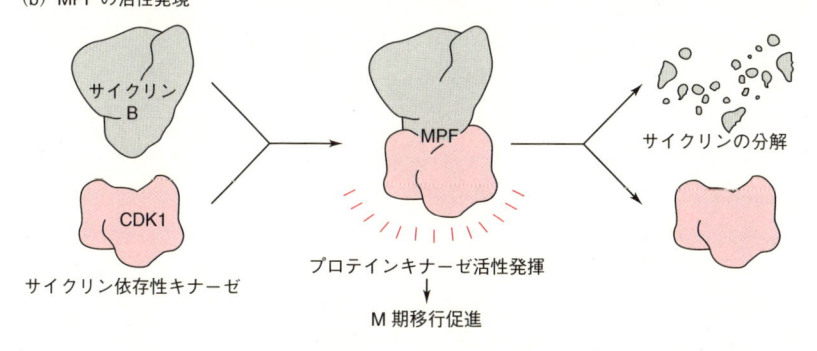

図 17・3　MPF（卵成熟促進因子）の同定と性質

サイクリンはCDKのキナーゼ活性に必要な調節因子であることが明らかになった．

これらの観察から，"サイクリンBがM期特異的に蓄積されることによってCDK1のキナーゼ活性が現れ，MPFが活性型となってM期が起こる"という，細胞周期制御の基本概念が確立された．

17・5 サイクリンとCDK

CDK1 やサイクリン B の発見を機に複数のサイクリンと **CDK**（サイクリン依存性キナーゼ）が同定され，それぞれがファミリーを形成していることが明らかになった．CDK は細胞周期を通して存在し，**サイクリン**は細胞周期依存的に蓄積・分解する．CDK 調節サブユニットのサイクリンが特定時期に蓄積するため，プロテインキナーゼ活性が時期特異的に発揮されて周期的な細胞現象が起こる（図 17・4）．これが細胞周期駆動の基本機構であり，CDK-サイクリン複合体は"細胞周期エンジン"と比喩される．

サイクリン（共通配列**サイクリンボックス**をもつ）のうち細胞周期発現にかかわるものは A 型サイクリン（サイクリン A ともいう．以下同様），B 型サイクリン（有糸分裂サイクリン），D 型サイクリン，E 型サイクリンの 4 種類で，それぞれに複数のサブタイプが存在する（表 17・1）．酵母の CDK は 1 種類だが，動物細胞には複数存在し，さらにそれらがいろいろな組合わせでサイクリンと結合する．CDK4/6（CDK4 あるいは CDK6）-サイクリン D は G_1 期中盤から終盤まで存在し，制限点通過に重要な意味をもつ．CDK2-サイクリン E は G_1 期の制限点前から S 期に入るまで存在し，DNA 合成開始に必要である（G_1 期で働く G_1 サイクリンとサイクリン G を混同しないように！）．CDK2-サイクリン A は S 期を通じて存在

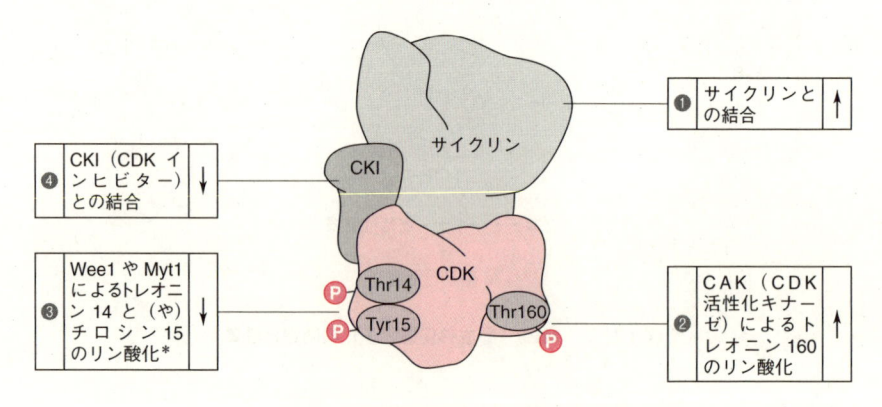

* ホスファターゼで脱リン酸されると逆に活性化される．

図 17・4 CDK 活性の制御方式 CDK の活性化制御は，① サイクリンとの複合体形成（§17・5）のほかに，② CAK や ③ Wee1 などのキナーゼ，④ CKI などにより（§17・6）行われる．ヒトの CDK を例に示す．矢印は CDK 活性の修飾の方向（上向き：活性化，下向き：抑制）を示す．[G. M. クーパーほか，"細胞生物学"，p.546，須藤和夫ほか訳，東京化学同人（2008）.]

17. 細胞周期の駆動

表17・1　サイクリンとサイクリン依存性キナーゼ（CDK）

		おもなサイクリン	CDK
脊椎動物	中期 G_1 サイクリン 後期 G_1 および S 期サイクリン S 期および有糸分裂サイクリン 有糸分裂サイクリン	サイクリン D 　　(D1, D2) サイクリン E サイクリン A サイクリン B	(中期 G_1 CDK) 　CDK4, CDK6 (後期 G_1 および S 期 CDK) 　CDK2 (有糸分裂 CDK) 　CDK1
出芽酵母	中期 G_1 サイクリン 後期 G_1 サイクリン 初期 S 期サイクリン 後期 S 期および 　初期有糸分裂サイクリン 後期有糸分裂サイクリン	Cln3 Cln1, Cln2 Clb5, Clb6 Clb3, Clb4 Clb1, Clb2	Cdc28 （一つのみ）
分裂酵母	有糸分裂サイクリン	Cdc13 （一つのみ）	Cdc2 （一つのみ）
	その他のサイクリン（おもに動物細胞）		CDK
（p53 で誘導される） （MAT1 とともに CAK を形成）		サイクリン G サイクリン H	CDK5 CDK7
（転写調節に関与）		サイクリン C サイクリン T	CDK8 CDK9

Cdc: cell division cycle
CAK: CDK 活性化キナーゼ．酵母にも相同因子が存在する．
　動物にはサイクリン G, H など，ほかに少なくとも 7 種類のサイクリンが存在するが，それらサイクリンとそのペアである CDK（CDK5, CDK7 など）との複合体には細胞周期エンジンの役割はない（サイクリン-CDK の組合わせにはあいまいさがある）．

し，S 期進行に必要である．CDK1-サイクリン A は S 期後半から G_2 期（あるいは M 期半ば）まで存在し，S 期から G_2 期の進行に働き，CDK1-サイクリン B は G_2 期から M 期半ばまで機能を発揮する（サイクリン-CDK の組合わせにはあいまいさがある）．

17・6　CDK 活性の可逆的活性制御

　CDK の活性を制御する要因はサイクリン以外にもあるが，その一つは CDK のリン酸化である．ヒトの CDK は Thr160（160 番目のトレオニン．分裂酵母では Thr161）がリン酸化されている状態が活性化型であり，細胞にはここをリン酸化する酵素 **CAK**（CDK 活性化キナーゼ）が存在する．CAK 自身も CDK7-サイクリ

ンH/MAT1からなる．Thr160はTループという部分にあり，リン酸化によって基質が接近しやすくなる．

一方，CDKのTyr15がリン酸化されるとThr160のリン酸化があってもCDKは不活性となる（ヒトではThr14のリン酸化も起こり，不活性化にかかわる）．細胞内にはTyr15をリン酸化する酵素として**Wee1**あるいは**Myt1**，さらにはTyr15のリン酸基を除いてCDKを活性化するホスファターゼ**Cdc25**が存在する（ヒトにはG_1-Sで働くCdc25AとG_2-Mで働くCdc25Cがある）．

CDK制御にはCDKに結合してそのキナーゼ活性を抑える**CKI**（CDKインヒビター）も関与する．CKIは哺乳類細胞では**INK4**（inhibitor of kinase 4）**ファミリー**と**Cip/Kipファミリー**に分けられる（表17・2）．それぞれのCKIには結合するCDK特異性がある．INK4ファミリーはCDK4あるいはCDK6単体に結合し，G_1期の進行を阻害する．これに対し，Cip/Kipファミリー（共通のCDK阻害領域をもつ）はサイクリンと複合体をつくっているCDKに結合し，CDK1とCDK2の活性を抑える（表17・2）．エンジンであるCDK-サイクリンに対し，CKIはブレーキとして作用する（図17・5）．

表17・2 CDKインヒビター（CKI）の種類と挙動

CKIの名称	標的CDK-サイクリン	作用点
脊椎動物 Ink4 ファミリー 　$p15^{INK4b}$, $p16^{INK4a}$ 　$p18^{INK4c}$, $p19^{INK4d}$	CDK4/6	G_1
Cip/Kip ファミリー 　$p21^{Cip1/waf1}$ 　$p27^{Kip1}$, $p57^{Kip2}$	CDK1-サイクリンA CDK1-サイクリンB CDK2-サイクリンA CDK2-サイクリンE	G_2 G_2/M S G_1
出芽酵母 Sic1		G_1/S, M

17・7 細胞増殖の周期性にかかわるタンパク質分解系のかかわり

CDK調節因子であるサイクリンなどの量は合成と分解のバランスで決まる．サイクリン分解によってCDK活性は不可逆的に失われ，このことが細胞周期の逆行防止に効いている．サイクリンの分解は**ユビキチン-プロテアソーム経路**（14章

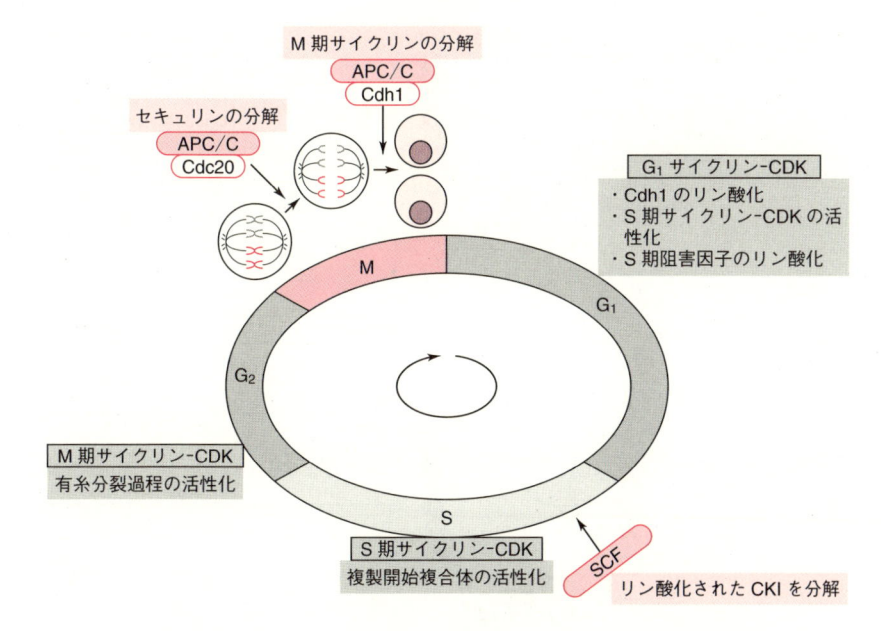

図17・5 サイクリン–CDKとユビキチンリガーゼによる細胞周期進行制御の概要 代表的なサイクリン–CDKとユビキチンリガーゼの作用点と働きを色（■, ■）で区別して示した.

参照）でなされる．プロテアソーム分解の目印であるポリユビキチン鎖を標的タンパク質に連結するユビキチンリガーゼには多くの種類があるが，細胞周期制御ではSCF（Skp-Cul1/Cdc53-Fボックスタンパク質）とAPC/C（後期促進複合体/サイクロソーム）がかかわる（図17・5, 図17・6）．ともに複合体型ユビキチンリガーゼで，それぞれには標的認識サブユニットの違いなどによる複数のサブタイプが存在する．

　SCFは**サイクリンE**のほか，p21などのCKI（酵母ではSic1）を含む多数の因子を標的とし，G_1期からS期への円滑な移行に関与する．一方，APC/Cは**サイクリンA**，**サイクリンB**，**セキュリン**（**セパラーゼ阻害因子**．19章参照）などをユビキチン化し，M期進行の制御にかかわる．

17・8　M期進入でみられるMPFの修飾

　サイクリンBは間期で蓄積してCDK1とともにMPFを形成するが，G_2期では

(a) SCF

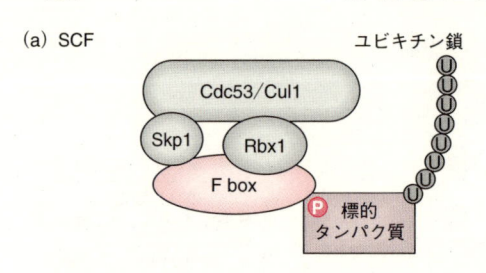

Fボックス	標的タンパク質
Fbw1	IκBα, β-カテニン, Cdc25A, Wee1A
Fbw7	サイクリンE, Notch, プレセニリン, c-Myc
Skp2	サイクリンE, E2F-1, p21, p27, p57

(b) APC/C

標的認識サブユニット	標的タンパク質
Cdc20（リン酸化によりAPC/Cと結合する）	セキュリン, サイクリンA, サイクリンB
Cdh1（リン酸化によりAPC/Cより外れる）	サイクリンA, サイクリンB, Cdc20, オーロラA, Skp2

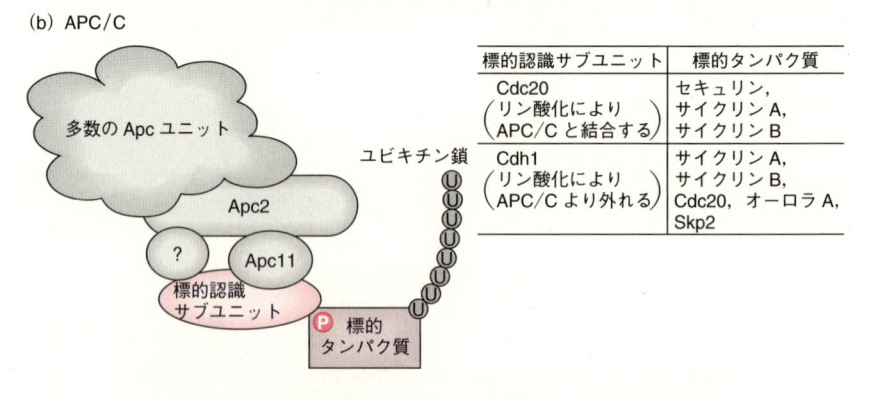

図 17・6　細胞周期制御にかかわる 2 種類のユビキチンリガーゼ
野島 博,‘細胞周期と細胞分裂’, p.123, 永田和宏ほか 編, “細胞生物学”,
東京化学同人（2006）より改変.

Wee1/Myt1 キナーゼによる CDK1 の Tyr15 のリン酸化などで不活性化されている（図 17・7）．この MPF は CAK による Thr160 のリン酸化を受けて待機状態となる．M 期進入のシグナルが入ると **Cdc25 C** ホスファターゼが CDK1 の Tyr15（Thr14 も）を脱リン酸して活性型 MPF が形成され，M 期進入が可能になる．活性型 MPF はコンデンシン（染色体の凝集），ラミンや核膜複合体，核膜内膜タンパク質（ラミン断片化と核膜の崩壊），ゴルジ体マトリックス（ゴルジ体の断片化），

メモ 17・3　Wee1

　Wee1 遺伝子に変異をもつ分裂酵母は分裂が速すぎて細胞が小さくなり，遺伝子名には"小さい"を意味するスコットランド語"wee"が当てられた．

17. 細胞周期の駆動

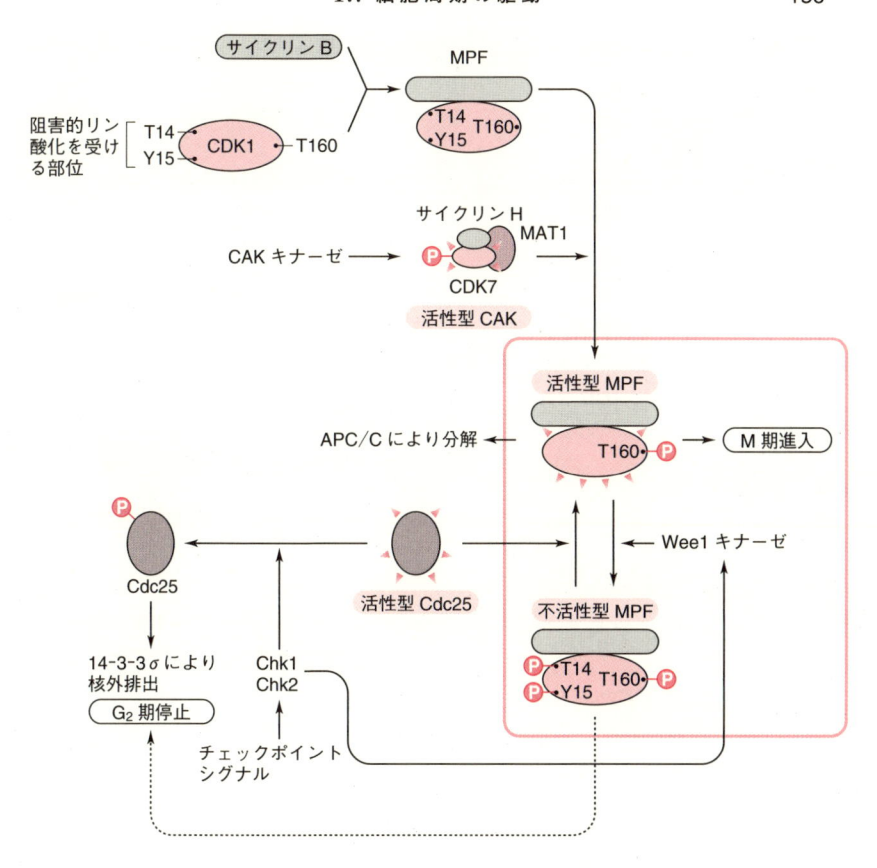

図17・7 サイクリン B-CDK1（MPF）活性制御のメカニズム

中心体や微小管結合タンパク質（紡錘体形成）などをリン酸化し，核や細胞質での変化を誘導する．G_2 期のチェックポイントが働くと Cdc25 C が **Chk1/Chk2**（チェックポイントキナーゼ．18章参照）でリン酸化されて不活性型となる．

17・9 S期移行の分子機構

G_1 期の細胞に増殖因子刺激が入ると Ras/Raf/ERK/MEK シグナル伝達系が働いて標的である **D型サイクリン**（サイクリン D1 など）が発現し，CDK4/6 と結合して活性をもち，制限点を通過する．正常細胞ではサイクリン D1 発現量は適切に調節されているが，この調節がなくなると細胞が異常増殖（**がん化**）する．

Ⅳ. 細胞の増殖

(a) CDK–サイクリンEの作用　　(b) Rbの役割

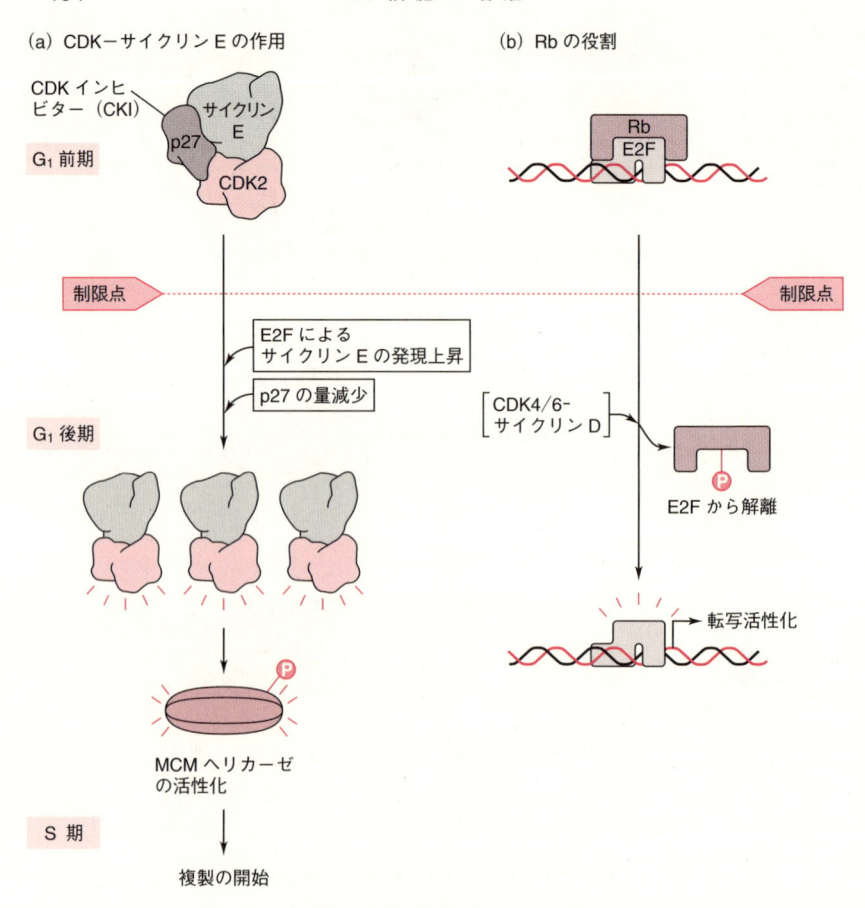

図 17・8　S期進入時にみられる制御

　動物細胞での G_1 期からS期の進行には，細胞周期エンジンのほかに Rb タンパク質がかかわる（図 17・8）．**Rb** は網膜芽細胞腫（retinoblastoma）で変異しているがん抑制遺伝子として発見された．低リン酸化型 Rb はS期進行にかかわる転写制御因子 **E2F** と結合し，それを抑制している．細胞が G_1 期の制限点を通過するとき，Rb は CDK4/6-サイクリンD によってリン酸化されるので，E2F がリン酸化 Rb から解離し，E2F 活性が発揮される．変異した Rb は E2F を抑制できず，E2F による異常遺伝子発現が起こり，がんになると考えられる．

　他の G_1 サイクリンであるサイクリンE と CDK2 の複合体には p27 などの CKI

コラム 18

蛍 光 染 色

　細胞に取込まれた蛍光物質（蛍光色素）を検出するためには**蛍光顕微鏡**を使う．光源から出た励起光（紫外線〜可視光）が試料中の蛍光物質を励起して可視光である蛍光が物質から出るので，暗室内でその存在を観察できる．タンパク質の検出には特異抗体を用いるが，細胞内タンパク質を検出したい場合，細胞を固定後，抗体（**一次抗体**）をしみ込ませてタンパク質と結合させる．そこに一次抗体と結合する抗体（**二次抗体**）を作用させるが，二次抗体にはあらかじめ蛍光物質を結合させておく．蛍光物質には **FITC**（フルオレセインイソチオシアネート；緑色の蛍光を出す），テキサスレッド（赤色の蛍光を出す）などがある．こうして処理した細胞を蛍光顕微鏡で見ると，目的タンパク質が特定の色調で光って見える．このような手技を**蛍光抗体法**，あるいは**免疫蛍光法**という（上述の場合は**間接蛍光抗体法**；図17・9a）．

　上記の方法では生きている状態の細胞内タンパク質は検出できないが，この問題は蛍光タンパク質を使って克服することができる．あるタンパク質の局在をみたい場合，そのタンパク質のcDNAを **GFP**（**緑色蛍光タンパク質**）が発現するように工夫したDNA内に組込み，目的タンパク質がGFPと融合した形で細胞内に発現させる（図17・9b）．GFPは下村 脩がオワンクラゲから発見した27 kDaの蛍光タンパク質で，励起されると508 nmの波長の緑色蛍光を発する（2008年ノーベル化学賞受賞）．このような細胞を蛍光顕微鏡で観察すると，融合タンパク質を生きた細胞内で緑色の蛍光として検出できる．GFP以外にも，異なる色の蛍光を発する蛍光タンパク質が多数知られている．

(a) 間接蛍光抗体法

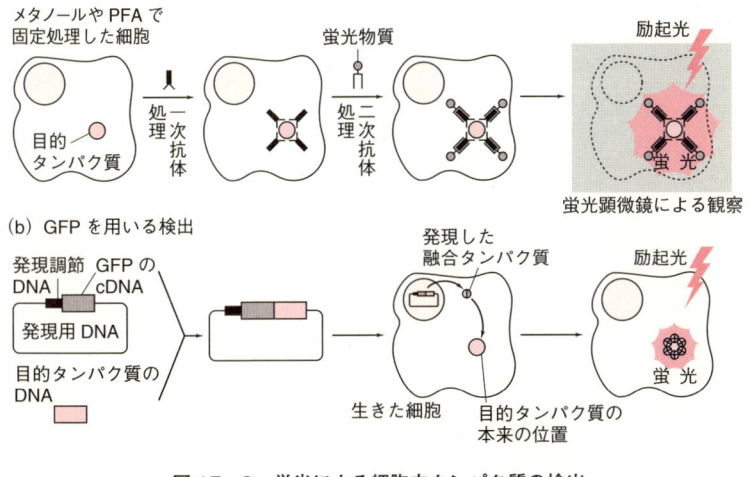

(b) GFPを用いる検出

図 17・9　蛍光による細胞内タンパク質の検出

が結合してキナーゼ活性を抑えているが，制限点を通過すると活性をもった E2F によってサイクリン E の発現が亢進し，さらに別のシグナルによって p27 発現が低下する．CDK2-サイクリン E がいったん活性化すると p27 をリン酸化し，ユビキチン化-タンパク質分解に向かわせるため，p27 濃度は一気に低下する．CDK2-サイクリン E の活性が優勢になると複製にかかわる MCM ヘリカーゼが活性化される．

18 細胞周期の監視

18・1 細胞複製の正確さの保証: もう一つの細胞周期制御機構

　正しい細胞複製のためには CDK を中心とする細胞周期エンジンだけでは不十分で，細胞周期中のできごとを監視する**細胞周期チェックポイント**が必要である．チェックポイントは細胞周期の異常を抑える負のフィードバック機構として機能するとともに，ある段階が終わらないうちにつぎの段階に入らないようにする安全装置として働き，ゲノム複製と染色体分配の正確さを保証している．

　チェックポイントは細胞周期のある段階からつぎの段階に移行する部分で働き，不備を見つけると周期の進行をそこで止め，修復などに要する時間の確保を図る(図18・1)．主要チェックポイントには **DNA 損傷チェックポイント** (G_1 期，S 期，G_2 期) と**紡錘体形成チェックポイント** (M 期) があるが，複製の完了から染色体分配までを連携させる機構は **S/M チェックポイント**，DNA 損傷から DNA 複製完了までを監視する機構は **DNA 保全チェックポイント**ともいわれる．このほか，G_1 期には**テロメアサイズチェックポイント**，**細胞サイズチェックポイント**，S 期に **DNA 複製のライセンス化** (§18・5) などのチェックポイントもある．

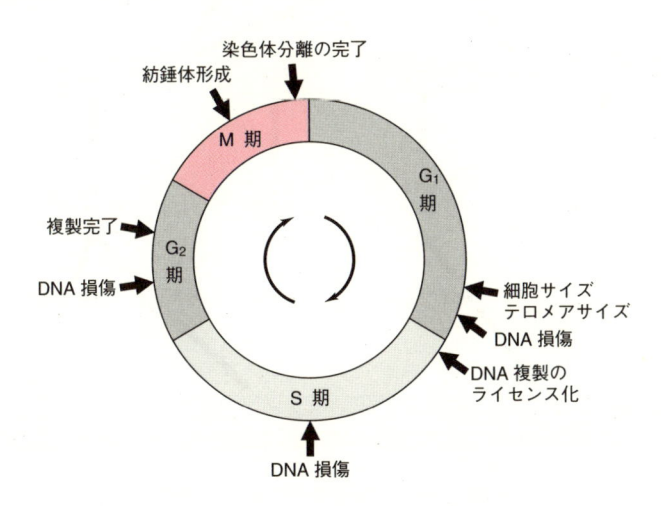

図 18・1　チェックポイントの概要

18・2 G_1-S-G_2期でみられるチェックポイント

DNA損傷チェックポイントとはDNA損傷や不完全DNA複製を感知して細胞周期を停止させる仕組みで，タンパク質の**リン酸化カスケード**（連鎖）によってひき起こされる．この機構はG_1, S, G_2期の細胞周期停止を起こし，DNA複製の前（G_1期）や後（G_2期）で損傷DNAを修復させる時間を与える．化学物質や放射線によってDNAが損傷を受けると，そこにいくつかの因子とともにATMやATRというプロテインキナーゼが結合する．**ATM**（AT mutated）は二本鎖DNA切断で活性化され，**ATR**（AT and Rad3-related）はDNA傷害などが原因で停止した複製フォーク

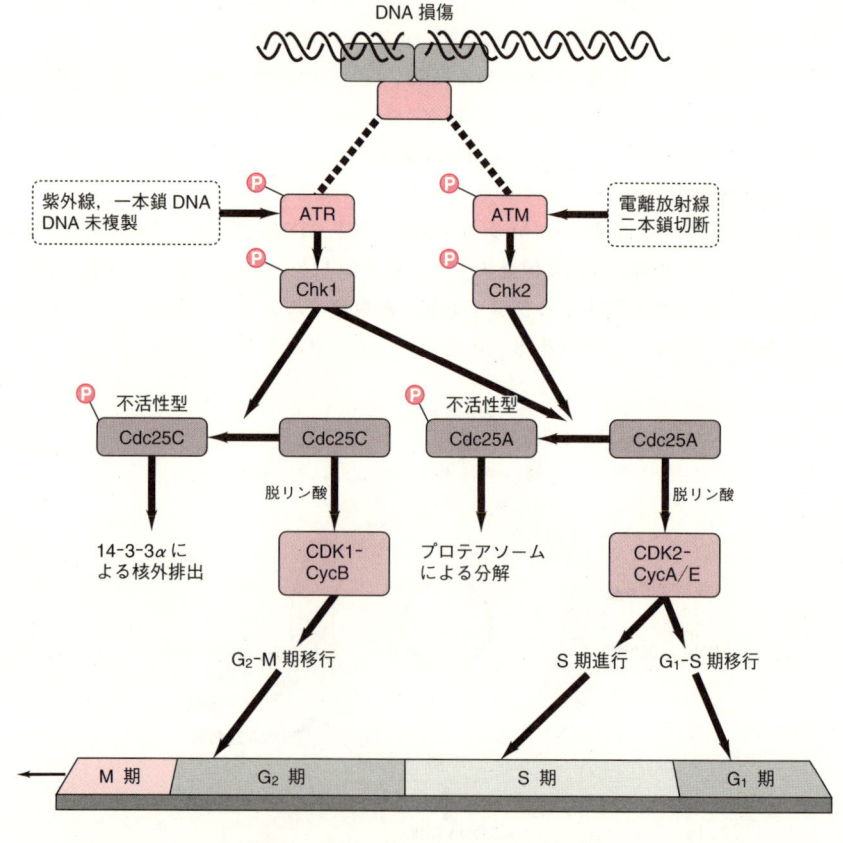

図18・2 **ATM/ATR, Chk1/Chk2を介するDNA損傷チェックポイント**
ATM/ATRはDNA損傷でリン酸化により活性化される．

あるいは一本鎖DNAや未複製DNAで活性化される（図18・2）.

活性化ATMはチェックポイントキナーゼである**Chk2**を活性化し，Chk2は**Cdc25A**ホスファターゼをリン酸化してその活性を失わせる．CDK2の阻害的リン酸基を除くCdc25Aが働かないために活性型CDK-サイクリン複合体ができず，細胞周期はG_1期で停止する（図18・2右側のルート）．一方，活性化されたATRは**Chk1**を活性化するが，これが**Cdc25C**ホスファターゼをリン酸化してその活性を失わせ，活性型のCDK1ができず，細胞周期はG_2期で停止する（図18・2左側のルート）．リン酸化型Cdc25Cは**14-3-3σ**によって核の外に出される（酵母ではRad24）．このように，DNA損傷はG_1停止，あるいはG_2停止をひき起こす．なお，ATRには複製フォーク〔複製途上（未完成）のDNAがもつ構造〕認識能もあるため，ATRルートは非複製DNAチェックポイントとしても機能する．また図18・2に示すように，ATRからのシグナルの一部はG_1期停止にも関与する．

18・3　DNA損傷チェックポイントにおけるp53の役割

哺乳類細胞では**p53**という転写制御因子がチェックポイントに深くかかわる（図18・3）．**DNA損傷**により活性化したATMやChk2はp53のSer15をリン酸化する．通常p53は不安定で，ユビキチンリガーゼである**Mdm2**結合によってユビキチン化され，プロテアソームにより分解されるが，リン酸化されるとMdm2が離れ，安定化してDNAに結合し，標的遺伝子の発現を活性化する．p53で活性化される遺伝子の中には，CDKインヒビターである**p21**などのCip/Kipファミリー（ともにG_1-S期移行の阻害に働く．§17・6参照），そしてp53R（DNA修復遺伝子を活性化する）などが含まれる．p53が機能しない細胞ではDNAが損傷してもG_1期で細胞周期は停止しない．p53はがん細胞で変異して機能を失っている場合が多く，**がん抑制遺伝子**として機能する．ATM/ATRやChk1/Chk2にもがん抑制能がある．過度のDNA損傷があるとp53は過度にリン酸化されて標的配列が変化し，*p53AIP1*や*Noxa*といった**アポトーシス誘導遺伝子**を活性化させ，がん細胞の発生を元から断ち切る．p53は14-3-3σの遺伝子発現も高めるため，G_2期におけるDNA損傷チェックポイントにも関与する．

18・4　M期でみられるチェックポイント

紡錘体形成チェックポイントはM期後期で働く．ここでは紡錘体上に染色体が並んでいることを確認し，染色体が完全な組合わせで娘細胞に正しく分配されるようにする．紡錘体上に並んでいない染色体が1本でもあると核分裂は中期で停止する．

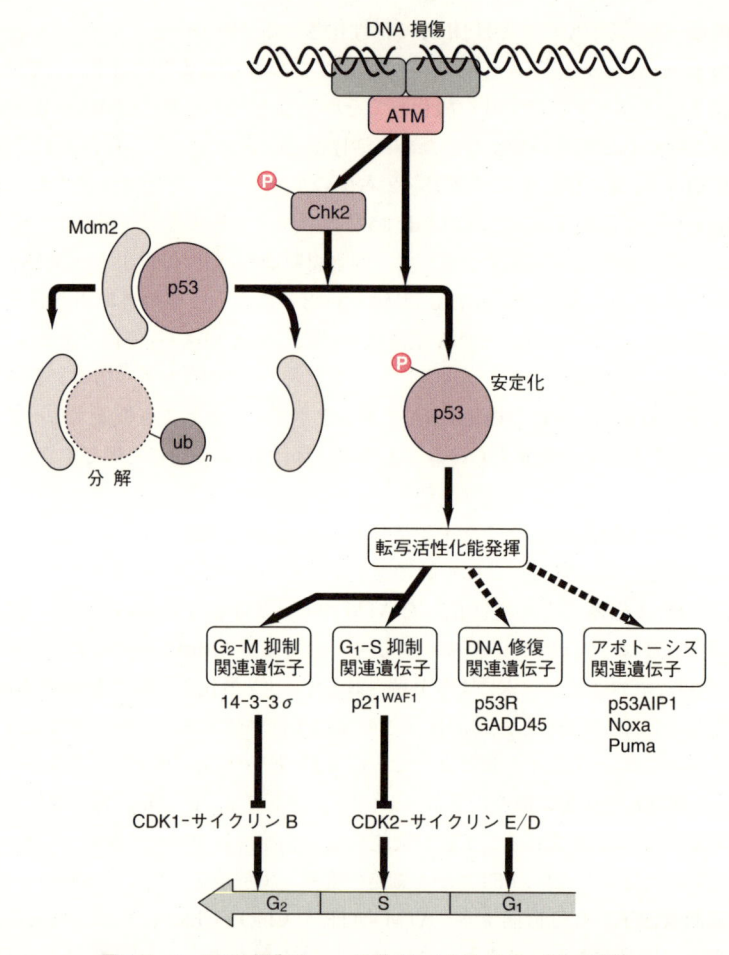

図 18・3　DNA 損傷チェックポイントにおける p53 の役割

　この機構によりすべての細胞で正確に染色体が分配され，これに問題があると，**染色体不分離**が起こる〔図 18・4．たとえば，ヒトの減数分裂の第 21 染色体で起こると，第 21 染色体が**トリソミー（三染色体性）**となり，ダウン症となる〕．紡錘体形成チェックポイントは動原体に微小管が結合していないために起こり，それには動原体結合因子 Mad2 などが関与する（図 18・5 左．詳細は 19 章参照）．
　M 期終期では，**MPF** を分解して M 期を終わらせ，G_1 期を始めるために，ユビ

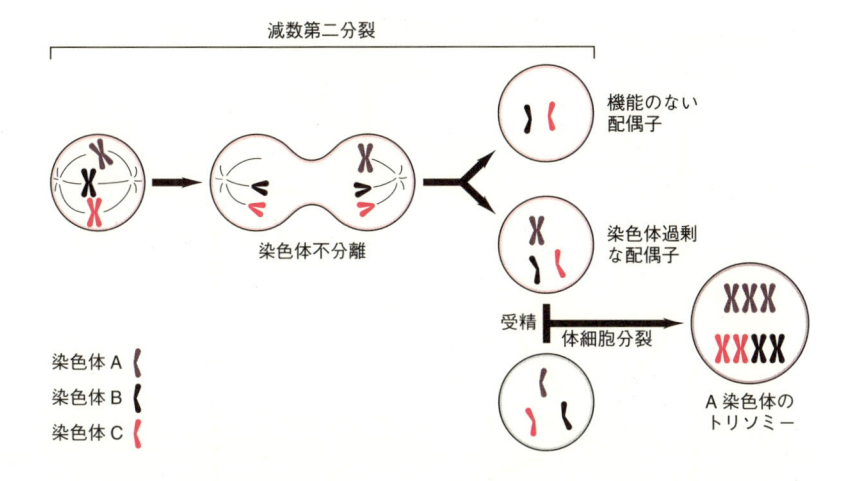

図 18・4 紡錘体形成チェックポイント機能不全による染色体不分離の例
なお，染色体不分離は減数第一分裂でも起こりうる．

キチンリガーゼである **APC＋Cdh1**，そして CDK インヒビターである **Sic1** を活性化させるために Cdc14 ホスファターゼが働くが（§17・7参照），このとき働く **染色体分離チェックポイント** は Cdc14 の作用を阻害し，染色体分離が完了するまでは M 期を終わらせないようにしている（図 18・5 右）．

18・5 重複複製の防止

細胞は S 期のはじめに一度だけ DNA 複製開始を許し，つぎの S 期になるまでは再複製を許さない．このように一度だけ複製を許すことも細胞周期監視機構の一つであるが，この現象は G_1 期終盤の染色体がサイクリン–CDK によって複製を開始できる特別な状態にあることによって起こり，**複製のライセンス化** と表現される（図 18・6）．染色体上に多数ある複製起点には通常 **ORC**（**複製起点認識複合体**）が結合している．出芽酵母の場合，G_1 期になると **MCM**（minichromosome maintenance. 六量体でヘリカーゼ活性をもつ）が Cdc6，Ctd1 とともに **ORC** に結合するが，これらが **ライセンス因子** として働く．S 期に入り，S 期サイクリン–CDK によってライセンス因子がリン酸化されると，ORC は Cdc6，Ctd1 とともに

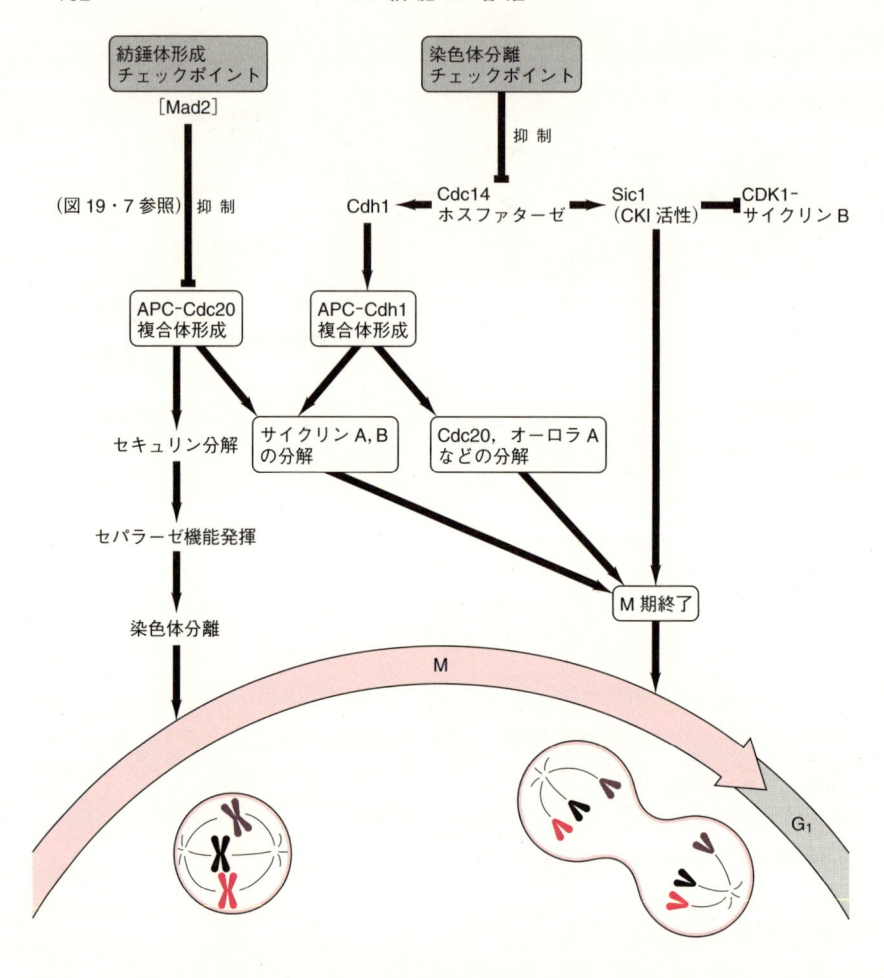

図18・5　M期にみられる2種類のチェックポイント

複製起点から解離する．するとCdc45と一本鎖DNA結合タンパク質Rpaが改めて結合し，DNAポリメラーゼを含む複製酵素などが呼び込まれて複製が開始される（ORCはその後再結合する）．ライセンス因子群がつぎのG_1期まではORCに結合しないため，複製が中途で再開することはない．

18. 細胞周期の監視

ORC：複製起点認識複合体
MCM：minichromosome maintenance
DDK：Dbf4 依存性キナーゼ
Rpa ：複製タンパク質 A

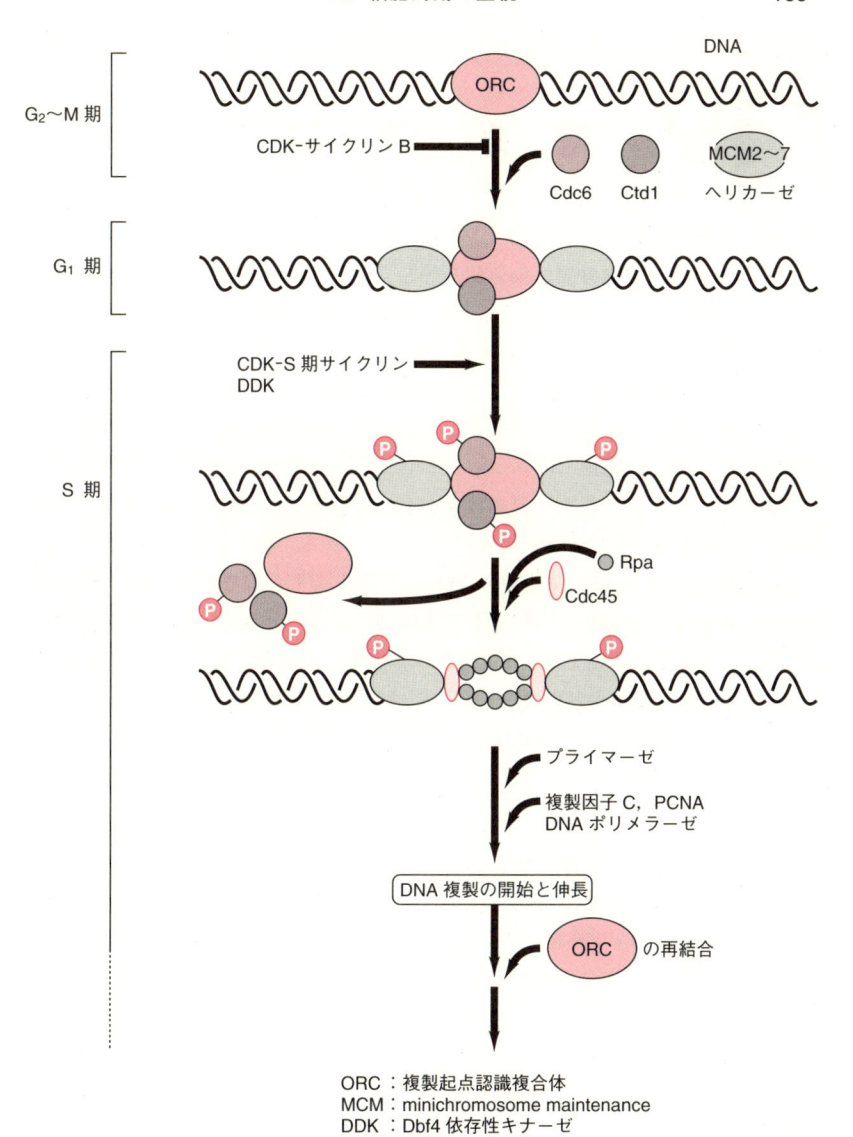

図 18・6　複製開始機構と複製のライセンス化

19 有糸分裂

19・1 有糸分裂の各段階

　M期でみられる細胞分裂は染色体を等しく分配する**核分裂**と**細胞質分裂**からなるが，核分裂は微小管繊維により行われるため，**有糸分裂**（mitosis）とよばれる．有糸分裂過程は染色体の凝縮，紡錘体形成，姉妹染色分体の分離と極への移動，娘核の形成からなるが，便宜的に**前期**（prophase），**中期**（metaphase），**後期**（anaphase），**終期**（telophase）の4段階，あるいはこれに**前中期**（prometaphase）を加えた5段階に分けられる（図19・1）．

　複製された染色体はそれぞれの**染色分体**（chromatid）が**動原体**（キネトコア）形成配列である**セントロメア**でつながった状態にある．微小管形成の核として機能する**中心体**（centrosome）は間期に複製した後，前期にはそれぞれ核の反対側に移動し，**紡錘体**（spindle）の核である**星状体**（aster）となる．前期は核膜が壊れはじめて染色体凝集が始まるまでの時期，前中期は紡錘体が形成され，凝集した染色体に微小管が付着する時期である．中期は染色体が**赤道面**（紡錘体中央の**赤道板**の面）に整列する時期で，後期は姉妹染色分体が分離し，両極に離れる時期である．終期になると核膜が再生されて細胞質分裂が起こり，紡錘体は消滅する．

> **メモ 19・1　閉鎖型および開放型有糸分裂**
> 　核膜がいったん崩壊する動物細胞の**開放型有糸分裂**に対し，酵母などの単細胞生物では核膜が保存されたまま核分裂が起こる**閉鎖型有糸分裂**がみられる．

19・2 染色分体の凝集と接着

　複製すると染色分体はすぐに対になり，**コヒーシン**（Scc1/Scc3/Smc1/Smc3を含む）により架橋される（図19・2a）．M期中期になると大部分のコヒーシンはプロテアソームで分解され，CDK1-サイクリンBによってリン酸化され活性化された**コンデンシン**という**染色体凝集タンパク質**（Smc2，Smc4などからなる）に置き換わるため，染色体は1000倍にも凝集して太くなる（図19・2b）．コヒー

19. 有糸分裂

間期（G₂期）
- 複製した中心体
- 微小管
- 核膜
- 凝縮する前の染色体

前期
- 凝縮しはじめの染色体

前中期
- 星状体微小管
- 紡錘体
- 核膜の断片化
- 紡錘体極/星状体
- 凝縮した染色体

中期
- 動原体微小管
- 染色体微小管
- 赤道板に並んだ染色体
- 極微小管

後期
- 短くなる動原体微小管
- 分離・移動した娘染色体
- 伸びる極微小管
- 端に向かって動く紡錘体極

終期
- 核膜の再形成
- 収縮環の形成
- 娘細胞の形成
- 染色体が分散しはじめる

細胞質分裂

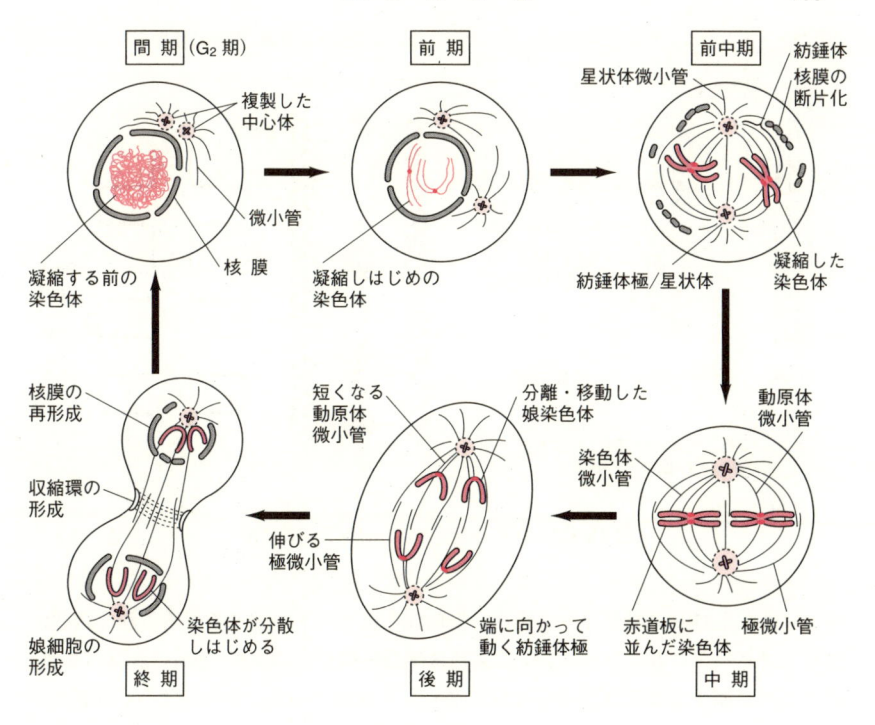

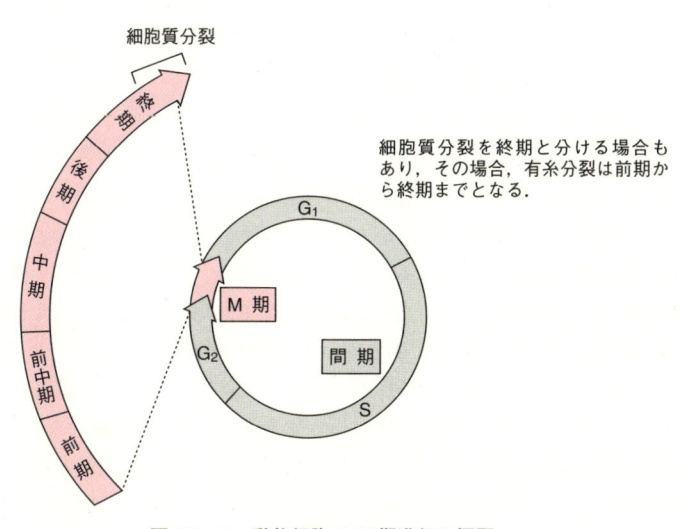

細胞質分裂を終期と分ける場合もあり、その場合、有糸分裂は前期から終期までとなる。

M期（前期、前中期、中期、後期、終期、細胞質分裂）

間期（G₁, S, G₂）

図 19・1　動物細胞の M 期進行の概要

(a) コヒーシンとコンデンシンの局在　　(b) クロマチン接着，凝縮の機構

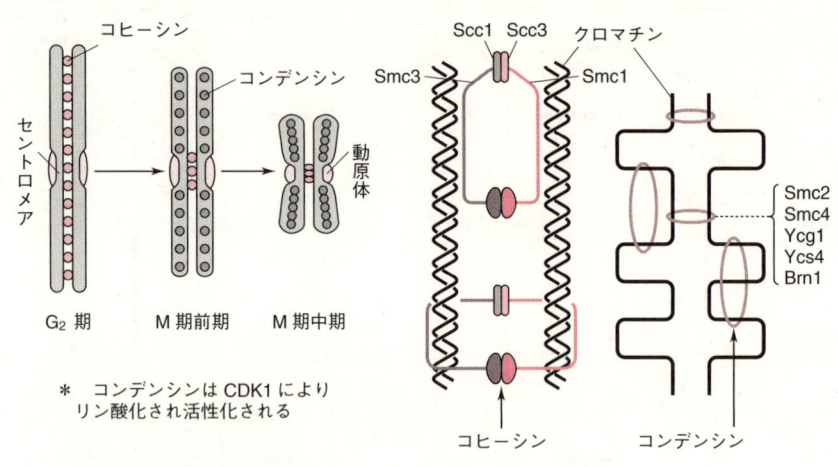

図 19・2　コヒーシンとコンデンシンの作用

シンはセントロメア部分のみに残り，染色分体はセントロメアで架橋された状態になる〔コヒーシンもコンデンシンも**染色体構造維持タンパク質（SMC タンパク質）**のクラスに属する繊維状構造を成分にもち，二量体となり，ひものように DNA を束ねる〕．

19・3　中心体と微小管との相互作用

　M 期での染色体の配列や移動には**微小管**（28 章参照）がかかわるが，微小管は動物細胞では**中心体**を芯に編成される．中心体は核のそばにある 2 個の**中心小体**（centriole）が直角に配置する構造をもつ（芯の γ チューブリンを α, β, δ チューブリンからなる 3 本の繊維の単位が 9 個円形に囲む構造をとる）．中心小体の周囲には**中心小体周辺物質**（γ チューブリンやペリセントリンを含む）で構成される**微小管形成中心**（**MTOC**）がつくられ，微小管組織化の核となる（図 19・3 a．動物細胞の MTOC は通常中心体であるが，生物種や状況によってはそれ以外の場合もある）．チューブリンは α, β サブユニットが重合してできた繊維で，重合は MTOC 側（こちらを**マイナス端**という）から遠方（**プラス端**）方向に伸びる．MTOC/中心体は微小管伸長を開始させる機能があり，それには γ チューブリンが重要な働きをしている（微小管の末端では絶えず重合と解離が起こっている．これを**動的不安定**という）．中心小体は G_1 期中ごろから複製を開始し，G_2 期でおおよ

(a) MTOC 周辺の構造　　　　　　　　　　　　　　(b) 中心体の複製

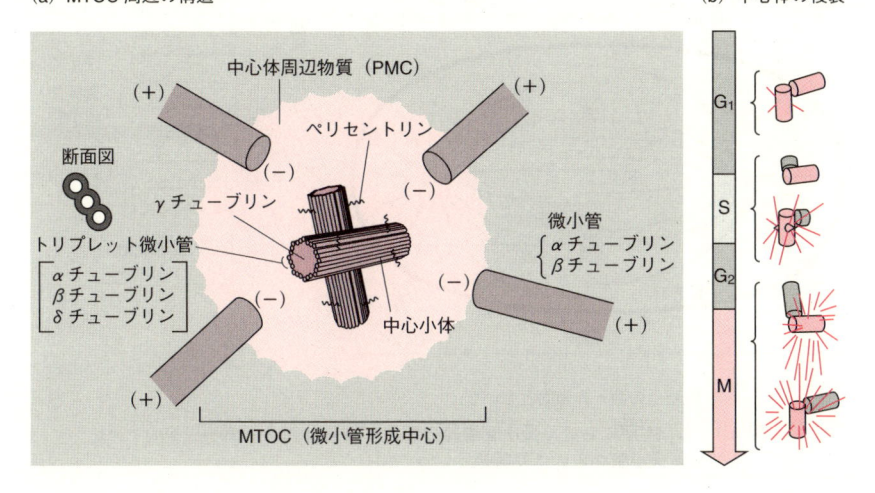

図 19・3　中心体とその複製

そ複製し，前期になると離れた位置に移動を開始する（図 19・3 b）．前期には，間期微小管の解体および短縮と同時に，短い微小管が中心体から多数伸長するといったダイナミックな微小管の再編成が起こる．

> **メモ 19・2　高等植物は中心体を欠く**
> 植物には中心小体はなく，細胞表層に多数の MTOC をもつ．微小管は間期には細胞周辺部にあるが，分裂期になると核の周りに集まり，紡錘体に再編成される．

19・4　紡錘体の形成から中期まで

　前中期になると核膜を維持している核ラミナが CDK1/サイクリン B でリン酸化されて脱重合し，核膜が崩壊すると同時に，多数の微小管が伸び，そのあるものは染色体に結合する（図 19・4）．中心体から細胞端に向かって伸びる微小管を**星状体微小管**といい，中心体間の微小管を**紡錘体（スピンドル）微小管**という．

　紡錘体微小管には 2 種類あり，第一のものは染色体とは結合せず，左右の微小管が中央部で重複する配置をとる**極微小管**である．極微小管は重複部分でキネシン（モータータンパク質の一種）がプラス端に動く力を発生させ，極間の反発力を生む．

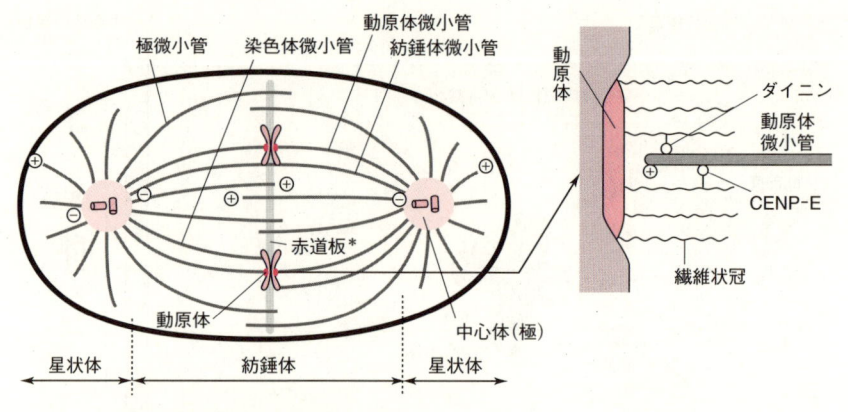

図19・4 **M期における微小管繊維の構築** 紡錘体にある微小管を合わせて**紡錘体微小管**あるいは**紡錘糸**という.

第二のものは染色体に付着するものでさらに2種類に分けられる.一方は動原体に付着する**動原体微小管**で(酵母では1本,動物細胞では20〜40本付着する),他方は染色体の端に付着する**染色体微小管**(染色体をまっすぐにして赤道面に並べるように機能する)である.中期にはすべての染色体が赤道面に並ぶ.動原体には細かな繊維がありプラス端に動くモータータンパク質(**細胞質ダイニン**や**CENP-E**)が結合しているが,動原体微小管のプラス端はそれらと付着している.

19・5 染色体の移動:後期過程

後期になると染色分体を付着しているコヒーシンの分解酵素(**セパラーゼ**)が一斉に働くため,染色分体間の拘束が消え,染色体は細胞の反対側に同時に移動する(図19・5).染色体移動の力の一つは動原体微小管のプラス端で発生する.プラス端では微小管サブユニットが解離して短くなるが,このとき,細胞質ダイニンのマイナス端向きの駆動力によって染色体が極に移動する.極微小管のマイナス端でもプラス端に動こうとするモータータンパク質が作用し,微小管自体も極に引き寄せられる(図19・6a).この過程を**後期A**という.染色体移動にはこれ以外,**後期B**もかかわる.後期Bでは極微小管が伸びるとともに,重なり部分にある紡錘体キネシンがプラス端に動く力によって極微小管間に反発力を発生させる.さらにこの動きは星状体微小管のプラス端で,細胞質膜に固定されている細胞質ダイニンがマイナス端に動こうとする働き(星状体微小管は端に引かれる)で増強され,星状

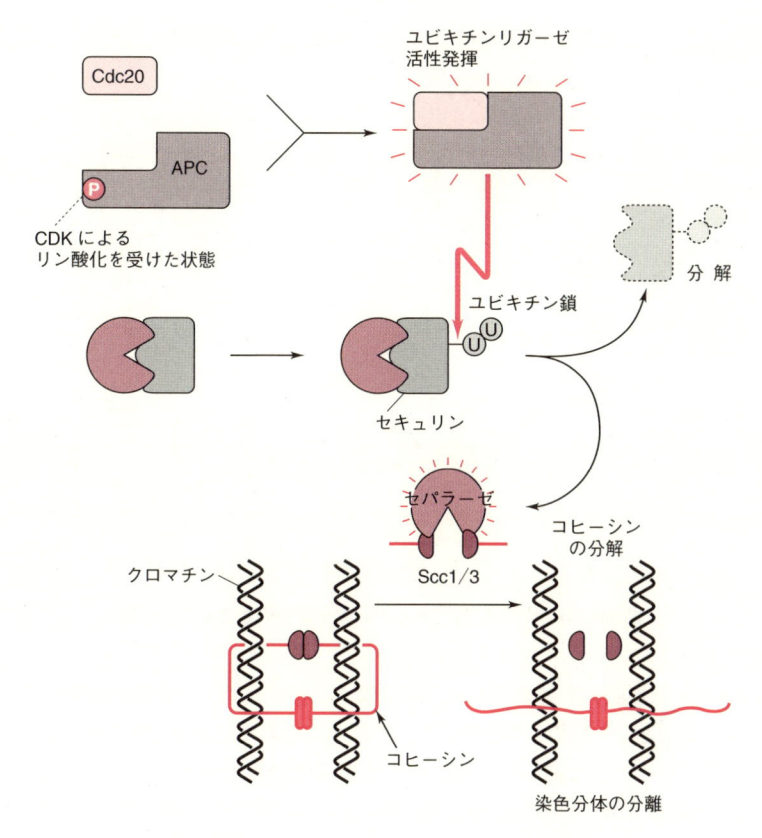

図 19・5　セパラーゼによるコヒーシンの分解

体の端への移動と染色体移動が加速される（図 19・6b）．後期 A と後期 B はほぼ同時に起こり，短時間で終了する．

19・6　紡錘体形成チェックポイント

紡錘体形成チェックポイントは，中期紡錘体の赤道板に並んだすべての染色体の動原体に微小管が結合していることを検知し，確認後に後期に移行する．後期に入るにはセパラーゼがコヒーシンを分解しなくてはならない．**セパラーゼは阻害因子セキュリンと結合しており，チェックポイントシグナルは最終的にセキュリンのプロテアソーム分解シグナルとなるユビキチンリガーゼ APC/C（後期促進複合体/サイクロソーム）の活性化という形で現れる（図 19・7）．APC/C 活性化には

Ⅳ. 細胞の増殖

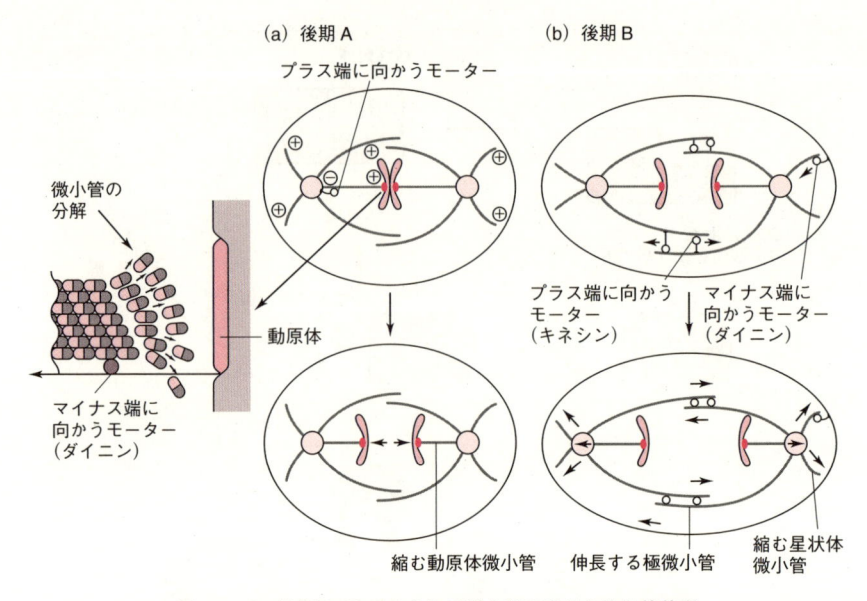

図 19・6 後期 A, B でみられる微小管の動きと染色体移動

Cdc20（18章参照）が必要であり，紡錘体チェックポイントはCdc20をどのように制御するかという機構にほかならず，そこには複雑な**リン酸化カスケード**がかかわる．微小管が結合していない動原体には **Bud複合体**〔Bud1（キナーゼ），Bud3など〕，**Mad複合体**（Mad1, Mad2, Mad3）といったタンパク質複合体が存在する．Mad1はMsp1キナーゼやBud1でリン酸化され，それを受けてMad2が活性化状態として動原体から遊離してMad3/Bub3とともにCdc20と結合するため，Cdc20は機能をもつ状態でAPC/Cに結合できない（リン酸化シグナルの発信原は，動原体に存在する**オーロラB**や**CENP-E**と結合するBub3）．微小管が結合してない動原体や不適切に結合したものが少しでもあるとこの経路が働き，APC/Cは

メモ 19・3　オーロラキナーゼ

オーロラA, B, Cが知られている．オーロラAはおもに紡錘体極にあるが一部は動原体にもありCENP-Aをリン酸化する．リン酸化CENP-AはM期が始まるとオーロラBを呼び込み，チェックポイントが働く．オーロラキナーゼは正常なM期進行に必須で，阻害剤は抗がん剤に応用される．

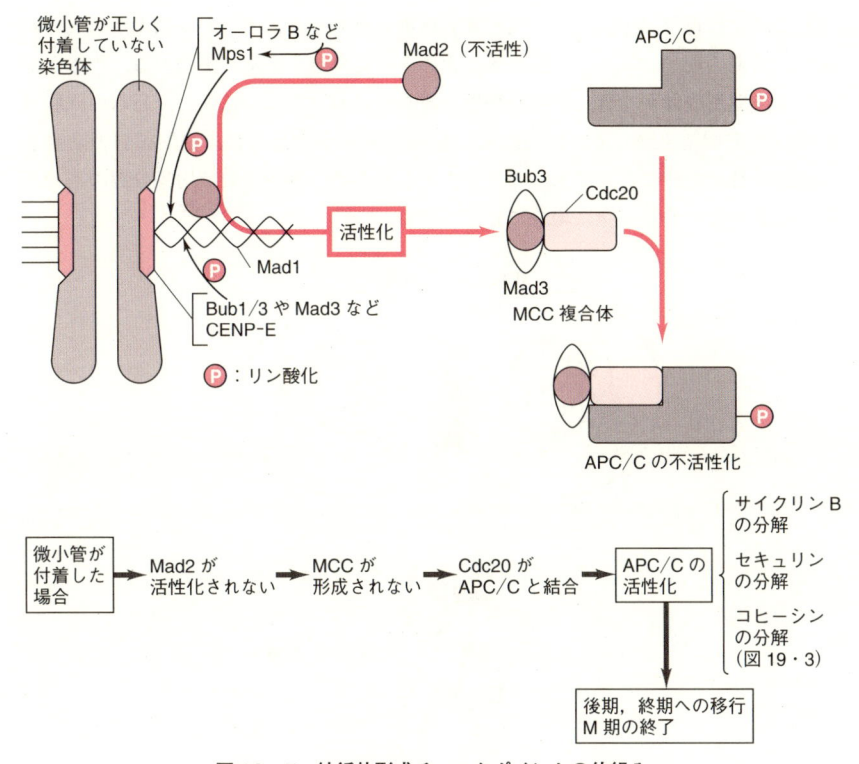

図19・7　紡錘体形成チェックポイントの仕組み

抑制状態に置かれ，M期進行が抑制される．チェックポイントが正しい動原体結合を確認するとシグナルが消え，Cdc20は遊離の状態となってAPC/Cを活性化する．これにより染色分体の分離が可能になると同時に，サイクリンBが分解され，M期終了に向かう．

19・7　細胞質分裂

　終期には核分裂が終わると**細胞質分裂**が起こり，娘細胞が2個生じてM期が終了する．細胞質分裂はCDK1の不活性化が引き金になって後期から始まる．細胞質分裂を駆動するものはアクチンとミオシンからなる**収縮環**という構造である（図19・8）．後期にできた収縮環は，細胞質をひもで絞るような動きをして細胞を二つに分ける．扁平な細胞はM期で丸くなるが，これは接着因子インテグリンがリン酸化されて細胞膜同士の接着力が弱まるためで，細胞質分裂が終わると接着力を回

復して細胞は再び扁平になる．高等植物は固い細胞壁があるため収縮環が形成されない．終期の前半，ゴルジ小胞が赤道板のあった細胞中央部に集合する．小胞が融合して**隔壁形成体**ができ，**初期細胞板**に成長するが，これが拡大し，新しい細胞壁に成長して細胞を隔てる（図19・9）．収縮環や初期細胞板は，後期細胞の紡錘体中央部の長軸方向に対して垂直の位置にできるため，細胞分裂は均等分裂の形で進み，細胞の成分も娘細胞に均等に分配される．

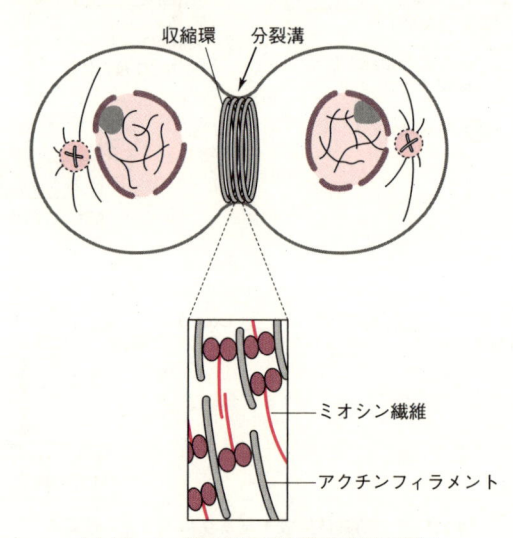

図19・8　動物細胞の細胞質分裂の様子

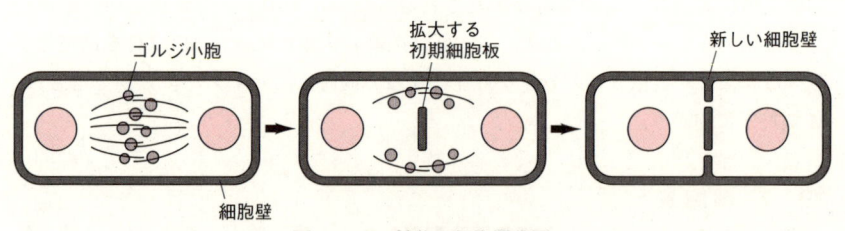

図19・9　植物の細胞質分裂

メモ 19・4　不均等分裂

細胞が**不均等分裂**する例が，卵形成における減数分裂期や受精卵の卵割にみられる（20章参照）．分化を伴う分裂においても，不均等分裂が起こる．

20 減数分裂

20・1 減数分裂の概要

　受精で染色体数が倍になるため，配偶子をつくる段階で染色体数を半分にする必要があるが，このための細胞分裂が**減数分裂**（meiosis：ギリシャ語で"減少"の意．還元分裂ともいう）である．減数分裂は有糸分裂（体細胞分裂）と異なり，間のDNA複製を省いて細胞分裂（核分裂と細胞質分裂）が連続して起こる．それぞれの細胞分裂を**減数第一分裂**（第一分裂），**減数第二分裂**（第二分裂）という（図20・1）．

　減数分裂の大きな特徴として，第一分裂期に相同な染色体間で染色体の**乗換え**（**交差**，**交叉**ともいう）による**遺伝的組換え**（相同組換えによる．10章参照）が起こる．第一分裂は有糸分裂と異なり，四倍体細胞にある雌雄配偶子由来の相同染色体が別々の娘細胞に分配されて二倍体細胞ができる．姉妹染色分体はそのまま移動するが，すぐに起こる第二分裂で有糸分裂と同様に個々の染色分体が別々の娘細胞に分配されるため，最終的に一倍体の娘細胞が4個できる．

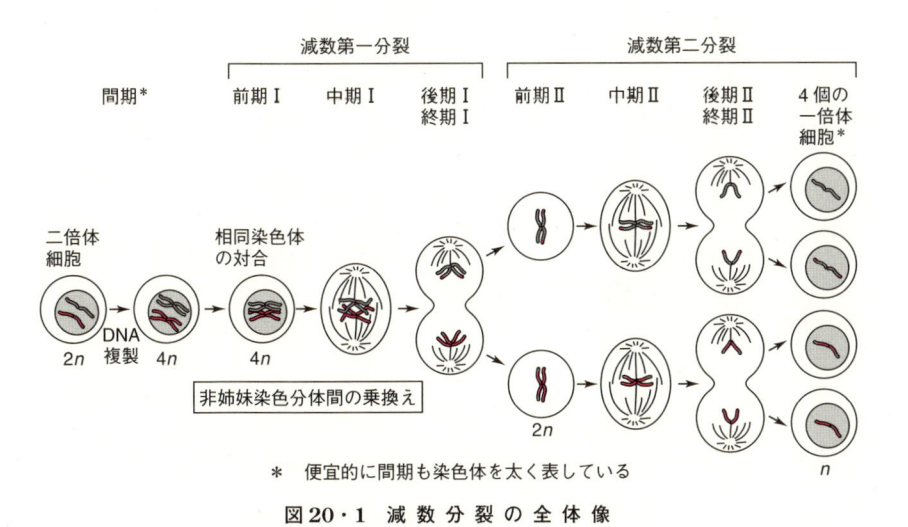

* 便宜的に間期も染色体を太く表している

図20・1　減数分裂の全体像

20・2　さまざまな減数分裂のタイプ

　原生生物と多細胞動物は配偶子形成に直接かかわる**配偶子型減数分裂**を行う．精子になることを運命づけられた**精原細胞**は**精母細胞**（spermatocyte）となり，減数分裂を経て4個の**精細胞**（spermatid）となる（図20・2）．**卵原細胞**は**卵母細胞**（oocyte）を経て，最終的に1個の成熟した**卵**となる．

　ある種の原生生物と菌類は受精直後に減数分裂が起こり（**接合子型減数分裂**）一倍体胞子ができた後，一倍体個体として成長する．**胞子型減数分裂**は植物と一部の藻類にみられ，減数分裂は配偶子形成や受精に関係なく起こる．一倍体は独立した世代として成長するか，種子植物のように胚珠や花粉の中の小さな細胞として存在する．

20・3　減数第一分裂の前期

　減数分裂の元細胞は通常の有糸分裂で増えた二倍体細胞であるが，細胞はまずS期を経て染色体を倍加させ，G_2期に至る．第一分裂のM期前期（前期Iと表記される）では，乗換えのためのダイナミックな染色体の動きが見られる（図20・3）．

　前期Iは五つの時期に分けられる．まず**細糸期**（**レプトテン期**）において染色体が凝集し始めるが，すでにこのときにSpo11エンドヌクレアーゼによって二本鎖切断が起こり，一本鎖が相同染色体に入り込むという組換え反応が開始される．**接

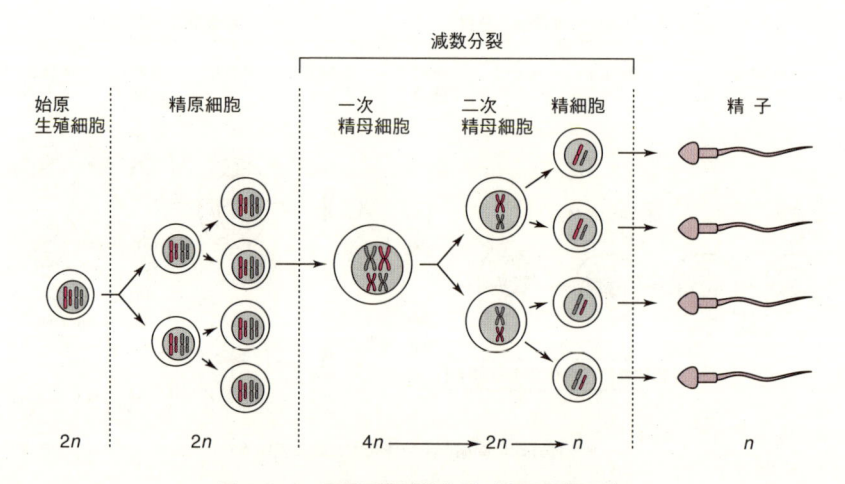

図20・2　配偶子型減数分裂（精子形成の例）

20. 減 数 分 裂

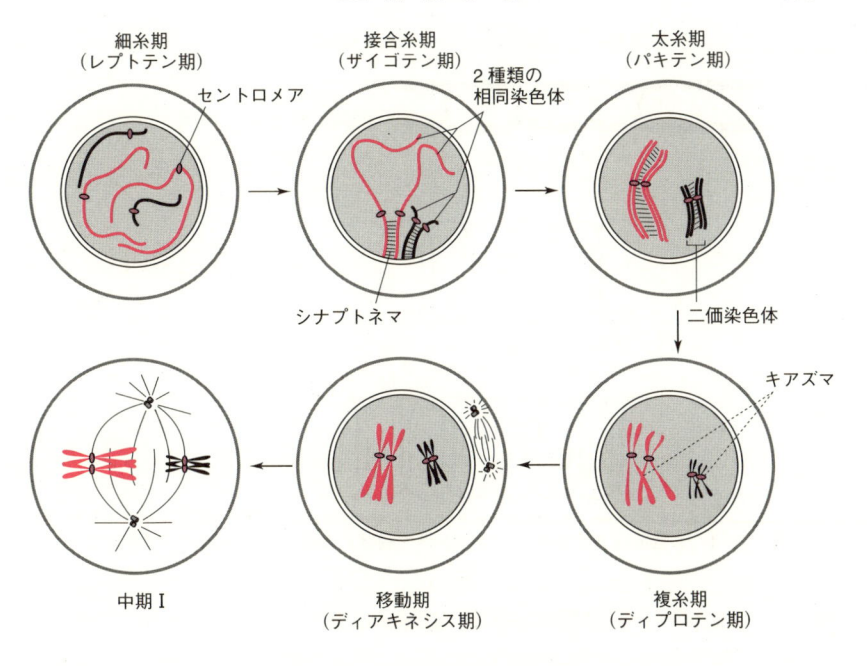

図 20・3　前期 I の各段階の模式図

　合糸期（ザイゴテン期）になると相同染色体の**対合**（**会合**，**シナプシス**ともいう）が始まり，**シナプトネマ構造**という相同染色体同士を連結させるジッパー様構造がつくられる．シナプトネマ構造はクロマチンループが付着する**ラテラルエレメント**同士が結合した構造で，乗換え反応の安定化に寄与する．シナプトネマ構造は**太糸期**（**パキテン期**）に入り完成する．この時期になると相同染色体は 2 本の平行なひも（各ひもは複製した姉妹染色分体）として観察されるが，ところどころに非姉妹染色分体間で乗換えする構造（**キアズマ**）が見られる．この対合した相同染色体により形成される構造は都合 $4n$ なので**二価染色体**（bivalent chromosome），あるいは 4 本の染色分体からなるので**四分子**（tetrad）とよばれる（図 20・4）．シナプトネマ構造はつぎの**複糸期**（**ディプロテン期**）で消え，相同染色体は分かれるが，キアズマ部分ではまだ結合が残る．**移動期**（**ディアキネシス期**）になると染色体が赤道板への移動を開始し，複製した中心体も移動する．染色体はこの時期，完全に凝集する．

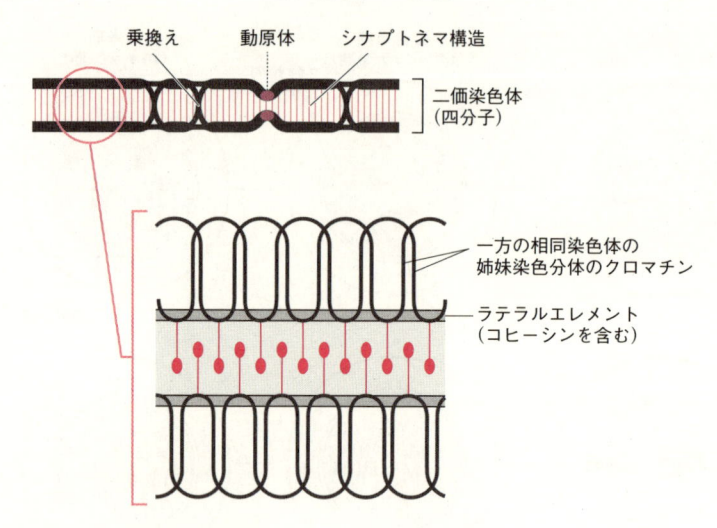

図20・4 二価染色体の構造：シナプトネマ構造と乗換え　太糸期の状態を示す．

20・4　減数第一分裂中期から終期，減数第二分裂

　中期Ⅰでは，二価染色体は紡錘体上に並ぶ．有糸分裂中期と異なり，各相同染色体の動原体はそれぞれ反対の紡錘体極を向く（各相同染色体の向きはまったくランダム）．姉妹染色分体はまだ動原体（キネトコアともいう）で結合し，それらの動原体は同じ方向を向いて微小管に付着するため，各相同染色体は別々の方向に移動する．この結果，第一分裂の終了した個々の娘細胞には，姉妹染色分体からなる相同染色体の一方が分配される．後期Ⅰで染色体が分離時にキアズマが解離し，相同染色体は雌性と雄性由来のものがさまざまに組合わされた構成となる（図20・5a）．第二分裂は，第一分裂後の娘細胞中での染色体凝縮が解かれる前に直ちに始まり，有糸分裂に似た過程がみられる．紡錘体極から発した紡錘体が姉妹染色分体動原体

メモ 20・1　染色体乗換えの意義

　染色体乗換えは遺伝的組換えを生むため，配偶子は膨大な**遺伝的多様性**を獲得することができる．どのような短い二価染色体でも非姉妹染色分体間で1回以上の乗換えが起こり，またキアズマは前期Ⅰ〜中期Ⅰにおける二価染色体の形態維持に働くため，正常な減数分裂のためには乗換えが必要条件であると考えられる．

に付着し，動原体での結合が消え，それぞれの染色体は反対側に移動する．細胞質分裂によって減数分裂が終わり，一倍体の娘細胞がつくられる（図20・5b）．

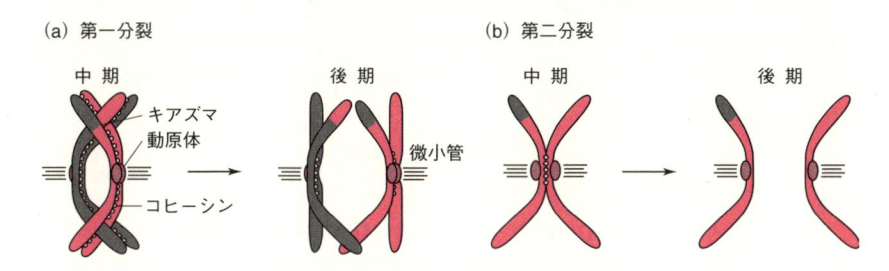

(a) 第一分裂　　　　　　　　　　(b) 第二分裂

図20・5　減数分裂における染色体の分離

20・5　卵母細胞でみられる減数分裂過程

脊椎動物の卵母細胞は2箇所で減数分裂が停止する（図20・6）．最初の停止（**第一次停止**）は第一分裂の複糸期で起こるが，ここでの停止時間は長く，ヒトでは何十年にも及ぶ．しかし代謝は起こっており，卵母細胞は成長して巨大になる．分裂

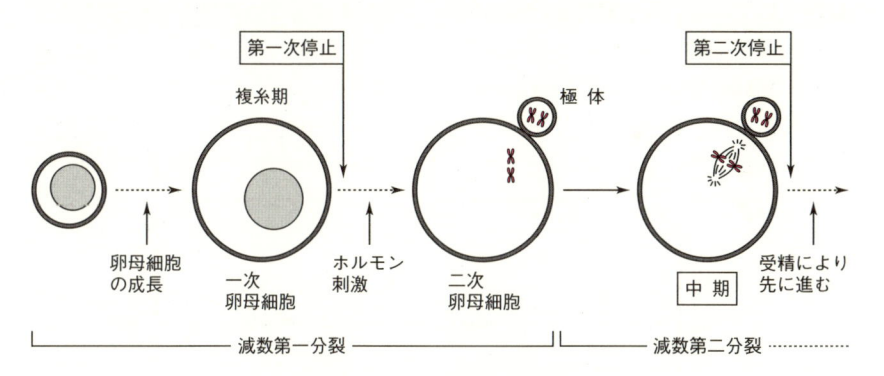

図20・6　卵成熟の様子

メモ 20・2　極体の挙動と生成の意義

極体は第一分裂，第二分裂でそれぞれ1個放出されるが，第一極体が分裂することもある．極体生成は豊富な細胞質をもつ卵をつくるための過程である．

の再開時期は生物により異なるが，カエルやヒトではホルモン刺激により減数分裂が再開し，第一分裂を通過し，直ちに第二分裂に移行する．細胞質分裂は極端な不均等分裂で，**一次卵母細胞**と同じ大きさの**二次卵母細胞**と，極端に小さな細胞である**極体**（polar body）に分かれる（実際には卵母細胞から極体が放出される形になる）．二次卵母細胞は分裂を続け，中期Ⅱで再び分裂を中止し（**第二次停止**），受精までその状態を保つ．

20・6 卵母細胞減数分裂の制御

第一分裂の再開時には **CDK1-サイクリンB**（**MPF：M期促進因子**）が上昇する．第一分裂終了後一過的にそのレベルが落ちるが，第二分裂時にすぐに上昇し，その状態が維持される（図20・7）．このため卵母細胞は第二次停止状態を保つことができ，分裂期が終わることはない．第二次停止を維持する活性として**細胞分裂抑制因子**（**CSF**）があるが，これには **Mos** というプロテインキナーゼが含まれる．Mos は MEK → ERK → Rsk というプロテインキナーゼカスケードを刺激し，一方でサイクリンB合成を高め，また一方では Mad/Bub を高めることによりサイクリンBの分解を阻害する（Mad/Bub が APC/C の機能を抑えるため．19章参照）．減数分裂では途中のS期と G_2 期がスキップされるが，この現象も Mos によりす

(a) 卵成熟における CDK1-サイクリンB（MPF）の変化

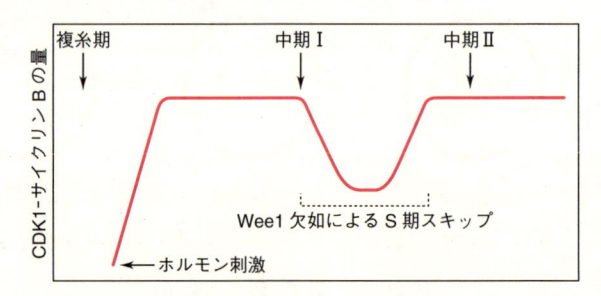

(b) Mos キナーゼによるサイクリンBの制御

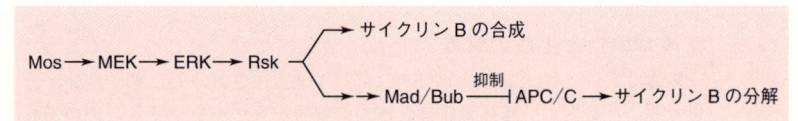

図20・7 卵成熟における制御機構

ぐに MPF が復活し，また卵母細胞に Wee1（18章参照）が存在しないことで説明できる．

20・7 受　精

　動物細胞では，**精子**は卵表面の受容体に結合した後で卵の細胞膜と融合する．直ちにサイトゾルに Ca^{2+} が行き渡り，**Ca^{2+}/カルモジュリンキナーゼ**が活性化される（Ca^{2+} は細胞の性質を変え，重複受精を防ぐ）．これにより APC/C が活性化されて MPF を分解するとともに，紡錘体形成チェックポイントを通過し（セパラーゼの活性化など）細胞分裂が後期 → 終期と進み，極体を放出し，細胞内には一倍体の卵由来の**雌性前核**と精子由来の**雄性前核**が残る．つまり減数第二分裂は受精により終了する．哺乳類の場合それぞれの前核で DNA 複製が起こるが，その後核膜が崩壊して M 期に入り，細胞分裂を経て二倍体ゲノムをもつ二細胞胚ができ，通常の有糸分裂（**卵割**）へ移る（図 20・8）．

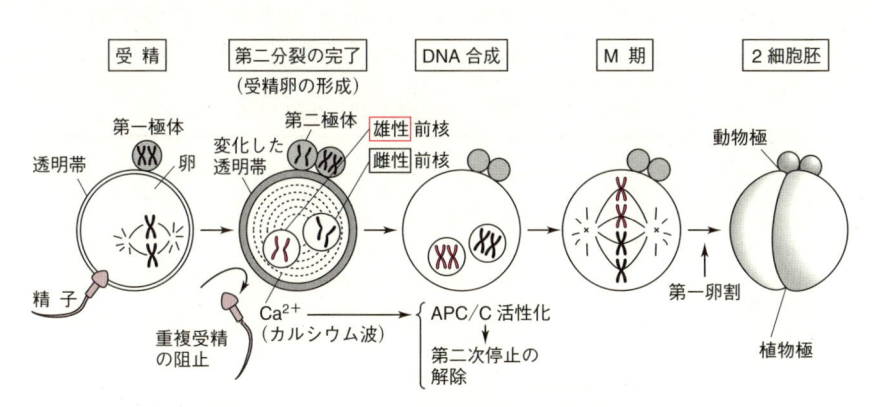

図 20・8　受精から卵割の開始まで（脊椎動物の例）

21 細胞の死

21・1 プログラム細胞死

　生存期間を通して一定の細胞数をもつようにみえる多細胞生物でも，個々の細胞は数日から数年という時間を経て死滅し，均衡をとるように新しい細胞が生産されている．このような状況でみられる細胞の死は，個体維持という目的に合致するために遺伝子に組込まれた死であり，**プログラム細胞死**といわれる（表21・1）．ヒトは約60兆個の細胞で構成されているが，1日当たり約10億個の血球細胞がプログラム細胞死によって死滅している．

　プログラム細胞死は，カエルの変態で起こる尾の退縮や胎児期の手指の間にできる水かき様組織の消失など，発生過程でよくみられる．胎児期の哺乳類の神経系で

表 21・1　プログラム細胞死の起こっている例

生理的現象		
発生過程		
・昆虫や両生類の変態	変態での不要な組織の脱落	
・指の形成	指の形成における指間細胞の消失	
・口蓋の形成	口蓋原基組織が融合するときの余分な細胞の除去	
・生殖器の形成	ウォルフ管やミュラー管の退化	
・神経ネットワークの形成	シナプスを形成しなかった神経細胞の除去	
正常細胞の交替	血球細胞，表皮細胞，上皮細胞	
内分泌系	去勢による前立腺の萎縮	
免疫系	成長に伴う胸腺の萎縮	
	自己に反応するT細胞や一度増殖したリンパ球の除去	
	キラーT細胞によるウイルス感染細胞やがん細胞の除去	
植物	落葉	
病理的現象		
ウイルス感染	インフルエンザウイルスやHIV[†]感染細胞の死	
がん	がん組織内でのがん細胞死	
薬物や毒物	抗がん剤や細菌毒素による細胞死	
放射線	放射線による細胞死	
熱	温熱療法によるがん細胞死	

† ヒト免疫不全ウイルス

は，つくられた神経細胞の約半数が誕生後に死滅する．プログラム細胞死はこのほかにも，体内からウイルスを速やかに除く目的でウイルス感染細胞を死滅させる場合や，DNA損傷を受けてがん化に向かう細胞を除くことによってがん死を未然に防ぐ場合にもみられ，個体を守るための細胞死ととらえることができる．

21・2 アポトーシス

プログラム細胞死による細胞死は**アポトーシス**（**自死**）といわれ（図21・1），火傷などで細胞が死ぬ**ネクローシス**（**壊死**）と区別される（表21・2）．アポトーシスを起こすと細胞や核が凝縮し，やがて断片化する（**アポトーシス小体**の形成）．このとき同時にクロマチンの断片化も起こり，やがて内容物を含んだままマクロファージなどで貪食処理される．このためアポトーシスは，ネクローシス（細胞小

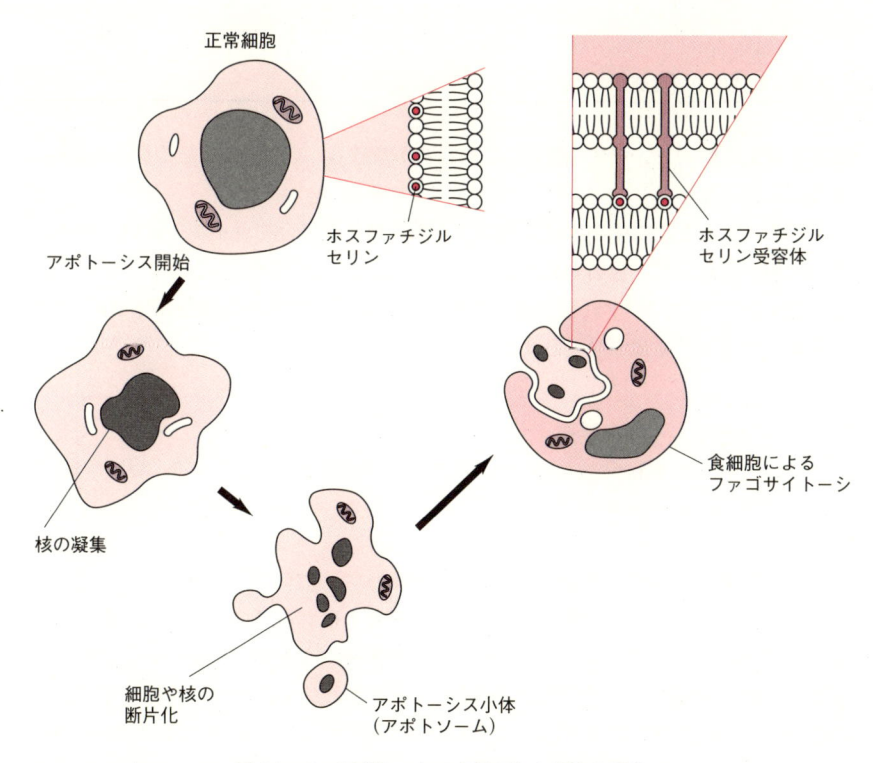

図21・1　アポトーシスを起こした細胞の変化

IV. 細胞の増殖

表 21·2 アポトーシスとネクローシス

アポトーシス	ネクローシス
要因	
・生理的, 病理的 ・ホルモン異常, 増殖因子の除去 ・キラー T 細胞の攻撃 ・HIV 感染, 放射線, 温熱, 抗がん剤	・病理的, 非生理的 ・火傷, 毒物, 虚血, 補体攻撃 ・溶解性ウイルス感染 ・過剰な薬物投与や放射線照射
過程	
・細胞体積の縮小 ・ヌクレオソーム単位での DNA 断片化 ・細胞表面の微絨毛消失 ・細胞の断片化	・ミトコンドリアや小胞体の膨潤 ・イオン輸送系の崩壊 ・細胞の膨潤と溶解 ・細胞内容物の流出
特性	
・組織内で散在的に発現 ・短時間に段階的に進行 ・能動的自壊過程 ・ATP 要求性 ・多くは遺伝子発現が必要	・組織内で一斉に発現 ・長時間に漸次進行 ・受動的崩壊過程

器官や細胞が膨潤し, やがて破裂して内容物が飛散し, 多くは炎症を伴う) に比べ, きれいな死となる.

アポトーシスを起こす要因は上記のような生理的な場合やウイルス感染, 増殖因子の欠如や抗がん剤・放射線処理, あるいは特定のリガンド (§21·6 参照) の結合などで起こるが, いずれも組織内で散在的かつ短期段階的に ATP 依存的に起こり, 多くは遺伝子発現を必要とする.

> **メモ 21·1　アポトーシスの語源**
> 花びらや木の葉が "落ちる" という意味のギリシャ語.

21·3　アポトーシス実行分子: カスパーゼ

アポトーシスが始まると細胞内に**カスパーゼ**とよばれるプロテアーゼが誘導される〔活性部位にシステイン (Cys) をもち, アスパラギン酸 (Asp) の C 末端側を切断する酵素の総称〕. 線虫には *Ced-3* でコードされる 1 種類のカスパーゼしかないが, ヒトには 13 種類存在する. すべてのカスパーゼは不活性型 (**プロカスパーゼ**) として合成された後, 他のカスパーゼなどによる部分切断で活性型へ変換される (図

21. 細胞の死

コラム19

細胞死の解明に貢献した生物：線虫

　線虫（*Caenorhabditis elegans*）は発生過程でできた1090個の細胞のうち決まった131個がプログラム細胞死で必ず死滅し，959個の体細胞をもつ成体となる．R.Horvitzらはこの生物を用いて**アポトーシス関連遺伝子**を同定した（アポトーシス細胞は顕微鏡で簡単に識別できる）．彼らは細胞死（cell death）にかかわる遺伝子として，アポトーシスの促進にかかわる遺伝子 *Ced-3* と *Ced-4*，抑制に働く遺伝子 *Ced-9* を同定した．*Ced-4* は *Ced-3* の上位に位置する活性化遺伝子で，*Ced-9* はそれらをさらに上流で負に制御する遺伝子であった．これらの遺伝子は脊椎動物にも相同遺伝子が存在しており（表21・3），アポトーシスが共通のメカニズムで行われていることが明らかにされた（§21・4参照）．

表21・3　線虫の細胞死因子に対応する哺乳類の因子

線虫	Egl-1	CED-9	CED-4	CED3
哺乳類	Puma Noxa Bid Bim Bad	Bcl-2 Bcl-X_L	Apaf-1	カスパーゼ3 カスパーゼ6 カスパーゼ8 カスパーゼ9 　　　　など

21・2）．プロカスパーゼがアポトーシスシグナルを受けてプロセシングされた後，大小二つのサブユニットが2組結合し，四量体の活性型プロテアーゼとなる．カスパーゼは**開始カスパーゼ**（カスパーゼ3,6,7など）と**実行カスパーゼ**（カスパーゼ8〜12など）に分けられるが，開始カスパーゼが実行カスパーゼを切断して活性化するという上下関係があり，実行カスパーゼが細胞内タンパク質を分解する．

メモ 21・2　アポトーシス細胞のDNA分解

　アポトーシス細胞ではDNAも分解される．ここで働くDNA分解酵素**CAD**（<u>c</u>aspase-<u>a</u>ctivated <u>D</u>Nase）は，通常は阻害因子**ICAD**の結合で作用が抑えられている．アポトーシスシグナルでカスパーゼ3が活性化されるとICADが切断され，遊離したCADがクロマチンをヌクレオソームの連結部分で切断する．このためヌクレオソームを単位（約180 bp）とするハシゴ状のDNA電気泳動パターンが見られる．

(a) カスパーゼのプロセシング

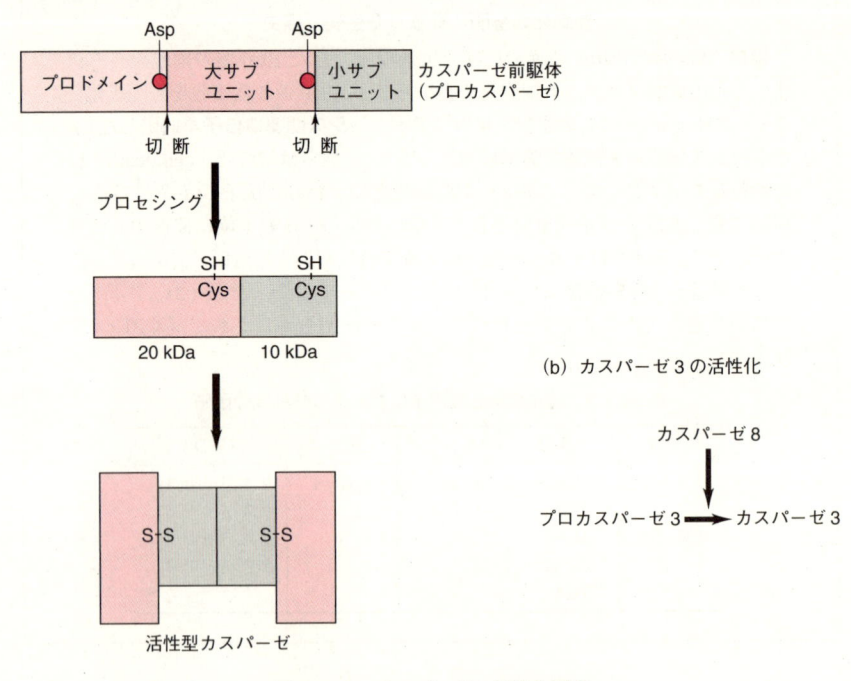

図 21・2　カスパーゼの活性化機構

21・4　Bcl-2 ファミリー因子

　線虫の遺伝学的手法で同定されたアポトーシス抑制遺伝子 **Ced-9** は，脊椎動物のB細胞リンパ腫に関連するがん遺伝子 **Bcl-2** の相同遺伝子である．**Bcl-2** は他のがん遺伝子と異なり，細胞のアポトーシスを阻害する活性ももつが，このことから"アポトーシス誘導が**がん抑制**にかかわる"ことが明らかとなった．Bcl-2 は哺乳類ではファミリーを形成し（いずれも1回膜貫通型タンパク質），3種類に分類される（図21・3）．プロトタイプの Bcl-2 や Bcl-X_L などは抗アポトーシス能をもち（**アンチアポトティックタンパク質**），分子内に4個の **Bcl-2 ホモロジードメイン**（BH1〜4）をもつ．これに対しほかの二つはアポトーシス促進能をもち（**プロアポトティックタンパク質**），BH1〜3 をもつ**多ドメインタンパク質**（**Bax, Bak**）と，BH3 ドメインのみをもつ **BH3 オンリータンパク質**（**Bid, Bad, Noxa, Puma, Bim**）に分けられる．細胞の生死はこれら Bcl-2 ファミリー因子のバランスで決

(a) Bcl-2 ファミリー因子のクラス

抗アポトーシス能 { Bcl-2, Bcl-X_L }　BH4　BH3　BH1　BH2

アポトーシス促進能（多ドメインタンパク質）{ Bax, Bak }　BH3　BH1　BH2

アポトーシス促進能（BH3 オンリータンパク質）{ Bid, Bad, Noxa, Puma, Bim }　BH3

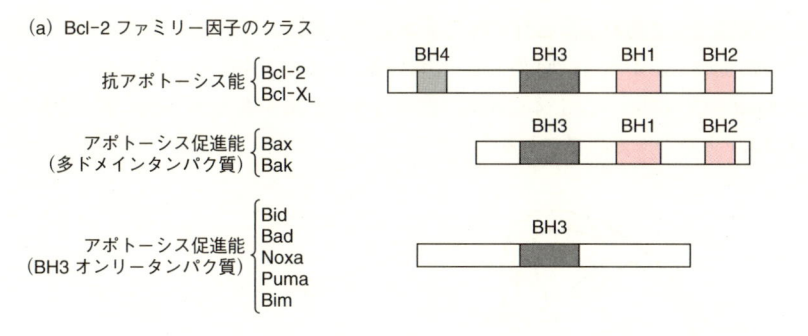

(b) Bcl-2 ファミリー相互の関係

多ドメインアポトーシス因子

抗アポトーシス因子

BH3 オンリー因子（不活性）

アポトーシスシグナル

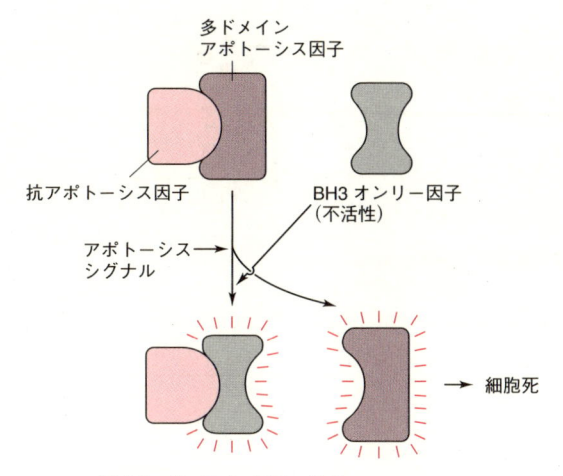

細胞死

図 21・3　Bcl-2 ファミリー

まる．3種の因子のうち，直接のアポトーシス促進効果を発揮し，経路の下流に位置するものは **Bax/Bak** であり，BH3 オンリータンパク質はその上流にあって Bax/Bak の活性化にかかわる．通常時，Bax/Bak は抗アポトーシス因子が結合した抑制状態にあり，また BH3 オンリータンパク質も不活性状態にある．アポトーシスシグナルが入ると BH3 オンリータンパク質が活性化し，Bax/Bak が活性化状態となる．

21・5　カスパーゼ活性化におけるミトコンドリアの関与

アポトーシス促進には，カスパーゼ9などの開始カスパーゼによる実行カスパー

ゼの活性化が必要だが，これには**ミトコンドリアにおける Bcl-2 ファミリー因子の挙動が深くかかわる**（図 21・4）．**カスパーゼ 9** の活性化のためには，活性化因子 **Apaf-1**（線虫の Ced-4 に相同）と結合する必要があるが，それ以外にも**シトクロム c** と結合する必要がある．

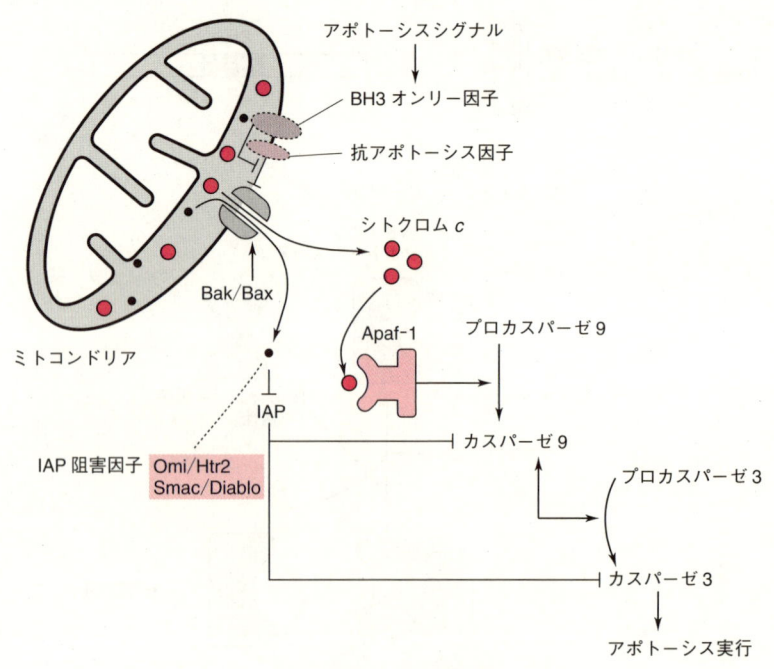

図 21・4　カスパーゼ活性化におけるミトコンドリア経路

　通常 Bax/Bak はミトコンドリア外膜で Bcl-2 などの抗アポトーシス因子と結合して不活性な状態にある．BH3 オンリータンパク質が活性化されると抗アポトーシス因子と結合するので，Bax/Bak は抗アポトーシス因子から遊離して複合体化し，シトクロム c チャネル能を発揮するようになる．このためシトクロム c が細胞質に漏出し，結果的にカスパーゼ 9 が活性化する．また通常時は **IAP** というカスパーゼ阻害因子がカスパーゼと結合してカスパーゼ活性を抑えている．Bax が活性化されるとミトコンドリアからはシトクロム c のみならず，複数の IAP 阻害因子が放出され，カスパーゼの活性化をより確かなものにする．

21・6 アポトーシス誘導のシグナル伝達

プログラム細胞死は細胞外の要因によっても起こり，そこにはさまざまなシグナル伝達経路が関与する．細胞がDNA損傷を受けると，**ATM‐Chk2経路**により**p53**が活性をもち（18章参照），その結果PumaやNoxaなどのプロアポトティック遺伝子の発現が上昇する（図21・5）．さらにp53にはBcl-2と結合してその作用を直接抑え，Baxを活性化状態にするという機構もある．

低酸素などの**小胞体ストレス**では**IRE1キナーゼ**が活性化され，アポトーシスを起こすさまざまな経路が働く．増殖因子の低下も細胞の死をまねく．

脊椎動物の神経細胞が発生途中に約半数が死滅する現象には，**神経成長因子（NGF）**の枯渇が関与する．NGFシグナルはチロシンキナーゼやGタンパク質共役型受容体を介して**PI3-キナーゼ**を活性化する（25章参照）．PI3-キナーゼはPIP$_2$からPIP$_3$を生成し，Aktを活性化する．Aktは**Bad**のほか，Binの転写にかかわるFOXOや細胞の生存にかかわるプロテインキナーゼGSK3βを，リン酸化を通じて不活性化する．Badがリン酸化されるとシャペロンである14-3-3タンパク質と結合し，不活性状態で細胞質に移送される．BadはRas/Raf/MEK/ERK経路でもリン酸化され，細胞生存シグナルの集約に寄与する．

TNF（腫瘍壊死因子）受容体の中に**Fas**とよばれる細胞表面受容体がある．Fas

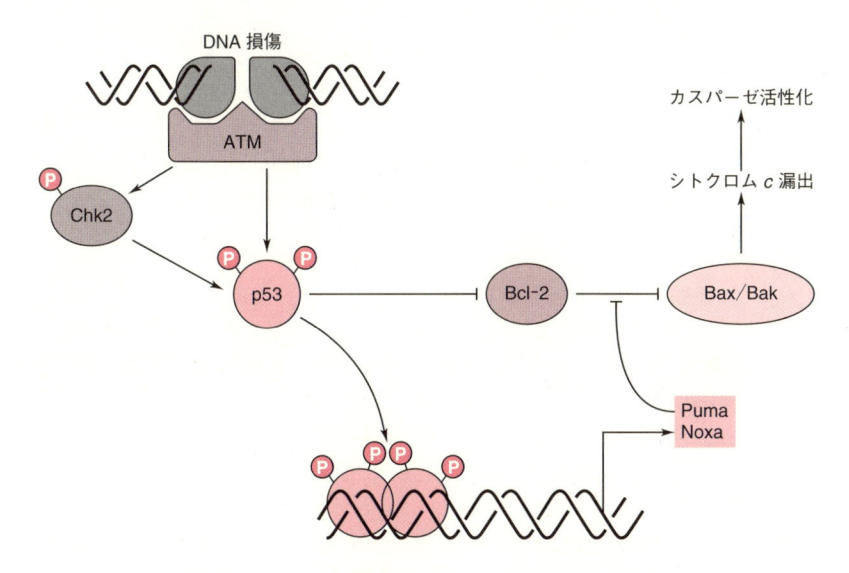

図21・5 DNA損傷がアポトーシスを誘導する経路

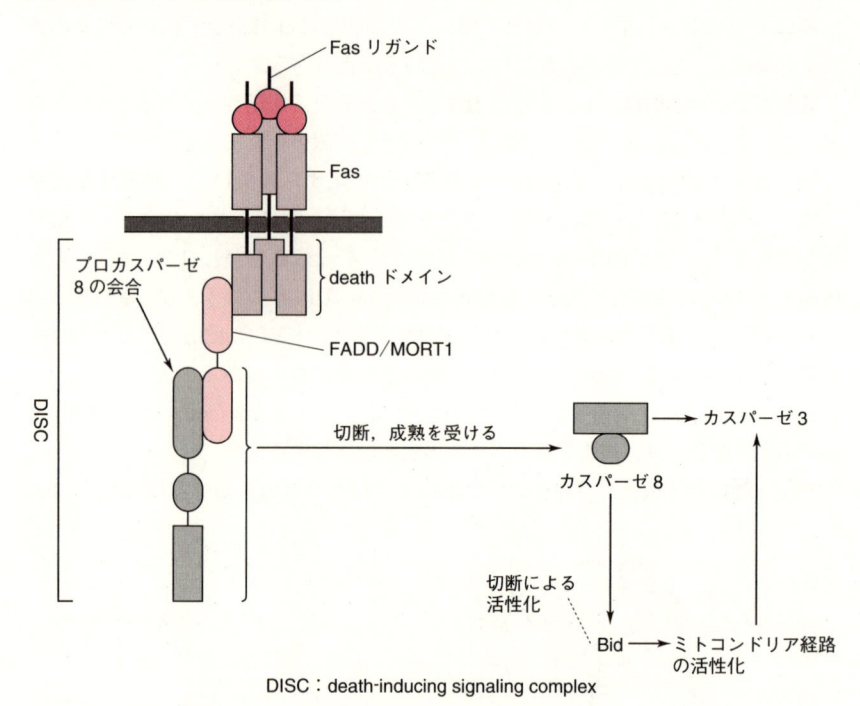

リガンドがFasに結合すると，受容体細胞内ドメイン（**death ドメイン**）にアダプターを介して結合している**カスパーゼ8**が活性化され，それがカスパーゼ3を活性化する（図21・6）．またカスパーゼ8は**Bid**を切断して活性化し，活性化状態のBidがBak/Baxを活性化する．

図21・6　Fasリガンドにより誘導されるアポトーシス

DISC：death-inducing signaling complex

> **メモ 21・3　2種類のアポトーシス経路**
> Fasリガンド刺激などによりカスパーゼが直接活性化される経路を**外因性経路**（図21・7），ミトコンドリアがかかわる経路を**内因性経路**という場合がある．

21・7　アポトーシス細胞の処理

死細胞は通常生体内にはほとんど検出されないが，これはアポトーシスを起こした細胞がマクロファージや樹状細胞のような食細胞に貪食処理されるからである．

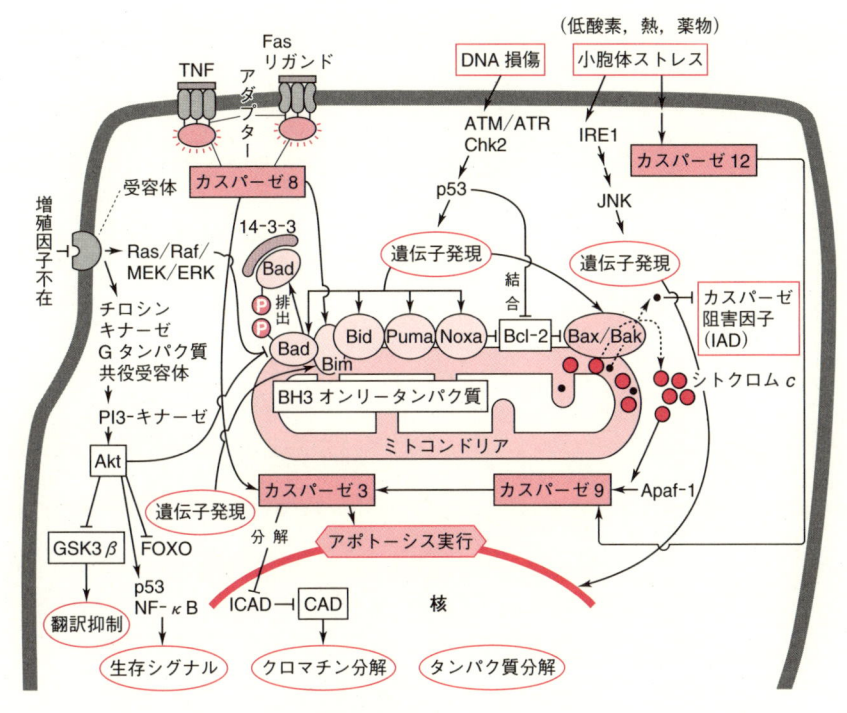

図 21・7 アポトーシス経路の全体像　ミトコンドリア経路，Chk2-p53 経路，小胞体ストレス経路，外因性経路を一つにまとめた．

アポトーシスを起こした細胞表面には**イートミー（Eat me）シグナル**が発現するが，その実体はリン脂質の**ホスファチジルセリン**で，アポトーシスが誘導されると細胞表面に集まる．貪食された細胞やアポトソームはリソソーム酵素で消化されるが，DNA は **DNase Ⅱ** で分解される．

メモ 21・4　アポトーシスと自己免疫病

　アポトーシス処理で DNA が分解されずにリソソームに蓄積すると，マクロファージを刺激してインターフェロンや TNF の産生を促し，**自己免疫病**を起こす．

V 細胞の基本機能

　生体内の細胞は外部のマトリックスに埋込まれているが，同種の細胞同士は特異的な接着機構によってバラバラになることはなく，また細胞接着部位では情報のやりとりも行われている．

　脂質二重膜からできている**細胞膜**には，外界との物質の出入りや情報収集のために，受容体，輸送体，ポンプといった機能性タンパク質が多数埋込まれている．真核細胞は膜構造で包まれた多数の**細胞小器官**をもち，各細胞小器官ではタンパク質の修飾や分解などが起こっている．また細胞小器官の間では，膜表面の出芽と融合を介するタンパク質の輸送や分泌といった現象もみられる．核内部にある核質はクロマチンで満たされており，核膜の表面に多数に存在する核膜孔を介して物質の輸送が行われる．細胞内構造としては，このほかにも細胞骨格の維持や細胞運動にかかわる複数種の**細胞骨格タンパク質**がある．細胞骨格タンパク質のあるものには力を生み出す**モータータンパク質**が付随しており，このタンパク質によりさまざまな運動や輸送が行われる．

　細胞間情報伝達のため，細胞はリガンドを放出し，標的細胞は受容体によってリガンドを受容する．受容体にはプロテインキナーゼやGタンパク質などが付随し，リガンド結合によって作用分子が活性化し，細胞内にシグナルが伝えられる．**細胞内シグナル伝達**にはプロテインキナーゼ，イノシトールリン脂質，cAMPなど多くの分子が関与し，大部分の場合，最終的には転写因子が活性化されて**遺伝子発現誘導**が起こる．

22 細胞外マトリックスと細胞間相互作用

22・1 細胞外マトリックス

　組織中で細胞は多くの物質に包まれている（図22・1，表22・1）．このような細胞周囲空間を**細胞外マトリックス（ECM）**といい，細胞と物理的，機能的な連絡をもつ（図22・2）．組織中の典型的な細胞外マトリックスの例は，表皮細胞の下の基底膜の下部に広がる真皮で，毛細血管，筋肉，繊維芽細胞を支え，基底膜を裏打ちしている．結合組織は骨，腱，軟骨組織の容積の大部分を占める．

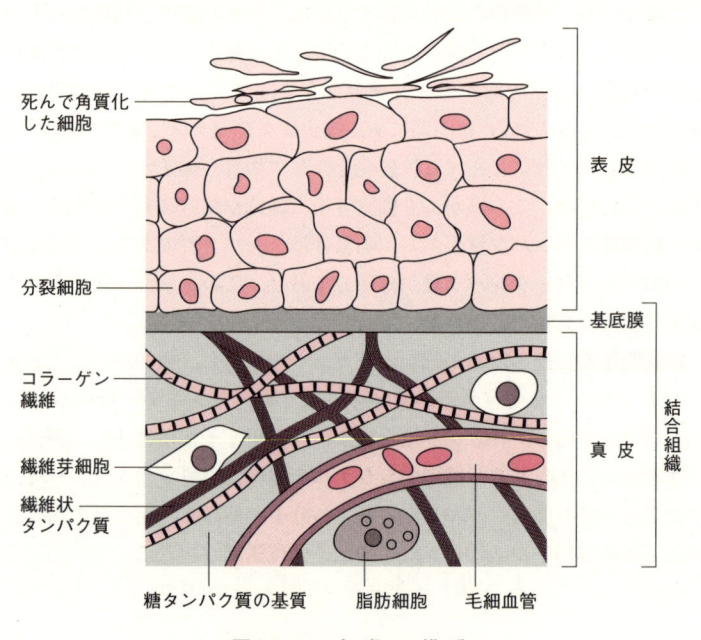

図22・1　皮膚の構造

22・2　細胞外マトリックスの構成成分

　細胞外マトリックスのおもな成分は繊維芽細胞などから供給される多糖類とタンパク質である．これらの多くは繊維状で相互作用のある三次元ネットワークをつ

22. 細胞外マトリックスと細胞間相互作用

表 22・1 結 合 組 織

細　　胞	細胞膜受容体	細胞外マトリックス
固定細胞 　繊維芽細胞 　骨(芽)細胞 　軟骨細胞 　その他 **遊走細胞** 　マクロファージ 　リンパ球 　その他	**インテグリン** 　α 鎖（多数） 　β 鎖（多数）	**繊維タンパク質** 　コラーゲン 　エラスチン **基質成分/糖タンパク質** 　プロテオグリカン（アグリカンなど） 　ヒアルロン酸（ヒアルロナン） **接着タンパク質** 　フィブロネクチン 　ラミニン 　エンタクチン 　その他

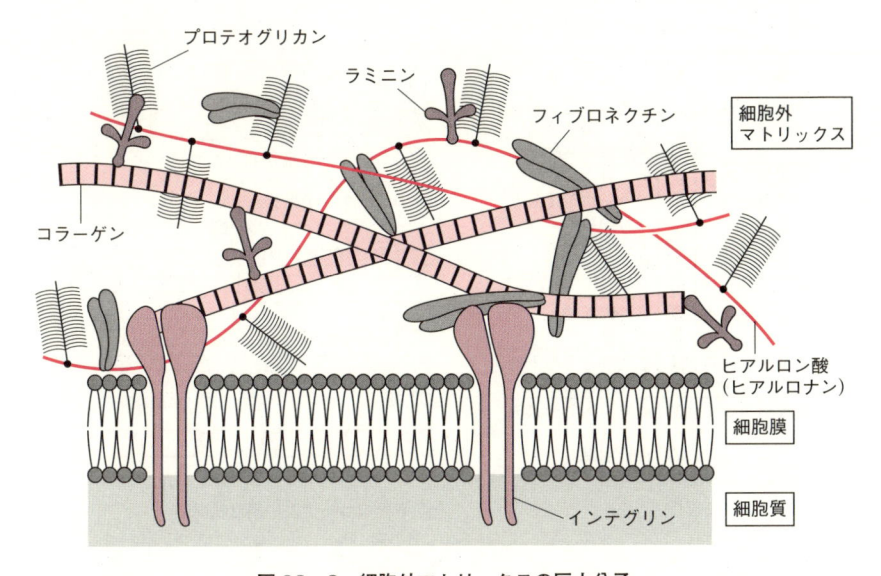

図 22・2　細胞外マトリックスの巨大分子

くっている．**腱**は繊維状タンパク質が多く強い張力にも耐えられ，**軟骨**は多糖類を多く含んで堅く，圧縮抵抗性の高いゲルを形成する．**骨**はリン酸カルシウム結晶の堆積で固化し，**基底膜**は柔軟なシートを形成するタンパク質を含む．

a. 構造タンパク質　　マトリックスの主要構造タンパク質（少なくとも 27 種類のタンパク質からなり，組織で構成が異なる）はホモあるいはヘテロの三重らせん

構造をとる**コラーゲン**である（図22・3）．コラーゲンは Gly-X-Y の繰返しからなり，X はプロリン，Y はヒドロキシプロリンが多い．プロリンは分子の安定化に，ヒドロキシプロリンはポリペプチド鎖間結合に関与する．I，II，III 型コラーゲンは単量体が会合してコラーゲン**小繊維**（原繊維）を形成する．単量体は小繊維中で縦列し，個々の単量体は 1/4 ずつずれて脇にある単量体とリシン/ヒドロキシリシン同士で架橋する（このような架橋構造が 4 列形成され，67 nm の縦縞模様として観察される）．小繊維は時として互いに会合し，さらに太い**コラーゲン繊維**にもなる．基底膜にある IV 型コラーゲン（**ネットワーク形成コラーゲン**とよばれる）は非らせん構造部分を多く含むために柔軟な網目状構造をとり，基底膜に扁平に広がる．コラーゲンには小繊維形成にかかわらないものも多くあり，それぞれの組織で特異的な役割を果たす．細胞外マトリックスの構造タンパク質としては，このほか，伸縮

(a) コラーゲンの種類（代表的なもの）

種類	型	分布
小繊維を形成する	I	大部分の結合組織
	II	軟骨，硝子体液
	III	伸縮性結合組織
小繊維を結合する	IX	軟骨
	XII	コラーゲンIを含む組織
	XVI	多くの組織
	XX	角膜
ネットワークを形成する	IV	基底膜
	VIII	多くの組織
	X	軟骨
アンカーコラーゲン	VII	基底膜とその下部の結合組織
膜貫通コラーゲン	XVII	皮膚のヘミデスモソーム
	XXV	神経組織

(b) コラーゲン単量体の構造（三重らせん構造）

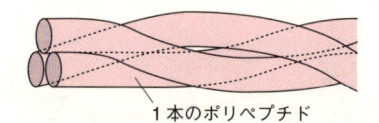

1本のポリペプチド

(c) コラーゲン小繊維

架橋　間隙　コラーゲン単量体

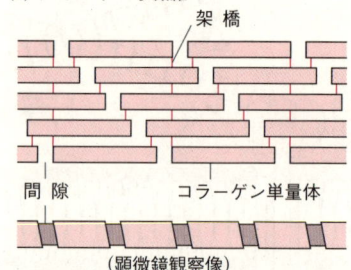

（顕微鏡観察像）

(d) IV型コラーゲンの網目状構造

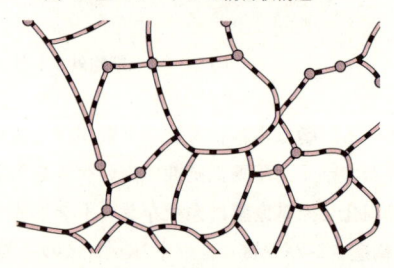

図22・3　コラーゲンの構造

を繰返す組織（肺など）に含まれる弾性繊維**エラスチン**がある．

b. 多糖類 細胞外マトリックス中の繊維状タンパク質は複合多糖のゲルの中に埋込まれている．多糖はコアタンパク質に多数の**グリコサミノグリカン**（**GAG**）糖鎖が結合する**プロテオグリカン**で，糖鎖が分子質量の大部分を占める（図 22・4．3 章参照）．GAG はアミノ糖（グルコサミンまたはガラクトサミン）-ウロン酸（グルクロン酸またはイズロン酸）の単位が多数繰返し，**ヒアルロン酸**（ヒアルノナン）以外は硫酸基をもつ（**コンドロイチン硫酸**，**ヘパラン硫酸**など）．このため GAG は負に荷電して陽イオンを捕捉するため，多量の水分子を集めることができ，これによりマトリックスを支える水和ゲルを形成する．多数のプロテオグリカンは連結タンパク質を介してヒアルロン酸鎖と結合し，巨大構造体になる．軟骨の主要プロテオグリカンは**アグリカン**（3×10^6 Da = 3 MDa）といい，コアタンパク質に 100 個以上のコンドロイチン硫酸が結合するが，アグリカンはヒアルロン酸を介してさらに大きな凝集体（100 MDa 以上）となり，コラーゲンの網目状構造と一体化する（図 22・5）．

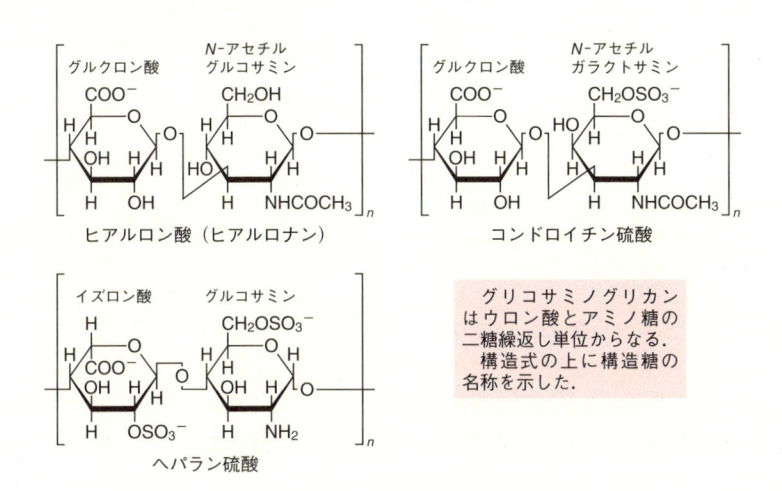

図 22・4 おもなグリコサミノグリカン

グリコサミノグリカンはウロン酸とアミノ糖の二糖繰返し単位からなる．構造式の上に構造糖の名称を示した．

c. 接着タンパク質 マトリックス成分同士を連結し，それらを細胞表面につなぐ普遍的な接着タンパク質に，2 本のポリペプチド鎖からなる**フィブロネクチン**がある．フィブロネクチンは短い束化した繊維となることが多く，コラーゲンと GAG に結合するほか，**インテグリン**（次節）などの細胞表面受容体と結合するこ

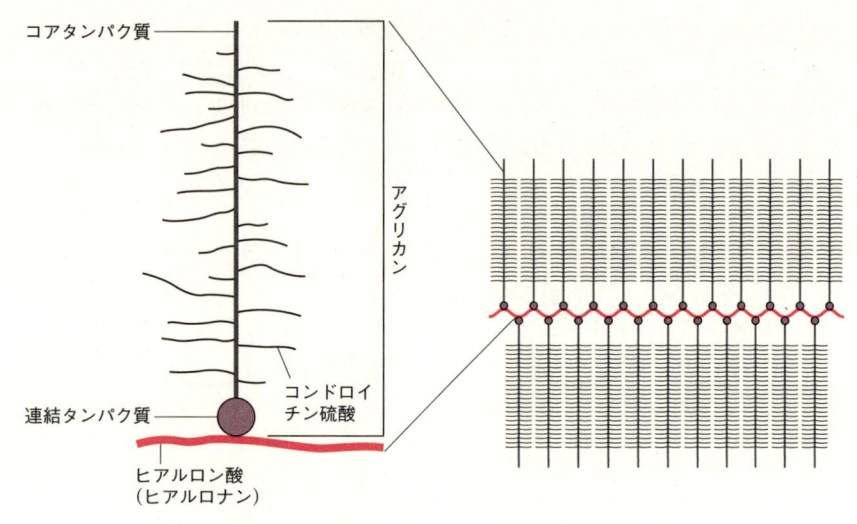

図 22・5　アグリカンのヒアルロン酸複合体

とによりマトリックスと細胞の接着に関与する．フィブロネクチンは動物の器官形成で重要な役割を果たす．基底膜では別のタンパク質ラミニンが自己集合して網目状構造を形成する（インテグリン，Ⅳ型コラーゲン，ヘパラン硫酸プロテオグリカン，そして接着タンパク質エンタクチンと相互作用する）．

> **メモ 22・1　ビタミンC欠乏が壊血病を起こす理由**
> ビタミンCはコラーゲン中のプロリンをヒドロキシ化するプロリルヒドロキシラーゼの必須因子のため，ビタミンC欠乏はコラーゲン繊維の強度低下をまねき，血管壁が弱くなって出血傾向（**壊血病**など）となる．

22・3　マトリックスと細胞の相互作用

細胞外マトリックスへの接着に関与する細胞側の受容体タンパク質は**インテグリン**で，α, βの二つのサブユニットからなり，マトリックスにあるタンパク質を細胞に付着させるのみならず，細胞骨格タンパク質（26章参照）の錨（アンカー）としても機能する．マトリックス側のインテグリン結合部位の一つはフィブロネクチンにあるArg-Gly-Aspであるが，それ以外にも膜貫通型タンパク質などにみられる特定のアミノ酸配列がある（p.198, 図22・7中の表を参照）．繊維芽細胞など

22. 細胞外マトリックスと細胞間相互作用

(a) フォーカルアドヒージョン　　　(b) ヘミデスモソーム

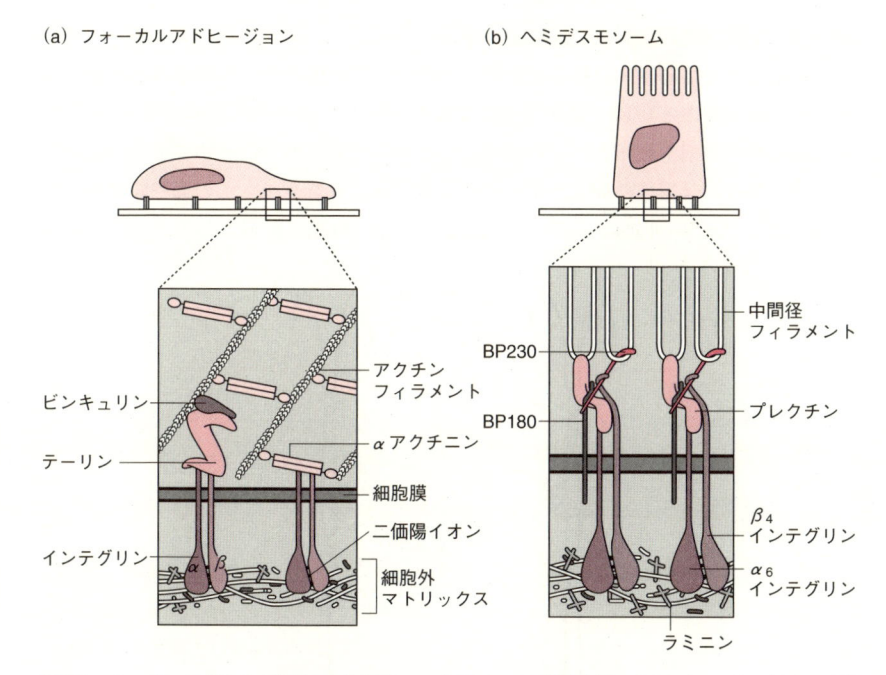

図 22・6　インテグリンが関与する細胞ーマトリックス相互作用　G.M. クーパー ほか，"細胞生物学"，p.473，須藤和夫 ほか 訳，東京化学同人 (2008) より改変．

にみられる**フォーカルアドヒージョン（接着域）**では，インテグリンの細胞質領域はαアクチニン，テーリン，ビンキュリンとの結合を介してアクチンフィラメントと結合し，アクチン細胞骨格のつなぎ止めを行う（図 22・6 a）．上皮細胞にみられる**ヘミデスモソーム**では，$\alpha_6\beta_4$ インテグリンの細胞質領域がプレクチンや BP230 との結合を介して中間径フィラメントと連絡する（図 22・6 b）．細胞運動時にフォーカルアドヒージョンの形成と消失が起こるが，そこにはシグナル依存的なインテグリン分子の活性化/不活性化と集合/離散といった現象がみられる．

メ モ 22・2　"接着斑" という用語について

接着斑は本来デスモソーム（p.198〜200）を指したが，最近はフォーカルアドヒージョンの訳にも用いられ，混乱が生じている．本書では，デスモソーム，フォーカルアドヒージョンとし，接着斑は使用しなかった．

22・4　細胞間相互作用と細胞接着分子

多細胞生物では同種・異種の細胞間に物理的・機能的な相互作用がみられる（図22・7）．恒久的あるいは一過的な細胞間相互作用は，発生や組織形成のみならず，免疫細胞の標的細胞認識といった個体維持にとっても欠かすことができない．細胞は異種，あるいは同種の細胞と選択的に接着する性質をもつ．この**細胞間接着**という概念は，"なぜ同種細胞はバラバラにならないで組織を構築するのか？"という

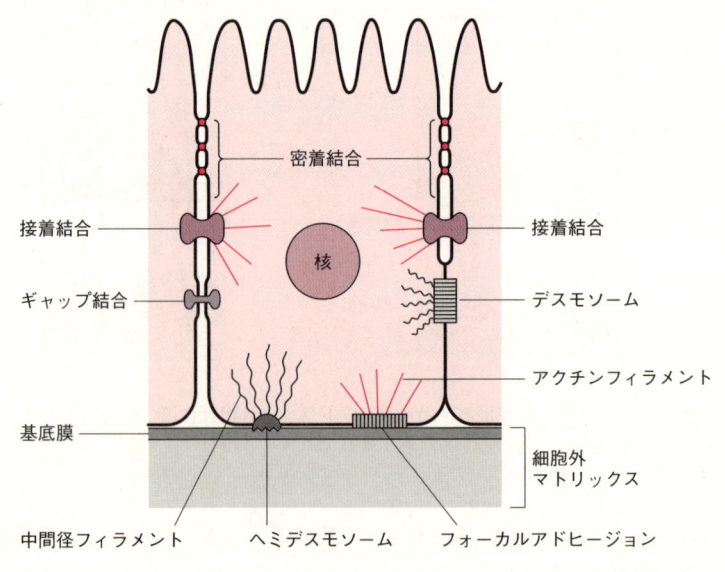

	接着因子	細胞骨格
細胞間接着		
密着結合（タイトジャンクション）	－	－
接着結合（アドヘレンスジャンクション）	カドヘリン	アクチンフィラメント
デスモソーム	カドヘリン	中間径フィラメント
ギャップ結合	コネキシン	－
細胞-マトリックス間接着		
ヘミデスモソーム	インテグリン	中間径フィラメント
フォーカルアドヒージョン	インテグリン	アクチンフィラメント

図22・7　細胞接着の概要

22. 細胞外マトリックスと細胞間相互作用

問いかけに対する研究により確立され，この過程で細胞接着分子が発見された．**細胞接着分子（CAM）**のおもなものに**セレクチン**，**免疫グロブリン（Ig）スーパーファミリー**，前節で述べた**インテグリン**，そして最も一般的な分子種である**カドヘリン**がある．これらはいずれもファミリーを形成する**膜貫通型タンパク質**で，セレクチンやインテグリン，多くのインテグリンは活性発揮に Mg^{2+}，Ca^{2+}，Mn^{2+} などの金属イオンを必要とする．

セレクチンははじめリンパ球で見つかった（取出したリンパ球を体内に戻すと，元の組織に戻る**ホーミング**という現象がきっかけ）．細胞外に糖と選択的に結合するレクチン様ドメインをもち（命名の根拠），他の細胞にある糖タンパク質の糖部分と結合する．リンパ球，血小板，血管内皮に存在し，血管内皮と白血球との一過的な接着などにかかわる．白血球はその後インテグリンを使って内皮表面の **Ig スーパーファミリー**（免疫グロブリン類似の構造ドメインをもつ）の一つ **ICAM**（細胞間接着分子）と相互作用し，炎症部位へ遊走する．このように，ICAMとインテグリンとの相互作用は異種細胞の接着（**異種親和性相互作用**）にかかわる．Ig スーパーファミリーには同種分子同士で結合し，**同種親和性相互作用**にかかわるものも存在し，その一つに神経細胞に発現する**神経細胞接着分子（N-CAM）**があり，神経細胞同士の選択的接着にかかわる．

22・5 接着結合とカドヘリン

上記3種類の細胞接着分子は細胞の細胞骨格は連結しておらず，接着も一過的である．これに対し**カドヘリン**が関与する接着は細胞骨格と連絡し，接着は安定である．カドヘリンは Ca^{2+} 依存性因子で，膜貫通領域の違いによりサブファミリーに分けられるが，全部で80種以上の分子があり（たとえば，E カドヘリンは上皮細胞に，N カドヘリンは神経に，P カドヘリンは胎盤に発現する），同種親和性相互作用にかかわる細胞外ドメイン同士で結合し，同種細胞同士を安定に接着させる．カドヘリンが関与する結合には**接着結合（アドヘレンスジャンクション）**とデスモソームという二つのタイプがある（図22・8）．接着結合では，細胞質部分は **p120**，**β-カテニン**，**α-カテニン**，**ビンキュリン**という連絡を通じてアクチンフィラメントと結合している．p120 と β-カテニンは特徴的構造をもち，**Armadillo** ファミリーに属する．デスモソームではデスモソームカドヘリン（デスモグレイン/デスモコリン）が結合にかかわるが，これらの分子はそれぞれ**プラコグロビン/プラコフィリン**と結合し，さらに**デスモプラキン**を介して中間径フィラメントと結合する．

(a) 接着結合（アドヘレンスジャンクション）

カドヘリン

α-カテニン
ビンキュリン

αアクチニン

Ca²⁺

細胞間隙

β-カテニン

アクチンフィラメント

(b) デスモソーム

中間径フィラメント　細胞間隙　デスモグレイン

プラコフィリン

デスモプラキン　デスモコリン　プラコグロビン

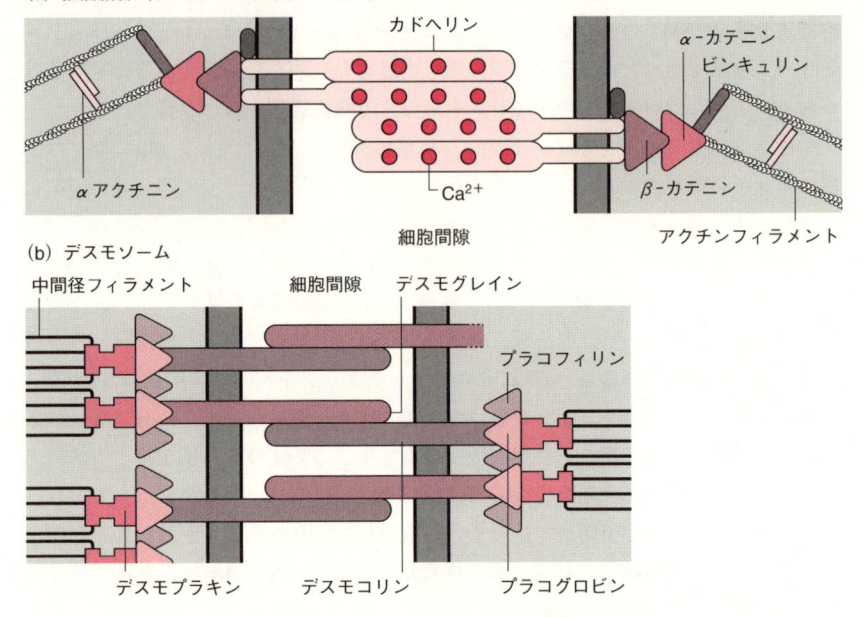

図 22・8　カドヘリンが関与する細胞接着

22・6　密着結合とギャップ結合

密着結合（タイトジャンクション） は液体の動きをせき止める障壁である（図 22・9a）．腸管上皮では，密着結合は腸管内腔とその下の結合組織との間を遮断し，分子が細胞間隙を通り抜けるのを阻止するとともに，細胞膜の流動性を制限して細胞膜機能を局在化する（腸管腔側から血流側へのグルコース輸送を可能にする）．密着結合の接着力自体は弱いため，接着結合やデスモソームを伴った結合複合体を形成することが多い．密着結合では細胞膜は融合しておらず，**オクルディン**, **クローディン**, Ig ドメインをもつ **JAM ファミリータンパク質** の同種親和性相互作用で結合し，細胞質部分は ZO タンパク質を介してアクチンフィラメントと結合している．多細胞生物の個々の細胞は協調して機能するために，制御にかかわる分子を速やかに細胞間に移動させる必要がある．このような細胞同士は **ギャップ結合（ギャップジャンクション）** で連絡している（図 22・9b）．ギャップ結合は細胞膜を貫通する **開口チャネル** で，イオンや低分子物質の自由拡散を可能にし，電気的応答性も共役できる．動物細胞の大部分はギャップ結合をもち，心臓の細胞群が電気インパルスで同調的に収縮できるのも，ギャップ結合を通じてイオンが通過できるためであ

22. 細胞外マトリックスと細胞間相互作用

(a) 密着結合（断面図）　　　　(b) ギャップ結合

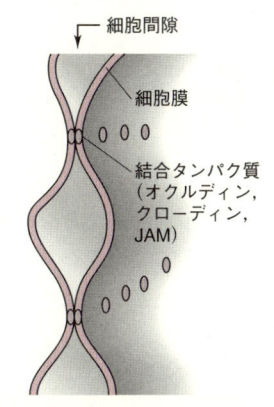

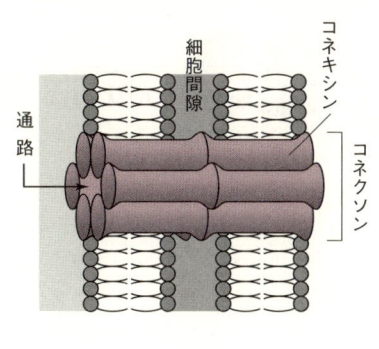

JAM: junctional adhesion molecule

図 22・9　密着結合とギャップ結合

る．神経細胞間の**電気シナプス**もギャップ結合である．ギャップ結合は**コネキシンファミリータンパク質**からなる集合体**コネキソン**から構成され，隣り合った細胞のコネキソンが一直線に並ぶことによりチャネルとなる〔コネキソンの細胞外ドメインの厚さが細胞間の隙間（ギャップ）を生む〕．

コラム 20

植物の細胞壁

植物細胞は細胞膜の周囲に堅い**細胞壁**をもつ．菌類の細胞壁成分は**キチン**だが（カニの甲羅や節足動物の外骨格の成分で，N-アセチルグルコサミン重合体），藻類や高等植物の細胞壁は**セルロース**でできている．セルロースは細胞膜に組込まれたセルロース合成酵素でつくられ細胞外に束になって伸び，この小繊維が**ヘミセルロース**と**ペクチン**という 2 種類の多糖類の中に埋込まれる．細胞の成長が止まると細胞壁の内側に堅い**二次細胞壁**（セルロースの含有量が高い．木本植物はここに**リグニン**を含み，強度がさらに高まる）がつくられる．

メモ 22・3　プラスモデスム

プラスモデスム，**原形質連絡**ともいう．隣り合う植物細胞間にみられる細胞質同士を直接連絡する細胞膜が融合した通路．内部に小胞体から伸びた管状構造が通っている．

23 細胞膜と膜輸送

23・1 細胞膜の構造

　生体膜である脂質二重層の主要成分はホスファチジルエタノールアミン，ホスファチジルセリン，ホスファチジルコリン，スフィンゴミエリンの4種のリン脂質で，前二者は細胞質側に，後二者は細胞外側に多い（図23・1）．内側にはホスファ

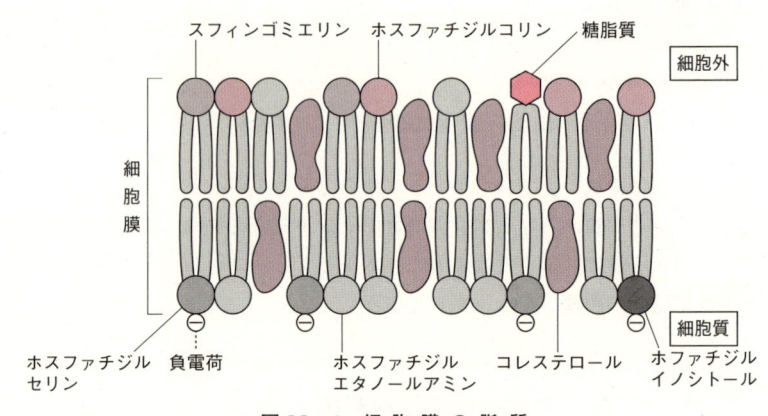

図23・1　細胞膜の脂質

チジルイノシトールもあり，これやホスファチジルセリンの親水基が負に荷電するため，細胞膜表面は負に荷電する．細胞膜にはこのほか微量の糖脂質とリン脂質と同程度のコレステロール（植物はステロール）が存在する．膜成分が疎水性なため，イオンや親水性分子は膜を通過できない．リン脂質には二重結合をもつ脂肪酸が結

メモ 23・1　リポソーム

　脂質人工膜の一種．リン脂質50％以上を含む水を脂質の相転移温度以上で懸濁すると，内部に水層をもつ脂質二重層の閉鎖小胞が形成される．内部に目的物質を入れ，エンドサイトーシスで細胞に物質を導入するツールとして利用される．

合するため，分子は詰込まれることなく，柔軟で粘性のある流体としての性質を示す．コレステロールはリン脂質の隙間に存在し，膜の流動性を高温では抑制し，低温では高めることにより，膜の柔軟性維持に効いている．

23・2 細胞膜タンパク質

脂質二重膜にはタンパク質が埋込まれ，全体が流動している（**流動モザイクモデル**，図23・2）．タンパク質は重量にして膜の約半分を占める．タンパク質は弱い相互作用で間接的に膜外側表面に結合する**膜表在性タンパク質**（赤血球のスペクトリンなど）と脂質二重膜上に安定に存在する**膜内在性タンパク質**とに分けられる．

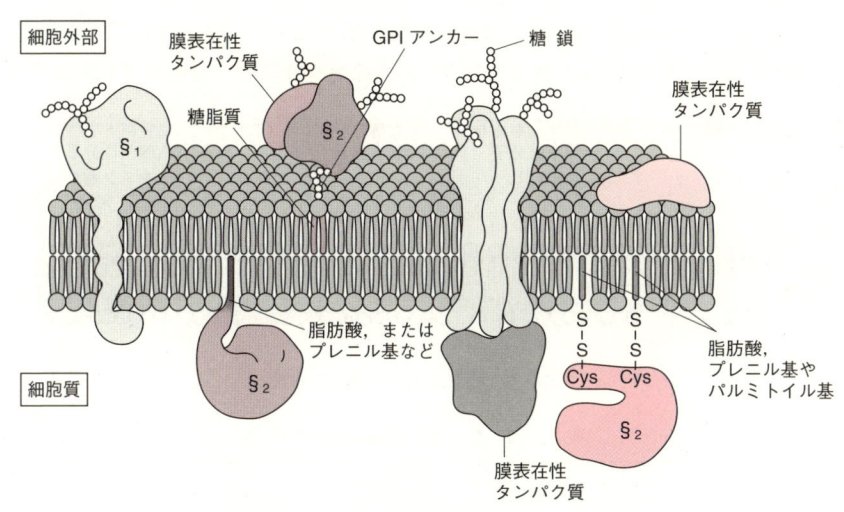

§：膜内在性タンパク質〔膜貫通型タンパク質（§$_1$）と，共有結合を介して膜に結合するタンパク質（§$_2$）がある〕
GPI：グリコシルホスファチジルイノシトール

図 23・2 細胞膜にあるタンパク質（細胞膜の流動モザイクモデル）

膜内在性タンパク質の多くは**膜貫通型**であり，それらは糖質の結合した細胞外領域，20〜25個の疎水性アミノ酸をもつαヘリックス構造を単位とする膜貫通領域，

メモ 23・2　糖　衣

細胞膜外表面が多数の糖脂質や糖鎖をもつタンパク質で覆われている状態．

そして細胞質領域からなる．膜貫通の数はさまざまである．膜貫通型タンパク質以外の大部分の膜内在性タンパク質は共有結合を介して膜と結合する．これら結合にはタンパク質が**グリコシルホスファチジルイノシトールアンカー（GPIアンカー）**を介して細胞膜の外膜につなぎ止められるもの（リンパ球表面のThy-1など），膜の入り込んだ脂質基（プレニル基，パルミトイル基，ミリストイル基など）と共有結合して細胞膜内側に繋留されるものなどがある（Ras, Srcなど）．

23・3 細胞膜における低分子の輸送——ATP加水分解が関与しない機構

低分子の細胞膜透過にはさまざまな種類と働きがある（図23・3，表23・1）．

物質の膜透過で最も単純なものは濃度の高い方から低い方に移動する**拡散**である．低分子のうち気体（酸素，二酸化炭素など），脂質などの疎水性物質（ステロイドホルモンなど），イオン化していないごく小さな極性分子（エタノールなど）

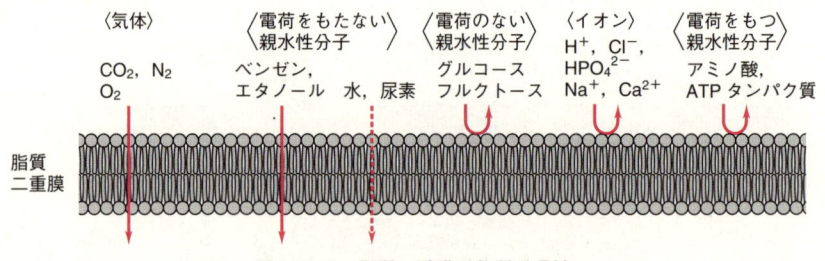

〈気体〉 〈電荷をもたない親水性分子〉 〈電荷のない親水性分子〉 〈イオン〉 〈電荷をもつ親水性分子〉
CO_2, N_2, O_2 ベンゼン，エタノール 水，尿素 グルコース，フルクトース H^+, Cl^-, HPO_4^{2-}, Na^+, Ca^{2+} アミノ酸，ATP タンパク質

図23・3 脂質二重膜の物質透過性

表23・1 低分子の細胞膜透過機構

輸送形式	受動拡散	促進拡散	能動輸送	二次的能動輸送/共輸送
輸送される物質	気体，ステロイド，脂溶性リガンド，薬物	グルコース，アミノ酸，イオン，水	イオン，極性低分子，脂質	グルコースやアミノ酸[†1]，イオンやスクロース[†2]
特徴	自然拡散	単一輸送体によるチャネル	ATP依存性ポンプ	濃度差に内在するエネルギーを利用する
性質 特別のタンパク質が関与	－	○	○	○
濃度勾配に逆らった輸送	－	－	○	○
ATP加水分解と共役	－	－	○	－
共輸送されるイオンの濃度勾配を利用	－	－	－	○

†1 等方輸送体が関与．　†2 対向輸送体が関与．

は自由拡散によって非選択的に膜を通過するが，このような**受動拡散**で膜を透過するものは限られており，水さえもある程度制限されている．大部分の極性低分子物質（グルコース，アミノ酸など）やイオン（Na^+，Cl^-など）は特定のタンパク質の関与により濃度差や電位に依存して細胞膜を通過する．この仕組みを**促進拡散**という．促進拡散では輸送される物質は脂質分子と触れずにタンパク質の隙間を通過するが，そこに関与するタンパク質は，**輸送体**（**トランスポーター，キャリヤー**）と**チャネル**に大別される．

23・4 輸送体の種類（図23・4）

糖，ヌクレオチド，アミノ酸の促進拡散は特異的な単一輸送体で行われる．グル

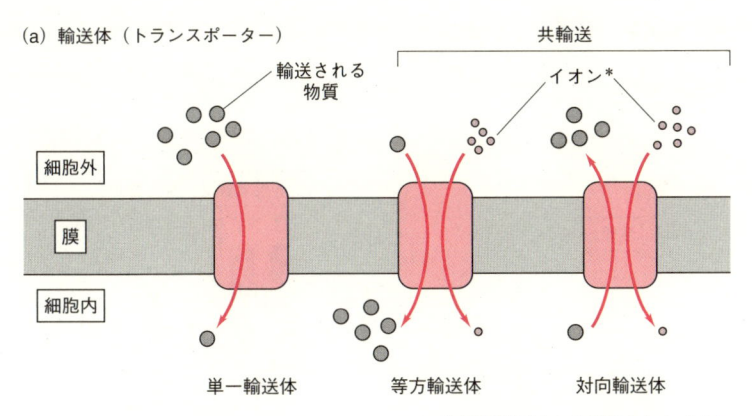

(a) 輸送体（トランスポーター）

共輸送

輸送される物質
イオン*

細胞外
膜
細胞内

単一輸送体　　等方輸送体　　対向輸送体

＊　一次能動輸送により濃縮されたイオン

(b) イオンチャネル

閉　　開

電位，
神経伝達物質
（リガンド）

(c) ATP依存性ポンプ（ATPase）

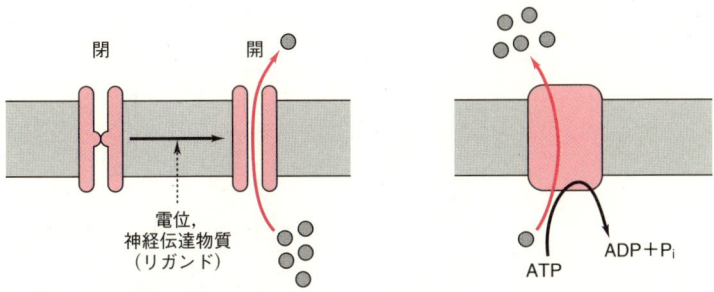

ATP　　ADP+P_i

図23・4　輸送装置の種類と働き　図中の輸送装置の上下（細胞の外と内）で，輸送される物質の個数が多い方の濃度がより濃い．

コース輸送体は通常閉じているが，グルコースと結合した後しごかれるように細胞に入る．グルコースは取込まれてすぐ代謝されるため，細胞内濃度は外部に比べ常に低い（図23・5）．ある分子の輸送が別の分子の輸送と同時に起こる（**共役**する）**共輸送**という機構があり，両者が同方向（たとえば，グルコースとアミノ酸）に移動する場合と逆方向（たとえば，イオンとスクロース）に移動する場合があり，それぞれに**等方輸送体**，**対向輸送体**がかかわる．共輸送は濃度に逆らう（エネルギーを必要とする）輸送とエネルギーを供給する輸送が共役する一種の能動輸送で，**二次的能動輸送**といわれる．ただ供給エネルギーはATP加水分解からではなく，イオンの濃度勾配に蓄えられた電気勾配エネルギーから供給される．

23・5 イオンチャネル

チャネルタンパク質は水やイオンを濃度や電位に従って移動させる．大部分のチャネルタンパク質は通常**ゲート**が閉じているが，特定の化学的あるいは電気的シ

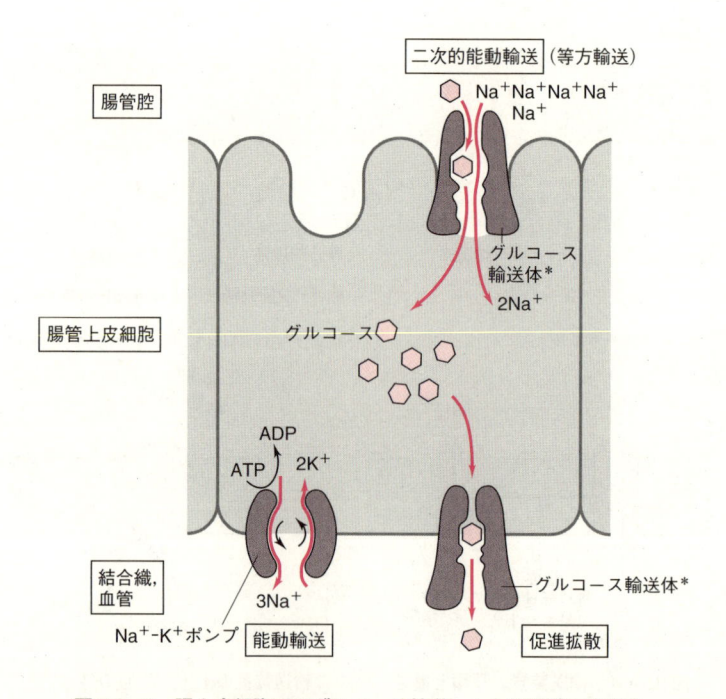

図23・5　腸上皮細胞でのグルコース輸送　＊らは別種の輸送体．

グナルを受けたときにゲートが開き，親水性通路を水やイオンが高速で通過させることができる．**イオンチャネル**は選択性が高く，Na^+，K^+，Ca^{2+}，Cl^- などはそれぞれに対応するチャネルを通過する．チャネルはゲートを開けるシグナルの種類により，神経伝達分子の結合によって開く**リガンド依存性チャネル**と，細胞膜の電位ポテンシャル（電位差）を感知して開く**電位依存性チャネル**（たとえば，電位依存性 Na^+ チャネル，同 K^+ チャネル，同 Ca^{2+} チャネル）に分けることができる．

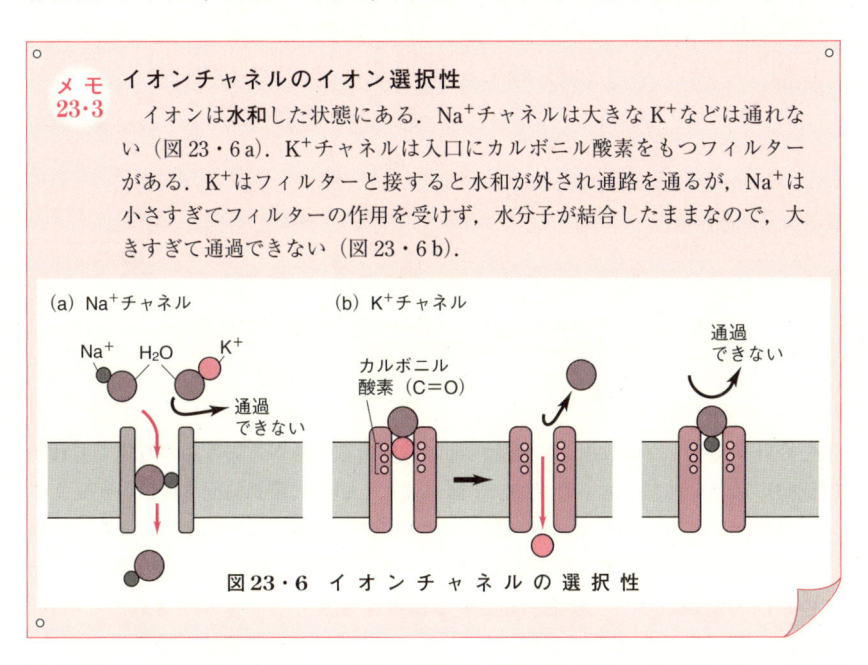

メモ 23・3　イオンチャネルのイオン選択性

イオンは**水和**した状態にある．Na^+ チャネルは大きな K^+ などは通れない（図 23・6 a）．K^+ チャネルは入口にカルボニル酸素をもつフィルターがある．K^+ はフィルターと接すると水和が外され通路を通るが，Na^+ は小さすぎてフィルターの作用を受けず，水分子が結合したままなので，大きすぎて通過できない（図 23・6 b）．

図 23・6　イオンチャネルの選択性

メモ 23・4　アクアポリン

水を通すチャネル．赤血球や水を再吸収する腎上皮細胞に多く存在する．

23・6　神経細胞における静止電位と活動電位の発生

イオンチャネルを通るイオンの流れは膜を挟むイオン勾配に依存する．神経細胞（ニューロン）をはじめ，すべての細胞にはイオンを ATP 依存的に能動輸送するイオンポンプが存在する（次節）．たとえば Na^+-K^+ ポンプは K^+ 濃度を細胞内で高く，Na^+ 濃度を細胞外で高くする．しかし K^+ チャネルには透過性（漏れ）があ

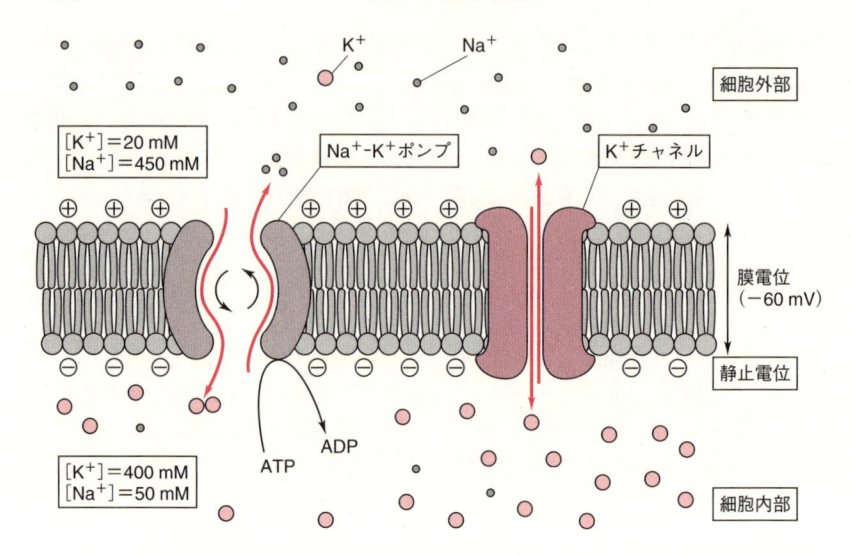

図 23・7　神経細胞におけるイオン勾配の形成　イカ巨大軸索におけるイオン勾配と静止電位の発生

るため外にイオンが漏れ出し，細胞内部が負に荷電するが，ある負の電位で漏れが電気的に抑えられてイオンの移動が平衡に達し，膜間に**電気勾配**（**電位**）が発生する（図23・7）．イカの巨大ニューロン軸索のK^+**平衡電位**は$-75\,\mathrm{mV}$である．実際の膜間電位も$-60\,\mathrm{mV}$で（**静止電位**という），K^+平衡電位に近い．膜の局所にプラスの電位がかかると，それを感知した**電位依存性Na^+チャネル**が一過的に開き，細胞内にNa^+が流入する．実際には$-40\,\mathrm{mV}$以上の電位（**閾値**という）で開く．Na^+の流入により膜電位はいったん$+30\,\mathrm{mV}$という**Na^+平衡電位**（$+50\,\mathrm{mV}$）近くまで上昇する．ここでNa^+チャネルが不活化する（閉じる）が，今度は電位を感知したK^+チャネルが遅れて開いてK^+を細胞外に出し，膜電位はK^+平衡電位（$-75\,\mathrm{mV}$）まで一気に下がる．この電位変化により今度はK^+チャネルが不活化し，非刺激時のK^+や他のイオンチャネルの作用により元の状態に戻る．

　膜電位の逆転を**脱分極**といい，このような一連の電位変化を**神経興奮**あるいは**活動電位**という（図23・8）．活動電位はNa^+チャネルにより生じ，K^+チャネルはそれを静止電位に戻すために働く．神経興奮は近傍のNa^+チャネルを活性化して活動電位を発生させるが，その変化が隣へ順次伝わることにより，インパルスが軸索末端の神経接合部（シナプス）に達する．

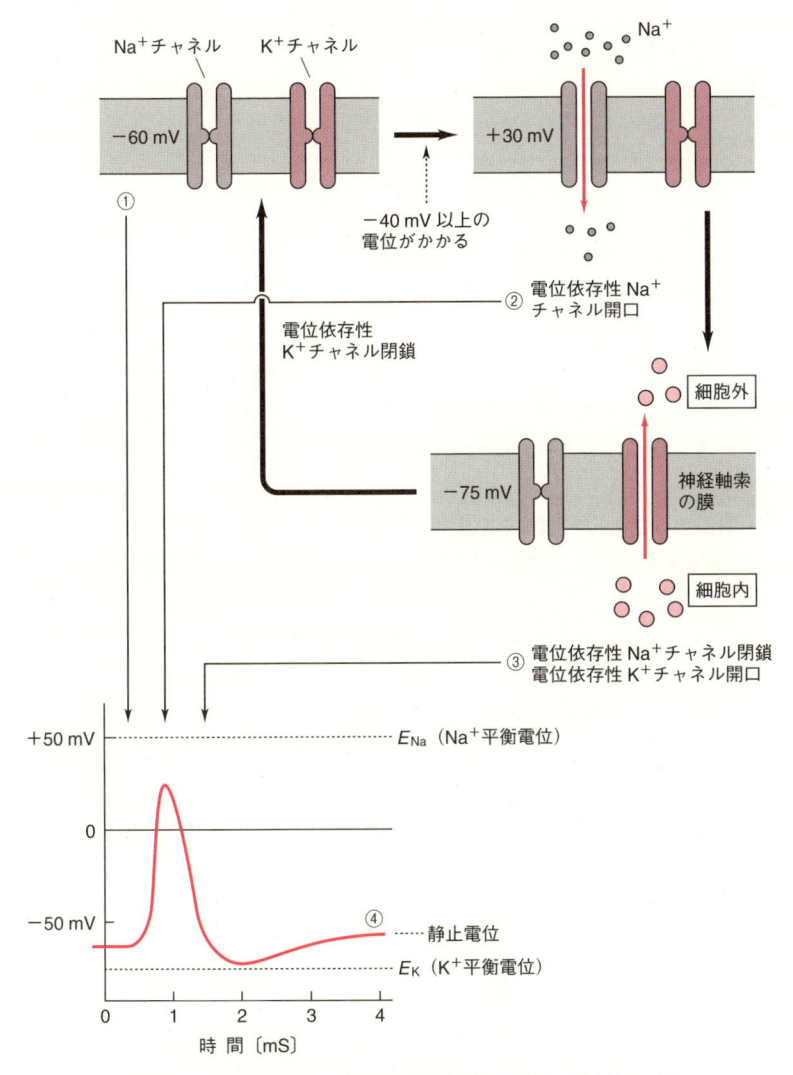

図 23・8 ニューロンにおける活動電位の発生 ① 膜に＋側の電位がかかると、② Na^+ チャネルが開いて Na^+ が流入し、いったん +30 mV 付近まで膜電位が上昇する。③ その後 K^+ チャネルが開いて膜電位は -75 mV 付近まで下降する。④ その後静止電位に戻る。

> **メモ 23・5　動物毒による電位依存性 Na$^+$ チャネルの阻害**
> 　フグ毒（テトロドトキシン），貝毒，ヘビ毒，クモ毒といった神経毒は電位依存性 Na$^+$ チャネルに結合してその作用を抑える．

23・7　ニコチン性アセチルコリン受容体

　ニコチン性アセチルコリン受容体は**筋肉細胞**にあり（シビレエイの発電器官から単離された．ニコチンが結合するとチャネルが開く），リガンド依存性チャネルの原型というべきものである．神経終末のシナプスから出た**アセチルコリン**が筋細胞表面の受容体に結合するとイオンが通れるチャネルが開く（図23・9）．通路内部に負に荷電する部分があり，陰イオンは通ることができない．Na$^+$ は K$^+$ に比べて格段に細胞内に流入しやすく（Na$^+$ のサイズが小さいことと，通路に K$^+$ を捕捉する原子団があるため），細胞膜を脱分極して活動電位を発生させる．この電位によって **Ca^{2+} チャネル**が開き，流入した Ca^{2+} がシグナルとなって**筋収縮**が始まる．

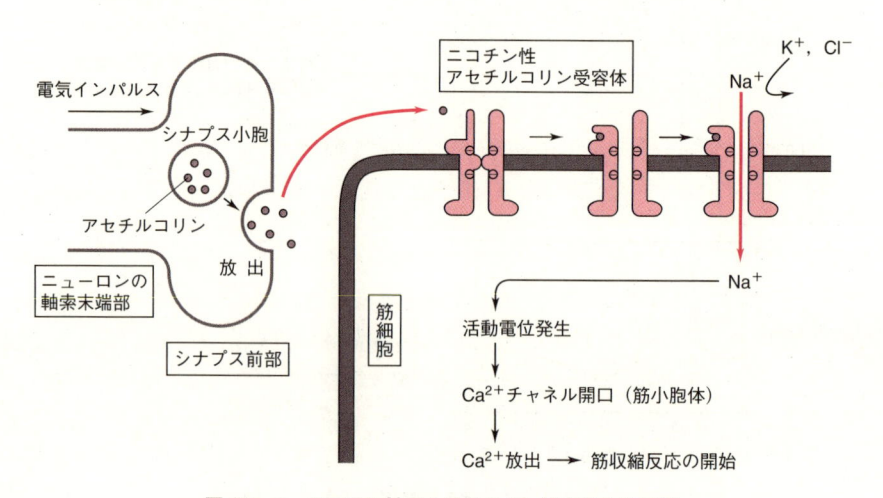

図 23・9　ニコチン性アセチルコリン受容体と筋収縮

23・8　ATP の加水分解を介する能動輸送

　濃度に逆らう輸送にはエネルギーが必要だが，エネルギー依存的輸送を**能動輸送**という．能動輸送には上述した共輸送でみられる二次的なもの以外に，以下に述べ

るような ATP の加水分解（**自由エネルギー放出**）と共役してイオンなどを輸送する複数の機構が存在する．これらの機構に関する装置は**イオンポンプ**あるいは**イオン輸送性 ATPase** とよばれ，構造と機能から以下の4種類に分類される（図23・10）．ATP の加水分解は輸送と共役するが，**脱共役剤**とよばれる化学物質はこの共

(a) P 型ポンプ

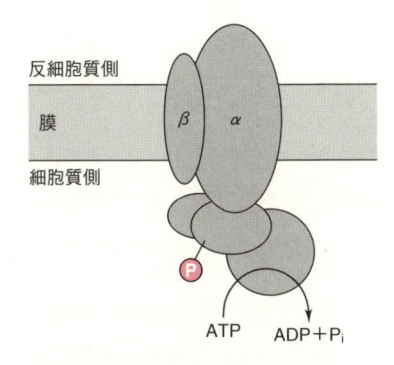

反細胞質側
膜
細胞質側

ATP　ADP+P$_i$

- 植物，細菌の細胞膜（H$^+$ポンプ）
- 真核生物の細胞膜（Na$^+$-K$^+$ポンプ）
- 胃壁内腔細胞の細胞膜（H$^+$-K$^+$ポンプ）
- 真核生物の細胞膜（Ca^{2+}ポンプ）
- 筋小胞体膜（Ca^{2+}ポンプ）

(b) V 型 H$^+$ポンプ

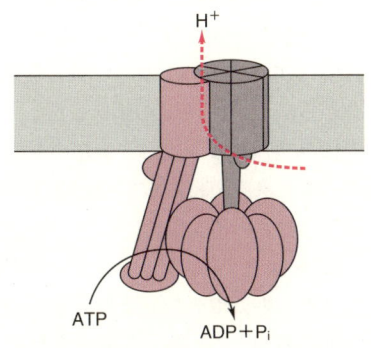

H$^+$

ATP　ADP+P$_i$

- 植物，菌類の液胞膜
- 動物のエンドソームやリソソームの膜
- その他

(c) F 型 H$^+$ポンプ

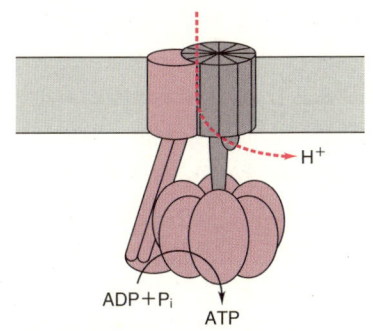

H$^+$

ADP+P$_i$　ATP

- 細菌の細胞膜
- ミトコンドリア内膜
- 葉緑体のチラコイド膜

(d) ABC ファミリー輸送体

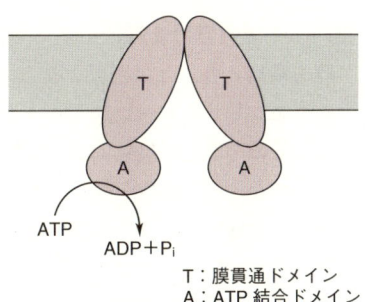

T　T
A　A

ATP　ADP+P$_i$

T：膜貫通ドメイン
A：ATP 結合ドメイン

- 細菌の細胞膜
- 哺乳類細胞の細胞膜

図 23・10　ATP 依存性輸送タンパク質の分類

役を阻止する（代わりに熱を発生させる）.

　a. P型ポンプ　　リン酸化された触媒サブユニットをもつ（命名の由来）. 動物細胞に特徴的な Na^+, K^+-ATPase は, Na^+ が細胞外で高く K^+ が細胞内で高い環境をつくり出す. Na^+, K^+-ATPase で使われる ATP 量は細胞が利用する ATP の 25% をも占める. ポンプで生じたイオン濃度差はニューロンが**活動電位**を生むもととなり, 細胞内に蓄積された生体物質に起因する細胞の高浸透圧状態の解消に働く（細胞内が負に荷電するため, Cl^- の多くも細胞外に出て浸透圧低下に働く）. K^+ を取込むと同時に H^+（プロトン）を細胞外に出して細胞外を酸性にする（**胃液**など）H^+（プロトン）ポンプもこの仲間である. 筋肉の Ca^{2+} **ポンプ**は, 収縮時に筋小胞体から出た Ca^{2+} を元の場所に戻して筋を弛緩させるのに働いている.

　b. V型 H^+ ポンプ　　次項の F 型 H^+ ポンプと類似した複雑な構造をもつ. リソソームや液胞の膜にあり, 細胞質から外（実際は細胞小器官の内部）に H^+ を輸送し, 細胞小器官内部を酸性に保つ. 腎尿細管細胞などにも存在する.

　c. F型 H^+ ポンプ　　ミトコンドリア内膜や葉緑体のチラコイド膜にある H^+ ポンプで, 電気ポテンシャルをもつ H^+ の濃度勾配によって膜の外から内側に向かって流れる H^+ を駆動エネルギーとして触媒活性を発揮し, ADP と無機リン酸から ATP を合成する. **ATP 合成酵素**として機能する.

　d. ABC ファミリー輸送体　　多数の分子があり, スーパーファミリーを形成する. 他のポンプと異なり, 低分子物質を輸送する. 細菌では多くのものがこのポンプで取込まれる. 真核細胞では有害物質の排出に利用され, 薬物療法無効の原因になる.

23・9　細胞膜の流動性による物質の取込み: エンドサイトーシス

　膜を横切る輸送とは別に, 膜の流動性で物質を取込む機構がある（図 23・11）. 一般にエンドサイトーシスといい, 物質は小胞に包まれて細胞質に入る. 細胞など, 大きなものを取込む現象は**ファゴサイトーシス（食作用）**といい, マクロファージや好中球などの白血球が行う. 細胞は仮足（偽足）を伸ばして粒子を囲み, **ファゴソーム（食胞）**という大きな小胞を形成する. ファゴソームは**リソソーム**と融合してファゴリソソームとなり, 加水分解処理される（生体防御としての意義がある）. 細胞外巨大分子が受容体に結合してから取込まれる**受容体依存性エンドサイトーシス**では, 物質はクラスリン被覆小胞に包まれて細胞に入り, 初期エンドソームに達する（24 章参照）. **コレステロール**を含む低密度リポタンパク質（LDL, 肝臓から組織にコレステロールを運ぶ）はこの方式で取込まれる. 高密度リポタンパク質

23. 細胞膜と膜輸送

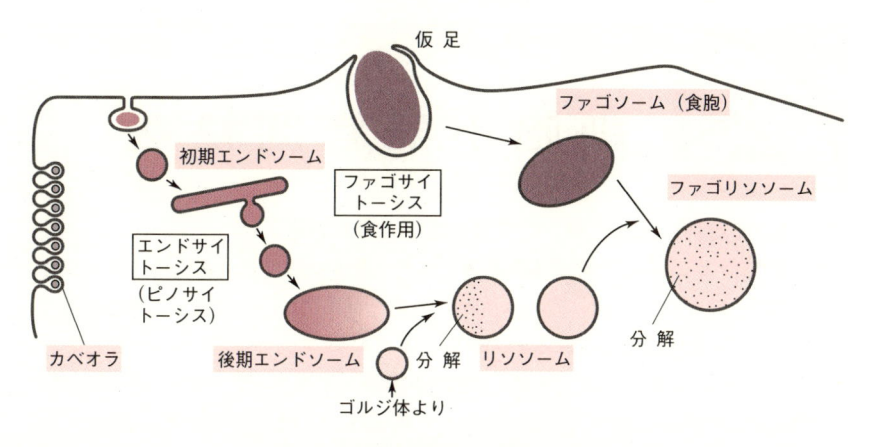

図 23・11　膜流動性による物質の取込み

（HDL）の取込みでは（肝細胞による血中コレステロールを回収），カベオリンでつくられる細胞膜の小さな貫入構造（**カベオラ**）がかかわる．後期エンドソーム→リソソームと移行した後，物質は加水分解処理されるが，コレステロールは排出される．エンドサイトーシスでは細胞表面受容体も回収されるが，この機構は受容体の不活化に効いている（**受容体の脱感作**）．

> **メモ 23・6　神経伝達物質の回収**
> 初期エンドソーム由来のシナプス小胞に包まれた神経伝達物質は，インパルスにより細胞外に放出されるが，これがエンドサイトーシスで回収され，初期エンドソームで一時保存される．

24 細胞小器官間輸送

24・1 小胞体に入ったタンパク質の運搬と小胞輸送

　14章で述べたように，翻訳後小胞体に移動したタンパク質は細胞外，ゴルジ体，エンドソーム，リソソーム/液胞（植物では液胞がリソソームに代わる機能をもつ）など，最終目的地に輸送されるが，そのいずれもがいったんゴルジ体へ輸送され，その後固有の運命をたどる（次節）．**細胞小器官**（オルガネラ）間あるいは膜間の物質輸送では，物質は膜で包まれた小さな（50 nm 以下）粒子，すなわち**小胞**（vesicle）に入って元の細胞小器官から出てから標的細胞小器官に達するが，この形式を**小胞輸送**という（図24・1）．小胞輸送では搬出側細胞小器官の一部が膨らみ，積荷タンパク質などが出芽によって小胞に入る．**積荷**（cargo）は小胞に入って移動し，**標的細胞小器官**（ターゲット）に接着後，膜の融合によって積荷がターゲット内に

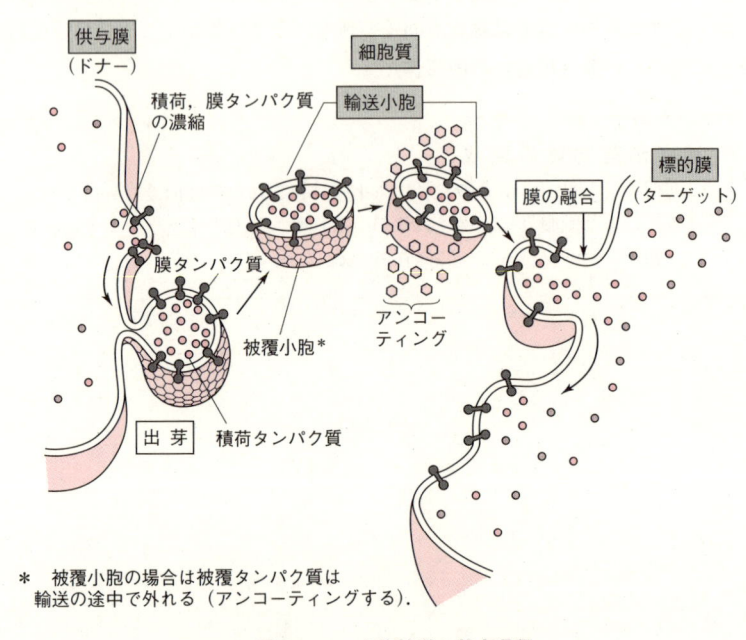

* 被覆小胞の場合は被覆タンパク質は
　輸送の途中で外れる（アンコーティングする）．

図 24・1　小胞輸送の基本過程

入る．小胞輸送を基本過程とする細胞小器官間の物質輸送と細胞小器官自身の変化を合わせて**メンブレントラフィック**とよぶ．

24・2　メンブレントラフィックの概要（図24・2）

　メンブレントラフィックの主要経路の一つは**小胞体**から**ゴルジ体**に向かう経路だが，逆送経路も存在する．ゴルジ体以降の経路の一つは，分泌顆粒や分泌小胞となって細胞膜にターゲットされ，細胞外（膜）に物質を輸送・分泌する**分泌/エキソサイトーシス経路**である．二つ目はゴルジ体から**後期エンドソーム**，そして**リソソーム**（植物では液胞）に向かう経路であり，後期エンドソーム−ゴルジ体間のトラフィックは双方向性である．エンドサイトーシスで細胞外から取込んだ物質は**初期エンドソーム**に保管され，あるものはそこから細胞膜に向けてのエキソサイトーシ

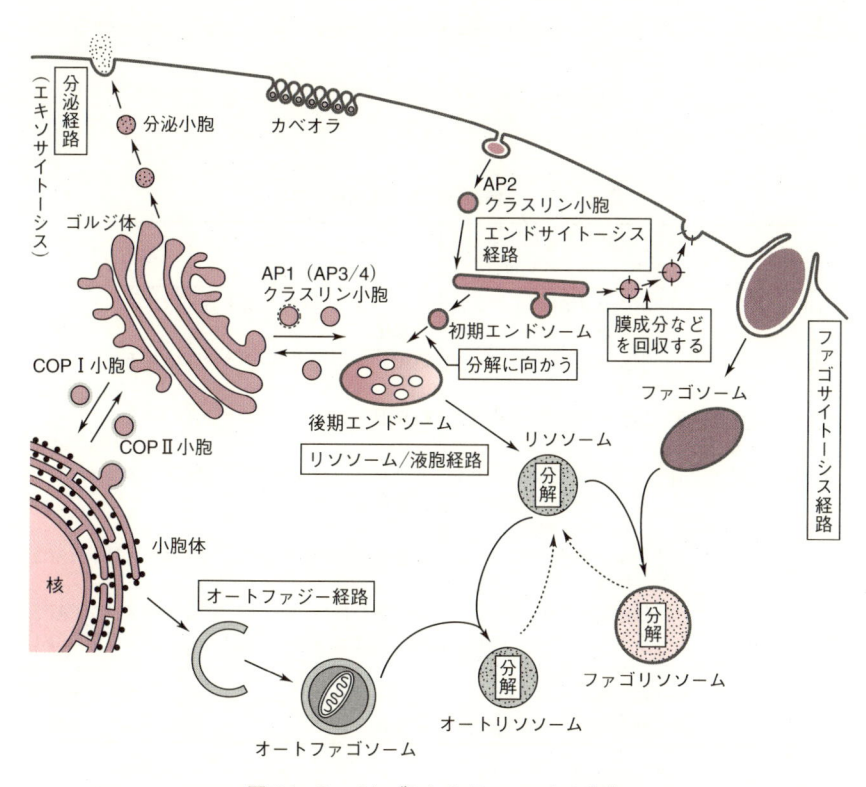

図 24・2　メンブレントラフィックの全容

スで戻されるが（膜タンパク質などの**再利用経路**），あるものは後期エンドソームに移行して分解される（**エンドサイトーシス経路**）．細胞質内の物質が膜に包まれて**オートファゴソーム**となり，リソソームと融合して分解される**オートファジー経路**もメンブレントラフィックの一つである．

24・3　小胞輸送における輸送方向の決定

小胞体に入った大部分のタンパク質は **COPⅡ小胞**（COP：コートタンパク質複合体）でゴルジ体に順輸送されるが，**COPⅠ小胞**によってゴルジ体から小胞体へ逆送もされる．小胞体にとどまったり逆輸送されるタンパク質のC末端にはKDEL配列などの**小胞体局在シグナル**が存在し，COPⅠ小胞にある被覆タンパク質複合体が受容体となる（表24・1）．小胞体への逆送輸送は小胞体への物質回収や，両細胞小器官間の物質の循環に必須である．小胞体からゴルジ体への順方向輸送シグナルも見いだされている．小胞は通常微小管上のモータータンパク質と相互作用し，微小管に沿って移動する．

表 24・1　小胞輸送における選別シグナル

シグナル配列[†]	シグナル配列をもつタンパク質	シグナルの受容体	取込む小胞
KDEL	小胞体内腔局在タンパク質	シスゴルジ膜のKDEL受容体	COPⅠ
KKXX	小胞体膜局在タンパク質	COPⅠのαとβサブユニット	COPⅠ
2個の酸性アミノ酸 (D-X-Eなど)	小胞体膜内在性積荷タンパク質	COPⅡ Sec24サブユニット	COPⅡ
マンノース6-リン酸	シスゴルジでプロセシングされた可溶性リソソーム酵素	トランスゴルジ膜のM6P受容体	クラスリン/AP1
	分泌されたリソソーム酵素	細胞膜のM6P受容体	クラスリン/AP2
NPXY	細胞膜のLDL受容体	AP2複合体	クラスリン/AP2
YXXΦ	トランスゴルジの膜タンパク質	AP1（μ1サブユニット）	クラスリン/AP1
	細胞膜タンパク質	AP2（μ2サブユニット）	クラスリン/AP2
LL	細胞膜タンパク質	AP2複合体	クラスリン/AP2

[†]　Xはどのアミノ酸でもよく，Φは疎水性のアミノ酸．アミノ酸は一文字表記されている（K: リシン，D: アスパラギン酸，E: グルタミン酸，L: ロイシン，N: アスパラギン，P: プロリン，Y: チロシン）．

24・4 被覆タンパク質，小胞の形成と移動

　表面がタンパク質に覆われている**被覆小胞**というものがあるが，これには細胞外から初期エンドソーム，あるいはトランスゴルジ網から後期エンドソームに向かう**クラスリン被覆小胞**（図24・3）と，小胞体-ゴルジ体間輸送にかかわる **COP I 小胞/COP II 小胞**がある．被覆小胞形成では，まず目的タンパク質が供与膜（ドナー膜）の局所で選別・濃縮され，そこから小胞の芽が出るが，このとき被覆タンパク質などの集合が起こり，芽を切断して小胞を放出する．被覆小胞の形成には低分子量GTP結合タンパク質（**低分子量Gタンパク質**）の一種である **ADP リボシル化因子**（Arf と Sar1）と **Rab タンパク質**ファミリーの働きが必要である．これらは被覆タンパク質と結合するアダプタータンパク質を制御し，膜内に輸送小胞の出芽に必要な足場をつくる．この過程には，積荷や標的に応じて特異的なものが使われる．

　トランスゴルジ網でのクラスリン被覆小胞形成にはクラスリンとGタンパク質Arf1 および複数の**アダプタータンパク質**が関与し，**クラスリン**はサッカーボール状の球面構造をつくり，膜が流動して出芽が起こる．初期エンドソームに向かうクラスリン被覆小胞が細胞膜で形成される場合，アダプタータンパク質および低分子量Gタンパク質の**ダイナミン**が使われる．COP II 小胞では低分子量Gタンパク質として **Sar1** が，COP I 小胞では **Arf** が使われる．トランスゴルジ網からクラスリン被覆小胞でリソソームに輸送される小胞の積荷タンパク質にはマンノース6-リン酸が付いており，積荷タンパク質は膜貫通型マンノース6-リン酸受容体を介して膜に結合し，小胞表面のクラスリンはアダプタータンパク質を介してこの受容体と結合する．

24・5 輸送小胞と膜の融合

　輸送小胞は特定の標的の膜との間で融合を起こし，積荷を標的に届ける．膜融合にかかわるタンパク質として **NSF**（N-エチルマレイミド感受性因子）を膜に結合させる SNAP（soluble NSF attachment protein）があるが，SNAP の受容体の **SNARE** がそのC末端で膜と特異的に結合し，融合にかかわる．小胞側の SNARE を **v-SNARE**，標的膜側のものを **t-SNARE** といい（シンタキシンなど），それぞれ多くの種類が存在する．融合のみならず，輸送小胞の形成や運搬にも低分子量Gタンパク質の **Rab** が関与する（表24・2，図24・4）が，Rab は C末端のゲラニルゲラニルというイソプレニル脂質で膜と結合する．

(a) クラスリンの会合

クラスリントリスケリオン

クラスリン
重鎖
軽鎖

クラスリン被覆小胞

(b) クラスリン被覆小胞の形成

ゴルジ体→エンドソーム

リソームタンパク質
トランスゴルジ網の内腔
マンノース6-リン酸
マンノース6-リン酸受容体
アダプタータンパク質〔AP1（AP3, AP4）〕
↓
出芽
↓
アンコーティング
↓
後期エンドソーム

エンドサイトーシス経路

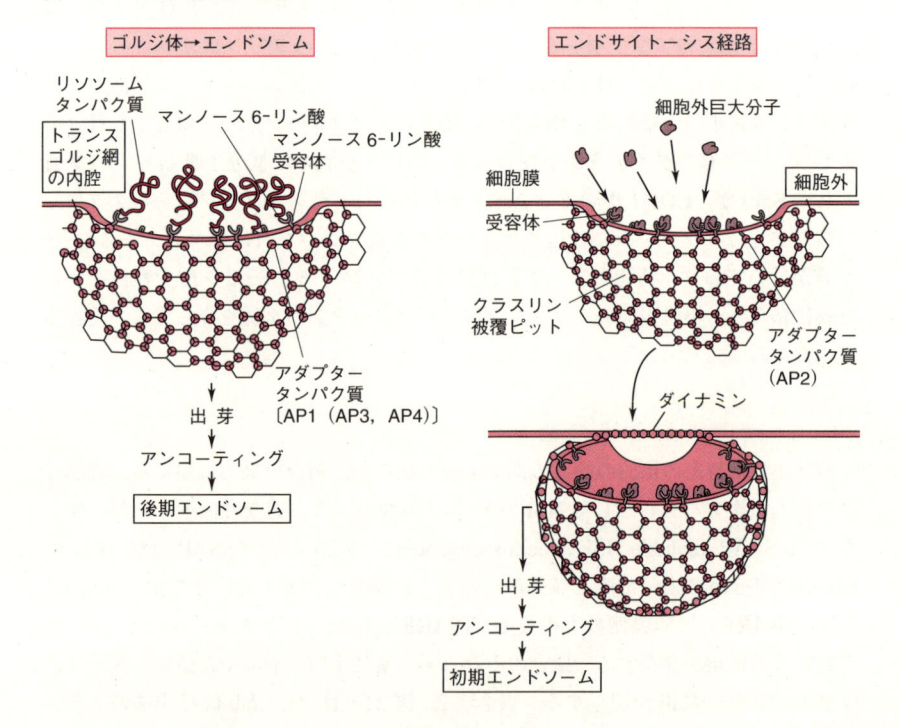

細胞外巨大分子
細胞膜
受容体
細胞外
クラスリン被覆ピット
アダプタータンパク質（AP2）
ダイナミン
↓
出芽
↓
アンコーティング
↓
初期エンドソーム

図24・3　クラスリン被覆小胞　[G.M. クーパー（2007）]

24. 細胞小器官間輸送

表 24・2　Rab GTPase 結合タンパク質

輸送段階	関与する Rab
エキソサイトーシス経路	Rab1, Rab2, Rab6, Rab11
エンドサイトーシス経路	Rab4, Rab5, Rab15, Rab17, Rab18
その他　　分泌顆粒のエキソサイトーシス　　後期エンドソームからゴルジ体へ	Rab8　Rab9, Rab11

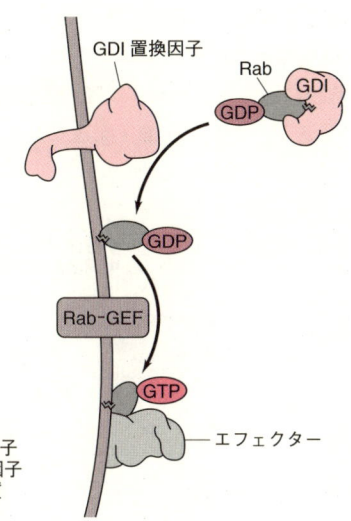

GDI: GDP 解離抑制因子
GEF: グアニンヌクレオチド交換因子
NSF: N-エチルマレイミド感受性因子
SNAP: 可溶性 NSF 付着タンパク質
SNARE: SNAP 受容体

図 24・4　膜融合の過程（Rab の膜取込み機構）
［G. M. クーパー（2007）］

メモ 24・1　ウイルスによる膜融合の促進

インフルエンザウイルスやセンダイウイルスなどのウイルス表面タンパク質（**血球凝集素: HA**）は細胞膜と結合するので，接近した細胞間で作用すると膜を引き寄せ融合させる．センダイウイルスは細胞融合に使用される．

24・6　ゴルジ体の構造と機能

ゴルジ体は核に隣接した，膜で包まれた複数の扁平な袋（嚢）と周囲の小胞から構成される（図24・5）．ゴルジ体の位置は微小管を束ねる**中心体**と一致するが，層状構造は中心体に向かう逆行性モータータンパク質のダイニンがゴルジ体を送ることで維持される．ゴルジ体は極性があり，核に近い側の槽を**シス**，中間部を**メディアル**，外側を**トランス**といい，物質はシス側からトランス側に移動する．シスとトランスの最外層はしばしば複雑な網目状構造をとり，**シスゴルジ網**，**トランスゴルジ網**といわれる．タンパク質はゴルジ体を通過する間に**糖付加**（N **結合型糖鎖**．リソソームに向かうものは**リン酸化マンノース**が多数結合する），リン酸化などの修飾を受けて成熟する．合成直後小胞体に入ったタンパク質はゴルジ体に輸送され，さらにゴルジ体は小胞体との間や後期エンドソームとの間で双方向輸送を行ったり，分泌小胞を細胞膜に送る（ゴルジ体以降の器官決定ではトランスゴルジ網は特に重要）．ゴルジ体はタンパク質の修飾・配送センターとしての働きをもつ．

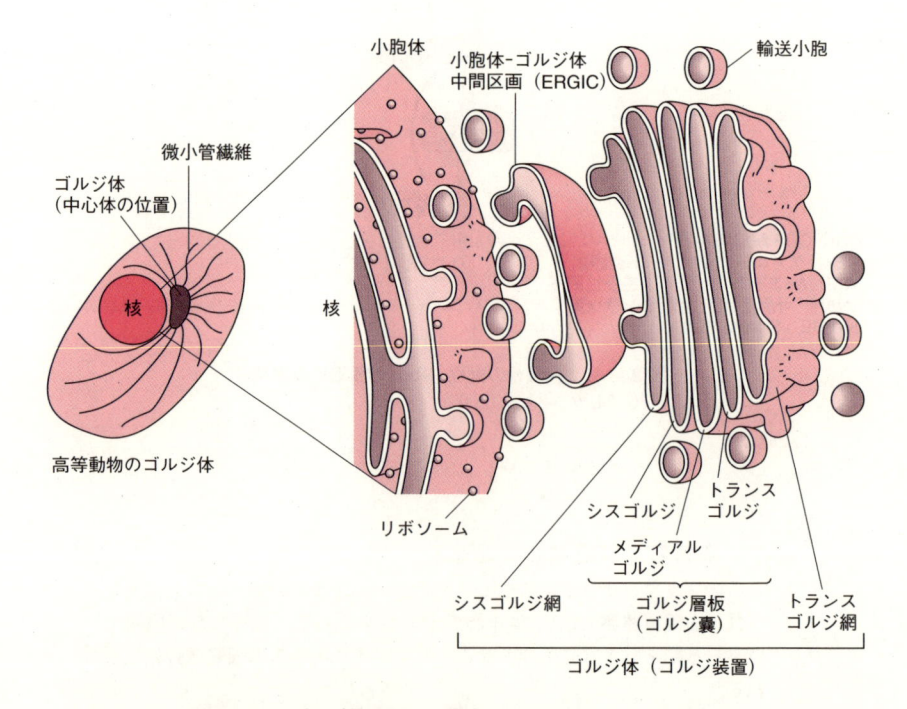

図24・5　ゴルジ体の部位と構造　［G. M. クーパー（2007）］

> **メモ 24·2 ゴルジ体内輸送メカニズム**
>
> 以前,物質は各槽間の小胞輸送で運ばれると考えられていた（小胞輸送モデル.図24·6a）が,現在ではタンパク質は各槽にとどまり,槽自身がトランス側に移動するという**槽成熟モデル**（図24·6b）が支持されている（逆送される物質は小胞輸送で運ばれる）.
>
> (a) 小胞輸送モデル　　(b) 槽成熟モデル*
>
> ＊ こちらのモデルが支持されている.
>
> **図 24·6　ゴルジ体は成熟しながらトランス側に移動する**

> **メモ 24·3 他の生物のゴルジ体**
>
> 出芽酵母のゴルジ体は単層で細胞質内に多数分散して存在する.他の酵母（*Pichia*）,高等植物,無脊椎動物では層状構造をとるが,複数存在する.

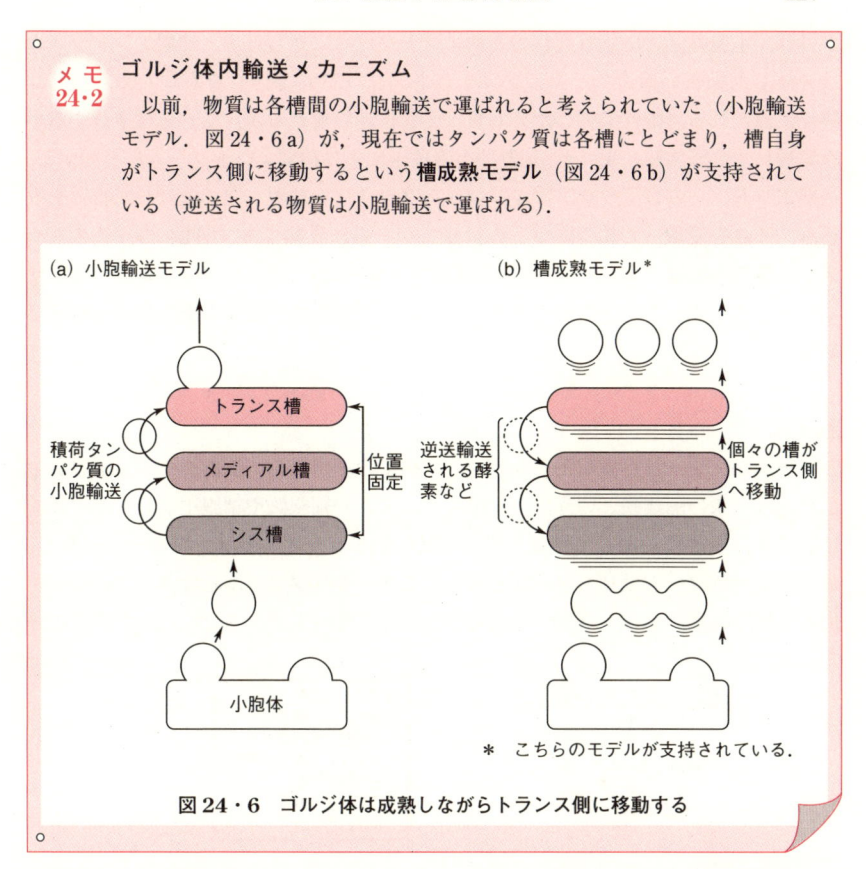

24·7　エンドソームとリソソーム

ピノサイトーシスなどの**エンドサイトーシス**（23章参照）で,細胞外巨大分子は**クラスリン被覆小胞**に包まれて細胞内に入る.この場合,分子は細胞表面の受容体と相互作用するが,この部分はクラスリンが集まって凹んだ構造（**クラスリンピット**）となる.ピットは内側に出芽し,Gタンパク質であるダイナミンの働きで口が閉じられ,クラスリン被覆小胞となって細胞に入る.クラスリン被覆小胞から被覆

が外れ，小胞輸送で細胞膜近傍の初期エンドソームに送られる．**初期エンドソーム**は分岐した細長い構造で，膜にプロトンポンプ（23章参照）をもつため，内部は酸性に保たれる．酸性条件のため基質は受容体から離れるが，受容体は逆行する小胞輸送により細胞膜に戻され，基質は小胞輸送により後期エンドソームに移動する．**後期エンドソーム**はトランスゴルジ網からクラスリン被覆小胞で運ばれた物質を取込み，これを受取った**エンドソーム**は**リソソーム**に成熟する（図 24・7．このクラスリン被覆小胞はマンノース 6-リン酸をマーカーにもつ）．リソソームはエンドサイトーシスやオートファジー（次節）で取込んだ物質を分解する**細胞内消化器官**である．

24・8 オートファジー

オートファジーは**自食作用**ともいい，すべての細胞がもつ機能である．細胞質中に小胞体由来の隔離膜という構造が出現し，これが細胞質や細胞小器官を非選択的に取込み，隔離膜が閉じて細胞質が二重膜に包まれた**オートファゴソーム**となる．オートファゴソームはリソソームと融合して**オートリソソーム**となり，内部物質が加水分解される（オートファジーに対し，ファゴサイトーシスで取込んだ物質の分

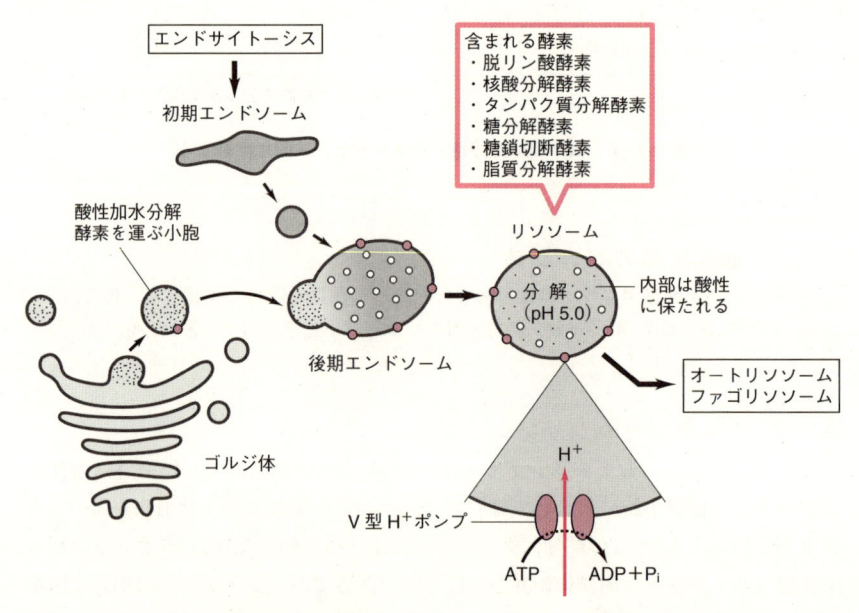

図 24・7 後期エンドソーム−リソソーム経路

解を**エキソファジー**という場合がある)．オートファジーは細胞が飢餓に陥ったとき，自身の成分を分解・再利用する機構だが，守りきれない場合，自己融解を起こし細胞死に向かう．リソソームの代わりに巨大な液胞をもつ酵母や植物のオートファジーは，見かけ上オートファゴソームが液胞に取込まれる．

25 核

　真核生物は"核膜で包まれた核をもつ"ことで定義される．**核**はゲノムを含み，細胞の管理センターとして働き，機能的には細胞周期を通して転写を行い，S期では複製も行う．核は物理的にゲノムと細胞質を隔てるという役割がある一方，核機能にかかわる物質を核膜を隔てて輸送する．

25・1 核膜の構造と機能

　核は**内膜**と**外膜**という二重の膜からなる**核膜**で包まれている（図25・1）．外膜は小胞体と連絡し，リボソームが付着するなど，機能的に小胞体に類似する．特異タンパク質を含む内膜は網目状の**核ラミナ**で裏打ちされている．内膜はいくつかのタンパク質（エメリン，ラミンB受容体など）を介してラミナに付着し，ラミナ

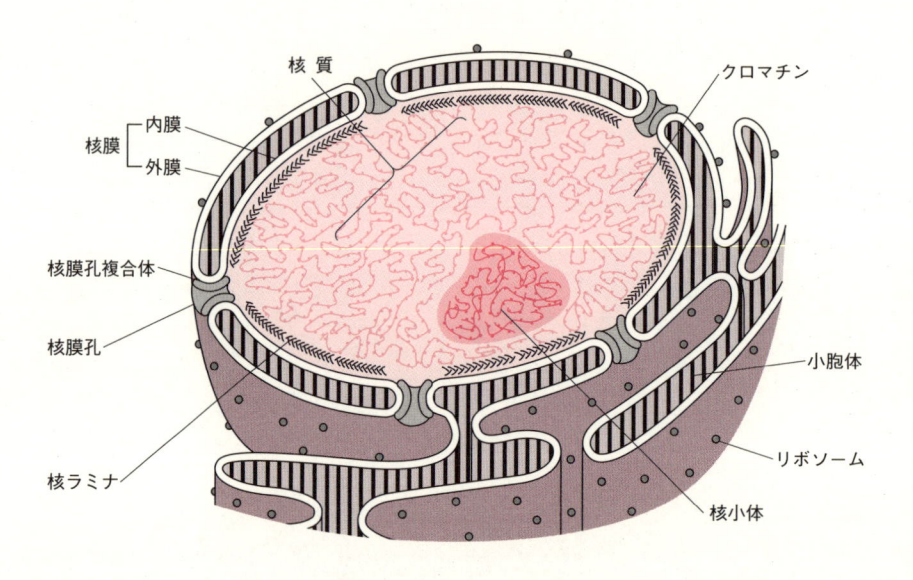

図25・1　核構造の模式図

はクロマチン上のヒストン（H2AやH2B）と結合する．ラミナの主成分は繊維状タンパク質の**ラミン**で，コイルドコイル構造で二量体となったラミンが縦列に重合したものが，二次元的に絡み合って網目状構造をつくる．低分子の脂質など少数のものを除き，ほとんどの物質は核膜を通ることができない．核と細胞質との物質連絡は核に 3000〜4000 個存在する唯一のチャネルである**核膜孔（核孔）**を通じて選択的かつ能動的に行われる．

25・2 核膜孔複合体の構造

核膜孔には**核膜孔複合体（核孔複合体）**といわれる直系 120 nm のチャネル状の巨大複合体（125 MDa）があるが，その成分は 30 種類以上の**ヌクレオポリン**とよばれるタンパク質である（図 25・2）．核膜孔複合体は核機能に必要なタンパク質や RNA を取込み，細胞質機能に必要なものや核で不要になったものを核外へ輸出する．低分子物質や 20〜40 kDa 以下の一部のタンパク質は比較的自由にチャネルを受動的に通過するが，巨大分子（RNA と大部分のタンパク質）はエネルギーを必要とする能動輸送で運ばれる．核膜孔複合体は 8 回転対称構造をとる．環状構造の複合体の周囲には 8 個のスポークがあり，各スポークは 4 種のリングで結ばれている．核質側のリングには特徴的なかご状構造体（**核バスケット**）が結合している．環状に並んだスポークの内部には中央輸送体（チャネル）がある．

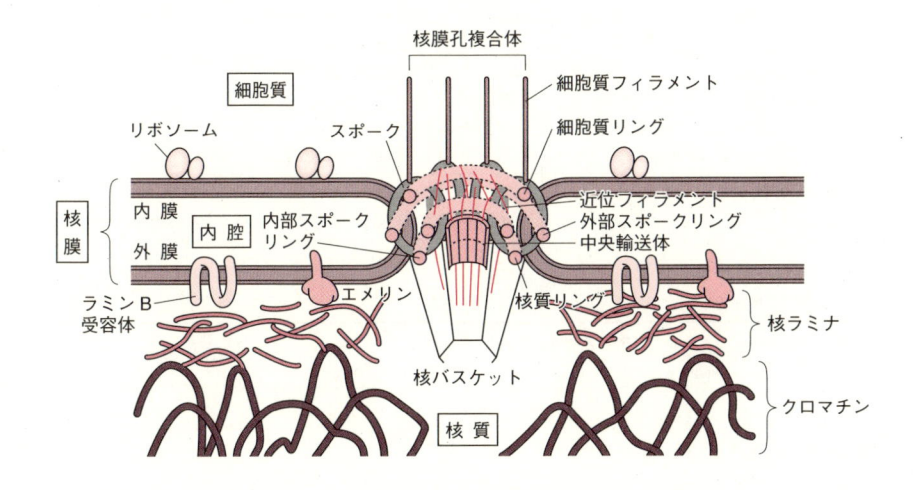

図 25・2 核膜孔複合体と核ラミナ

25・3 輸送シグナルと受容体

転写因子，スプライシング因子など，核で働くタンパク質は核膜孔複合体を通って核に選択的に輸送されるが，このようなタンパク質の多くは分子内に**核局在化シグナル（NLS，核移行シグナル）**といわれる特徴的アミノ酸配列をもつ．NLS ははじめ SV40 T 抗原で塩基性アミノ酸に富む配列（PKKRKV）として見つかったが，これまで見いだされた多くの NLS も塩基性に富む比較的短い配列である．二つの塩基性部分が少し離れて存在する**二極性核局在化シグナル**というものもあるが，これらとはまったく別の構造をもつ非典型的シグナルも知られている．核外輸出されるタンパク質には**核外輸送シグナル（NES）**が存在する．NES にはいくつかのクラスがあり，あるものはロイシンに富む配列をもつ．核局在化シグナルや核外輸送シグナルは核輸送受容体により認識されるが，受容体タンパク質の多くは**カリオフェリンタンパク質ファミリー**に属する（表25・1）．核輸送受容体のうち高分子の細胞質から核への輸送に関与するものを**インポーチン**，核から細胞質への輸送に関与するものを**エクスポーチン**という（積荷タンパク質によりインポーチンになったりエクスポーチンになったりするものもある）．

表25・1 カリオフェリンファミリータンパク質とその基質

カリオフェリン	基　質
核内への輸送	
Kapα/Kapβ1 ヘテロ二量体	塩基性アミノ酸をもつ NLS をもつタンパク質
snurportin/Kapβ1	snRNP (u1, u2, u4, u5)
Kapβ1	CDK-サイクリン複合体
Kapβ2（トランスポーチン）	mRNA 結合タンパク質
	リボソームタンパク質
インポーチン 7/Kapβ1	ヒストン H1，リボソームタンパク質
核外への輸送	
Crm1	ロイシンに富む NES をもつタンパク質，snurportin
CAS	Kapα
エクスポーチン t	tRNA
エクスポーチン 4	伸長因子 5A

NLS：核局在化シグナル，NES：核外輸送シグナル

25・4 RNA の核輸送

RNA は原則的に細胞質から核へ核膜孔複合体を通って能動輸送され，mRNA，tRNA，rRNA の核外輸送はタンパク質合成という観点において重要である．tRNA，

―― コラム 21 ――

核輸送制御機構

　核膜孔を介する巨大分子の輸送には低分子量 GTP 結合タンパク質（低分子量 G タンパク質）の **Ran** によって制御されるが，Ran も他の G タンパク質と同じように活性のある GTP 結合型と，不活性な GDP 結合型がある（27 章参照）．核移行の場合，移行するタンパク質（積荷）はインポーチンと結合し，核膜孔複合体と相互作用しながらチャネルを通って核に入る．核外輸送の場合，細胞質から核内に入ったエクスポーチンは Ran/GTP とともに NES をもった積荷と結合し，この複合体が核膜孔を通って細胞質に出る．

メモ 25·1　核タンパク質核移行の制御

　対象タンパク質の NLS をタンパク質/ペプチド鎖が覆うことにより，タンパク質を細胞質にとどまらせ，覆っている部分を分解あるいは除去することによって核移行させるという制御の例が転写調節因子（たとえば，NF-κB）などで知られている（図 25·3）．

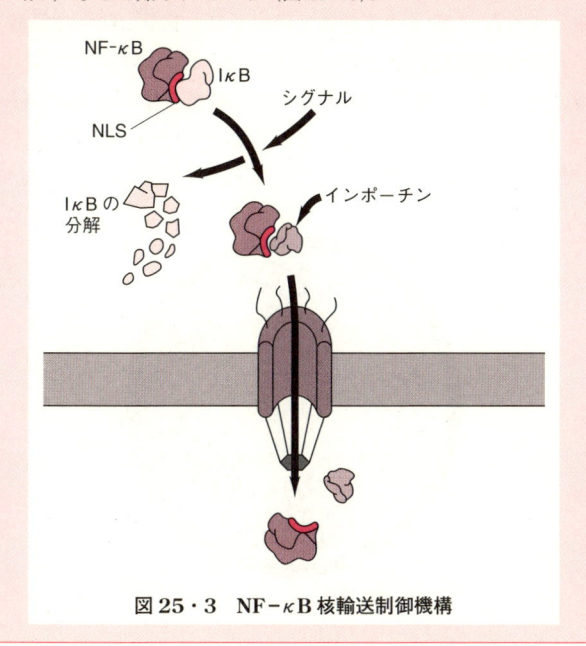

図 25·3　NF-κB 核輸送制御機構

rRNA, snRNA（核内低分子 RNA）はある種のインポーチン/エクスポーチンにより Ran/GTP 依存的に輸送されるが，mRNA は **mRNA エクスポーター**というタンパク質複合体により Ran 非依存的に輸送される．大部分の RNA はタンパク質と結合した**リボ核タンパク質（RNP）**という状態で核膜孔を通過する．rRNA は核内でリボソームタンパク質と結合して 60S と 40S リボソームサブユニット（動物細胞の場合）となり，細胞質に移送された後でリボソームに組立てられる．核で働く snRNA はいったん細胞質に出て，そこでタンパク質と結合し，RNP となって核に戻る．

25・5 核の内部

核内部は核ラミナから伸びるラミンで網目状構造を形成しているため，クロマチンや RNA は自由に動き回ることはできない．事実，クロマチンはラミンとゆるく結合している．DNase や塩で処理してもなお残る不溶性画分は核質内で核マトリックスを形成し，そこがクロマチンや多くのタンパク質の結合する足場となるという仮説がある〔DNA に**スカフォールド（足場）結合領域（SAR）**や**マトリックス結合領域（MAR）**という配列があると考えられている〕．間期細胞のクロマチンは核質に一様に分布しておらず，個々の染色体は限局された部分（**染色体領域**）に局在し，さらに多くの部分で核膜に結合している（図 25・4）．核内には特定の機能をもつ DNA 領域や特定のタンパク質が濃縮されている**核構造体**（nuclear body）が存在し，多くは遺伝子発現調節に関連する．これらの中で最も典型的なものは**核小体**（nucleolus）で，核に 1 個〜数個存在する．核小体では rRNA 前駆体が転写される．

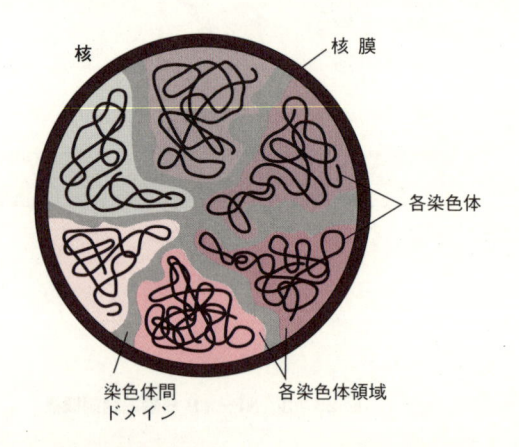

図 25・4　染色体は核内の一定のドメインに収納されている

26 細胞骨格と細胞運動

26・1 細胞骨格タンパク質

真核細胞は**細胞骨格タンパク質**によって形が維持され,さらにその上を動く**モータータンパク質**によってさまざまな運動が起こり,顕微鏡で見られるほぼすべての運動にこれらの分子がかかわる.真核細胞に普遍的な細胞骨格タンパク質としては**アクチンフィラメント**(**ミクロフィラメント**)と**微小管**があり,動物細胞にはこのほか**中間径フィラメント**が存在する(表26・1).アクチンフィラメントと微小管は,単位分子の規則的集合と脱重合によって細胞骨格としての挙動を支配するとともに,モータータンパク質が付着する運動発生の場にもなる.

表 26・1 3 種類の細胞骨格タンパク質

繊維	太さ〔nm〕	形状	構成タンパク質	モータータンパク質との作用
アクチンフィラメント	7	二重らせん	アクチン	あり
微小管	25	管状	$\alpha\beta$チューブリン二重体	あり
中間径フィラメント	8〜11	ひも状	ケラチン,ビメンチン,ラミンなど	なし

26・2 アクチンフィラメント

直径 7 nm の主要細胞骨格タンパク質で,束化や三次元ネットワーク形成することにより細胞の機械的支持体となる(生物は複数のアクチン遺伝子をもつ).アクチン単量体は 43 kDa の球状タンパク質〔**G**(**球状**)**アクチン**〕だが,生理的塩濃度では同じ方向を向いて結合し,重合して二重らせん構造をとる〔**F**(**繊維状**)**アクチン**〕.F アクチンには極性があり,重合の速い方を**反矢じり端**(**プラス端**),遅い方を**矢じり端**(**マイナス端**)といい,ATP は重合速度を高める(ただし ATP は重合の必須要素ではない).ATP 結合アクチン単量体は重合後 ADP 結合型となる.重合は可逆的なので,あるアクチン濃度では重合と脱重合が平衡化する(図 26・1).そのため,あるアクチン濃度で ATP があるとき,矢じり端で解離した ADP 結合アクチンが ATP 結合型になり,それが反矢じり端に結合し,アクチンフィラメント

(a) アクチンの重合と脱重合

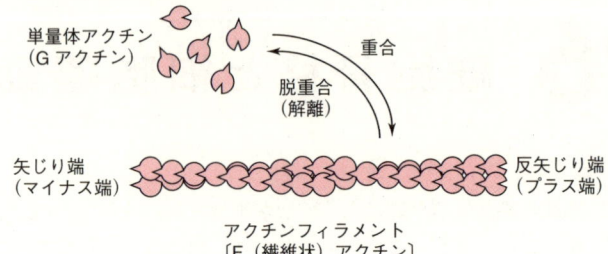

(b) トレッドミルにおける ATP の役割

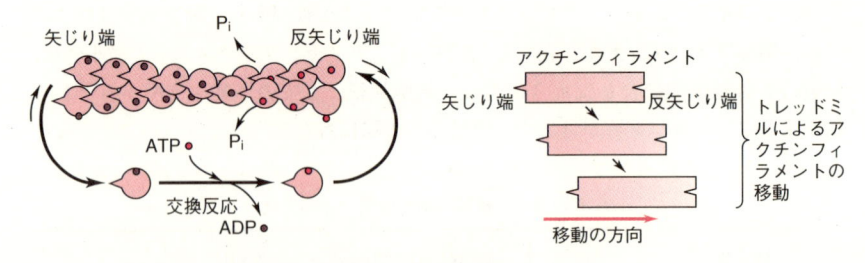

図 26・1　アクチンフィラメントの形成と解体 [G. M. クーパー (2007)]

が長さを変えずに反矢じり端側に移動する現象，**トレッドミル**が起こる．この現象は細胞突起形成や細胞運動に関与する．

26・3　アクチンフィラメントの制御と組織化

　細胞内には多くの**アクチン結合タンパク質**が存在し，アクチンフィラメントの安定化や不安定化，架橋やタンパク質結合，フィラメントの脱重合や重合促進などにかかわる（表 26・2）．**フォルミン**と **Arp2/3** はそれぞれフィラメントの反矢じり端と矢じり端に結合して重合の核となる（Arp2/3 は枝分かれ構造の起点となる．図 26・2）．繊維状タンパク質**トロポミオシン**はアクチンフィラメントに並行に結合してフィラメントを安定化する．**CapZ** と**トロポモジュリン**はおのおのフィラメントの反矢じり端と矢じり端に結合し，それぞれフィラメントの重合と脱重合を抑える．

　フィラメント不安定化要因のうち，脱重合を促進するものとして **ADF/コフィリン**，切断するものに**ゲルゾリン**や**フラグミン**がある．**プロフィリン**は ADP 結合型アクチンの ATP 結合型への変換を促進することにより，ADF/コフィリンと拮

26. 細胞骨格と細胞運動

表 26・2 アクチン結合タンパク質の機能

機　能	該当するタンパク質
フィラメントの形成開始	フォルミン，Arp2/3
フィラメントの安定化	ネブリン，トロポミオシン
先端のキャッピング，安定化	CapZ，トロポモジュリン
フィラメントの脱重合，切断	ADF/コフィリン，ゲルゾリン，チモシン，フラグミン
Gアクチンと結合	プロフィリン，ツインフィリン
フィラメントの架橋	αアクチニン，フィラミン，フィンブリン，ビリン，（フォドリン，）ファッシン
アクチンフィラメントとともに，他のタンパク質とも結合（§26・4）	α-カテニン，ジストロフィン，スペクトリン，テーリン，ビンキュリン，フォドリン

(a) フォルミンによるアクチン重合の開始

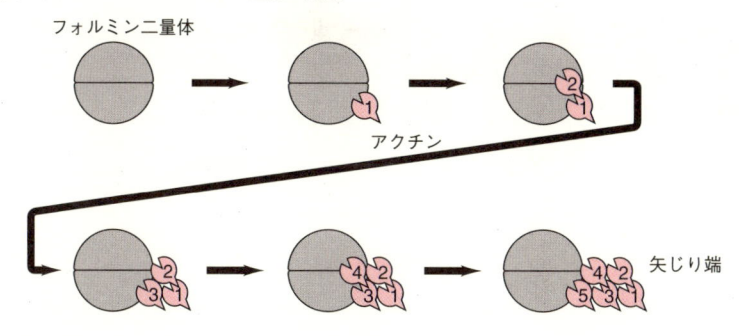

フォルミン二量体

アクチン

矢じり端

(b) Arp2/3によるアクチンフィラメントの枝分かれ開始

アクチンフィラメント

反矢じり端

Arp2/3

フィラメント伸長の方向

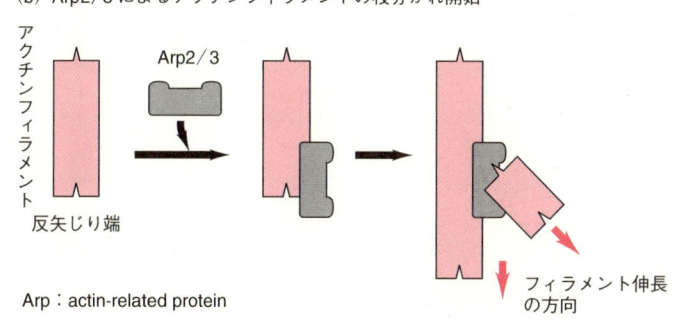

Arp：actin-related protein

図 26・2 アクチン重合の開始

抗する.

　細胞内で起こるアクチンフィラメントの束化やネットワーク形成などの組織化には，それぞれ**αアクチニン**や**フィンブリン**や**ビリン**，そして**フィラミン**などがかかわる（図26・3）.

　フィンブリンは密な並行束をつくるが，αアクチニンは間隔の広い（ミオシンが結合できる）収縮可能な収縮束をつくる．フィラミンのかかわるネットワークは，細胞膜を裏打ちして細胞表面を支える．

(a) アクチンフィラメントの束化
(b) アクチンネットワークの形成

アクチンフィラメント
フィンブリン
αアクチニン
フィラミン二量体

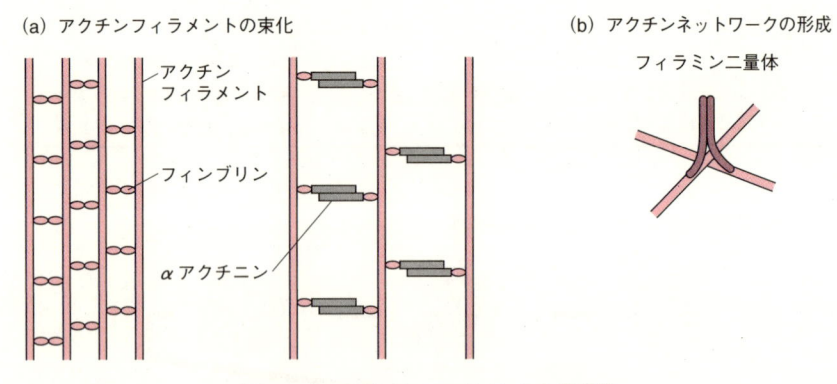

図26・3　アクチンフィラメントの組織化

26・4　アクチンフィラメントの局在と機能

　アクチンフィラメントの大部分は動物細胞では細胞表面のストレスファイバーとなって細胞表面に張力を与え，ストレスファイバーの端はフォーカルアドヒージョ

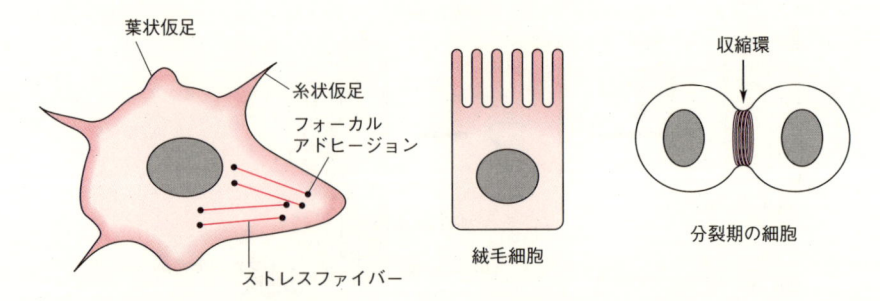

葉状仮足
糸状仮足
フォーカルアドヒージョン
ストレスファイバー
絨毛細胞
収縮環
分裂期の細胞

図26・4　細胞内のアクチンフィラメント局在部位　赤い部分がアクチンフィラメントが濃縮している部位．

ン (22章参照) に連絡している (アクチンフィラメントは接着結合とも連絡している. 図26・4). 赤血球膜の内側には**繊維タンパク質スペクトリン**が存在するが, ここにアクチンフィラメントが結合してスペクトリン-アクチンネットワークが形成する. ネットワークは**アンキリン**やバンド4.1タンパク質を介して膜貫通型タンパク質と結合している.

類似の構造は他の細胞でもみられ, スペクトリンの代わりに**フォドリン**が, 筋細胞では**ジストロフィン**が, アクチンフィラメントを膜貫通型タンパク質に結合させる. 腸上皮や音感覚細胞の微絨毛の内部には反矢じり端側に伸びた多数のアクチンフィラメントがあり, フィラメントは**ビリン**(腸絨毛の場合)やフィンブリンで架橋されている.

アクチンは**仮足**〔**偽足**ともいう. **糸状仮足**と**葉状(膜状)仮足**がある〕を使った細胞運動(アメーバ運動など)や, 神経軸索伸長にもかかわり, また動物細胞の細胞分裂で細胞質分裂部分に出現する収縮環(アクチンフィラメントとミオシンIIからなる)の働きにも関与する.

26・5 微小管とそのダイナミズム

微小管は直径25 nmの中空の棒状構造体で, 55 kDaの球状タンパク質であるαチューブリンとβチューブリンのヘテロ二量体が重合した構造をもつ. 微小管はこのヘテロ二量体が連結した**プロトフィラメント**が13個平行に並んだ管状構造をとっている(図26・5). アクチンフィラメントと同様に速く重合する**プラス端**と遅く重合する**マイナス端**という極性があるが, 脱重合もするため, 微小管は形成と解体のサイクルを繰返す.

チューブリンはGTP結合型(βチューブリンと結合)となって重合が促進され, GDP結合型だと結合性が低下する. GTP結合型チューブリンは重合後にGDP結合型に加水分解されるので, あるチューブリン濃度ではプラス端で重合が起こり, マイナス端で脱重合が起こるという**トレッドミル**がみられる. 高濃度のGTP結合型チューブリン存在下ではプラス端(**GTPキャップ**)に付加されつづけるが, 付加されても加水分解されるまで時間がかかる. やがてGTP結合型チューブリン濃度が低下すると, 付加されたGTP結合型チューブリンがGDP結合型に変換されてGTPキャップがなくなり, チューブリンが解離する. 微小管のプラス端がこのように伸長と短縮を交互に繰返す現象を**動的不安定性**といい, 細胞分裂時の細胞骨格の再構成にとって重要である.

(a) 微小管の構造

βチューブリン　αチューブリン

14 nm　25 nm

(b) トレッドミルとGTPの役割

GDP　Pi　GTP

マイナス端　プラス端

αチューブリン
βチューブリン

(c) 微小管のプラス端でみられる動的不安定性

(i) 高濃度GTP

GTPキャップ
Pi
GDP ↓GTP

伸長　チューブリン二量体

(ii) 低濃度GTP

GTPキャップ
Pi

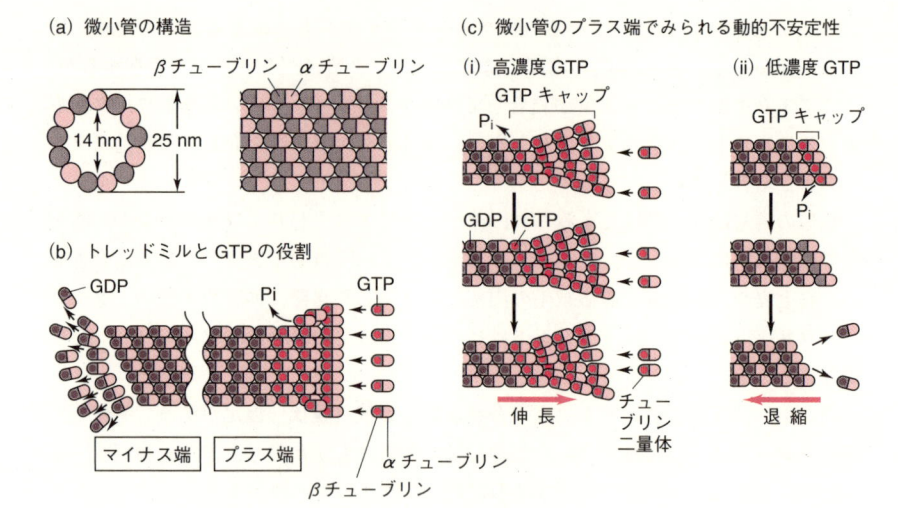

退縮

図 26・5　微小管の構造と重合/解体のダイナミズム

> **メモ 26・1　微小管に結合する薬剤**
>
> コルヒチンとコルセミドは微小管の重合を阻害し，細胞分裂を阻害するので，がん治療薬として，また種なしスイカ作成にも使用される．**タキソール**は逆に微小管を安定化し，それによって細胞分裂を阻害する．

26・6　細胞内における微小管形成

　微小管は間期の動物細胞では中心体から周囲に伸びているが，細胞分裂中は複製した中心体から伸びて**紡錘体**を形成する（19章参照）．植物細胞は中心体をもたず，微小管は核から伸びる．**中心体**は微小管伸張の起点となるが，鍵となる物質は γ チューブリンである．中心体（実際には中心小体の周りにある中心小体周辺物質）は**微小管形成中心**となり，そこにある γ チューブリンに α/β チューブリンが結合し，プラス端が外側に向かって伸びる（図 26・6）．

　微小管の動的不安定性は種々の**微小管結合タンパク質 MAP**（**MAP1**，**MAP2**，**タウ**など）で調節される（MAP機能はリン酸化で制御される）．ニューロンの軸索や樹状突起にある微小管は突起の根元で途切れ，中心体とは結合していない．いずれも外側がプラス端となっているが，樹状突起には逆向きの微小管も存在する．

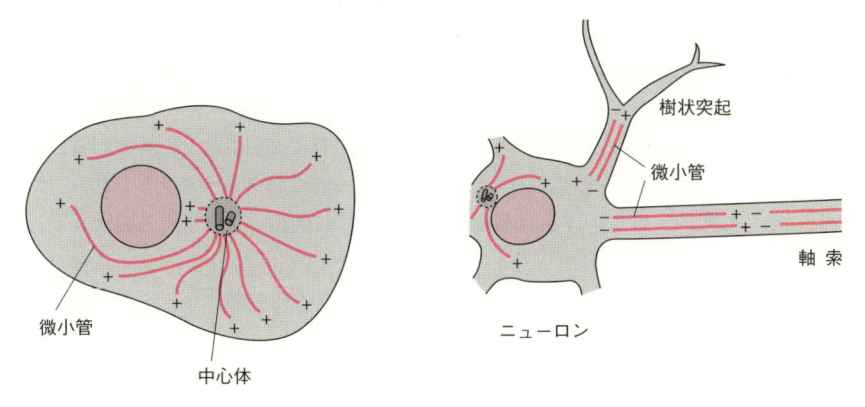

図26・6 細胞内の微小管

MAPはこのような複雑な微小管の組織化にもかかわる．繊毛などの運動性繊維の内部にも微小管が存在する．

26・7 中間径フィラメント

中間径フィラメントは種々の細胞に存在する直径10 nmのフィラメントの総称．中央部に長いαヘリックス構造をもつ50〜60 kDa程度の繊維状タンパク質で，複数のクラスに分類される（表26・3）．**ケラチン**はⅠ型とⅡ型に分けられるが，表皮細胞のほか，髪や爪にも含まれる．Ⅲ型には繊維芽細胞，平滑筋細胞，白血球に存在する**ビメンチン**，筋細胞に多い**デスミン**がある．Ⅳ型にはニューロフィラメン

表26・3 中間径フィラメント

タイプ	タンパク質	発現部位
Ⅰ	酸性ケラチン（複数）	表皮細胞
Ⅱ	中性〜塩基性ケラチン（複数）	表皮細胞
Ⅲ	ビメンチン	繊維芽細胞，白血球 ほか
	デスミン	筋細胞
	GFAP（グリア細胞繊維性酸性タンパク質）	グリア細胞
	ペリフェリン	末梢神経細胞
Ⅳ	ニューロフィラメント	神経細胞
	αインターネキシン	神経細胞
Ⅴ	核ラミン	核ラミナ
Ⅵ	ネスチン（Ⅳ型に分類されることもある）	神経幹細胞

トが含まれ，とりわけ運動ニューロンの軸索に豊富に存在する．V型には核ラミンが含まれる．Ⅵ型の**ネスチン**（Ⅳ型とする場合もある）は胚発生中の幹細胞に存在する．

中間径フィラメントは二量体となったものが逆平行に 2 個会合したものが縦に並んでプロトフィラメントとなり，それが 8 本集まって**成熟フィラメント**となる（図 26・7a）．成熟フィラメントは比較的安定だが，リン酸化により重合・脱重合が調節される．

ほとんどの中間径フィラメントは核から細胞質に伸びる複雑なネットワークをつ

(a) 中間径フィラメントの成り立ち

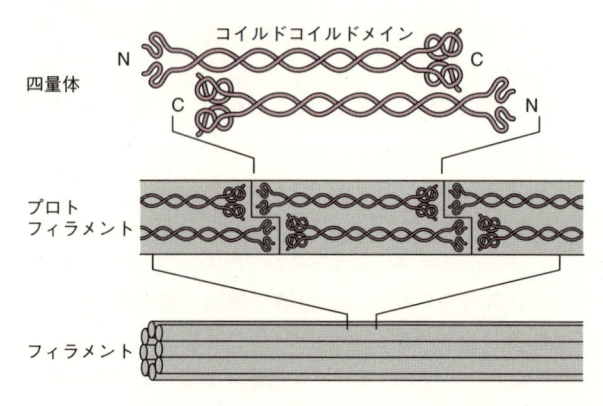

(b) 接着構造と中間径フィラメント

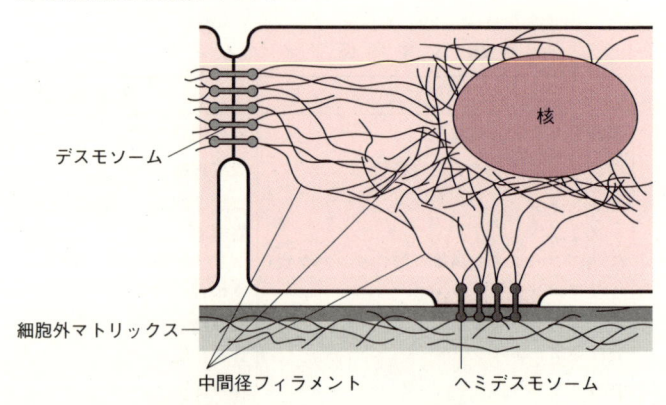

図 26・7　中間径フィラメントの形成と局在

くり，核を特定の場所にとどめて細胞の物理的強度を保ち，細胞接着装置であるデスモソームやヘミデスモソームの細胞内タンパク質と結合して，細胞外と連絡している（図26・7b）．

26・8 モータータンパク質

アクチンフィラメントや微小管と相互作用し，ATP加水分解のエネルギーを使って力を発生させ運動を起こすタンパク質を**モータータンパク質**という．細胞移動，小胞輸送，筋肉運動，鞭毛運動，原型質流動，細胞質分裂など，運動のあるところにはこれらの分子が存在する．アクチンフィラメントには**ミオシン**が，微小管には**キネシンとダイニン**というモータータンパク質が作用する．モータータンパク質の作用はガラスに付着させた細胞骨格タンパク質に蛍光標識したモータータンパク質とATPを加え，顕微鏡下で蛍光の移動として観察できる．

26・9 ミオシンとその働き

骨格筋の主要タンパク質として発見され，その後複数の分子種が同定された（図26・8）．アクチンフィラメントに結合し，フィラメントのプラス側に動く．

a. ミオシンII 2本の高分子量ミオシン（**ミオシン重鎖**）が長いコイルドコイル構造の尾部で二量体となる繊維状構造をとる．重鎖の先端を頭部といい，頭部と尾部の間の首部分には1本の重鎖につき2個の軽鎖が結合する．頭部はATPase活性をもち，発生するエネルギーで首振り運動を行い，単独で力を発揮する．ミオシンIIは1回のATP分解で5～10 nm移動する．

ミオシンIIは筋肉に多量にある主要**筋肉ミオシン**で，筋収縮にかかわるが，細胞質分裂時に出現する収縮環でも機能する．非筋細胞や平滑筋のミオシンIIの活性には，Ca^{2+}で活性化されたミオシン軽鎖キナーゼによる軽鎖のリン酸化が関与する．

b. 非筋ミオシン ミオシンIは単量体の小型ミオシンで，膜結合やエンドサイトーシスにかかわる．以下のミオシンはすべて頭部を2個もつ．ミオシンVは長い首部をもつため頭部の移動距離が長く，アクチンフィラメント上から離れずに一歩ずつ進む"プロセッシブな運動"により長距離を動くことができる．細胞では小胞輸送やエキソサイトーシスにかかわる．ミオシンVIは内耳有毛細胞にあり，例外的にアクチンフィラメントの矢じり端側に動く．ミオシンXIはミオシンVに似るが，より短い尾部をもつ植物のミオシンで，**原形質流動**にかかわる．これらのミオシンの多くは尾部でさまざまな物質と結合でき，ここで"積荷"を抱えてアクチンフィラメント上を輸送する．

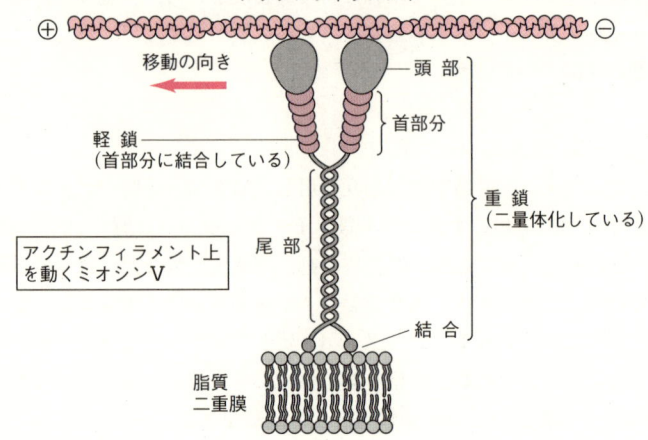

アクチンフィラメント上を動くミオシンV

タイプ	構造	重鎖〔kDa〕	ストロークの距離〔nm〕	機　能
I		110〜150	10〜14	膜結合, エンドサイトーシス小胞
II		220	5〜10	アクチンフィラメント上の滑り運動
V		170〜220	36	小胞輸送
VI		140	30	エンドサイトーシス
XI		170〜260	35	原形質流動（植物）

図 26・8　ミオシンの構造と運動　［J. ダーネル（2004）］

26・10　筋肉の構造

　脊椎動物は3種類の**筋肉**をもつ．一つは骨格筋という**随意筋**で，ほかは**心筋**と消化管などにある自律神経で制御される**不随意筋**である．骨格筋と心筋は**横紋筋**で，

ほかは**平滑筋**である．骨格筋は**筋細胞（筋繊維**）という巨大な多核細胞（長さ数cm，直径約 50 μm．発生の段階で**筋管細胞**が融合したもの）が束になった組織である（図 26・9 a）．筋細胞の細胞質は**筋原繊維**で満たされている．筋原繊維は束化したタンパク質が縦に並んだ長さ 2.3 μm の**サルコメア**が **Z 板**（**Z 線**，**Z 膜**）で連結した構造をもつ（図 26・9 b）．

サルコメアには**ミオシンⅡ**の束からなる太い繊維と，**アクチンフィラメント**の細い繊維がある．アクチンフィラメントの反矢じり端は α アクチニンを介して Z 板と結合し，矢じり端は**トロポモジュリン**で保護されたキャップとなっているため，筋細胞中のアクチンは安定である．ミオシンの束は尾部でサルコメア中央の **M 線**に結合する（ミオシンは M 線に対して鏡像関係に配位する）．サルコメアにはアクチンフィラメントしかない明るい部分（**I 帯**）と，ミオシンフィラメントを含む暗い部分（**A 帯**）が交互に現れるため，全体として横紋状に見える．

筋原繊維はこのほかにも複数の繊維状タンパク質を含む．**タイチン**は 3 MDa の巨大弾性タンパク質で，ミオシンに沿って M 線と Z 板を結び，バネのように働いて筋原繊維に張力と弾性を与え，弛緩した筋原繊維の復帰とミオシンの位置決めに効いている．**ネブリン**はアクチンフィラメントに平行に結合し，フィラメントの長さを決める定規の役割をもち，アクチン重合を調節する．**トロポモジュリン**もアクチンフィラメントが結合するが，そこには 3 種類のサブユニット（TnC，TnI，TnT）からなる**トロポニン複合体**が結合している（次節）．

26・11　筋収縮機構

筋収縮はタンパク質繊維の短縮ではなく，アクチンフィラメント上をミオシンが移動することにより起こる（**滑走フィラメントモデル**，図 26・10）．束になったミオシン繊維の頭部はアクチンフィラメントに付着しているが，ATP があるとミオシン頭部がアクチン上を反矢じり端側に移動する．1 回の運動で動く距離は短いが，この動きが何回も，また多数のミオシンで起こることによりミオシン繊維によりアクチンフィラメントが大きく引かれ，この運動が筋組織の筋原繊維で一斉に起こることにより，強力で長いストロークの筋収縮が可能となる．

運動ニューロンのシナプスからのシグナルで生じた活動電位がすばやく筋細胞全体に広がり，その電位によって筋原繊維表面に網目状に広がっている筋小胞体上の **Ca^{2+} チャネル**が開いて Ca^{2+} が放出される．Ca^{2+} はトロポニン複合体（特に TnC）と結合してトロポミオシン繊維ともども構造変化を誘導し，それによってアクチンフィラメント上のミオシン結合部分が露出し，ミオシンの機能が発揮される．収縮

V. 細胞の基本機能

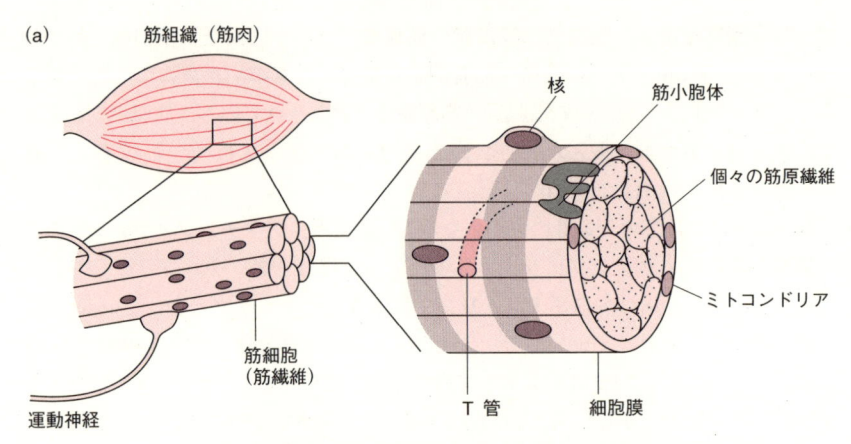

(a)

筋組織（筋肉）

核
筋小胞体
個々の筋原繊維
ミトコンドリア
T管
細胞膜
筋細胞（筋繊維）
運動神経

T管：筋細胞に入った電気インパルスを細胞全体に伝えるための細胞膜の陥入した構造（多数ある）．

(b)

サルコメア
Z板　　A帯（暗帯）　　Z板
筋原繊維
アクチンフィラメント　M線　ミオシン
I帯（明帯）

タイチン　ネブリン　トロポモジュリン　矢じり端　反矢じり端
CapZ　αアクチニン・アクチンフィラメント　ミオシンの束　頭部

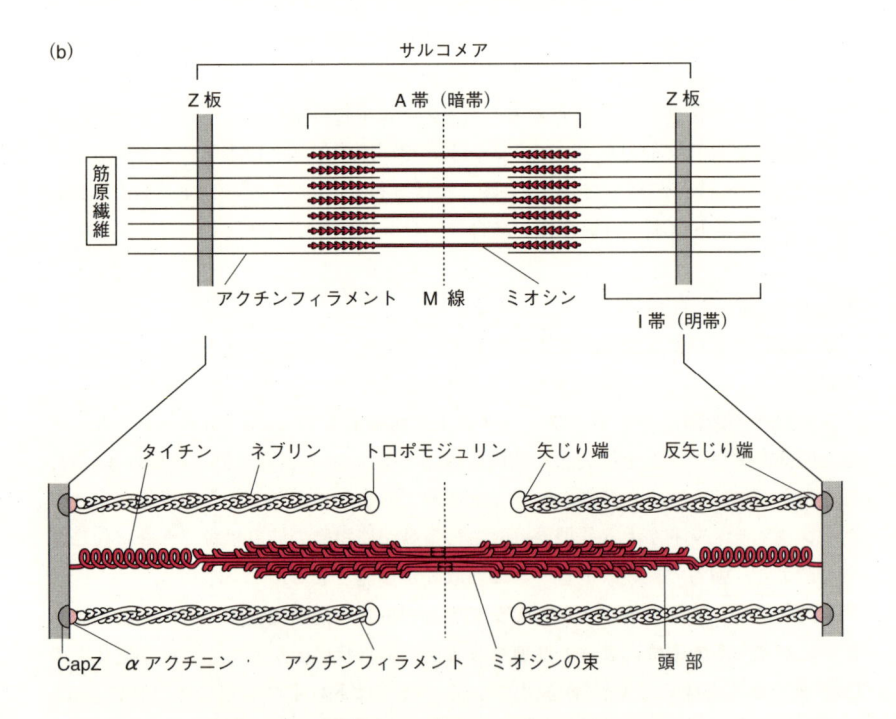

図 26・9　筋細胞, 筋原繊維, サルコメア（骨格筋の例）
[G. M. クーパー (2007)]

26. 細胞骨格と細胞運動

(a) 神経シグナル入力から筋収縮までの過程

(b) Ca^{2+} によるミオシンのアクチンフィラメント結合

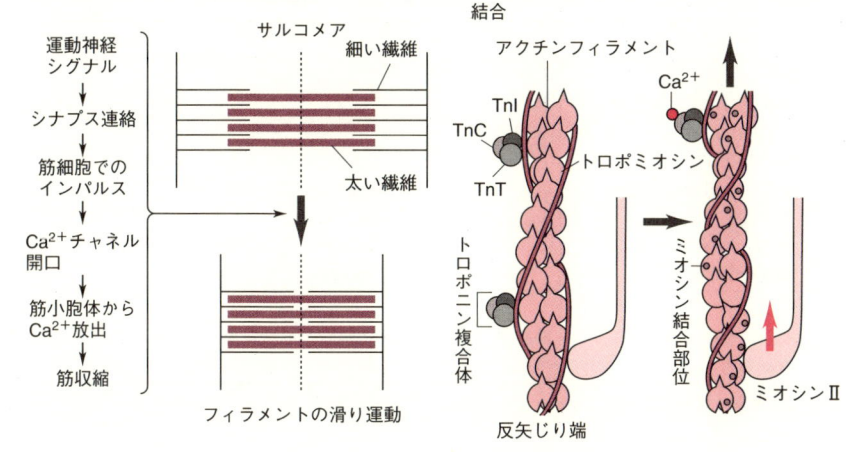

図 26・10 筋収縮のメカニズム

が終わると Ca^{2+} は Ca^{2+} ポンプにより ATP 依存的に筋小胞体に戻される．このため筋収縮では大量の ATP を消費する（**ATP 再生にはクレアチン，クレアチンキナーゼが関与する．7 章参照**）．

メモ 26・2　滑走フィラメントモデルの詳細（仮説）

アクチンフィラメントに結合しているミオシン頭部は，ATP 結合によりいったん解離する．ATP が加水分解されると頭部がアクチンフィラメントの反矢じり端側に動き，新たな位置に結合するとともに ADP がミオシンから解離する．このときミオシン頭部が元の形に戻ろうとするため，アクチンフィラメントが動く．

26・12　微小管モーター：キネシンとダイニン

微小管モーターにはキネシンとダイニンという 2 種類がある（表 26・4）．おおむねキネシンは微小管のプラス端に，ダイニンはマイナス端に向かって動くが，いずれも微小管から離れず，プロセッシブな動きで長い距離を移動する（図 26・11）．

a. キネシン　ミオシン V に類似した分子形態をもち，2 本の重鎖（120 kDa）

表26・4　微小管モーターの種類

タンパク質	役割	積荷	運動の方向[†]
キネシン			
キネシン（I，KIF1A，KIF1B）	細胞質モーター	細胞質小胞，	＋
キネシンⅡ		細胞小器官	＋
キネシンBimC（両極性）		紡錘体と星状体微小管	＋
クロモキネシン	分裂モーター	染色体	＋
キネシンNcd		紡錘体と星状体微小管	－
CENP-E		動原体	＋
ダイニン			
細胞質ダイニン	細胞質モーター	細胞質小胞，細胞小器官	－
軸糸ダイニン	軸糸モーター	軸糸内ダブレット微小管	－

[†] 微小管に対する方向

と2本の軽鎖（64 kDa）からなるが，軽鎖は尾部の先端に結合し，運搬小胞などの積荷と結合する．はじめ神経軸索で発見され（キネシンI/従来型キネシン），その後非常に多くのサブタイプが同定された（ヒトで45種類）．個々の分子には積荷の特異性があると考えられる（中にはマイナス端に向かうものもある）．

　b. ダイニン　はじめ鞭毛や繊毛の単位繊維である軸糸から得られ（**軸糸ダイニン**），その後細胞質でも類似分子(**細胞質ダイニン**)が数種同定された．他のモータータンパク質と比べて大きく，2～3本の重鎖と多数の軽鎖および中間鎖からなる，約2 MDaにもおよぶ巨大タンパク質である．重鎖に6回の繰返し構造があり，そのうち4個にATPが結合し，うち一つがATPase活性を示す．運動ドメインは重鎖の球状ドメインにあり，中間鎖や軽鎖で部分で**ダイナクチン**というアダプタータンパク質を介して細胞小器官や小胞と結合する．軸糸ダイニンは鞭毛，繊毛の**波打ち運動**にかかわり，脊椎動物では10種類以上存在する．

　c. 細胞内輸送　微小管モーターのおもな役割は細胞内での巨大分子や**細胞小器官の輸送**であり，この役割は長い軸索をもつ神経細胞では特に重要である．中心体からプラス端である細胞外部に向かっての輸送にはキネシンが，反対方向ではダイニンがかかわる．ゴルジ体と中心体が一致する位置にあることから，小胞体からゴルジ体への小胞輸送やエンドサイトーシスで取込んだ小胞の輸送，リソソームのゴルジ体回収ではダイニンが，ゴルジ体から出た分泌小胞や軸索末端へのミトコンドリアなどの輸送，後期エンドソームへの小胞輸送ではキネシンがかかわる．ゴルジ体の各槽（24章参照）は微小管に沿うダイニンの働きで組織化する．

(a) 分子構造と運動の方向

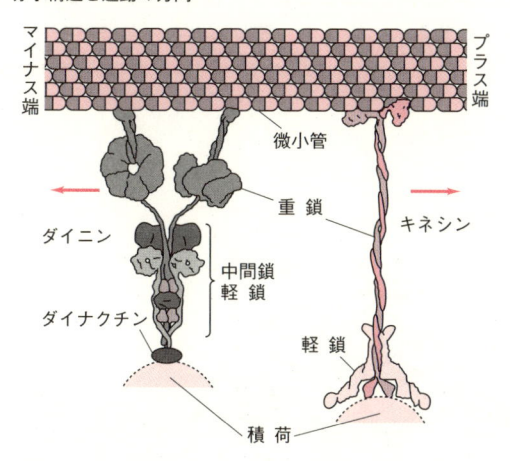

(b) 細胞内の微小管モーターの動き

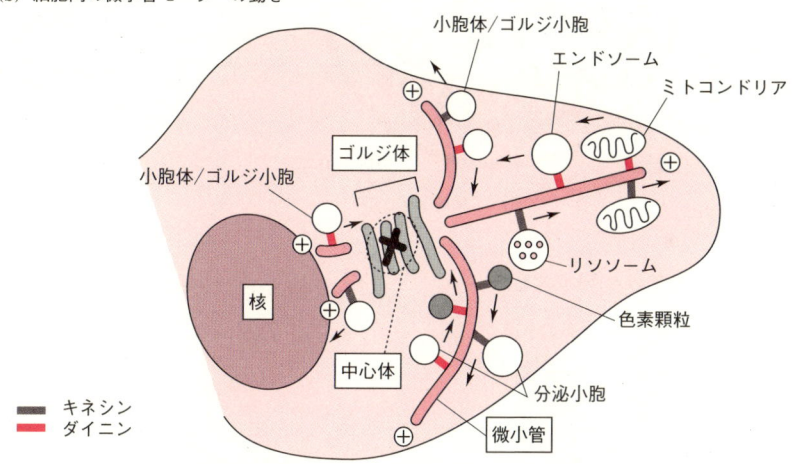

図 26・11 キネシンとダイニンの分子構造と運動　[G. M. クーパー (2007)]

26・13 鞭毛/繊毛運動

　真核細胞には1本～数本の長い**鞭毛**や多数の短い**繊毛**をもつものがあり，波打ち運動する個々の繊維の動きを全体で連動させて細胞移動や流れの発生に利用している（たとえば，鞭毛は精子の遊泳，繊毛はゾウリムシの遊泳や餌の取込み，哺乳動

物気道の繊毛細胞による異物排出などにかかわる).鞭毛も繊毛も直径 250 nm の細胞膜突起で,構造は基本的に等しく(細菌類のものとは異なる),その内部構造は**軸糸**とよばれ,中央に2本の**中心微小管対**,周囲に9個の**周辺ダブレット微小管**

(a) 軸糸の内部構造

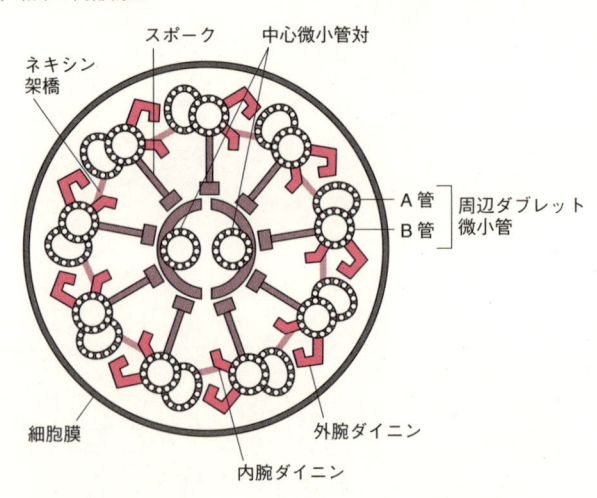

(b) 繊毛/鞭毛運動の駆動力

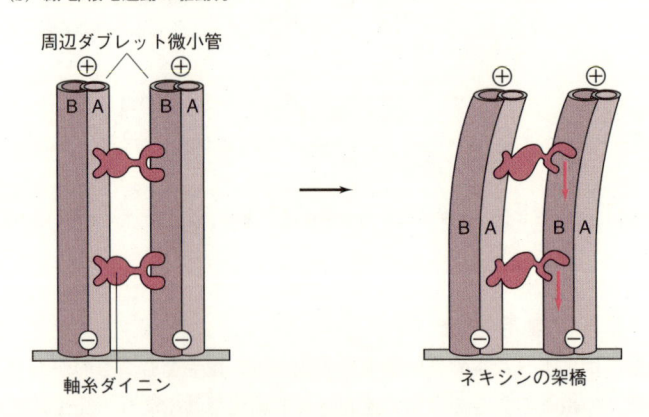

図 26・12 軸糸の構造と微小管運動 [G. M. クーパー(2007)]

がある（図26・12）。周辺ダブレット微小管はAとBという二連の微小管でスポークが内側に向かって伸び，B小管はA小管に融合している．A小管には内外1対の**ダイニン腕**とよばれるダイニン分子が結合し，その頭部はB小管に接し，ATP存在下で軸糸に**波打ち運動**のような力を与える（運動には軸糸のみで十分）．繊毛・鞭毛の根元には三連の微小管がリング状に9個並んだ(中心小体に似た構造をもつ)**基底小体**がある．

27 細胞間シグナル伝達と受容体

　細胞が他の細胞からのシグナル（情報）を受け（**細胞間シグナル伝達**），それを細胞内に伝えることは（図27・1），多細胞生物では個体システムの統御という点で重要である．細胞間シグナル伝達物質のうち，おもに細胞表面にある**受容体**に結合する分子は一般に**リガンド**といわれる．

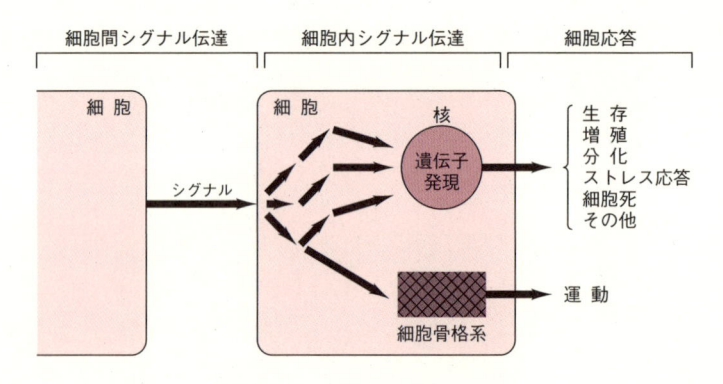

図27・1　細胞のシグナル伝達

27・1　細胞間シグナル伝達

　細胞間シグナル伝達の一つの形式は細胞の直接接触で，インテグリンなどの細胞接着分子から，接触/結合情報が細胞骨格系を介して細胞内へ伝えられる（図27・2）．分泌物質による伝達は細胞間シグナル伝達の中心的機構で，伝達分子の伝達距離から三つに分けられる．1) **内分泌**（endocrine）シグナル伝達の伝達分子は**ホルモン**といい，循環系で全身に運ばれる．哺乳類では脳下垂体や甲状腺などのホルモン分泌器官から 50 種類以上の異なったホルモンが分泌される（一般的細胞から生理活性物質が分泌される例もある）．2) **傍分泌**（パラ分泌，paracrine）シグナル伝達では，物質は近隣の細胞に影響を及ぼし，例としてニューロンのシナプス前細胞から放出される神経伝達物質が隣接ニューロンに伝達される現象がある．3) 分泌した伝達物質が自身に作用する**自己分泌**（autocrine）シグナル伝達では，T 細胞が自身の分泌する増殖因子で増殖するという現象がある．

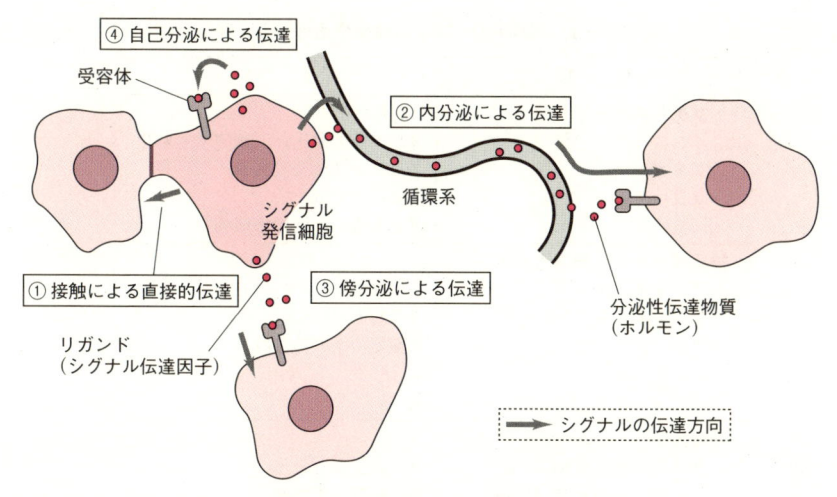

図 27・2　細胞間シグナル伝達の様式

27・2　さまざまなシグナル伝達分子

a. ペプチドおよびタンパク質　最も多いシグナル伝達物質のグループで，アミノ酸数が数個のものから 100 個を超えるものまでさまざま存在する．直接細胞に入れないため，まず細胞表面の受容体に結合する．以下のように産生組織/器官により 3 種類に分類できる（表 27・1）．1) **ペプチドホルモン**には，それぞれ血糖値の上昇と下降にかかわるグルカゴンとインスリン，そして成長ホルモンや濾胞刺激ホルモンなどが含まれる．2) 中枢神経から放出される**神経ペプチド**には，エンケファリンやエンドルフィンのように神経伝達物質としての機能のほかにも，離れた細胞に神経ホルモンとして働くもの，バソプレッシンのようにほかの（この場合は腎臓）臓器で働くものもある．3) **増殖因子/成長因子**は細胞の増殖や分化を促進するが，神経細胞の分化と増殖を刺激する神経成長因子（NGF），多くの細胞の増殖を刺激する上皮細胞増殖因子（EGF），血小板由来増殖因子（PDGF．血小板から放出され，繊維芽細胞などの増殖を促して損傷組織の修復にかかわる）などが存在する．増殖因子のうち血球細胞の増殖や分化を促進するものを**サイトカイン**といい（多くは 160 個のアミノ酸をもつ），白血球がつくる**インターロイキン**（IL-2 など），抗ウイルス活性をもつ**インターフェロン**（INF-α など），**腫瘍壊死因子**（TNF-α など）を含む．別のクラスのサイトカインとして，走化性（化学物質に向かって遊走する性質）を誘導して細胞を引き寄せる**ケモカイン**，骨髄中の赤血球の分化・増殖を促

表27・1 代表的なペプチド性生理活性リガンド

種類	活性
ペプチドホルモン	
インスリン	グルコース取込み,細胞増殖刺激
グルカゴン	グルコース生合成刺激
成長ホルモン	細胞増殖刺激
沪胞刺激ホルモン	卵母細胞,沪胞の増殖刺激
神経ペプチド,神経ホルモン	
サブスタンスP	感覚神経のシナプス伝達
オキシトシン	平滑筋の収縮促進
バソプレッシン	腎臓での水の再吸収
エンケファリン	鎮痛
βエンドルフィン	鎮痛
増殖因子	
神経成長因子(NGF)	神経の生存と分化
上皮細胞増殖因子(EGF)	種々の細胞の増殖
血小板由来増殖因子(PDGF)	繊維芽細胞などの増殖
肝細胞増殖因子(HGF)	肝細胞の増殖
インターロイキン2(IL-2)	T細胞の増殖
エリスロポエチン(Epo)	赤血球への分化

すエリスロポエチンがある.増殖因子に関する異常はがんの原因となる場合がある.

b. 神経伝達物質 神経伝達物質は神経終末から分泌される水溶性の低分子物質で,隣接するニューロンや筋細胞に情報を伝える.**アセチルコリン,カテコールアミン類**〔ドーパミン,アドレナリン(エピネフリン)〕,**セロトニン,アミノ酸類**(表27・2)が含まれるが,このほかニューロペプチドYや上記の神経ペプチドなどのペプチドもある.神経伝達物質は活動電位の到達により分泌され,近隣ニュー

表27・2 神経伝達物質の種類

分類	種類
アミノ酸類	グルタミン酸,グリシン,γ-アミノ酪酸(GABA),アスパラギン酸,タウリン
モノアミン類	ノルアドレナリン[†],アドレナリン[†],ドーパミン[†],セロトニン,メラトニン,ヒスタミン
ペプチド類	バソプレッシン,ソマトスタチン,ニューロテンシン,ニューロペプチドY
その他	アセチルコリン

† カテコールアミン類

ロンの後シナプス部位の受容体に結合する．神経伝達物質の中にはアドレナリンのように，腎臓でつくられたものが筋肉に作用し，グリコーゲン分解を促すなど，ホルモンのように働くものもある．神経伝達物質受容体の多くはリガンド依存性のイオンチャネルで，リガンドは標的ニューロンへのイオン流入を直接支配する．ある種の受容体（**代謝型グルタミン酸受容体**など）はGタンパク質の機能と共役しており（次項），細胞内シグナル伝達を介して効果を発揮する．

c. 核内受容体がかかわる脂溶性リガンド　細胞に直接入り，核内受容体に結合して機能する一連の疎水性シグナル伝達分子として，**脂溶性ホルモン**と**脂溶性ビタミン**が存在する．コレステロールから合成されるステロイドホルモンはこの代表的なもので，**性ホルモン**（テストステロン，エストロゲンなど）と，副腎でつくられる**コルチコステロイド**〔グルコース生産を促進する**グルコ（糖質）コルチコイド**と，腎臓での電解質と水のバランスを制御する**ミネラル（鉱質）コルチコイド**〕がある．**甲状腺ホルモン**は発生や代謝調節に関与し，**ビタミンD**はカルシウム代謝と骨成長制御にかかわる．**レチノイン酸**とその誘導体レチノイドは**ビタミンA**からつくられ，発生や分化の制御にかかわる．

d. エイコサノイド　脂質シグナル伝達物質には細胞表面受容体に結合して作用するものがあるが，その最も重要なものはエイコサノイド類で（**プロスタグランジン，プロスタサイクリン，トロンボキサン，ロイコトリエン**），血小板凝集，炎症，平滑筋収縮などにかかわるが，急速に分解されるためおもに局所で作用する．エイコサノイドは**アラキドン酸**から合成されるが（図27・3），プロスタグランジン，プロスタサイクリンでは反応の最初に，**シクロオキシゲナーゼ**によってアラキドン酸からプロスタグランジンH_2ができる．この酵素は**アスピリン**などの非ステロイド性抗炎症薬により阻害されるが，これがアスピリンのプロスタグランジンに起因する炎症と疼痛の抑制のメカニズムである（プロスタグランジンは細胞増殖にも効くので，抗炎症薬はがん抑制効果があり，またトロンボキサン合成を阻害するので抗血栓薬ともなる）．

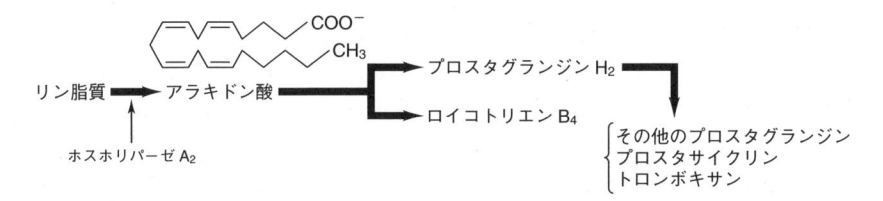

図 27・3　エイコサノイドの生合成径路

e. シグナル伝達物質としての気体　代表的なものは**一酸化窒素（NO）**である．NOは細胞膜を透過し，標的となる酵素に直接作用して活性を変化させる．NOはアルギニンから**NOシンターゼ（NOS）**により合成されて細胞外に出るが（図27・4），不安定なため作用は局所的である．NOはセカンドメッセンジャーとしても作用する**cGMP**を合成する**グアニル酸シクラーゼ**を活性化するが，これに関連するNOの重要な生理機能に**血管拡張作用**がある．血管壁で放出された神経伝達物質が血管内皮細胞に作用してNOが生産され，その結果cGMPが上昇して筋細胞の弛緩と血管拡張が起こる（冠動脈拡張のために使われるニトログリセリンもNOの供給源となり，同様の効果を与える）．このほか，NOはシステイン残基のニトロシル化を介してタンパク質を直接修飾する．**一酸化炭素**にもNOと似た生理作用がある．

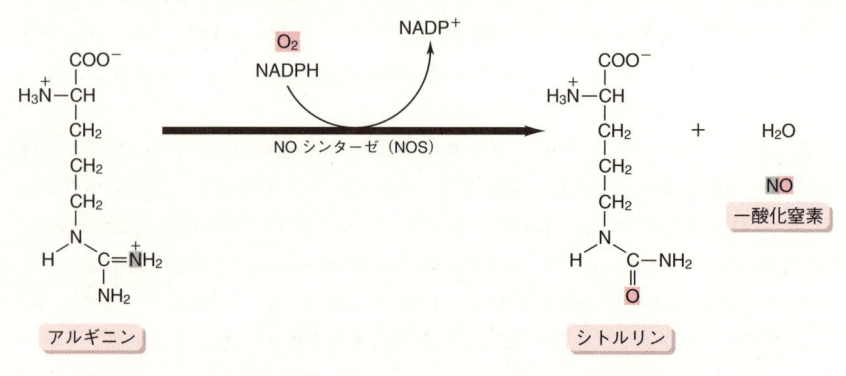

1モルのNOを生成するために2モルの酵素分子と1.5モルのNADPHを必要とする

図27・4　一酸化窒素の生合成

27・3　細胞表面の受容体(1)：Gタンパク質共役型受容体

リガンドの多くは細胞表面の受容体に結合する．ある種の神経伝達物質受容体はイオンチャネルとして作用するが，ペプチドホルモンや増殖因子などの受容体は細胞内タンパク質を活性化し，そのシグナルをおもに転写因子に伝達する．細胞表面受容体の最大のグループは，グアニンヌクレオチド結合タンパク質（**Gタンパク質**）の作用を介してシグナルを細胞内に届ける**Gタンパク質共役型受容体**で，リガンドはエイコサノイド，神経伝達物質，神経ペプチド，ペプチドホルモンなどである．嗅覚，視覚，味覚などの**感覚受容体**もこのグループに含まれる．受容体は**7回膜貫**

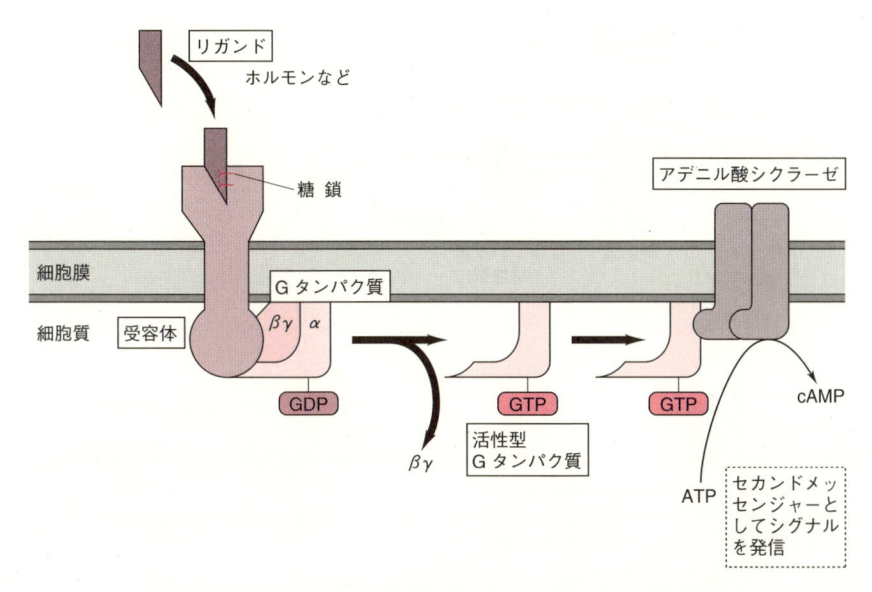

図 27・5 Gタンパク質共役型受容体から cAMP 合成に至る経路

通型タンパク質で，リガンド結合で細胞質ドメインがGタンパク質と結合する．結合によりGタンパク質が活性化して受容体から離れ，酵素やイオンチャネルなどの標的分子にシグナルを伝える（図27・5）．活性化されるおもな酵素はサイクリック AMP（cAMP）を合成する**アデニル酸シクラーゼ**で，cAMPは**セカンドメッセンジャー**となって下流にシグナルを伝える．このように，Gタンパク質は分子スイッチとして機能する．

ここで働くGタンパク質はα，β，γのサブユニットからなる**三量体Gタンパク質**で，グアニンヌクレオチドは**αサブユニット**と結合する（図27・6）．三量体Gタンパク質はGDP結合型（不活性型）として受容体に付随しているが，リガンドが結合するとGDPを出してGTPと結合する．GTP結合型（活性型）Gタンパク質は受容体から離れαサブユニットは解離し，αあるいはβγが標的タンパク質に結合して機能を発揮する（アデニル酸シクラーゼとはαサブユニットが結合する）．GTPの加水分解で元の不活性型に戻る．三量体Gタンパク質のサブユニットはそれぞれ複数存在し，アデニル酸シクラーゼを活性化するαサブユットをもつものは **G_s** というが（アドレナリン受容体共役型Gタンパク質など），他のGタンパク質のαやβγにはアデニル酸シクラーゼを抑制したり他の酵素を制御するものもあ

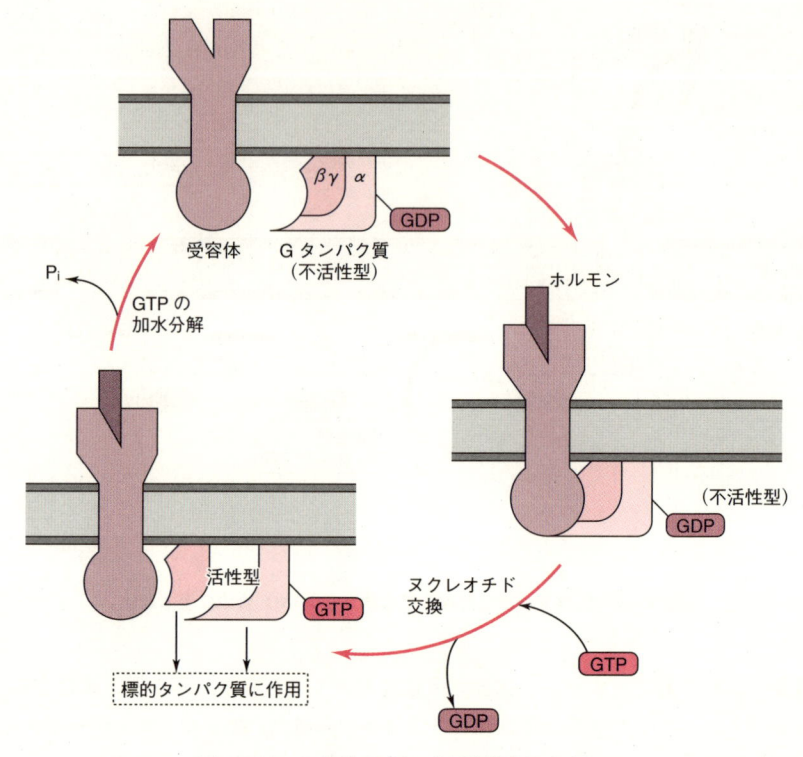

図27・6 三量体Gタンパク質利用のサイクル

る．ある種のGタンパク質のαや$\beta\gamma$サブユニットはイオンチャネルを直接制御する．心筋のアセチルコリン受容体は骨格筋や神経のものと異なり，Gタンパク質共役型受容体で，αサブユニットはアデニル酸シクラーゼを抑制し（このようなGタンパク質をG_iという），$\beta\gamma$は直接K^+チャネルを開口させる．

27・4　細胞表面の受容体(2)：酵素連結型受容体

細胞表面受容体の中には酵素活性を示すものが複数存在する．

a. 受容体型チロシンキナーゼ　インスリンやEGF，NGFといったペプチド増殖因子の受容体が含まれ，最も種類が多い．**チロシンキナーゼ**の発見は，チロシンリン酸化が細胞増殖，がん，分化に関与するという概念を確立させた（最初のチロシンキナーゼはラウス肉腫ウイルスのがんタンパク質**Src**で見つかった）．これらの受容体は1回膜貫通型の1本（インスリン受容体は2本）のポリペプチドで，

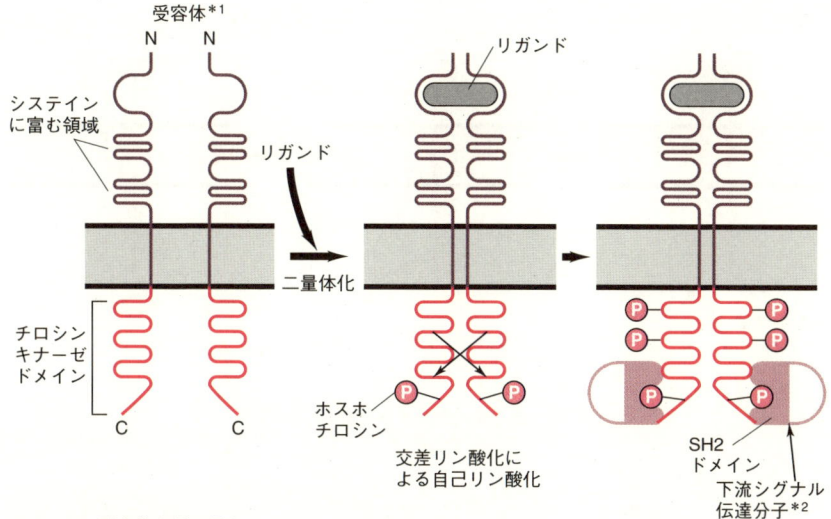

27. 細胞間シグナル伝達と受容体　253

*1　EGF 受容体を例に示す.
*2　Grb2, PLCγ. インスリン受容体の場合はドッキングタンパク質 (IRS ファミリー, Dok ファミリー) が結合し, リン酸化される.

図27・7　受容体型チロシンキナーゼの挙動

細胞質部分に触媒部位と被リン酸化部位をもつ. リガンド結合でキナーゼが活性化すると, 近傍のチロシン (細胞内部にある自身のポリペプチド鎖にあるチロシンと, 細胞内ドメインに結合して下流にシグナルを伝達する他のポリペプチド鎖にあるチロシンの両者) がリン酸化される (図27・7). このようにリガンド結合は受容体を二量体化させ, 一方が他方をリン酸化する**交差リン酸化**による**自己リン酸化**が起こる. 自己リン酸化はキナーゼ活性のほか, 受容体に結合する細胞内シグナル伝達因子との結合性も高める. 下流シグナル分子は **SH** (Src ホモロジー) **2ドメイン**や **PTB** (ホスホチロシン結合) **ドメイン**を介してホスホチロシンを含む部分と結合し, これが他のタンパク質との会合やさらなる酵素活性の上昇を起こす.

b. 非受容体型チロシンキナーゼ　サイトカイン受容体ファミリーは大部分のサイトカイン (IL-2, Epo など) 受容体やある種のタンパク質ホルモン (成長ホルモンなど) 受容体を含む. 1回膜貫通型の構造をもつが, 自身にチロシンキナーゼ活性はなく, 代わりに細胞内チロシンキナーゼが受容体に会合している. 受容体に会合する細胞内チロシンキナーゼには, **JAK**(**Janus キナーゼ**)ファミリー (**JAK, Abl** など) と **Src** ファミリー (**Src, Yes** など) の2種類がある. 受容体はリガン

図中ラベル: サイトカイン／受容体／非受容体型チロシンキナーゼ／非受容体型チロシンキナーゼの交差リン酸化／受容体のリン酸化

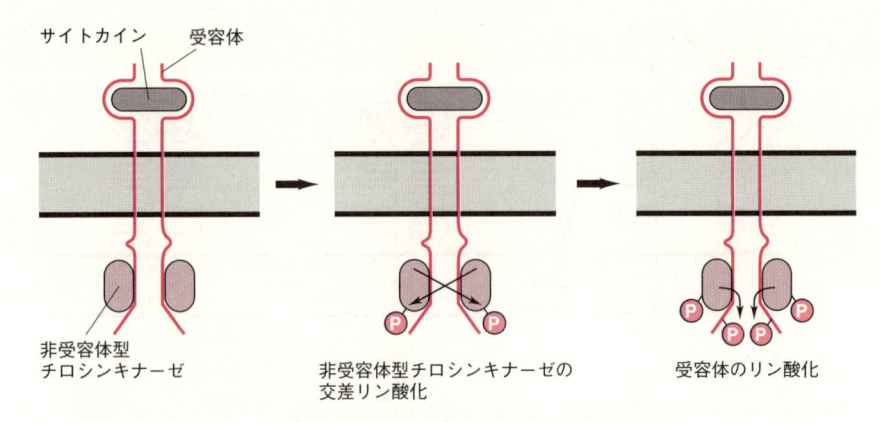

図 27・8 サイトカイン受容体の活性化

ド結合による二量体化，交差リン酸化，リン酸化ドメインへの SH2 ドメインをもつ因子の結合など，受容体型チロシンキナーゼと類似の挙動を示す（図 27・8）．

c. その他の酵素活性に関連する受容体

1) **受容体型チロシンホスファターゼ**はホスホチロシンのリン酸基除去によりチロシンキナーゼによるシグナル伝達を終わらせるが，中には積極的にシグナルを発信するものもある（T 細胞表面に発現する CD45 など）．

2) セリン-トレオニンキナーゼ活性をもつ受容体が存在し，その代表的なものに **TGF-β**（トランスフォーミング増殖因子β）**ファミリー**がある（28 章参照）．

3) **受容体型グアニル酸シクラーゼ**は 1 回膜貫通型のタンパク質で，ペプチド性リガンドの結合で触媒ドメインが刺激され，セカンドメッセンジャーとなって下流

> **メモ 27・1　核内受容体の機能**
>
> 　ステロイドホルモンやビタミン D などの脂溶性リガンド（§27・2 の C）は直接細胞に入り，転写因子である特異的な**核内受容体**と結合する（図 27・9）．リガンド結合受容体は二量体となって核移行し，転写補助因子（**コアクチベーター**）とともに標的遺伝子上流の制御部位に結合して転写を活性化する．甲状腺ホルモン受容体はリガンドがない場合は抑制性の転写補助因子（**コリプレッサー**）と結合しているが，リガンドが結合するとコリプレッサーはコアクチベーターに置き換わる．

27. 細胞間シグナル伝達と受容体

(a) エストロゲン受容体の例 (b) 甲状腺ホルモン受容体の例

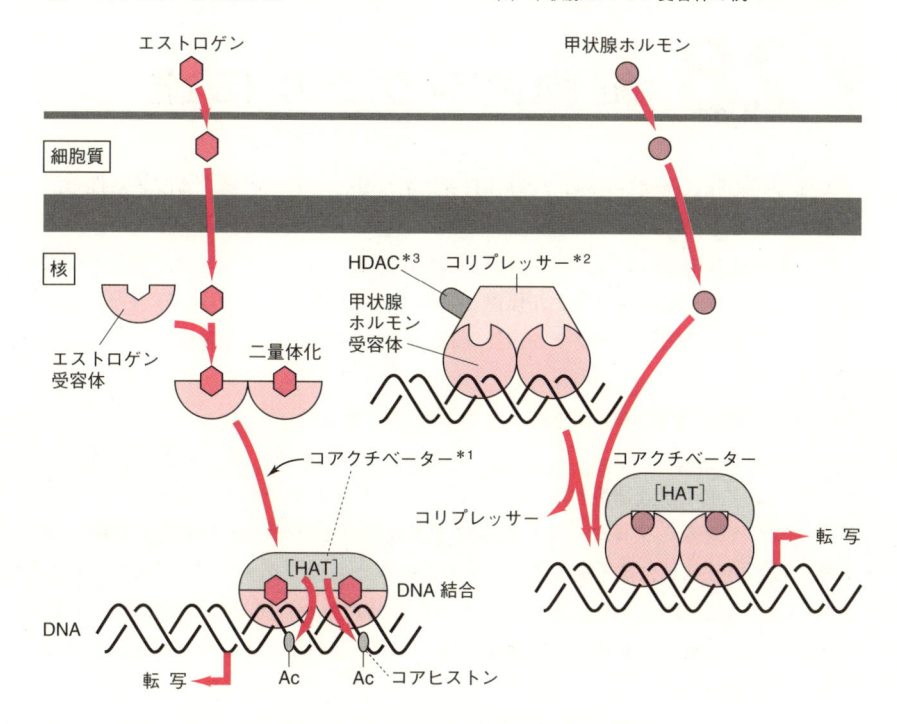

*1 コアクチベーター（転写活性化補助因子）には HAT（ヒストンアセチルトランスフェラーゼ）活性があり，クロマチンを修飾する．
*2 コリプレッサー（転写阻害補助因子）
*3 HDAC：ヒストンデアセチラーゼ

図 27・9　核内受容体の機能

にシグナルを伝える cGMP が合成される．

4) **TNF**（腫瘍壊死因子）**受容体**はリガンド結合によってアポトーシスを誘導するが，これには受容体に付随するプロテアーゼである**カスパーゼ**が関与する．

28 細胞内シグナル伝達

　大部分の細胞表面受容体は，受容体自身がもつか，それに付随する酵素活性を活性化する．酵素活性はリガンド結合で始まるシグナル伝達を増幅して下流に伝えるシグナル伝達分子として働き，下流分子はさまざまな形でシグナルを標的分子に伝える．この過程を**細胞内シグナル伝達**といい，最終標的の大部分は転写調節因子である．このように細胞内シグナル伝達経路は，細胞表面と核を連絡する．

28・1　cAMP が関与する経路：セカンドメッセンジャーとタンパク質リン酸化の概念

　細胞内シグナル伝達研究は 50 年以上前の，**アドレナリン（エピネフリン）**によりグリコーゲンからグルコースが生成する過程で**サイクリック AMP（cAMP）**が上昇するという発見に端を発する．アドレナリンからのシグナルによって高まった cAMP は下流にシグナルを伝えてグルコースを上昇させる代謝を導くため，cAMP は**セカンドメッセンジャー**（二次伝達物質．一次伝達物質はホルモン自身）と見なされる（図 28・1 a）．

　cAMP は ATP とアデニル酸シクラーゼによってつくられるが，この酵素は **G タンパク質**を介するシグナル伝達で活性化される（§27・3 参照）．cAMP の直下にある主要な標的分子はセリンキナーゼである **cAMP 依存性プロテインキナーゼ/プロテインキナーゼ A（A キナーゼ，PKA）**である．A キナーゼはグリコーゲン分解を誘導するホスホリラーゼキナーゼをリン酸化を通して間接的に活性化し，同時にグリコーゲンシンターゼをリン酸化によって不活性化する（図 28・1 b）．

　細胞内シグナル伝達の要点は，作用するリガンドが 1 個であっても大量の cAMP がつくられ，下流の制御因子も触媒作用によって多数生成するという**シグナルの増幅**が起こる点にある．A キナーゼの他の重要な標的に転写因子の **CREB**（CRE 結合タンパク質）がある．CREB は転写制御配列である **CRE**（cAMP 応答配列）に結合するが，リン酸化されると転写コアクチベーターである **CBP** と結合し，転写活性化能が発揮される（図 28・1 c）．cAMP による遺伝子発現制御は増殖や分化のみならず，記憶・学習といった高次神経機能の発現にも関与する．なお，cAMP の効果には，イオンチャネルに結合して神経興奮を誘起するという働きもある（たと

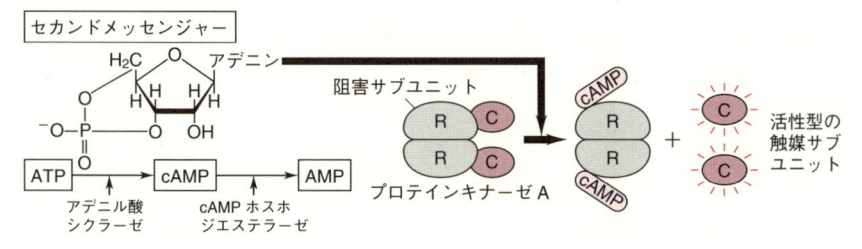

(a) cAMPによるプロテインキナーゼAの活性化

セカンドメッセンジャー

ATP → cAMP → AMP
    アデニル酸   cAMP ホスホ
    シクラーゼ   ジエステラーゼ

阻害サブユニット

プロテインキナーゼA + cAMP → 活性型の触媒サブユニット

(b) プロテインキナーゼAによる
　　グリコーゲン代謝調節

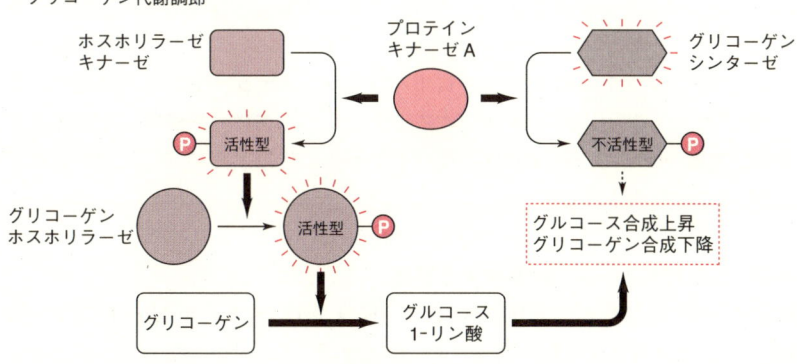

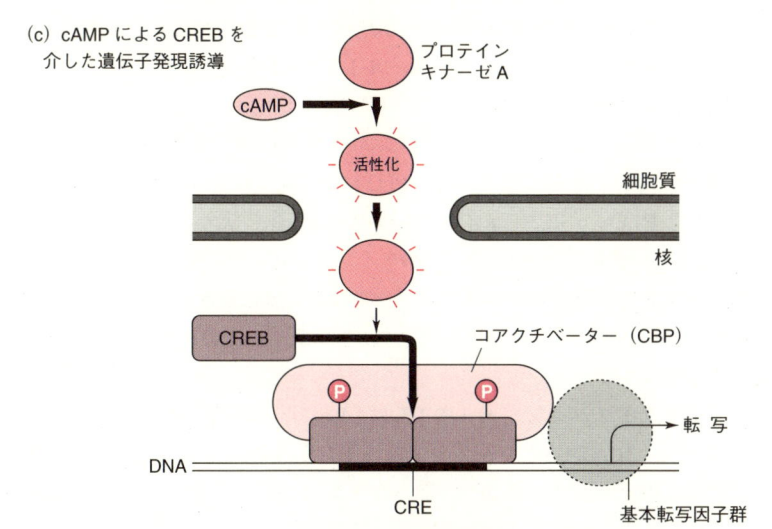

ホスホリラーゼキナーゼ → 活性型(P)
プロテインキナーゼA
グリコーゲンシンターゼ → 不活性型(P)

グリコーゲンホスホリラーゼ → 活性型(P)

グリコーゲン → グルコース1-リン酸

グルコース合成上昇
グリコーゲン合成下降

(c) cAMPによるCREBを
　　介した遺伝子発現誘導

cAMP → プロテインキナーゼA → 活性化

細胞質
核

CREB — コアクチベーター（CBP）

DNA — CRE — 基本転写因子群 → 転写

CRE：cAMP応答配列
CREB：CRE結合タンパク質

図 28・1　cAMPを介する細胞の調節

えば，Gタンパク質共役型受容体である**匂い受容体**ではセカンドメッセンジャーとなってNa$^+$チャネルに結合する）．

28・2　cGMP

サイクリックGMP（**cGMP**）はグアニル酸シクラーゼによってつくられるが，この酵素はペプチドリガンドやNO，COによって活性化され，**血管拡張**などの生物活性を示す．cGMPのもう一つの重要な機能は視覚にある．網膜の桿体細胞には**ロドプシン**という光受容能をもつGタンパク質共役型受容体があるが，光が当たると11-*cis*-レチナールが全*trans*-レチナールに異性化し，ロドプシンを活性化する．活性化ロドプシンはGタンパク質である**トランスデューシン**を活性化し，そのαサブユニットがcGMPホスホジエステラーゼ（**cGMP分解酵素**）を活性化してcGMP濃度を下げる．cGMPはイオンチャネルに作用するので，cGMP濃度変化が神経興奮に変換される．

28・3　リン脂質とCa^{2+}が関与する経路

細胞膜内膜に局在するリン脂質の**ホスファチジルイノシトール4,5-ビスリン酸**（**PIP$_2$**）は広汎に機能する細胞内シグナル伝達物質である．PIP$_2$はさまざまな増殖因子やホルモンによって活性化される**ホスホリパーゼC**（**PLC**）で加水分解されて，**ジアシルグリセロール**（**DAG**）と**イノシトール1,4,5-トリスリン酸**（**IP$_3$**）という二つのセカンドメッセンジャーを生成する（図28・2）．

PIP$_2$加水分解の関与するシグナルがGタンパク質共役型受容体とチロシンキナーゼの両方から入ることができるのは，PLCに**PLCβ**（Gタンパク質によって活性化される）と**PLCγ**（SH2ドメインをもつので受容体と結合し，リン酸化で活性化されるとともに膜に局在化する）の二つのアイソフォームが存在するからである．

PIP$_2$の加水分解で生じたジアシルグリセロールは細胞膜にとどまり，セリン-トレオニンキナーゼの一種で増殖や分化に関与する**プロテインキナーゼC**（**Cキナーゼ，PKC**）を活性化する．

もう片方のセカンドメッセンジャーの**IP$_3$**は，Ca^{2+}貯蔵場所である小胞体からCa^{2+}を放出させる（IP$_3$はCa^{2+}チャネルである**IP$_3$受容体**のリガンド）．Ca^{2+}はCa^{2+}ポンプで低く抑えられているが，上記シグナルで上昇し，多くのCa^{2+}要求性酵素やタンパク質を活性化する（たとえば，Ca^{2+}要求性プロテインキナーゼ）．細胞内でCa^{2+}はカルモジュリンと結合して媒介される．**Ca^{2+}/カルモジュリン**はプロテインキナーゼを活性化するが，その中の重要なものに**CaMキナーゼファミ**

28. 細胞内シグナル伝達

PIP₂: ホスファチジルイノシトール 4,5-ビスリン酸
PLC: ホスホリパーゼ C
DAG: ジアシルグリセロール
IP₃: イノシトール 1,4,5-トリスリン酸

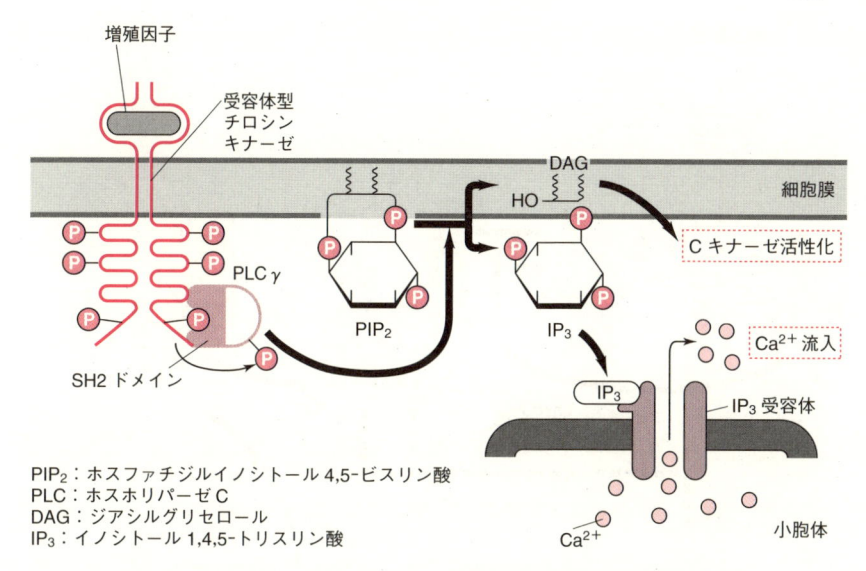

図 28・2 チロシンキナーゼ，PLC，PIP_2 を介するシグナル伝達経路

リーがあり，酵素，イオンチャネル，転写因子などの多様なタンパク質を活性化する．CaM キナーゼの標的タンパク質のいくつかのものは A キナーゼの標的タンパク質でもある（cAMP と Ca^{2+} のシグナル伝達経路の協調）．

メモ 28・1　リアノジン受容体

電位依存性 Ca^{2+} チャネルが膜の脱分極によって開くと**リアノジン受容体**という Ca^{2+} チャネルが活性化して小胞体からさらなる Ca^{2+} の放出を起こす．神経細胞では増強された Ca^{2+} 濃度上昇は神経伝達物質の放出を起こす．

28・4　PI3-キナーゼ/Akt 経路

PIP_2 はホスファチジルイノシトール 3-キナーゼ（**PI3-キナーゼ**）により，セカンドメッセンジャー機能をもつ PIP_3 になる．PI3-キナーゼにも G タンパク質で活性化されるアイソフォームと SH2 ドメインをもち受容体型チロシンキナーゼで活性化されるアイソフォームがある．PIP_3 は細胞の生存や増殖に重要なキナーゼ **Akt** の活性化にかかわる（図 28・3）．Akt は PH ドメインで PIP_3 と結合し，膜に

V. 細胞の基本機能

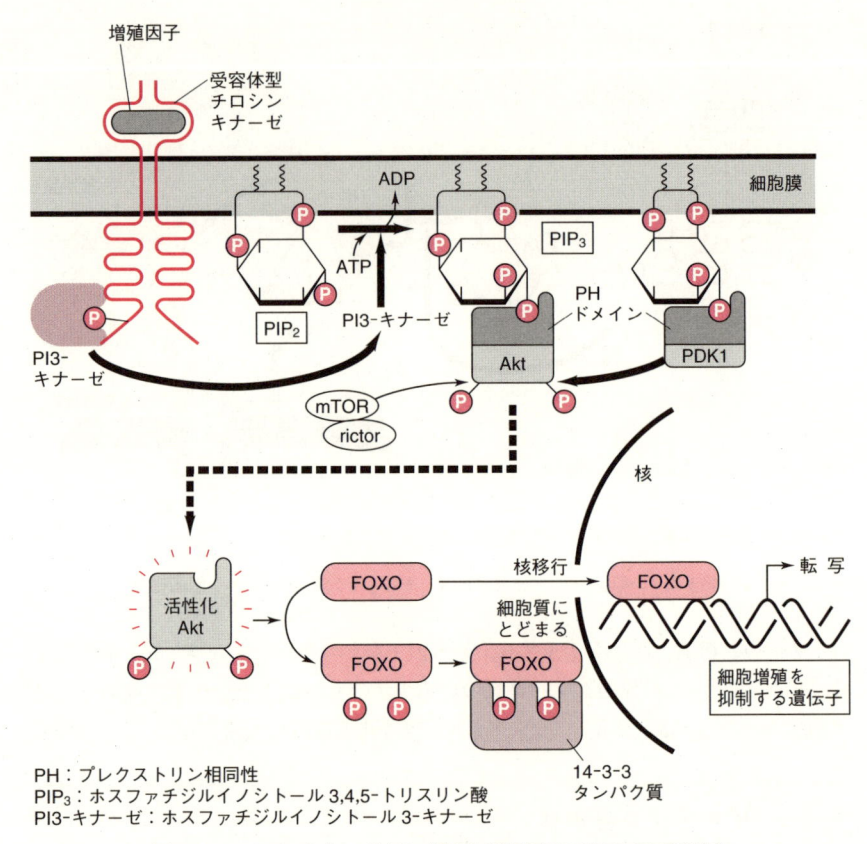

図 28・3 PI3-キナーゼ/Akt 経路と転写因子 FOXO の不活性化

PH: プレクストリン相同性
PIP_3: ホスファチジルイノシトール 3,4,5-トリスリン酸
PI3-キナーゼ: ホスファチジルイノシトール 3-キナーゼ

保持されるが，やはり PIP_3 で活性化される POK1 と mTOR/rictor という 2 種類のキナーゼで別々の部位がリン酸化されて活性化する．リン酸化 Akt は増殖や生存にかかわる転写因子 (**FOXO** など) やキナーゼ (**GSK3β** など) を含む多くの因子をリン酸化する．リン酸化 FOXO は 14-3-3 タンパク質に捕捉されて不活性化し，FOXO がかかわる増殖阻害や細胞死に関連する遺伝子発現が抑えられる．GSK3β は翻訳因子のリン酸化を通じて遺伝子発現を抑制するが，リン酸化により不活性化されるので，その結果，Akt は細胞増殖と生存に対し正に働く．

Akt 経路と関連するほかのものに mTOR 経路がある (図 28・4)．**mTOR** は上述のように rictor と会合すると Akt 活性化キナーゼとなるが，raptor と会合すると Akt からの生存/増殖シグナルを下流に伝える働きをする．Akt と mTOR の間には

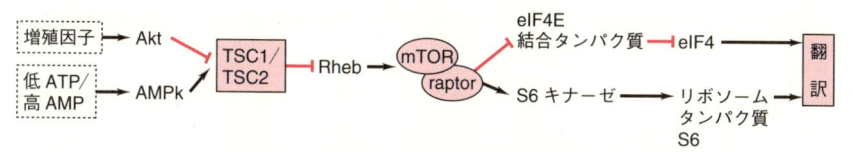

28. 細胞内シグナル伝達

図28・4 mTOR経路による翻訳の活性化

TSC1/2複合体，Rhebがあるが，AktシグナルはmTORの活性化をもたらし，結果的に翻訳因子の阻害因子を抑えたりリボソームタンパク質を活性化することにより翻訳効率を高める．ATPが枯渇して相対的にAMPが上昇すると，AMPK（**AMP活性化キナーゼ**）がmTORを抑え，この経路を使って翻訳効率の低下が誘導される．

28・5 MAPキナーゼカスケード経路とRas

増殖や分化で普遍的に使われるキナーゼカスケードシグナル伝達の中心的な機構で（カスケードは"類似反応の連鎖"の意），中核にあるキナーゼは**MAPキナーゼ**（mitogen-activated protein kinase：**MAPK**）というセリン-トレオニンキナーゼファミリーである．MAPキナーゼはERKファミリーに属するキナーゼとして見いだされ，チロシンキナーゼやGタンパク質共役型受容体を介するシグナル伝達で主要な役割を果たすが，Cキナーゼも**ERK経路**を活性化し，Ca^{2+}経路やcAMP経路は活性化したり抑制したりする．**ERK**（ERK1/2）は**MEK**（MEK1/2）により，MEK

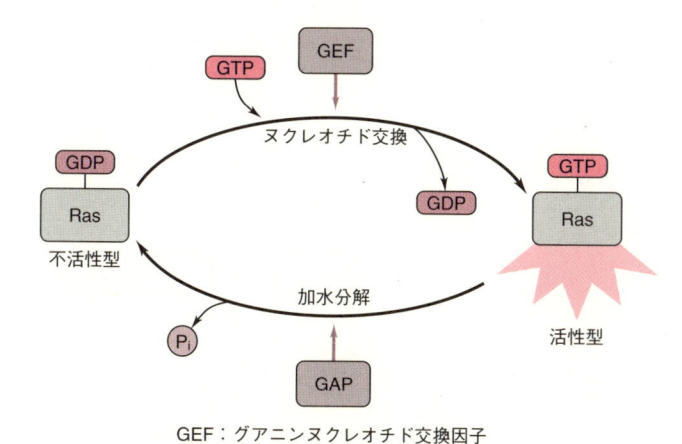

GEF：グアニンヌクレオチド交換因子
GAP：GTPase活性化タンパク質

図28・5 Rasの活性変換

はRafによりリン酸化される（このためMEKはMAPKK，RafはMAPKKKともよばれる）．この過程は増殖因子受容体からRasを介して伝達され，Ras（ラット肉腫ウイルスの発がんタンパク質として同定された）はERK経路で中心的役割を果たす（図28・6参照）．

RasはGTPaseで，GTP結合の活性型とGDP結合の不活性型をとり，三量体Gタンパク質のαサブユニットのような**分子スイッチ**として機能する（図28・5）．

グアニンヌクレオチド変換にはGDPを外してGTP結合を促進する**GEF**（グアニンヌクレオチド交換因子）と，GTPase活性を高めてGTP結合型からGDP結合型への変換を促進する**GAP**（GTPase活性化タンパク質）が関与する．がんの原因となる突然変異型RasはGTPase活性を阻害し，増殖シグナルを出しつづける．

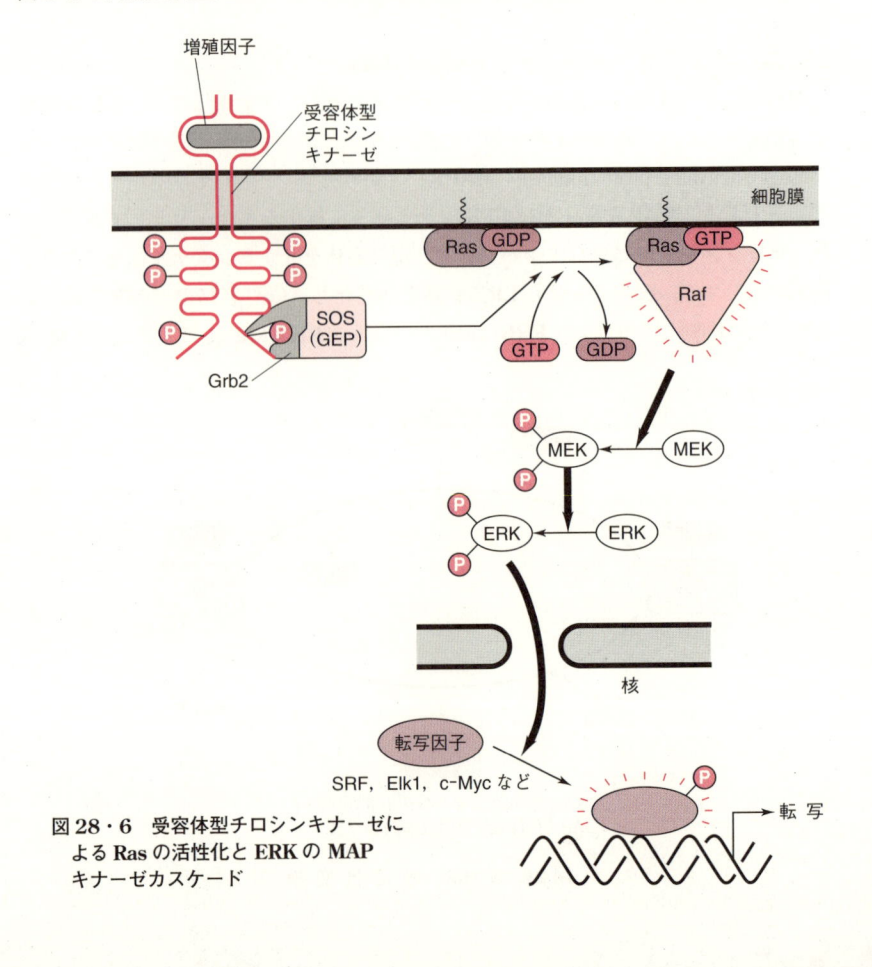

図28・6 受容体型チロシンキナーゼによるRasの活性化とERKのMAPキナーゼカスケード

28. 細胞内シグナル伝達

Ras ファミリー因子は分子量が三量体 G タンパク質 α サブユニットの約半分であるため，**低分子量 G タンパク質**（低分子量 GTP 結合タンパク質）といわれ，前節の **Rheb**，小胞輸送に関する **Rab サブファミリー**（24 章参照），細胞骨格の組織化に関与する **Rho サブファミリー**などが含まれる．

Ras の活性化機構は**受容体型チロシンキナーゼ**でよく理解されている（図 28・6）．受容体が活性化すると **Grb2-Sos 複合体**が Grb2 の SH2 ドメインで受容体に結合して膜に接近し，付着する脂質で膜に局在化する Ras に接近する．Sos の GEF 機能で GDP-Ras は GTP-Ras となり，Raf キナーゼに結合して ERK カスケードの引き金が引かれる．活性化 ERK はプロテインキナーゼを含む多くのタンパク質をリン酸化するが，核移行し，最初期遺伝子を活性化する転写因子（Elk-1，c-Myc など）をリン酸化する機構が重要である．

上述の古典的 MAPK カスケード以外にも，細胞には別の MAPK カスケードがあ

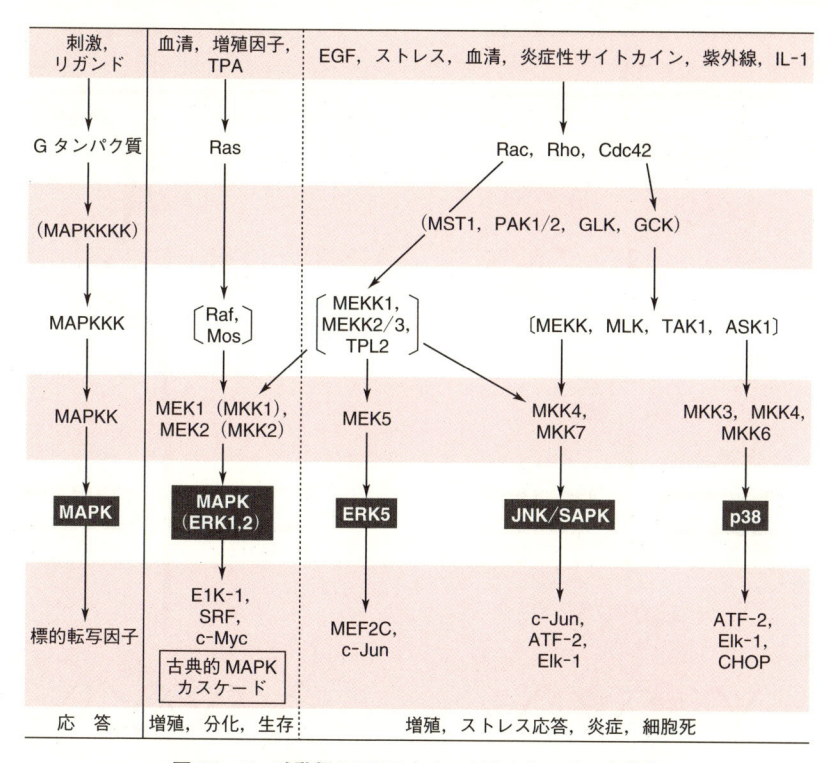

刺激，リガンド	血清，増殖因子，TPA	EGF, ストレス, 血清, 炎症性サイトカイン, 紫外線, IL-1		
G タンパク質	Ras	Rac, Rho, Cdc42		
(MAPKKKK)		(MST1, PAK1/2, GLK, GCK)		
MAPKKK	[Raf, Mos]	[MEKK1, MEKK2/3, TPL2]	[MEKK, MLK, TAK1, ASK1]	
MAPKK	MEK1 (MKK1), MEK2 (MKK2)	MEK5	MKK4, MKK7	MKK3, MKK4, MKK6
MAPK	MAPK (ERK1,2)	ERK5	JNK/SAPK	p38
標的転写因子	Elk-1, SRF, c-Myc	MEF2C, c-Jun	c-Jun, ATF-2, Elk-1	ATF-2, Elk-1, CHOP
	古典的 MAPK カスケード			
応 答	増殖, 分化, 生存	増殖, ストレス応答, 炎症, 細胞死		

図 28・7　哺乳類の MAP キナーゼカスケードの全体像

り，哺乳類では **ERK5**，**JNK**，**p38** の3種が MAPK として機能する（図28・7）．これらを動かすリガンドは増殖因子のほか，ストレス，紫外線，サイトカインなどとさまざまで，使用される低分子量 G タンパク質も Ras ではなく Rho サブファミリーであり，JNK や p38 がリン酸化する基質にはしばしば細胞死や炎症を起こすものが含まれる．それぞれの MAPK カスケードの構成因子は足場タンパク質にまとまって局在し，その組合わせが利用されるカスケードの特異性に関与する．

28・6 JAK-STAT 経路および TGB-β-Smad 経路

PI3-キナーゼ経路や MAP キナーゼ経路は細胞表面と転写因子を間接的に結ぶ

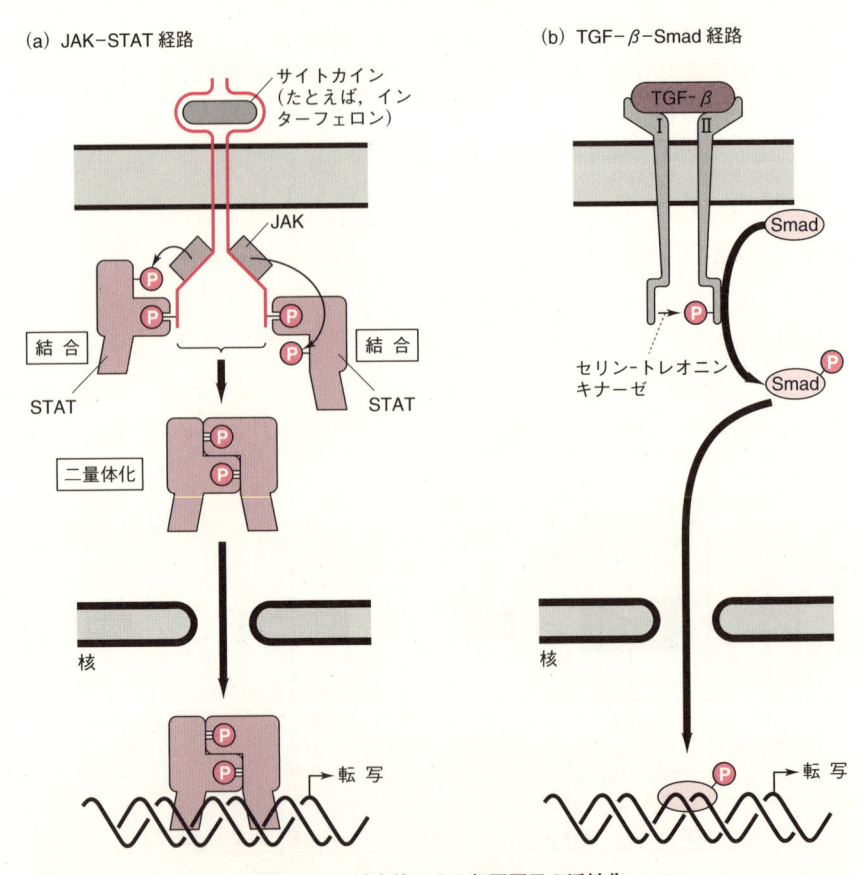

図28・8 受容体による転写因子の活性化

が，**JAK-STAT 経路**と **TGB-β-Smad 経路**は増殖因子受容体と転写因子を直接結ぶ（図 28・8）．JAK-STAT 経路の転写因子は SH2 ドメインをもつ **STAT**（<u>s</u>ignal <u>t</u>ransducers and <u>a</u>ctivators of <u>t</u>ranscription）で，複数存在する．STAT は刺激されリン酸化されたサイトカイン受容体に SH2 ドメインで結合し，非受容体型チロシンキナーゼ **JAK** でリン酸化される．リン酸化 STAT は二量体化して核移行し，転写を活性化する（STAT は受容体型チロシンキナーゼによってもリン酸化される）．増殖因子 **TGF-β** ファミリーはセリン-トレオニンキナーゼ受容体に結合し，転写因子 **Smad** をリン酸化する．受容体はⅠ型，Ⅱ型2個のポリペプチドからなり（それぞれは複数種存在する），Ⅰ型がⅡ型をリン酸化し，Ⅱ型が Smad をリン酸化し，Smad が核移行する．TGF-β はヒトで 40 種類以上存在し，標的細胞での効果が異なるが，作用特異性は受容体ポリペプチドのヘテロな組合わせで説明される．

メモ 28・2　NF-κB

　NF-κB は増殖や生存，炎症や免疫にかかわる転写因子で，さまざまな刺激をもとに IκB キナーゼによるリン酸化を受ける．NF-κB は細胞質で阻害因子 IκB と会合した状態にあるが，IκB はリン酸化で分解され，核移行して機能を発揮する（図 28・9）．

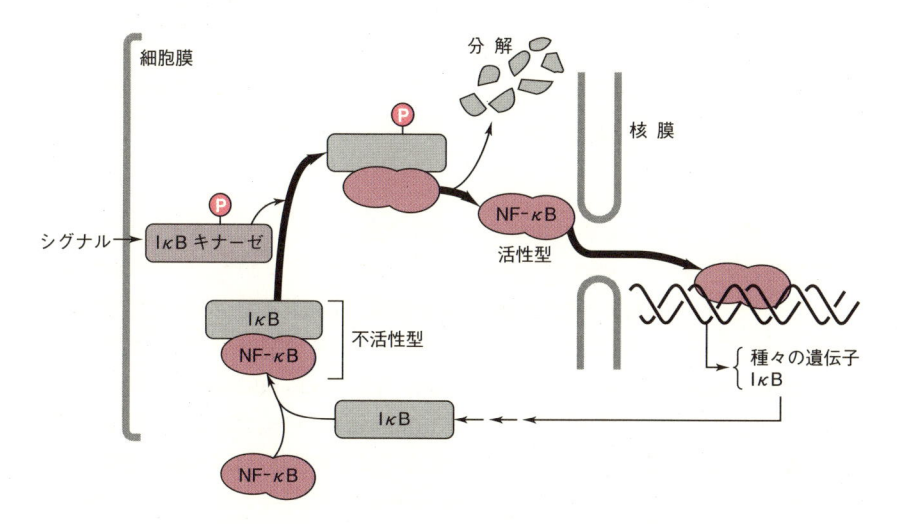

図 28・9　NF-κB 経路とそのフィードバック阻害

(a) ヘッジホッグなし　　　　　　(b) ヘッジホッグあり

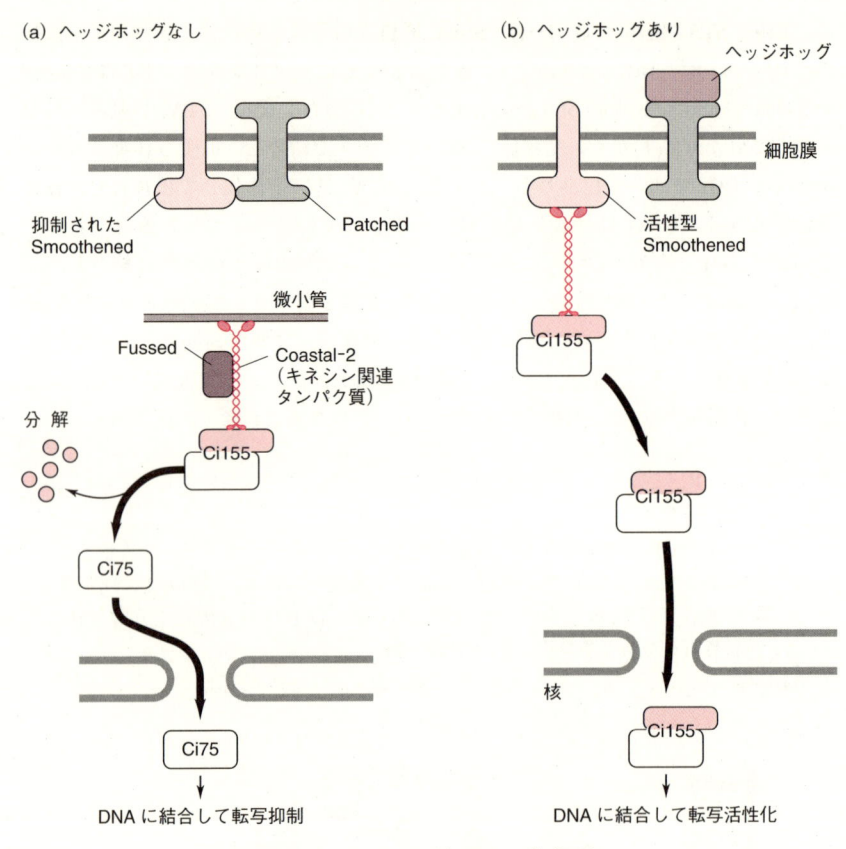

図28・10　ヘッジホッグ経路

28・7　発生・分化で重要なシグナル伝達経路

　発生時の細胞の運命決定にかかわるシグナル経路に，ショウジョウバエで見つかった**ヘッジホッグ経路**（図28・10），**Wnt経路**，**Notch経路**があり，動物の細胞運命決定やパターン形成に広く関与する．分泌性タンパク質ヘッジホッグが受容体の**Patched**部分に結合すると，受容体の他の成分（**Smoothened**）が働ける状態になり（図28・10b），プロテインキナーゼ**Fused**と会合している転写因子**Ci155**（哺乳類では**Gli**）と結合し，これで活性化したCi155が核移行して機能を発揮する．ヘッジホッグがない（図28・10a）とSmoothenedが働かないのでCi155は微小管に繋留され，分解されて転写抑制能をもつCi75となり，核で転写を抑える．

28. 細胞内シグナル伝達

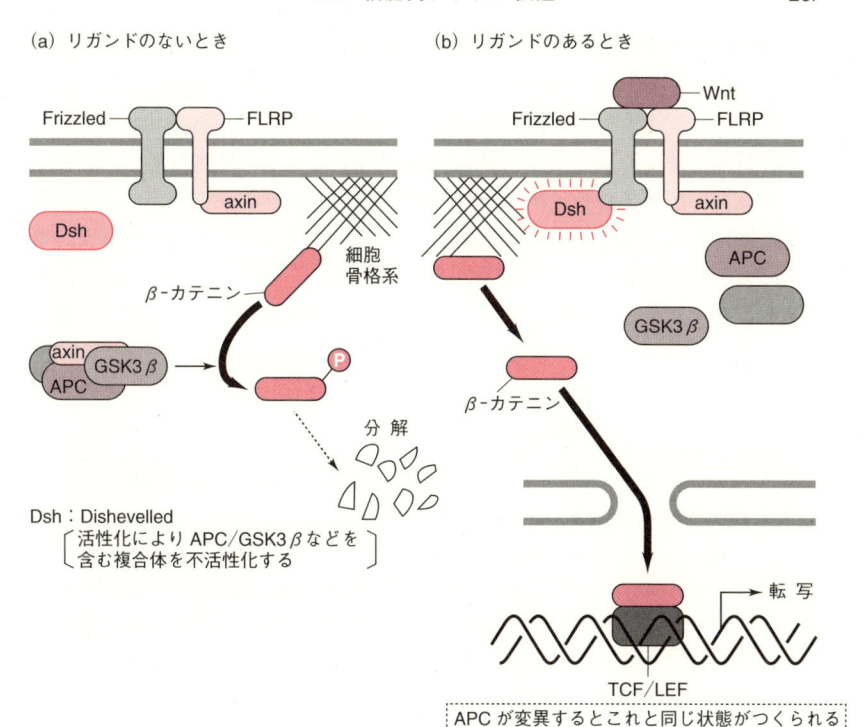

(a) リガンドのないとき　　(b) リガンドのあるとき

Dsh：Dishevelled
〔活性化によりAPC/GSK3βなどを含む複合体を不活性化する〕

APCが変異するとこれと同じ状態がつくられる

図 28・11　Wnt 経路

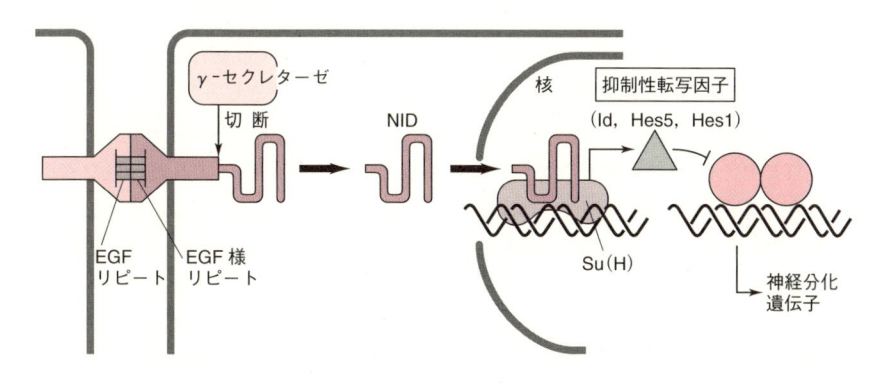

NID：Notch intercellular domain

図 28・12　Delta-Notch 経路

Wntは**FLRP**や**Frizzled**ファミリー受容体と結合する分泌性の増殖因子である．β-カテニンはリガンドがないとAxin/APC/GSK3β複合体でリン酸化され，プロテアソームで分解される（図28・11）．リガンドが結合すると，上記キナーゼ複合体を解離させる働きをもつ**Dishevelled**と結合してこれを活性化し，β-カテニンは安定化して核移行し，転写因子（**Tcf/LEF**）のコアクチベーターとなって転写を活性化する．APCはがん抑制遺伝子産物で，変異するとβ-カテニンを分解できず，遺伝子発現が高まってがん化へ向かう．

Notch シグナル系は細胞間の直接の相互作用がかかわるシグナル伝達系である（図28・12）．膜貫通型タンパク質（**Delta**など）がNotchと結合するとその細胞内ドメインがγ-セクレターゼにより切出されて核移行し，転写因子CSLなどのコアクチベーターとして機能する．

> **メモ 28・3　側方抑制と Notch シグナル**
> 神経分化の過程では神経分化する細胞の周囲の細胞の分化が抑制されるが（**側方抑制**），ここに**Delta-Notch**系がかかわる．これにより**Hes**ファミリーなどの抑制性転写因子が発現し，神経分化にかかわる転写因子の機能を抑える．

28・8　細胞骨格系と細胞内シグナル伝達

細胞骨格系は細胞内シグナル伝達と密接に関連している．**インテグリン**はデスモソームやヘミデスモソームにある細胞外マトリックス結合受容体だが（22章参照），マトリックスとの接着以外，細胞内シグナル伝達を活性化する受容体としても機能する．インテグリンの細胞内ドメインは**FAK**（フォーカルアドヒージョンキナーゼ）と相互作用しているが，細胞外基質との結合によりインテグリンはデスモソームなどに集まり，FAKは交差リン酸化により自己リン酸化される．すると**Src**などの非受容体型チロシンキナーゼがSH2ドメインを介して結合し，さらにリン酸化が進む．これによりPI3-キナーゼやPCLγ，Grb2-Sos複合体などSH2ドメインをもつ多くのシグナル伝達関連因子と結合し，結果，細胞接着のシグナルが増殖因子によるシグナル伝達経路と結びつき，増殖や生存に関する応答が起こる．

細胞接着受容体や増殖因子に対する細胞応答ではしばしば**細胞運動性の変化**がみられるが，これにはアクチンフィラメントの重合・脱重合の変化が伴う．これに関与する主要な因子は**Rho**サブファミリーの低分子量Gタンパク質の**Rho**，**Rac**，

Cdc42で，これらはそれぞれ**糸状仮足**，**葉状仮足**，デスモソーム/**ストレスファイバー**の形成（22章参照）と関係する．たとえばRhoはRhoキナーゼを活性化し，RhoキナーゼはミオシンII軽鎖のリン酸化状態を高め，不活性型ミオシンを活性型にしてストレスファイバーの形成を促進する．

> **メモ 28・4　細胞内シグナル伝達ネットワーク**
>
> 　ヒトには約1500種の受容体，700種のプロテインキナーゼとホスファターゼ，2000個の転写因子を含み，細胞には多様なシグナル伝達経路が存在する．シグナル伝達経路には負や正の**フィードバック制御**や，ある成分が他の経路を調節するなどの**クロストーク**が存在し，経路同士は複雑なネットワークで結ばれている．

VI 細胞の分化とがん化

　細胞のダイナミックな変化に**分化**という現象がある．分化は未分化な幹細胞が**非対称分裂**の結果，元と同じ幹細胞と，1個の分化細胞を生み出す現象である．**自己増殖能**と**分化能**を兼ね備えた幹細胞は生体内のいたる所に存在し，組織の更新や失われた組織の再生にかかわる．発生初期の胞胚内にある幹細胞は**胚性幹（ES）細胞**とよばれる多能性幹細胞で，さまざまな組織に分化することができ，体細胞から人工的につくった**iPS細胞**とともに，再生医療の重要な材料として期待されている．

　多様な細胞集団からなる血球細胞も共通の骨髄前駆細胞が元になっている．神経系細胞は外胚葉から**ニューロン**と**グリア細胞**に分化する．ニューロンは神経伝達を行うために特殊に分化した細胞で，細胞膜を介して起こるイオン移動の連鎖反応に基づく神経伝導を行う．神経終末に届いた神経興奮は，シナプスを介して他のニューロンに伝達される．

　がんは分化と逆の状況にある細胞で，突然変異によって細胞増殖活性が亢進しているが，さらに高いテロメラーゼ活性によってテロメアの短縮が起こらないため，**無限増殖（不死化）**能を獲得している．がん細胞は正常な細胞相互作用が崩れており，状況にかまわずにどこでも増殖するため，組織内に浸潤して**転移**を起こす．がん化の要因や突然変異の原因には化学物質や放射線などいろいろなものがあるが，**がん抑制遺伝子**の欠陥によるところが大きい．生体のがんではがん抑制遺伝子の突然変異の蓄積がみられる．

29 分化・再生と幹細胞

29・1 細胞の分化と幹細胞

　細胞が特定の目的をもつ細胞に変化することを**分化**といい，多細胞生物では受精卵が卵割を繰返して増殖する発生過程において，多様な分化がみられる．通常，多細胞動物において完全に分化（**最終分化**）した細胞がそれ以上増殖することは自然の状態ではほとんどなく，細胞死という結末に至る．胚の細胞が段階的な分化過程をたどって最終分化細胞に至る経路を**細胞系譜**といい，その経路は**発生プログラム**に従って進む．分化細胞をつくる元の細胞を**幹細胞**（stem cell）というが，幹細胞にもいろいろな段階があり，最終分化に近づくに従ってそこから派生する細胞の種類はしだいに狭められる（図 29・1）．

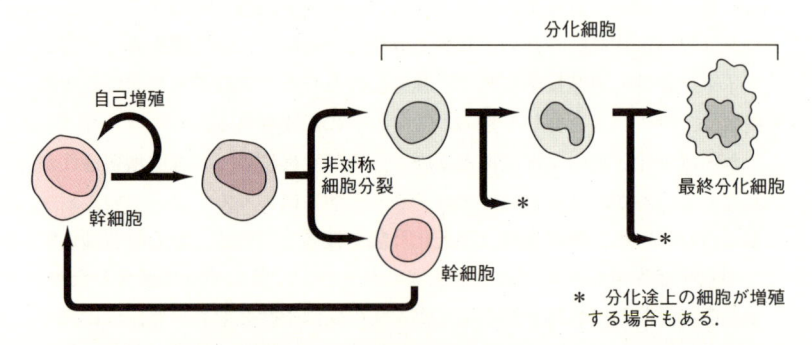

図 29・1　幹細胞の増殖と分化細胞の生成　幹細胞には，元と同等の娘細胞を 2 個生成する分裂様式と，非対称細胞分裂により元と同じ幹細胞と分化細胞の各 1 個ずつを生じる 2 種類の分裂形式がある．

メモ 29・1　線虫の細胞系譜はすべてわかっている

　線虫（*Caenorhabditis elegans*）は 10 回程度の細胞分裂を経て成体となる．成体は雌雄同体で 959 個の核をもち（細胞により複数の核をもつ），個々の細胞が受精卵から数回分裂した 6 個の**創始者細胞**のどれに由来するかがすべて確認されている．

29. 分化・再生と幹細胞

　幹細胞は**自己複製**と**分化細胞生成**という両方の能力で特徴づけられ，分化細胞が生まれるときには，2個の娘細胞の片方が分化細胞となる**非対称細胞分裂**が起こる．非対称細胞分裂を起こす原因は大きく二つに分けられる（図29・2）．その一つは外因性のもので，細胞を取巻く微小環境の違い（ニッチ）による．ニッチとなるも

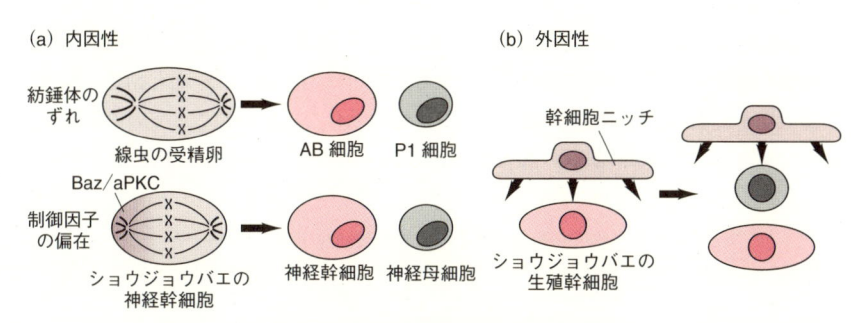

図29・2　非対称細胞分裂が起こる原因

─ コラム22 ─

筋肉の分化

　筋肉は発生初期の体節を起源とする．体節は**硬節**と**皮筋節**に分化するが，皮筋節から遊走した細胞が**筋前駆細胞**となり，**筋節**を形成し，そこから**骨格筋**がつくられる（図29・3）．細胞レベルでは，まず筋前駆細胞が**筋芽細胞**へ分化し，それが増殖・遊走・凝集することによって紡錘状の**筋管細胞**へと分化し，これが融合することにより**筋管**が形成される．筋管は内部に多数の**筋原繊維**をもつ**筋細胞**（**筋繊維**）へ成熟し，多数集まって**筋組織**となる．この過程にはMyoDやミオゲニンといった筋特異的転写因子（**筋分化因子**）が作用する．なお，筋細胞の表面には幹細胞である少数の**筋衛星細胞**が存在し，筋肉切断の修復時に機能する．

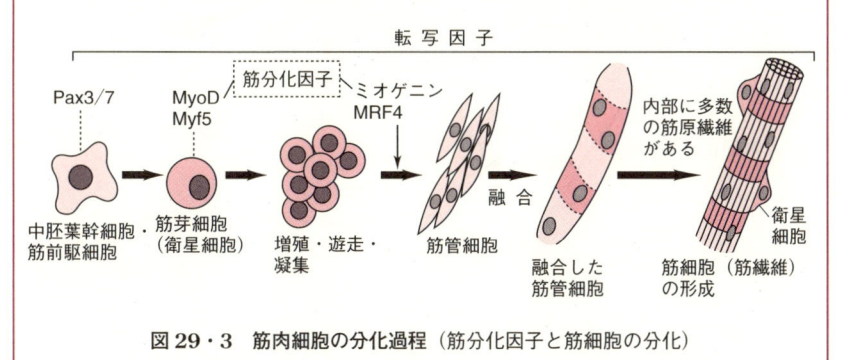

図29・3　筋肉細胞の分化過程（筋分化因子と筋細胞の分化）

のには，細胞に作用するリガンドや接触する細胞がある．原因のもう一つは内因性のもので，細胞質内での細胞運命決定因子（aPKC, PAR因子群など）や分裂装置（紡錘体微小管，星状体など）の偏りである．

29・2　再　生

多細胞生物の成体個体で組織の細胞が除かれたり死滅した場合，その細胞を補充し組織を修復する現象が起こるが，これを**再生**という（図29・4）．哺乳動物の場合，小腸上皮や骨髄の造血細胞，表皮や毛などは常に活発な再生が起こっている組織で，ヒトでは1日に約1000億個の血球細胞が死滅・再生し，小腸上皮細胞は2～3日

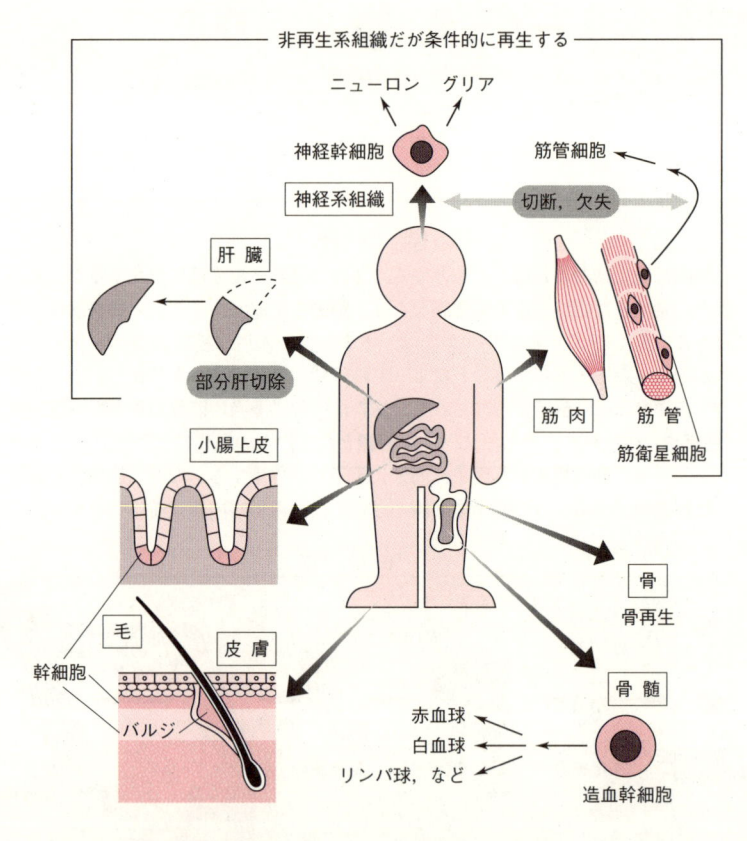

図29・4　哺乳動物で再生の起こっている場所　田村隆明，山本 雅 編，"分子生物学イラストレイテッド（第3版）" 羊土社（2009）より改変．

の寿命しかない．肝臓や骨などでは傷を受けたときなどに盛んに再生が起こる．神経や筋肉は再生能力に乏しいが，それぞれの組織には少数の筋衛星細胞や神経幹細胞が存在しており，組織が失われたときなどに再生がみられる．再生においても特有の幹細胞が分化細胞供給源として機能する．

29・3 幹細胞の種類と階層

　幹細胞ははじめ造血系で発見されたが，哺乳動物では発生の時期や組織によりさまざまな種類の幹細胞が存在する（図29・5）．成体に存在する幹細胞としては生殖器官にある**生殖幹細胞**と，それぞれの組織にある**体性幹細胞**（**組織幹細胞**）があり，胚には**胚性幹細胞**（**ES 細胞**）が存在する．

　幹細胞がどれだけ多様な細胞や組織/器官をつくれるかによっても幹細胞を分類することができ，多くの体細胞組織に分化できるものを**多能性幹細胞**（おもに胚に

(a) 幹細胞の種類

分類 I
・全能性幹細胞
・多能性幹細胞
・単能性幹細胞

分類 II
・胚性幹細胞
・生殖幹細胞
・体性（組織）幹細胞

(b) 幹細胞の能力の違い

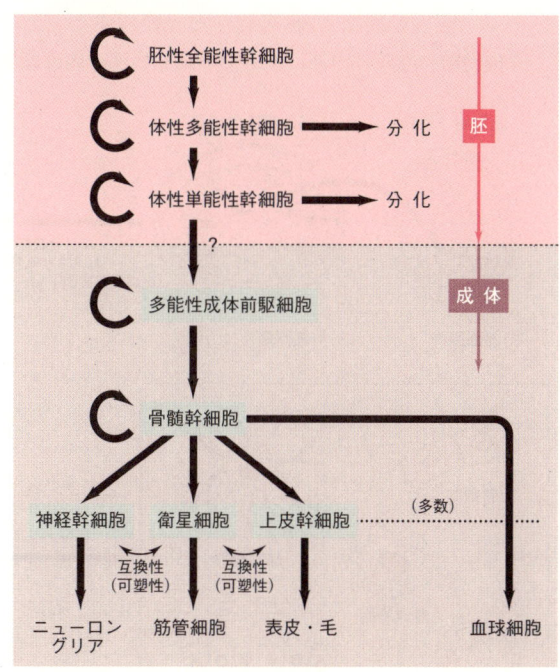

図29・5　幹細胞の種類と階層性

含まれる)，その一部しかつくらないものを**単能性幹細胞**という．骨髄幹細胞は分化の比較的下流に位置するが，血球系細胞のほか，神経細胞，筋肉細胞，上皮再細胞などの複数の細胞に分化できる．このようにある組織に由来する幹細胞が他の組織の分化細胞をつくる現象を**発生可塑性**という．

すべての細胞（個体まるごと）に分化しうるものを**全能性幹細胞**といい（ES細胞など），多能性幹細胞と合わせて**万能細胞**とよぶことがある．"多くの組織には分化能の非常に高い**多能性成体前駆細胞**が少数存在している"という研究報告もある．

メモ 29・2　全能性の成体組織をもつ生物

下等動物は一般に再生能力が高く，扁形動物のプラナリアや刺胞動物のヒドラは体の一部から個体を再生でき，植物にはすべての細胞に**分化の全能性**があり，1個の細胞から完全な個体ができる．

29・4　胚性幹細胞（ES細胞）とその操作

脊椎動物の胞胚は内部に不定形の細胞集団（**内部細胞塊**；ICM）が存在する．こ

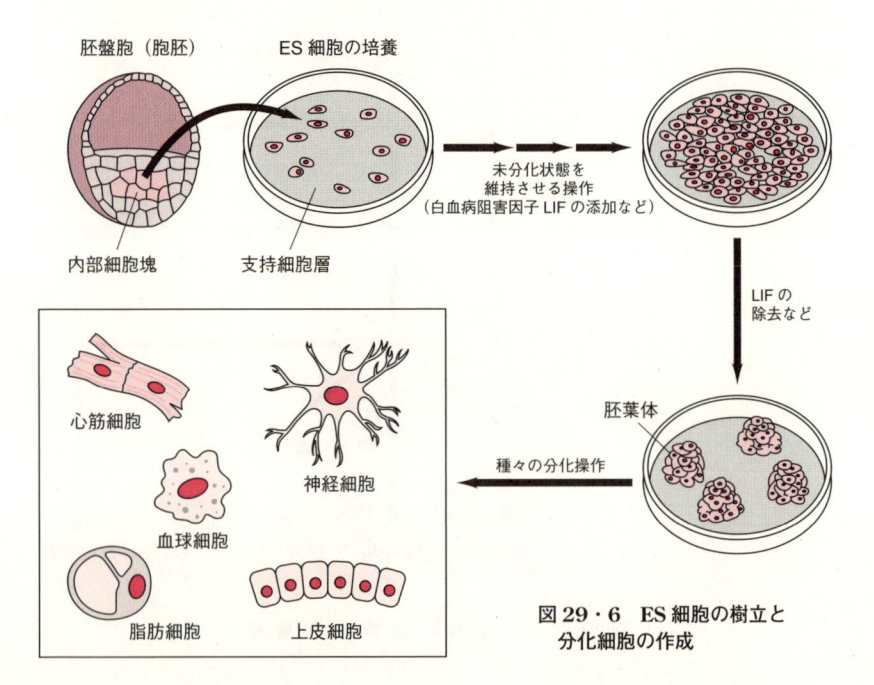

図29・6　ES細胞の樹立と分化細胞の作成

のICMを取出し，基底に支持細胞を敷いた上で培養化したものがES細胞で，*in vitro*の環境で**分化の全能性**を示す（図29・6）．このためES細胞を胞胚腔に注入した胞胚を子宮に戻して個体を誕生させることができる．

ES細胞は，アクチビン添加などの適切な処理をすることにより，培養条件下で肝細胞，心筋，神経などの細胞に分化させることができる．ES細胞では不安定で，そのままでは自然に分化の方向に向かってしまうので，未分化状態を維持させるためには，人為的にLIF（白血病阻害因子．JAK-STAT経路を活性化する（§28・6参照）．おもにマウスで使用）やBMP（骨形成タンパク質）などのサイトカインを添加したり，Oct3/4やNanogなどの未分化細胞特異的転写因子を発現させる必要がある．

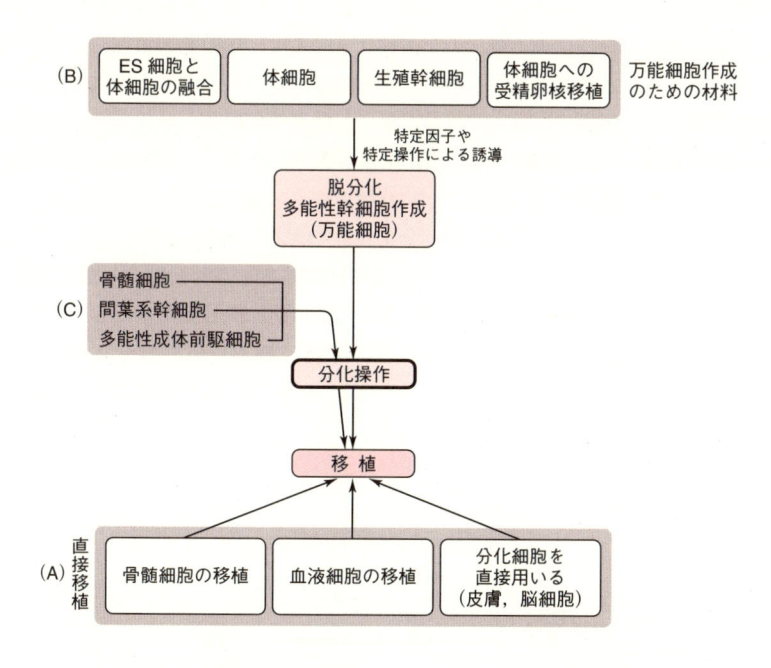

図29・7 再生医療/移殖医療において利用されうるさまざまな種類の細胞 移植には成体中ですでに分化した細胞をそのまま使う直接移植（A: たとえば，輸血）と，それ以外の細胞をいったん脱分化させてから希望の方向に分化させるか（B），あるいは生体から採取した多能性幹細胞を希望の方向に分化させ（C），それらを用いる方法がある．

29・5 再生医療と幹細胞

失われた組織を再生組織の移植などによって治療する**再生医療**が関心を集めており，培養化骨髄間葉系幹細胞を移植して筋肉や軟骨細胞に分化させるといった領域で実際に使用されている（図29・7）．しかし，この場合は分化能が限定的なために使用範囲が制限されてしまう．ES細胞を希望する細胞に分化させ，それを移植材料に使用できれば再生医療はさらに発展すると考えられるが，倫理的問題（ヒトの受精卵や胚という生命の萌芽を使用すること），技術的問題（ES細胞をそのまま移植した場合のがん化の可能性，支持細胞の除去，拒絶反応の克服，クロマチン状態の初期化など），受精卵の確保などの問題があり，実用化に向けた障害は少なくない．

いったん分化した細胞が細胞系譜を逆行して幹細胞様の性質をもつこと（**脱分化**．がん細胞はそのような状態に近い）は通常は起こらないが，培養条件を変化させたり，未分化状態の維持に働く遺伝子を活性化させると，細胞を増殖可能な未分化細胞に変換させることができる．このような細胞は，培養条件の工夫や成体の特定部分に移植するなどの操作によって以前と異なる履歴の細胞にも分化させることができる（**分化転換**）．この技術を高めて分化の多様性を増すことができれば，再生医療にとって大きな進歩となり，それが被移植者本人の細胞からつくられるようになれば，拒絶反応を含め上記問題の大部分を回避できると考えられる．このような方向で行う研究の一つの成果として，**iPS細胞（誘導多能性幹細胞）**の樹立がある．iPS細胞は分化した体細胞を遺伝子発現などで誘導的に脱分化させたもので，マウスでつくられたiPS細胞では未分化状態の維持に働く4種類の転写因子Sox2，Nanog，Klf4，c-Mycが使われた（図29・8）．なお，2010年の初頭，化学薬品処理でiPS細胞が樹立できるという報告があった．

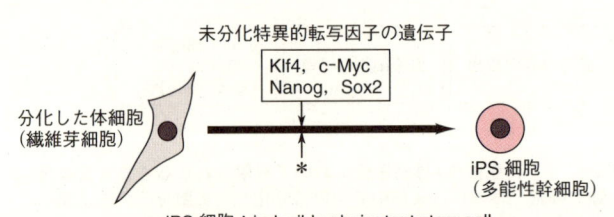

iPS細胞：inducible pluripotent stem cell

＊ このほか，上の因子に関連するタンパク質や薬剤を用いる方法も報告されている．

図29・8 マウスやヒトに由来するiPS細胞の樹立方法

29. 分化・再生と幹細胞

コラム 23

血液細胞の分化

哺乳類では造血は骨髄で起こる．骨髄ではストローマ細胞と接触した**多能性造血幹細胞**がニッチの影響を受けて分化し，**骨髄性幹細胞**と**リンパ系幹細胞**の2種類ができて複製する．前者は顆粒球や単球の前駆細胞，血小板や赤血球の前駆細胞へと分化し，そこからさらに下流に向かって分化が進み，最終分化し

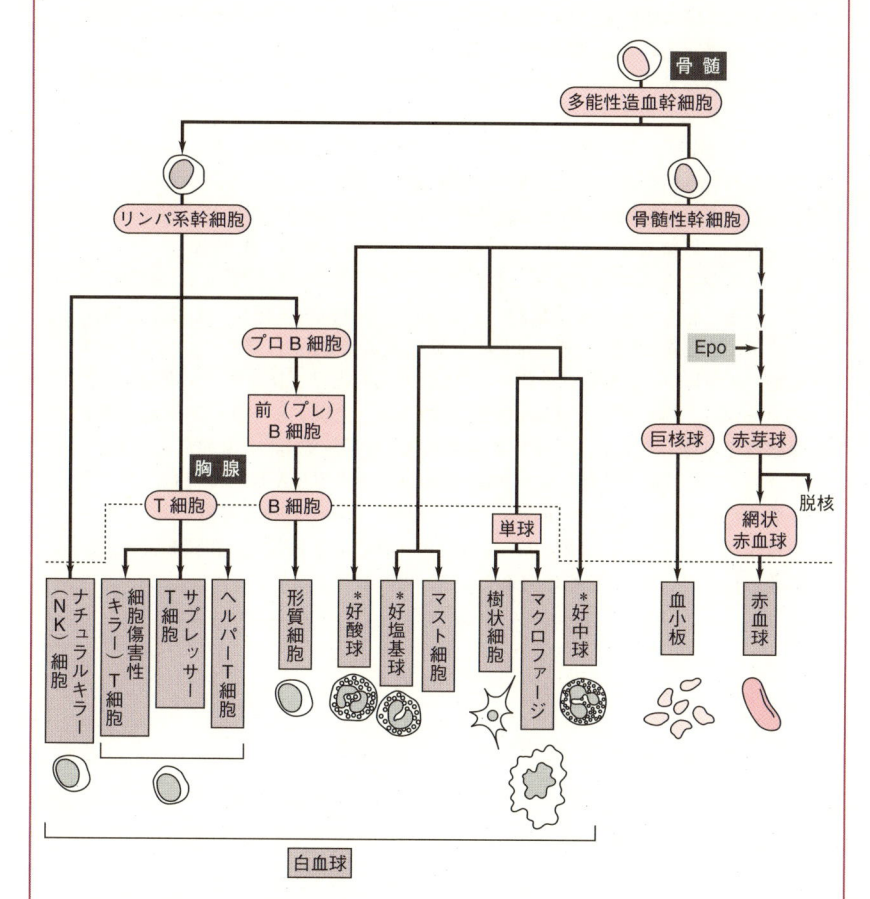

点線の下流（下側）の細胞が末梢血に出現する
* これらを総称して顆粒球という
BFU-E：赤芽球前期前駆細胞，CFU-E：赤芽球後期前駆細胞，Epo：エリスロポエチン

図 29・9 血液細胞の系譜

た細胞が末梢に現れる（図29・9）．血球細胞のうち赤血球と血小板以外のものを**白血球**といい，異物処理や生体防御，免疫にかかわる．後者はT細胞，B細胞，ナチュラルキラー細胞（**NK細胞**）などに最終分化する．

赤血球（ヒトでは無核）はエリスロポエチンの作用を受け，赤芽球，網状赤血球を経て生成し，ヘモグロビンを含み酸素の運搬を行う．**血小板**は**巨核球**を経て生成し，血液凝固にかかわる．多数の顆粒を含む顆粒球には**好中球**（多形核をもち，白血球の半分以上を占める），**好塩基球**（S/U字状核をもち，白血球の0.5％を占める），**好酸球**（二葉の核をもち，白血球の1～2％を占める）の3種がある（染色性で分類される）．**単球**からは**マクロファージ**と**樹状細胞**が生ずるが，マクロファージと好中球はリソソームの豊富な食細胞で，活発なファゴサイトーシス（食作用）やピノサイトーシス（飲作用）によって異物や細菌などを処理する．自然免疫の中心をなし，炎症・発赤・疼痛などの主因でもある．樹状細胞はリンパ球に抗原提示するという獲得免疫における補助的機能をもつ．好塩基球とともに分化する細胞に**マスト細胞**（**肥満細胞**）があり，ヒスタミンを含みアレルギーに関係する．リンパ球のうち表面にT細胞受容体（TCR）をもつものを**T細胞**，B細胞受容体（BCR）をもつものを**B細胞**とする．T細胞は胸腺を経て成熟し，細胞表面にCD4を発現する**ヘルパーT細胞**（B細胞が形質細胞に分化するのを助ける）と**サプレッサーT細胞**（能動的免疫寛容に関与する），CD4あるいはCD8を発現する**キラーT細胞**（**細胞傷害性T細胞**ともいい，ウイルス感染細胞，移植細胞，自己免疫細胞を殺す）となる．NK細胞の性質をもつ**NKT細胞**（ナチュラルキラーT細胞）という細胞も存在する．B細胞は成熟した**形質細胞**となって抗体を産生する．NK細胞はT細胞やB細胞と異なり，通常のリンパ球より大きく，顆粒を含み，抗原非依存的に（MHC抗原の拘束なしに）標的細胞を攻撃する．

30 神経系の細胞と神経機能

30・1 哺乳動物の神経系

　脊椎動物の神経系は神経胚外胚葉の陥入によって生じた**神経管**に由来し，前方から前脳，中脳，後脳ができ，さらに細かな区画分けが行われ，最終的に大脳（終脳），間脳，中脳，小脳，橋，延髄，脊髄が形成される（図30・1）．これに属するもの

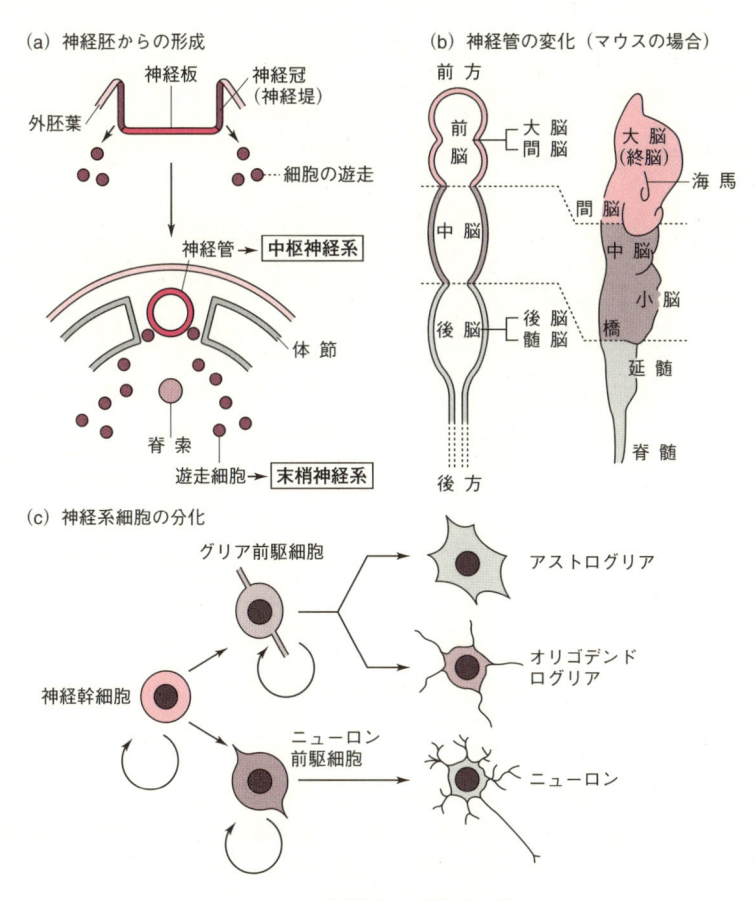

図30・1　哺乳動物の神経系の形成

を**中枢神経系**といい，そこから出ている神経細胞は**末梢神経系**を構成するが，末梢神経は**神経冠（神経堤）**から遊走した細胞に由来する．中枢神経系の各部はそれぞれ特異的な神経・精神活動を分担している（図30・2）．末梢神経には中枢に入力する**求心性神経**と出力する**遠心性神経**がある．中枢神経系は膨大な数の神経細胞を含み，個々の細胞は**神経接合部（シナプス）**を通じて複雑に連絡し，全体としてまとまりのある**神経回路網**を形成している．

(a) 神経系の構成

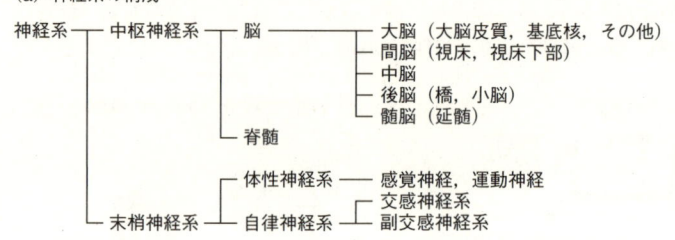

```
神経系 ─┬─ 中枢神経系 ─┬─ 脳 ─┬─ 大脳（大脳皮質，基底核，その他）
        │              │      ├─ 間脳（視床，視床下部）
        │              │      ├─ 中脳
        │              │      ├─ 後脳（橋，小脳）
        │              │      └─ 髄脳（延髄）
        │              └─ 脊髄
        └─ 末梢神経系 ─┬─ 体性神経系 ─┬─ 感覚神経，運動神経
                       └─ 自律神経系 ─┬─ 交感神経系
                                      └─ 副交感神経系
```

(b) ヒトの脳

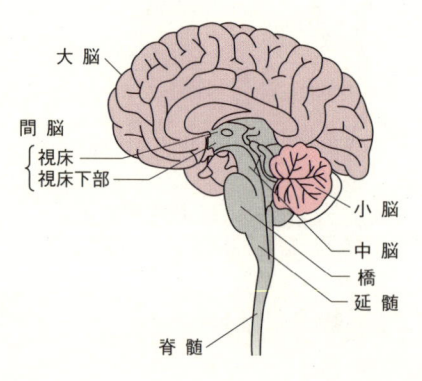

		おもな働き
	大　脳	精神活動，運動や感覚 本能的行動
	小　脳	平衡姿勢と随意運動の調整
脳幹	間　脳*	
	→ 視床	情動・感情の発現．痛覚
	→ 視床下部	自律神経の中枢（内臓，体温，浸透圧，血糖量の調節）．睡眠
	中　脳	眼球運動．瞳の収縮・拡大，姿勢保持
	橋	大脳皮質から小脳への中継
	延　髄	呼吸運動．心臓拍動の調節 せき，くしゃみ，飲込み運動，唾液分泌などの反射

＊ 間脳を脳幹に加えない分類法もある．

図30・2　脳神経系の構成と働き

30・2　神経系の細胞：ニューロンとグリア細胞

神経系を構築する細胞は大きく**ニューロン（神経細胞）**と**グリア細胞（神経膠細胞．単にグリアともいう）**に分けられる（表30・1）．両者は共通の神経幹細胞に由来し，ニューロン前駆細胞，グリア前駆細胞という中間段階の幹細胞を経て最終

30. 神経系の細胞と神経機能

表 30・1 神経系細胞の種類

神経細胞/ニューロン	
感覚神経, 運動神経, 介在神経	外胚葉由来
グリア細胞	
マクログリア ・オリゴデンドログリア[†]（中枢神経の軸索絶縁） ・シュワン細胞（末梢神経の軸索絶縁） ・アストログリア[†]（神経系への栄養供給, その他）	外胚葉由来
ミクログリア（感染・傷害時の食細胞機能, 脳の清掃, 免疫）	中胚葉由来

[†] それぞれオリゴデンドロサイト, アストロサイトともいう.

分化する．ニューロンは神経伝達を行う神経系の主体をなす細胞で，機能的に，**感覚神経**（感覚器から中枢神経系への情報伝達），**運動神経**（中枢神経系から筋肉，腺などへの情報伝達），**介在神経**（神経細胞間の情報伝達）に大別される．

グリア細胞はニューロンの生存や機能を補助し，脳神経の維持にあたる．グリア細胞は機能と形態によっていくつかに分けられる．**アストログリア**は星状の形態をもち，ニューロンと血管の間隙に存在し，因子などの分泌を通してニューロンの代謝維持にかかわる．少数の突起をもつ**オリゴデンドログリア**は，突起の先端が膜となってニューロン軸索に巻き付く**ミエリン**（**髄鞘**）を形成し，軸索の絶縁を行っている．末梢ではシュワン細胞がその役目を担う．**ミクログリア**は上記の2種とは異なる食細胞能をもつ網内系由来の細胞で（中胚葉由来），脳内の清掃や免疫にかかわる．

30・3 ニューロンでの興奮伝導

ニューロンは多数の突起（**樹状突起**．ほとんど分岐しない突起から膨大な数の分岐をもつものまでさまざま）をもつ特徴的な細胞であるが，このほかに1本の長い神経繊維（**軸索**）をもつ（図30・3）．軸索の先端を**神経終末**といい，他のニューロンと連絡するためのシナプスを形成する．

ニューロンは活動電位を発生させ，それを電気的興奮として細胞内を伝達させることができる（23章参照）．神経興奮が細胞内を伝わる神経伝導/興奮伝導は，樹状突起（細胞体）から軸索を経由し，神経終末に至る．活動電位が軸索を進むとき，ミエリン部分は外液と遮断され，チャネルは分布せず，活動電位も発生しない．そのため電流がミエリンで覆われていない**ランビエ絞輪**まで届き，そこで新たな神経興奮が起こる．このように興奮伝導が途中を跳び越え，ランビエ絞輪でつぎつぎに

図 30・3 ニューロンの構造と神経情報の伝達

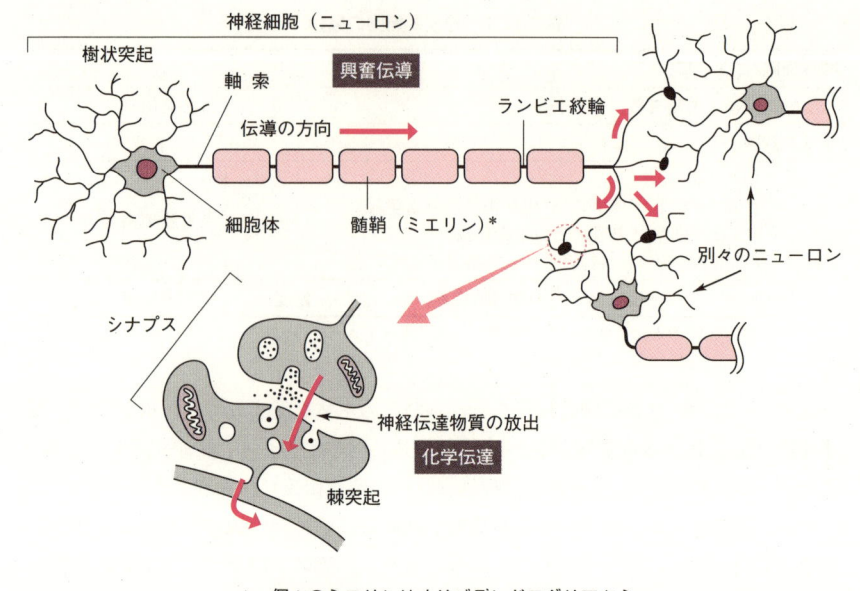

＊ 個々のミエリンはオリゴデンドログリアから伸びた細胞膜からつくられる.

下流に伝わるため（**跳躍伝導**），脊椎動物の神経伝導速度は非常に速い（たとえば 100 m/秒）.

30・4 シナプスにおける神経伝達

　軸索を経由して神経終末に到達した神経興奮はシナプスで化学シグナルに変換され，そこから放出された神経伝達物質が隣のニューロンに到達することにより伝達される（図30・4）．この様式を**化学伝達**（そのシナプスを**化学シナプス**）という．**神経伝達物質**にはさまざまなものが知られている（27 章参照）．

　シナプスは樹状突起上の棘突起，あるいは細胞体表面にあるが，シナプスにおける出力側を**シナプス前部**，入力側を**シナプス後部**という．活動電位がシナプス前部に到達すると電位依存性 Ca^{2+} チャネルが開いて Ca^{2+} が流入する．これによりシナプス小胞に蓄えられていた神経伝達物質が放出され，傍分泌形式でシナプス後部の受容体やイオンチャネルに結合し，イオンが流入する．

　神経伝達物質はシナプス後部から吸収されて再利用されるが，**アセチルコリン**は

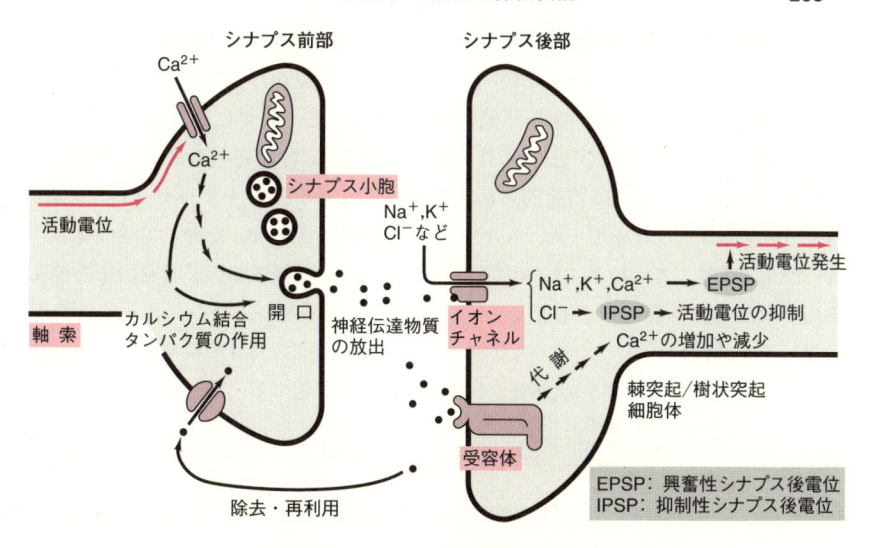

図30・4 シナプス伝達の仕組み

コリンエステラーゼにより分解される．シナプス後部でさまざまなイオンが流入するが，陽イオン（Na^+，K^+，Ca^{2+}など）が入ると**興奮性シナプス後電位（EPSP）**が発生してシナプス後ニューロンは脱分極し，新たな活動電位を生じる．他方 Cl^- が流入すると膜電位は Cl^- の平衡電位（-70 mV）まで下がり（**過分極．IPSP：抑制性シナプス後電位**），シナプス後ニューロンの興奮が抑制される．

> **メモ 30・1　電気シナプス**
> 主要ではないが，**電気シナプス**というシナプスがある．電気シナプスは構造的にはギャップ結合で（22章参照），連絡する膜を介して神経興奮が伝達される．

30・5 シナプスの可塑性

神経興奮（あるいは抑制）は通常は一過的だが，これが長期間持続する**神経可塑性**という現象が存在する．この現象はシナプスの構造と機能がかかわり，**シナプス可塑性**といわれるが，関連する神経現象に**長期増強（LTP）**と**長期抑制（LTD）**がある．LTP は"海馬（記憶の中枢といわれている）の錐体ニューロンを高頻度で

反復刺激すると EPSP が持続する"という現象から，LTD は"小脳に弱い低頻度刺激を与えるとシナプス後電位が弱くなる"という現象から発見された．

LTP では細胞への十分量の Ca^{2+} 供給が引き金となる．長期にわたる LTP には遺伝子発現の変化が必要で，転写因子 **CREB**（cAMP 応答配列結合タンパク質）が Ca^{2+} により直接あるいは間接的に活性化されるプロテインキナーゼ（たとえば，Ca^{2+}/カルモジュリンキナーゼ，A キナーゼ，MAP キナーゼ）を介して活性化される（28 章参照）．この結果，転写因子（c-fos など），神経栄養因子（脳由来神経栄養因子 BDNF，神経ペプチドなど），チャネルタンパク質やトランスポーターなどの遺伝子が活性化され，シナプスでの受容体数やシナプス自身の数や表面積が増加したり，ニューロンそのものが増えるといった現象が起こる．

> **メモ 30・2　記憶と学習**
>
> 　記憶や学習にはシナプス可塑性がかかわり，特に LTP が重要で，転写因子 CREB を欠失させた動物では記憶/学習能力の低下がみられる．LTD は記憶の保存や運動記憶（たとえば，一度自転車に乗れるようになれば，その後はいつでも乗れる）に関与する．

31 がん細胞

31・1 がんとは

　がん（癌）は日本では1980年以降死亡原因の1位を占めている重要な疾患である（図31・1）．がん細胞は生存・増殖・分化・死といった，細胞の正常な統御シ

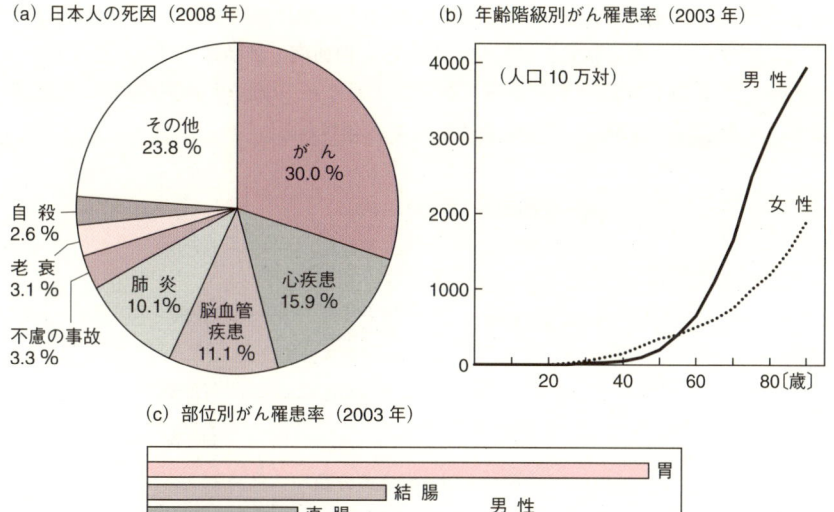

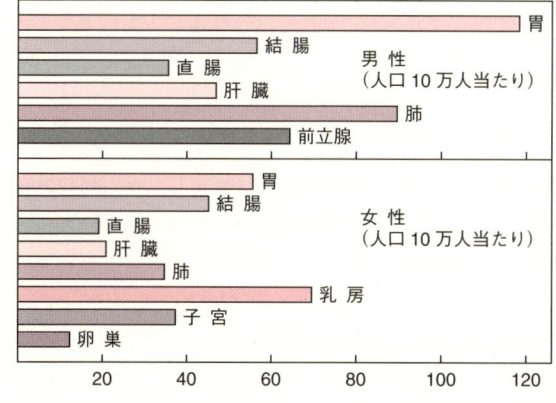

(a) 日本人の死因（2008年）

- がん 30.0 %
- 心疾患 15.9 %
- 脳血管疾患 11.1 %
- 肺炎 10.1 %
- 不慮の事故 3.3 %
- 老衰 3.1 %
- 自殺 2.6 %
- その他 23.8 %

(b) 年齢階級別がん罹患率（2003年）

(c) 部位別がん罹患率（2003年）

男性（人口10万人当たり）: 胃，結腸，直腸，肝臓，肺，前立腺

女性（人口10万人当たり）: 胃，結腸，直腸，肝臓，肺，乳房，子宮，卵巣

図31・1　がんの疫学　(a) は厚生労働省「平成20年人口動態統計」より．(b), (c) は国立がんセンターがん対策情報センターによる地域がん登録全国推計値に基づく．

ステムが崩れた突然変異細胞で，増殖した細胞が組織や器官の機能を損ない，最終的に個体を死に至らしめる．がん細胞は細胞生物学が扱う多くの課題を含むため，細胞生物学の優れた材料となり，がん細胞研究は正常な細胞機能の解明に直結し，その成果はがんに対する理解と対処（予防・診断・治療）に貢献している．

　がんは**腫瘍**（tumor：腫れ物）の一種であるが，こぶなどの**良性腫瘍**と違い，無秩序な増殖性と組織浸潤性および転移性などを合わせもつ**悪性腫瘍**である〔漢字の"癌"は岩のようにゴツゴツした様子を表し，英語の cancer は"カニ"を表すギリシャ語に由来する（甲羅の様子に似ているため）〕．

　広義のがんは由来組織により3種類に分類される（図31・2）．上皮組織が悪性化したがん（**がん腫**）は最も多く，骨や筋肉などの結合組織が悪性化した**肉腫**はヒトでは少ない．血液系細胞が悪性化したものに**白血病・骨髄腫・リンパ腫**があり，合わせてがんの10％程度を占める．がんはこのほか，細胞の種類（腺種，繊維腫など）や器官別（胃がん，肺がんなど）でも分類される．

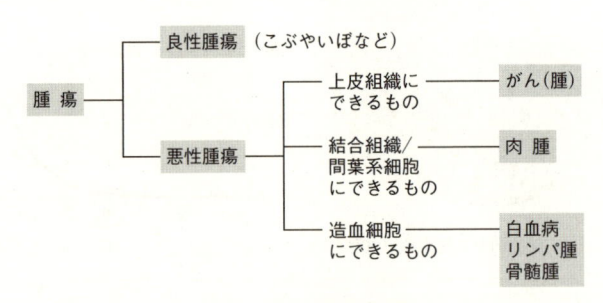

図31・2　腫瘍の分類

31・2　がんの発生と進展

　がんが発生する場合，まず一つの細胞が突然変異してがん細胞の元となり（**発がんのイニシエーション**），つぎにその細胞が増え（**過形成組織の出現**），それが**腺腫**といった前がん病巣を形成する．増殖した細胞の中から新たな変異によって悪性度の高いがん細胞が生じ，さらに進展する（図31・3）．したがって，がんは基本的にクローン増殖の形式をとる．変異細胞の増大と悪性化を**発がんのプログレッション**というが，プログレッションの結果，悪性度の増したがん細胞は基底膜を通過して組織内部に侵入し（**浸潤，侵入**），血管系やリンパ系を伝わって全身に運ばれ，別の場所で定着・増殖する（**転移**）．がんの発生率は加齢に従い対数的に増加するが，

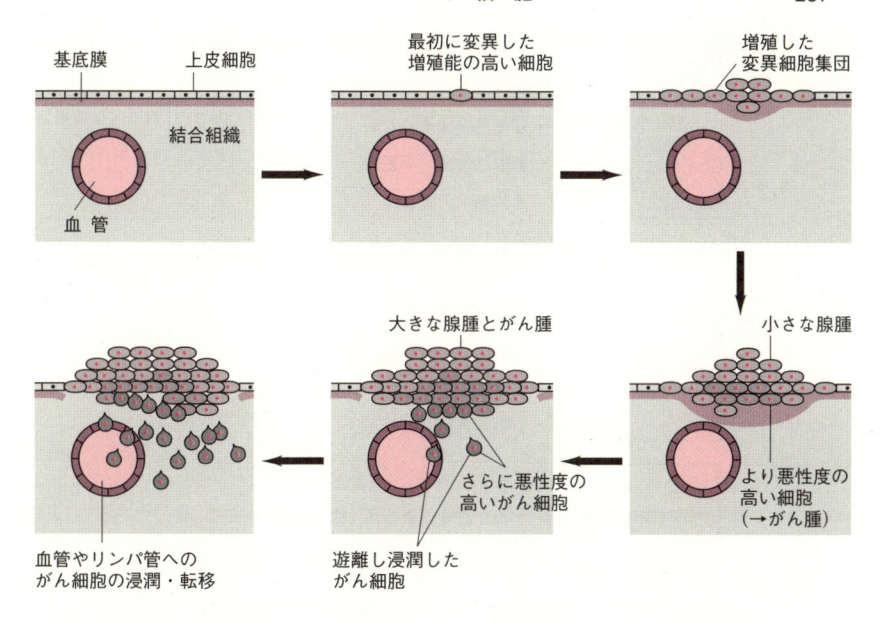

図31・3 発がんのイニシエーションからプログレッションに至る様子

このことは病理的ながんに進展するには複数の遺伝子が関与し（**発がんのマルチヒット仮説**），がんの進展は多段階に起こること（**発がんの多段階仮説**）を示している．

> **メモ 31・1　がん幹細胞**
> がん細胞集団の中に，自己複製能と多分化能をもち，かつ元のがんと同じ表現型のがん細胞を形成する能力のある**がん幹細胞**が存在するという考え方がある．

31・3　がん細胞が獲得した能力

　がん細胞が正常細胞と異なる点は大きく二つある．その一つは"秩序を失った増殖"で（図31・4），がん細胞は幹細胞のようにふるまう．特に株化されたがん細胞は不死化しているかのように増殖し，また多くのがん細胞では細胞の分裂回数を決めるテロメアを修復する**テロメラーゼ活性**が高い（16章参照）．細胞増殖はアク

VI. 細胞の分化とがん化

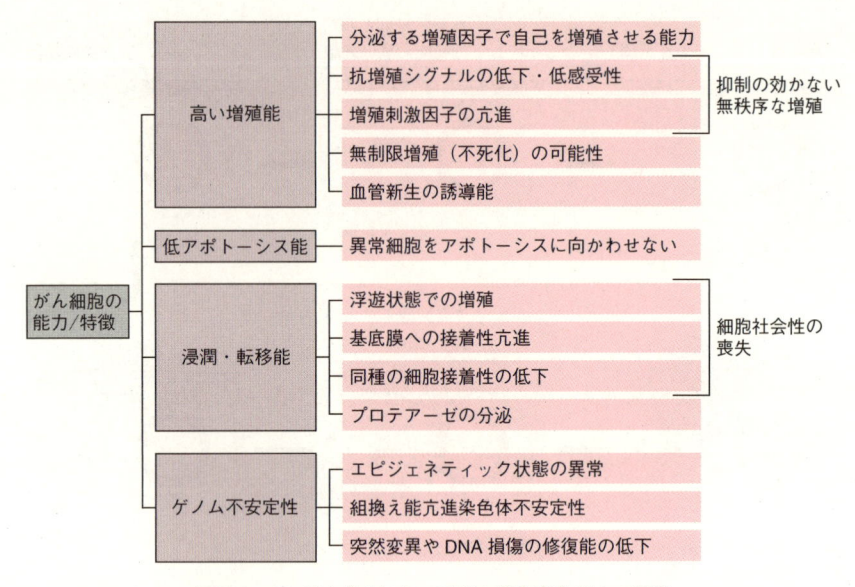

```
                    ┌─ 分泌する増殖因子で自己を増殖させる能力
                    ├─ 抗増殖シグナルの低下・低感受性  ┐
         ┌─ 高い増殖能 ─┼─ 増殖刺激因子の亢進          ├ 抑制の効かない
         │           ├─ 無制限増殖（不死化）の可能性  │ 無秩序な増殖
         │           └─ 血管新生の誘導能            ┘
         │
がん細胞の ─┼─ 低アポトーシス能 ── 異常細胞をアポトーシスに向かわせない
能力/特徴   │
         │           ┌─ 浮遊状態での増殖           ┐
         ├─ 浸潤・転移能 ─┼─ 基底膜への接着性亢進       ├ 細胞社会性の
         │           ├─ 同種の細胞接着性の低下     │ 喪失
         │           └─ プロテアーゼの分泌         ┘
         │
         └─ ゲノム不安定性 ─┬─ エピジェネティック状態の異常
                         ├─ 組換え能亢進染色体不安定性
                         └─ 突然変異や DNA 損傷の修復能の低下
```

図 31・4 がん成立においてがん細胞自身がもつ特徴

セル因子とブレーキ因子のバランスで調節されるが（17章参照），異常増殖はこれら制御因子に異常をもつ．がん細胞は少ない栄養でも増殖するが，これは自身のための増殖因子を分泌する機能を獲得したために起こる．なお細胞には，修復不能な異常があると自らを**アポトーシス**で死滅させるという能力があるが，アポトーシス能の低下は結果的にがん細胞の発生を容認してしまう．

　"制御の効かない増殖"だけではがんとはならず，良性腫瘍のようにある段階で増殖は停止する．がん細胞となるためには第2の特徴"細胞の性質の変化"が必要である（図31・4）．がん細胞は上記の自己増殖因子以外にもいろいろな物質を分泌するが，その一つに**マトリックスメタロプロテアーゼ**があり，これによりがん細胞が細胞外マトリックスを分解して組織内部に入り込む**浸潤**という現象が可能となる（図31・5）．がんが組織として大きくなるためには血液から酸素/栄養の供給が必要であるが，がん細胞は低酸素に応答して，**血管新生**を誘導する血管内皮増殖因子（VEGF）や，細胞遊走を誘導するアンギオゲニンを分泌する（図31・6）．さらにがん細胞では細胞外マトリックスの減少など，細胞表面の性質が変化しているため，マトリックスや同種細胞との接着性が失われており，異種細胞とも容易に接触して増殖できる．このような**細胞社会性の喪失**は**転移**や**異所性増殖能**につながる．

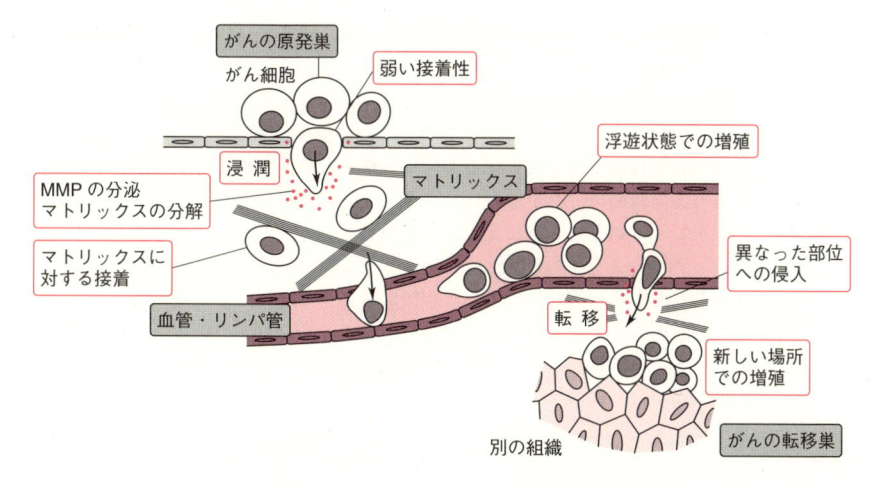

図31・5 がん細胞の浸潤と転移を可能にする機構

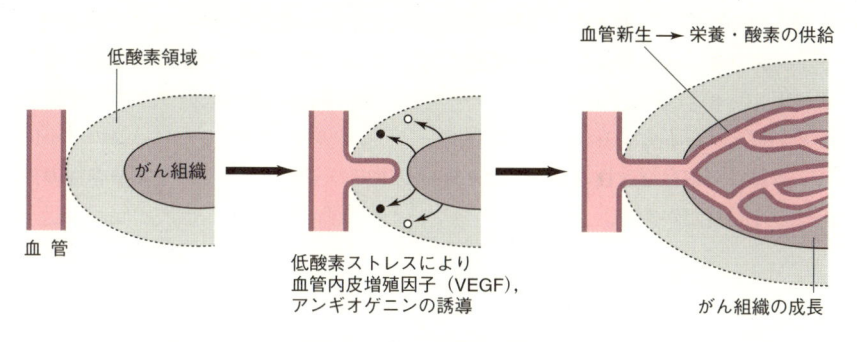

MMP：マトリックスメタロプロテアーゼ

図31・6 がんと血管新生

31・4 試験管内がん化：トランスフォーメーション

培養皿で普通の細胞を増殖させても，やがて皿いっぱいに細胞が増えて隣の細胞と接触すると増殖速度は著しく低下する．この性質を**接触阻害**（接触阻止）という．同時に細胞密度も一定のレベル以上には上昇しない（**密度依存性阻害**）．しかしがん細胞では接触阻害は明確には起こらず，細胞形態も立体的に変化し，細胞密度は高くなる．がんウイルスを培養細胞に感染させると，ウイルス量に比例して細胞が盛り上がって増える部分（**フォーカス**）が形成される（図31・7．1958年，H.

メモ 31・2　がん細胞以外の要因によるがんの進展

動物の個体では非常に多くのがん細胞が常時産生されている．計算によると，一生の間に遺伝子1個当たり 10^9 回の**突然変異**が起こるとされる．すべての変異ががんに関連するわけではないとか，すべての変異がタンパク質の機能修飾につながるわけではないという部分を考慮しても，実際にがんができる頻度はそれに比べるときわめて低い．これは"なぜがんになるか"というより，"なぜがんにならないのか"という疑問を生む．この理由として上述の"病理的がんは複数の遺伝子ヒットにより起こる"ということがあるが，それ以外に"免疫細胞によりがんは常に監視され処理される"という機構がある．事実，免疫能を高めることによりがんが縮小する例が知られている．

TeminとH.Rubinにより開発され，がんウイルスの検出や定量のみならず，その後の試験管内がん化研究の進歩に貢献した）．フォーカスの細胞は上述したがん細胞の三つの特徴（形態変化，接触阻害能の喪失，細胞密度の上昇）をもっており，**トランスフォーメーション**（**悪性転換**）とよばれ，実際のがん化に相当すると考える（図31・8）．事実，トランスフォームした細胞を免疫能の低いマウスに移植すると"がん"を形成する．トランスフォーメーションのカテゴリーにはこのほかにも，基質接着依存増殖性の喪失や軟寒天培地中での増殖（合わせて**足場依存性の喪失**という）などがある．

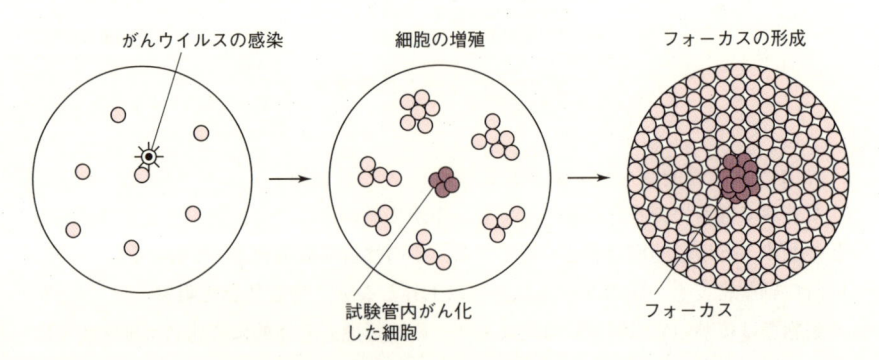

図31・7　培養細胞のがん化とフォーカス形成

31. がん細胞

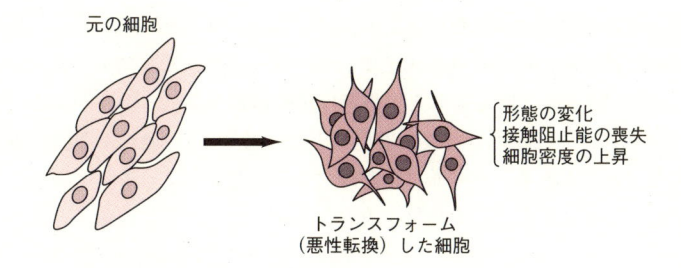

元の細胞 → トランスフォーム（悪性転換）した細胞
- 形態の変化
- 接触阻止能の喪失
- 細胞密度の上昇

項目	通常細胞	トランスフォーム細胞
形態	扁平	立体的
接触阻止能	ある	ない
細胞密度	低い	高い
浮遊状態での増殖	しない	する
同種細胞の接着性	高い	低い
腫瘍形成能	低い	高い

図 31・8 トランスフォーム細胞の指標

31・5 発がん要因

がんは細胞の突然変異の一つの形質であり，変異原または変異物質のあるものは発がん要因となる（表31・1）．**発がん物質**にはエタノール，ベンゾ[a]ピレンなどのタバコタールの成分，**アスベスト**，重金属化合物などさまざまなものがあり，それらは生活環境物質であったり（実生活ではタバコの発がんリスクが特に顕著である），職業に依存するものであったり，生物がつくるもの〔たとえば，肝臓がんを起こす**アフラトキシン**（カビ毒の一種）や胃がんを起こす**ピロリ菌**（*Helicobacter pylori*）の菌体成分〕などがある．**紫外線**や**電離放射線**（X線，γ線など），温熱や

表 31・1 発がん要因

(a) 発がん要因の分類
- 電離放射線，紫外線
- DNA傷害剤・DNA結合物質
- 毒物，重金属
- 食品，食品添加物，嗜好品
- アルコール
- 環境物質
- 職業によるもの
- ウイルス
- 物理的刺激（熱，摩擦）

(b) 作用による発がん剤の分類

I 発がんイニシエーター：DNA攻撃する
  例：タール成分，ニトロソ化合物，ベンゾアントラセン

II 発がんプロモーター：シグナル伝達・遺伝子発現を刺激
  例：TPA, AAF, フェノール

TPA: 12-O-テトラデカノイルホルボール 13-アセテート
AAF: アミノアセチルフルオレイン

摩擦といった物理的な発がん要因もある．

　発がん物質は作用の面から**発がんイニシエーター**と**発がんプロモーター**に分類できるが，前者は DNA に傷害を与え，後者は細胞増殖を高める働きがある（発がんプロモーターだけではがんにはならないことに注意する）．発がん要因の重要なものに**がんウイルス**がある．ウイルスは細胞に遺伝子を効率よく導入でき，また細胞の遺伝子発現を修飾して自己の増殖を有利にさせるため，宿主遺伝子との相互作用が大きい．がんウイルスは発がん効率が高く，またその作用も研究しやすいなど，病因としてだけでなく，細胞がん化機構の研究にとって大きな役割を果たしている（次項）．

31・6　がんウイルス

　動物にがんを起こすがんウイルス（**腫瘍ウイルス**）にはさまざまあるが（表 31・2），このうちヒトにがんを起こすことが明らかになっているのは，**B 型／C 型肝炎ウイルス（HBV／HCV）**，パピローマウイルス，ヘルペスウイルス，成人 T 細胞白血病ウイルス 1 型（HTLV-1）である．

　1）ヒト **HBV** は DNA ウイルス，ヒト **HCV** は RNA ウイルスである．これらのウイルスの感染者の 1〜2 割は慢性肝炎，肝硬変を経て肝細胞がんを発症する．以前日本では HBV から肝がんを発症するケースが多かったが，最近は HCV からの発症が多い．HBV のがん関連タンパク質（**X タンパク質**）は，遺伝子発現を高めるコアクチベーター作用がある（HCV による発がん機構はあまりよくわかっていない）．

　2）DNA ウイルスであるパポーバウイルス科のうちサルのウイルスである **SV40** とマウスの**ポリオーマウイルス**はヒトにはがんを起こさないが，非許容細胞（SV40 ではマウス，ポリオーマウイルスではサル）ではウイルスゲノムが宿主に組込まれ細胞ががん化する．ウイルスの発がんタンパク質はいずれも**初期遺伝子**（感染初期に発現する調節因子コード遺伝子）から産生されるもので，SV40 は **T**（ラージ T）**抗原**，ポリオーマウイルスはミドル T 抗原である．

　3）パポーバウイルス科の**パピローマウイルス**は動物に良性や悪性のいぼをつくるが，**ヒトパピローマウイルス（HPV）**のあるタイプは**子宮頸がん**の原因となる．がんタンパク質は初期遺伝子産物 **E6** と **E7** である．

　4）ヒトアデノウイルスはヒトを含めた動物の自然発症がんの原因とは考えられていないが，新生仔ハムスターに注射するとがんを発生し，発がん機構研究の面で重要である．**アデノウイルス**の発がん遺伝子は初期遺伝子 **E1A** と **E1B** で，転写

31. がん細胞

表 31・2 がんウイルス（腫瘍ウイルス）の種類

ウイルス名	自然宿主	自然宿主における発がん	腫瘍の種類
DNA ウイルス			
アデノウイルス	ヒト	−	肉腫[†4]
パピローマウイルス（HPV）	ヒト	＋	乳頭腫（良性），子宮頸がん，皮膚がん
ポリオーマウイルス	マウス	−	がん，肉腫[†4]
SV40	サル	−	肉腫[†4]
JC ウイルス[†1]	ヒト	−	肉腫[†4]
EB ウイルス	ヒト	＋	バーキットリンパ腫，上咽頭がん
単純ヘルペスウイルス	ヒト	−	肉腫[†4]
伝染性軟疣（ゆう）腫ウイルス[†2]	ヒト	＋	軟疣（ゆう）腫（いぼ，良性）
B 型肝炎ウイルス（HBV）[†3]	ヒト	＋	肝細胞がん
RNA ウイルス			
ラウス肉腫ウイルス（RSV）	トリ	＋	肉腫
白血病ウイルス	トリ	＋	白血病
白血病ウイルス	マウス	＋	白血病
肉腫ウイルス	マウス	＋	肉腫
T 細胞白血病ウイルス（HTLV-1）	ヒト	＋	白血病
C 型肝炎ウイルス（HCV）	ヒト	＋	肝細胞がん

[†1] ヒトポリオーマウイルスの一種　　[†2] パラポックスウイルスの一種
[†3] ヘパドナウイルス科　　[†4] 自然宿主以外の動物にがんを起こす

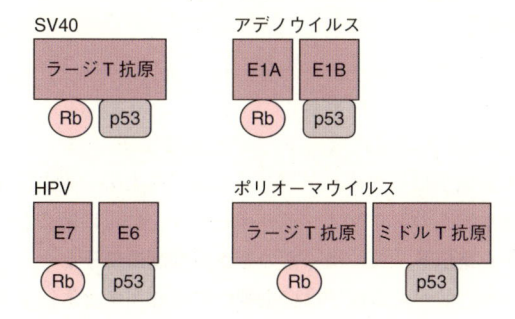

- これらのがん遺伝子産物は Rb や p53 と結合しそれらを不活性化する（E6 は p53 の分解を促進）
- これらの産物はすべてウイルスの初期遺伝子から転写される

図 31・9　DNA 腫瘍ウイルスのがん遺伝子産物と Rb, p53 との相互作用

コアクチベーター能をもつ．パポーバウイルスやアデノウイルスの発がんタンパク質にはがん抑制遺伝子産物の **p53** と **Rb** に結合し，その機能を抑えるという共通の作用がある（図31・9．HPV の E6 は p53 の分解を促進する）．

5) ヘルペスウイルスの仲間の**カポジ肉腫関連ヘルペスウイルス**や **EB**（エプスタイン・バー）**ウイルス**はヒトのがんと関連する．EB ウイルスはバーキットリンパ腫，**上咽頭がん**，そして免疫不全症患者にみられる B 細胞白血病に関係する．

6) **レトロウイルス**はゲノム RNA が DNA に**逆転写**されたあと，ウイルス DNA が染色体に組込まれてから増殖するが，動物に対して白血病や肉腫を起こす発がん性ウイルスはゲノム内部に宿主由来の**がん遺伝子（オンコジーン）**をもつ〔ラウス肉腫ウイルス（RSV）以外では自身の遺伝子が一部欠けており，不完全増殖型である〕．日本，西インド諸島，アフリカの**成人 T 細胞白血病**の原因となっている **HTLV-1** は完全増殖型で典型的ながん遺伝子はないが，転写活性化能をもつ *tax* が発がんに関与する．

コラム 24

HIV1 は発がんウイルスではないが……

エイズ（**AIDS：後天性免疫不全症候群**）の原因ウイルス **HIV1** はレトロウイルス科レンチウイルス亜科に属し，CD4$^+$のリンパ球（**ヘルパー T 細胞**）に感染し，長い潜伏期のあとにリンパ球を死滅させる．このため感染者は免疫力が低下し，さまざまな疾患（**カポジ肉腫**，カリニ肺炎，神経症状など）を呈して死に至る．がんの発症には免疫力の強さが大きく関係するため，エイズ患者のがん発症率は高い．

31・7　レトロウイルスのがん遺伝子とがん原遺伝子

がんに関連する遺伝子は二つのカテゴリーに分けられる（図31・10）．一つは細胞増殖の異常亢進や細胞のトランスフォーメーションに正に働くもので，これに正に働く遺伝子を**がん遺伝子**，負に働くものを**がん抑制遺伝子**という．発がん性レトロウイルスのもつ典型的がん遺伝子は宿主細胞にも相当する遺伝子があり，ウイルスがもつがん遺伝子（**オンコジーン**．表31・3a）に相当する細胞の遺伝子を**がん原遺伝子（プロトオンコジーン）**という．最初に見つかったがん遺伝子は RSV の *src* であり，それに相当するがん原遺伝子 c-*src* は細胞内シグナル伝達で重要なチロシンキナーゼをコードする．がん原遺伝子産物は正常な細胞活動に必要なシグナル伝達因子（各種 Ras, Mos, Abl など．28章参照），転写因子（Myc, Jun, Fos

31. がん細胞

(a) がん関連遺伝子のカテゴリー

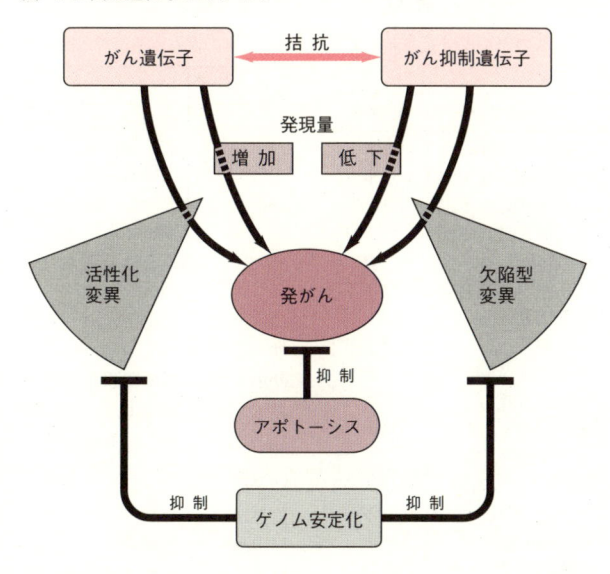

図31・10 がん関連遺伝子のおおまかな分類と作用点

(b) がん関連遺伝子の作用点

表31・3 がん遺伝子の種類

(a) レトロウイルスのがん遺伝子（オンコジーン）

がん遺伝子	ウイルス名	生物種
abl	Abelson 白血病	マウス
erbA	トリ赤芽球症 ES4	ニワトリ
erbB	トリ赤芽球症 ES4	ニワトリ
ets	トリ赤芽球症 E26	ニワトリ
fes	ネコ肉腫	ネコ
fos	FBJ マウス骨肉腫	マウス
fps	藤浪肉腫	ニワトリ
jun	トリ肉腫 17	ニワトリ
maf	トリ肉腫 AS42	ニワトリ
mos	Moloney 肉腫	マウス
myb	トリ骨髄芽球症	ニワトリ
myc	トリ骨髄細胞腫症	ニワトリ
raf	3611 マウス肉腫	マウス
H-ras	Harvey 肉腫	ラット
K-ras	Kirstein 肉腫	ラット
rel	細網内皮症	七面鳥
sis	サル肉腫	サル
src	ラウス肉腫	ニワトリ
yes	Y73 トリ肉腫	ニワトリ

本書では，遺伝子はイタリック体（斜体）で表し，遺伝子産物は立体で表している．

(b) ヒトのがん原遺伝子と関連するがん

がん原遺伝子	がんの種類	活性化機構
abl	慢性骨髄性白血病，急性リンパ性白血病	転座
akt	乳がん，卵巣がん，膵臓がん	増幅
bcl-2	沪胞性 B 細胞リンパ腫	転座
CTNNB1 (β-カテニン)	大腸（結腸）がん	点突然変異
erbB	神経膠腫など多数	増幅
erbB	肺がん	点突然変異
erbB-2	乳がん，卵巣がん	増幅
c-myc	バーキットリンパ腫	転座
c-myc	乳がん，肺がん	増幅
L-myc	肺がん	増幅
N-myc	神経芽細胞腫，肺がん	増幅
PDGFR	慢性骨髄単球性白血病	転座
PDGFR	消化管間質腫瘍	点突然変異
PI3K	乳がん	点突然変異
PI3K	卵巣がん，胃がん，肺がん	増幅
PML/RARα	急性前骨髄球性白血病	転座
B-raf	黒色腫，結腸がん	点突然変異
H-ras	甲状腺がん	点突然変異
K-ras	大腸（結腸）がん，肺がん，膵臓がん，甲状腺がん	点突然変異

など），増殖因子〔Sis（PDGF の β 鎖）〕，受容体〔ErbB1（EGF 受容体チロシンキナーゼ）など〕であるが，レトロウイルスのがん遺伝子となったときに抑制領域を欠いたり（Raf など）常時活性型となるなど変異が起こり，高機能を示すようになった．またそれら遺伝子は，強力なウイルスプロモーターの下流にあるため，発現量も高

くなっている.

31・8 細胞のがん遺伝子

　ウイルスによらないがんにも発がん能のある遺伝子が関与するが，それらはウイルス関連のがん原遺伝子か，ヒト独自の遺伝子である．これらがん遺伝子は正常細胞には存在せず，がんで**点突然変異**（種々の *ras, PI3K, β*-カテニンなど），**転座**〔強力なプロモーターの下流に移る (*c-myc*), あるいは抑制部分が欠失する (*abl*) など〕，**増幅**（N-*myc*, *erb*B2 など）したものとして見いだされ，いずれの場合も細胞内の活性が上昇している（表31・3b）．**がん遺伝子産物**はシグナル伝達の入口から標的（転写因子）のどこかに作用する．がん遺伝子産物 Ras は細胞内シグナル伝達にかかわり（28章参照），近縁な3種類（マウス肉腫ウイルスのがん遺伝子に近いものとして分類される H-Ras, K-Ras, N-Ras）が知られているが，点突然変異により GTPase 能が低下し，常に活性型となっている．がんと転写制御をつなぐ例はがん遺伝子産物 c-Jun と c-Fos にみられる．転写因子 **AP1** はがん遺伝子産物である c-Jun と c-Fos のヘテロ二量体で，サイクリン D1 など細胞増殖因子の転写活性化にかかわり，**AP1 結合配列（TRE）**は発がんプロモーター **TPA** の応答配列そのものである（図31・11）．

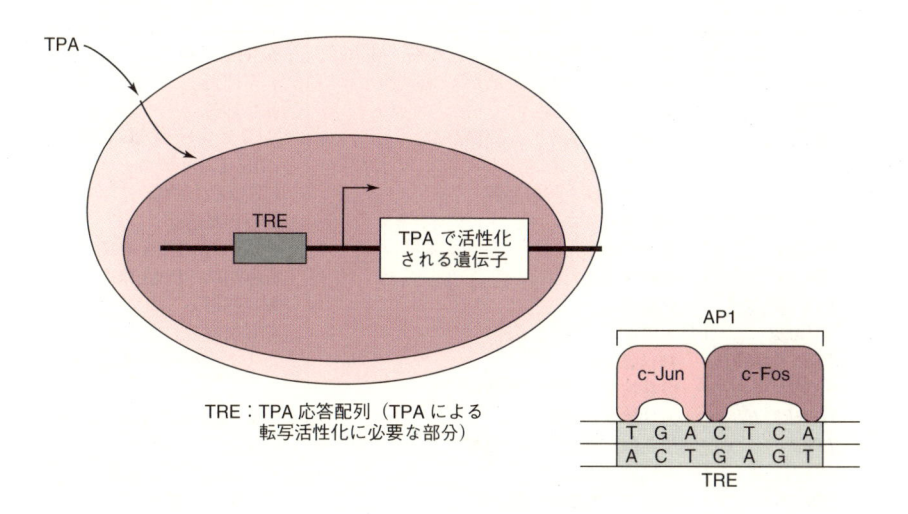

図31・11　がんと転写因子 AP1

31・9 がん抑制遺伝子

がん化にかかわるもう一つのグループ, **がん抑制遺伝子**は, 機能面でがん遺伝子と対極にある（表31・4). これらの遺伝子は通常がん化への進行を抑えているが, 変異したり発現量が減少するなどして機能が低下すると相対的にがん化に向かう遺伝子の機能が優勢となる.

最初のがん抑制遺伝子 *Rb* は小児の**網膜芽細胞腫**（retinoblastoma）で見いだされた. 家族的に網膜芽細胞腫を発症する家系調査からメンデル遺伝に従う劣性遺伝子（**がん感受性遺伝子**）が同定された. その後分子生物学的な手法により原因遺伝子が同定され, がん細胞に正常 *Rb* 遺伝子を入れるとがん形質が消えることより *Rb* ががん抑制遺伝子であることが明らかとなった. *Rb* は特殊ながんから発見されたが, 細胞増殖制御に普遍的な役割があり, 他のがんでも変異がみられる.

つぎにがん抑制遺伝子と同定されたのは *p53* である. もともと SV40 でがん化した細胞で, SV40 の T 抗原に結合する細胞側の因子"**がんタンパク質**"として記載された. しかしその後, その *p53* は変異していたことがわかり, さらに多くのがんでも *p53* の変異が見つかったことから, がん抑制遺伝子であることが明らかと

表31・4 おもながん抑制遺伝子

がん抑制遺伝子	異常のみられるがん	機　能
Rb	網膜芽細胞腫, 肺がん, 乳がん, 骨肉腫	転写抑制
p53	大腸がん, 乳がん, 肺がん	転写抑制
WT1	ウィルムス腫瘍	転写抑制
APC	大腸がん, 胃がん, 膵臓がん	β-カテニン・DLG 結合
p16	悪性黒色腫, 食道がん	CDK インヒビター
NF1	悪性黒色腫, 神経芽腫	GTPase 活性化
VHL	腎臓がん	転写伸長調節
BRCA1	家族性乳がん	転写制御, DNA 修復
BRCA2	家族性乳がん	転写制御, DNA 修復
DPC-4	膵臓がん	転写制御
SMAD2	大腸がん	転写制御
PTEN/MMAC1	神経膠芽腫	ホスファターゼ, 細胞運動
EXT1	多発性骨軟骨性外骨腫症	
HSNF5/INI	悪性棒状体腫瘍	SWI/INI 複合体構成要素
INK4	黒色腫, 肺がん, 白血病	CDK インヒビター
PTCH	基底細胞がん	ヘッジホッグ受容体
MSH2	遺伝性非腺腫性大腸がん	ミスマッチ修復
CHEK2	家族性乳がん	細胞周期調節

なった．p53 は転写因子で，変異の多くは DNA 結合領域に集中している．現在までに多くのがん抑制因子が見いだされている．

> **メモ 31·3　がん細胞は劣性の形質をもつ**
>
> 正常細胞とがん細胞を融合させると正常細胞となることから，がんは劣性であることがわかる．これは大部分のがん化が，がん抑制遺伝子の機能不全によって起こることと関連する．

31·10　がん抑制遺伝子の役割

がん抑制遺伝子の作用点はがん遺伝子の作用点と共通だが，作用は正反対である．がん細胞や傷害細胞のアポトーシスによる消去や DNA 傷害の修復もがん抑制遺伝子の作用に含まれる．*Rb* は G_1→S 期進行に必要な転写因子 **E2F** に結合してその機能を抑えるが（18 章参照），前述のように DNA がんウイルスのがんタンパク質と結合して不活性化する機能もある．*p53* は細胞傷害シグナルでリン酸化されて活性化し，アポトーシス関連遺伝子，細胞修復遺伝子，CDK インヒビター（CKI．サイクリン依存性キナーゼインヒビター）の転写を高めることにより細胞を保護したり，細胞をがん化の前に死滅させる（18 章参照．**p53 下流遺伝子**も基本的にがん抑制遺伝子である）．**PTEN** はイノシトールリン酸の 3 位のリン酸を除く脂質ホスファターゼで，**PI3-キナーゼ/Akt 経路**においてシグナルの伝達を遮断するように働く（図 31·12．28 章参照）．

実際に起こるがん化ではがん遺伝子よりがん抑制遺伝子の関与がはるかに大きく（活性が亢進するような変異が起こる確率が非常に低いため），がんのイニシエーション〜プログレッション過程ではがん抑制遺伝子の変異が段階的に重なり，細胞の悪性度が増していく．大腸がんでは最初に ***APC*** に変異が起こり，つぎに K-*ras* や B-*raf*，*Smad2/4* などが変異し，最終段階で *p53* が変異する（図 31·13）．

> **メモ 31·4　がんの遺伝子療法**
>
> 欠損した，あるいは欠陥のあるがん抑制遺伝子を補う目的で，組織に遺伝子を導入する**遺伝子療法**という治療法があり，*p53* や *BRCA1* などが用いられる．

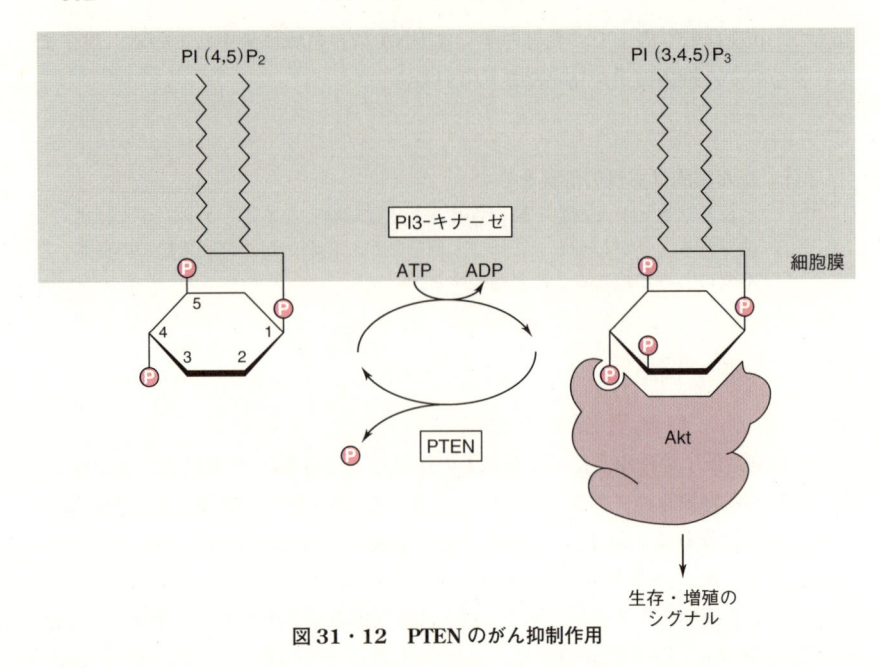

図 31・12　PTEN のがん抑制作用

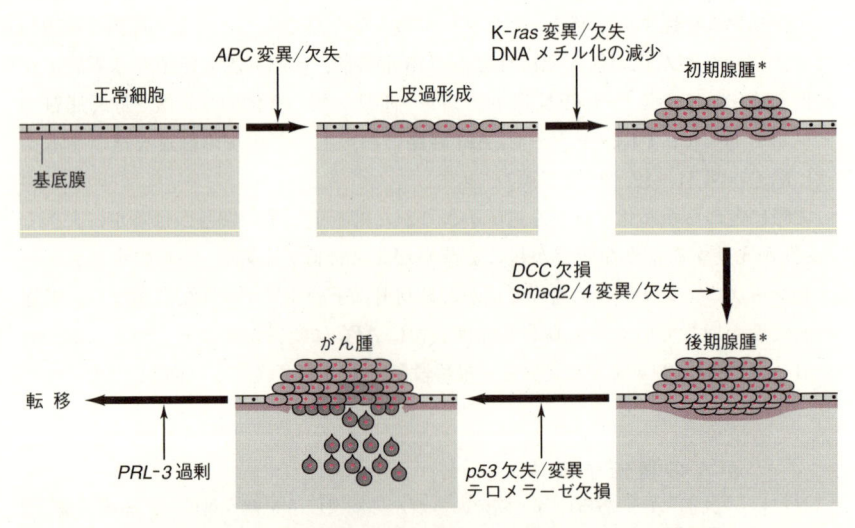

図 31・13　大腸がん進展における遺伝子の変異

DCC：deleted in colorectal cancer, PRL-3：転移にかかわるがん遺伝子
＊　浸潤性の少ない良性腫瘍．大腸ポリープとして出現する

31. がん細胞

---- コラム 25 ----

細胞の老化とがん

　個体の**老化**は細胞老化の結果である．細胞の寿命は細胞の分裂回数制限と老化によるが，分裂回数制限はテロメアの短小化が原因とされている（16章参照）．老化した細胞は細胞内代謝は一見正常であるにもかかわらず，増殖因子に対する応答が低下し，酵母では**リボソーム DNA の不安定化**といった現象もみられる．反応性に富む**活性酸素**（たとえば，過酸化水素）などの**フリーラジカル**がタンパク質や核酸に傷を与え，その傷が修復できず蓄積することが老化の原因ではないかという考え方がある．フリーラジカルはおもにミトコンドリア内のエネルギー代謝で発生するが，ミトコンドリアのない細胞や低栄養で維持した細胞の寿命は長くなる．また老化にがん抑制遺伝子がかかわっている可能性もある．*p53* やその下流の *p21*，あるいは *Rb* は細胞死や老化の促進に働き，さらに異常に活性化した *p53* を発現するマウスでは寿命は短くなる．

索引

あ

IRE1 キナーゼ 187
IS 132
INK4 ファミリー 150
IAP 186
IκB 264
ICAM 199
ICAD 183
ICM 276
Ig スーパーファミリー 199
I 帯 239, 240
iPS 細胞 278
IPSP 285
IP$_3$ 258
IP$_3$ 受容体 258
IRES 117
アーキア 9
アクアポリン 207
悪性腫瘍 288
悪性転換 292
α アクチニン 197
アクチノマイシン D 92
アクチン 171
アクチン結合タンパク質 230, 231
アクチンネットワーク 232
アクチンフィラメント 229, 230, 239
アグリカン 195
足場依存性の喪失 292
アストログリア 283
アスピリン 249
アスベスト 293
アセチル化 122
N-アセチルグルコサミン 28
アセチル CoA 64, 66
アセチルコリン 210, 248, 284
アダプタータンパク質 217, 218
アデニル酸シクラーゼ 251, 258
アデニン 38, 41
アデノウイルス 294
アドヘレンスジャンクション 199
アドレナリン 248, 256
アニール 42
アプタマー 108
ErbB1 298
アフラトキシン 293

アボガドロ数 22
アポトーシス 181, 182, 189, 290
アポトーシス関連遺伝子 183
アポトーシス経路 188, 189
アポトーシス小体 181
アポトーシス誘導 187
アポトソーム 181
α アマニチン 92
アミノアシル tRNA 111
アミノ基 32
アミノ酸 32
アミノ酸合成 67
アミノプテリン 69
Rheb 261
RNaseIII 活性 109
RNA 32, 38
——の核輸送 226
——の修飾 103
RNAi (RNA 干渉) 108
RNA 合成 90
RNA トランスポゾン 132
RNA 編集 103
RNA ポリメラーゼ 90
RNA ポリメラーゼ I～III 91
RNP 228
RFC 85
アルカリ性 24
アルギニン 68
アルツハイマー病 124
RT-PCR 89
アルデヒド基 27
R 点 146
Alu 配列 132
Rb 154, 296, 300, 301, 303
Rpa 163
α アクチニン 197, 231
α アマニチン 92
α 位 41
α-カテニン 199
α グロビン 134
α サブユニット 251
α 炭素 32
α チューブリン 233
α ヘリックス 36
Armadillo ファミリー 199
アロステリック効果 51
アロステリック部位 51
アンギオゲニン 290
アンキリン 233
暗黒期 5
アンコーティング 214
暗帯 240

アンチアポトティックタンパク質 184
アンチコドンループ 111
暗反応 71
Anfinsen のドグマ 122
アンモニア 66

い, う

eIF 114
ER 17
ERAD 125
ERK 261
ERK カスケード 262
ERK 経路 261
ERK5 262
eEF1 115
E1A 294
E1B 294
胃液 212
ES 細胞 275, 276
イオン 22
イオン結合 23
イオン選択性 207
イオンチャネル 207
イオンポンプ 211
イオン輸送性 ATPase 211
異化 54
閾値 208
移行シグナル 119
E3 酵素 126
ECM 192
Egl-2 183
異種親和性相互作用 199
異所性増殖能 290
異性化酵素 49
イソプレニル脂質 217
イソメラーゼ 49
一次構造 (タンパク質の) 36
一次卵母細胞 178
一倍体 137
一酸化窒素 250
遺伝 2
遺伝暗号 110
遺伝子間隙配列 130
遺伝子重複 133
遺伝子数 129
遺伝子刷込み 100
遺伝子増幅 133
遺伝子変換型 87
遺伝子密度 129

索引

遺伝子療法　301
移動期　175
移動性 DNA　132
イートミーシグナル　189
E7　294
E2F　154, 301
イニシエーター　95
イノシトール 1,4,5-トリスリン酸　258
イノシン一リン酸　70
EB ウイルス　296
EPSP　285
E 部位　113
E6　294
インスリン　120
インスレーター　102
インターフェロン　247, 265
インターロイキン　247
インテグリン　195, 196, 266
イントロン　104
インポーチン　226

ウイルス　4
ウイロイド　4
Wee1　152, 178
Wnt　265
Wnt 経路　264, 268
ウシ海綿状脳症　124
ウラシル　39
ウラシル DNA グリコシダーゼ　86
ウリジン一リン酸　70
運動神経　283

え, お

ARS　80
Arf　217
Arp2/3　230
エイコサノイド　249
AMP 活性化キナーゼ　261
A 形 DNA　41
エキソサイトーシス　215
エキソサイトーシス経路　215
エキソヌクレアーゼ活性　83
エキソファジー　223
エキソン　104
A キナーゼ　256
液胞　19
エクスポーチン　226
Akt　187, 259
壊死　181
siRNA　107
Sic1　161
SRP　119
SAR　228
Sar1　217
shRNA　108
SH 基　36, 122
SH2 ドメイン　253
SMC タンパク質　166
S 期　144

SCF　151
SWI/SNF　102
S 値　103
SD 配列　113
エストロゲン受容体　255
SV40　294
A 帯　239, 240
X タンパク質　294
HIV-1　296
Hes ファミリー　266
HA　219
HSP70　123
HAT　99
HGPRT　69
HCV　294
HDAC　99
HTH　96
HDL　213
HTLV-1　296
HBV　294
HPV　294
ATR　158
ADF/コフィリン　230
ATM　158
ATM-Chk2 経路　187
ATP　57
ATPase 活性　237
ATP 依存性ポンプ　205
ATP 合成　58, 59
ATP 合成系　72
ATP 合成酵素　62, 212
ATP 合成代謝　51
ATP 再生　241
ADP リボシル化因子　217
NES　226
Nanog　277, 278
NSF　217
NAD　57
NADPH　73
NF-κB　264, 266
NMD　117
NLS　226
NO　250
NOS（NO シンターゼ）　250
Noxa　184
N-CAM　199
NK 細胞　280
N 結合型糖鎖　121
NKT 細胞　280
ncRNA　109
エネルギー代謝　54
AP1　299
AP1 結合配列　299
Apaf-1　186
AP エンドヌクレアーゼ　86
APC　161, 162, 169, 266, 301
APC/C　151, 169, 171
ABC ファミリー輸送体　212
エピネフリン　248, 256
FITC　144, 156
F アクチン　229

A 部位　113
FAK　267
FAD　53, 57
FMN　53
FLRP　265
FOXO　187, 260
F 型 H$^+$ポンプ　212
Abl　253, 296
miRNA　107
mRNA
　　——の末端修飾　104
mRNA エクスポーター　228
MEK　261
MAR　228
Mad2　171
Mad 複合体　170
MAPK　261
MAPK カスケード　262
MAPKK　261
MAPKKK　261
M 期促進因子　146
MCM　161, 163
MCM ヘリカーゼ　84
M 線　239
Mdm2　159
mTOR　260
MTOC　166
MPF　146, 151, 160, 178
エラスチン　195
LIF　277
L1　132
L 形　32
エルゴステロール　30
LCR　102
LTR　132
LDL　212
LTD　285
LTP　285
塩基除去修復　87
塩基性物質　25
塩基性ヘリックス・ループ・ヘリックス　96
塩基の誤対合　44
塩基配列　41
　　——の相補性　41
遠心性神経　282
エンドサイトーシス　125, 212, 221
エンドサイトーシス経路　215, 216
エンドソーム　221, 222
エンハンサー　95

ORC　84, 162, 163
応答配列　96
横紋筋　238
岡崎フラグメント　82
オキシゲナーゼ　49
オキシダーゼ　49
2-オキソグルタル酸　66
オクルディン　200
O 結合型糖鎖　121
Oct3/4　277

索引

オゾン層 11, 44
オートファゴソーム 216, 222
オートファジー 125, 222
オートファジー経路 215, 216
オートリソソーム 222
オリゴデンドログリア 283
オリゴ糖 27
オリゴヌクレオチド 41
オリゴペプチド 35
オルガネラ 8, 16, 214
オルソログ 133
オルニチン 68
オロチジル酸 70
オロト酸 70
オーロラキナーゼ 170
オーロラB 170
オンコジーン 296, 298

か

外因性経路 188
壊血病 196
会 合 175
開口チャネル 200
介在神経 283
開始カスパーゼ 183
開始コドン 111
開放型有糸分裂 164
外 膜 20, 224
界面活性 31
化学合成 71
化学合成独立栄養生物 11
化学シナプス 284
化学浸透 62
化学伝達 284
可逆性阻害 50
核 16, 224
核移行シグナル 226
核外輸送シグナル 226
核 型 136
核局在化シグナル 226
核 孔 16, 225
核構造体 228
核孔複合体 225
拡 散 204
核 酸 32, 38
——のハイブリダイゼーション 43
学 習 286
核小体 16, 228
核内受容体 254
核バスケット 225
核分裂 164
隔壁形成体 172
核 膜 224
核膜孔 16, 225
核膜孔複合体 225
核様体 20
核ラミナ 224
核ラミン 235
過形成組織 288

加工済遺伝子 135
化合物 22
過酸化水素 18
加水分解酵素 18, 49
カスパーゼ 125, 182, 255
カスパーゼ活性化 185
カスパーゼ3 184
カスパーゼ8 188
仮 足 233
カタラーゼ 18
活性化エネルギー 48
活性酸素 303
滑走フィラメントモデル 239, 241
活動電位 208
活面小胞体 17
カテコールアミン 248
α-カテニン 199
β-カテニン 199
カドヘリン 199
過分極 285
カベオラ 213
カポジ肉腫 296
カポジ肉腫関連ヘルペスウイルス 296
CaMキナーゼ 258
K$^+$チャネル 207
K$^+$平衡電位 208
カリオフェリン 226
下流エレメント 95
Ca^{2+}/カルモジュリン 258
Ca^{2+}/カルモジュリンキナーゼ 179, 286
Ca^{2+}チャネル 210, 239
カルシウム波 179
Ca^{2+}ポンプ 212
カルビン回路 74, 75
カルボキシ基 32
が ん 288
がん遺伝子 296, 298, 299
がん遺伝子産物 299
がんウイルス 294
感覚受容体 250
感覚神経 283
がん幹細胞 289
がん感受性遺伝子 300
間 期 143
桿 菌 20
還 元 54
がん原遺伝子 296, 298
還元的ペントースリン酸回路 74, 75
還元分裂 173
幹細胞 272, 275
がん細胞 287
がん腫 288
間接蛍光抗体法 156
カンブリア紀 11
γ 位 41
γチューブリン 166, 234
がん抑制遺伝子 159, 298, 300, 301

がん罹患率 287

き

キアズマ 175
偽遺伝子 133
記 憶 286
器 官 3
Xist 107
基質レベルのリン酸化 58
偽 足 233
キチン 201
基底小体 245
基底膜 193
キネシン 167, 170, 237, 241, 242
キネトコア 164
機能性RNA 107
基本転写因子 94
逆転写 296
逆転写酵素 84, 133, 139
ギャップ結合 200, 285
キャップ構造 103
ギャップジャンクション 200
CapZ 230
キャリヤー 205
球 菌 20
休止期 145
球状アクチン 229
求心性神経 282
競合阻害 51
競争阻害 51
共有結合 23
共輸送 206
巨核球 280
局在化 118
局在化シグナル 119
極 体 177, 178
極微小管 165, 167
筋衛星細胞 273
菌 界 7
筋管細胞 239, 273
筋原線維 239
筋細胞 239, 273
筋収縮 210
筋小胞体 241
筋繊維 239, 273
筋 肉 238, 273
筋肉細胞 210
筋肉ミオシン 237
筋分化因子 273

く, け

グアニル酸シクラーゼ 250
グアニン 38, 41
クエン酸回路 58
鎖伸長反応 82
クラスリン 217
クラスリンピット 221
クラスリン被覆小胞 217, 221
グラナ 18, 72

308

索引

グラム陰性菌　20
グリア細胞　282
グリオキシソーム　18
グリコーゲン　28
グリコサミノグリカン　28, 195
クリステ　17
グリセルアルデヒド 3-リン酸　58, 75
グリセロリン脂質　30
グルカゴン　63
グルクロン酸経路　65
グルココルチコイド　249
グルコース　28, 56
グルコース合成　257
グルコース輸送　206
グルコース輸送体　205
グルタミン　66
グルタミン酸　66
グループ 1 イントロン　106
グループ 2 イントロン　106
クレブス回路　58
クロイツフェルト・ヤコブ病　124
クロストーク　269
クローディン　200
グロビン遺伝子　134
クロマチン　16, 136, 140
クロマチン修飾　100
クロマチンリモデリング　101
クロマチンリモデリング因子　102
クロロフィル　18, 72
群　体　4

蛍光抗体法　156
蛍光染色　156
形質膜　13
K_m　50
Klf4　278
血液細胞　279
血管拡張　258
血管拡張作用　250
血管新生　290
血管内皮増殖因子　290
血球凝集素　219
血小板　280
ケトン基　27
ゲノム　128
ゲノムインプリンティング　100
ゲノムサイズ　128
ケモカイン　247
ケラチン　235
ゲル　13
ゲルシフト解析　98
ゲルゾリン　230
腱　193
原核生物　8
原形質　14
原形質流動　237
原形質連絡　201
原　子　21
原子核　21

減数分裂　173
原生物界　7
原繊維　194
元　素　21
限定分解　103, 120
原発巣　291

こ

コアクチベーター　99, 254
コアヒストン　101, 142
コアプロモーター　94, 95
高エネルギー物質　57
好塩基球　280
光化学反応　71
光学異性体　32
光学系 I　72
光学系 II　72
後　期　164
後期 A　168
後期エンドソーム　19, 215, 222
好気呼吸　56
好気代謝　17
後期 B　168
後形質　14
光合成　71
光合成独立栄養生物　11
交差（交叉）　173
交差型　87
交差リン酸化　253
好酸球　280
高次構造（タンパク質の）　36
鉱質コルチコイド　249
甲状腺ホルモン受容体　254, 255
合成酵素　49
酵　素　48
――の基質特異性　49
構造多糖　28
好中球　280
高　張　24
後天性免疫不全症候群　296
高分子　26
興奮性シナプス後電位　285
興奮伝導　283
CoA　53
コエンザイム　53
五界説　7
CoQ　62
呼　吸　56
呼吸鎖　62
古細菌　9
Kozak のコンセンサス配列　113
個　体　3
誤対合　46
五炭糖　28
骨格筋　273
骨髄腫　288
骨髄性幹細胞　279

COP I 小胞　216, 217
COP II 小胞　216, 217
古典的 MAPK カスケード　262
コード領域　110
コドン　111
コネキシン　201
コネクソン　201
コバラミン　53
コピア　132
コヒーシン　164, 169, 176, 177
コファクター　99
コラーゲン　194
コラーゲン小繊維　194
コリプレッサー　99, 254
ゴルジ小胞　172
ゴルジ体（ゴルジ装置）　17, 215, 220, 221
コルセミド　234
コルチコステロイド　249
コルヒチン　234
コレステロール　202, 212
コンデンシン　164
コンドロイチン硫酸　29, 195

さ

細　菌　20
サイクリック AMP　256
サイクリック GMP　258
サイクリン　148
サイクリン E　151
サイクリン A　146, 151
サイクリン B　146, 151, 178
ザイゴテン期　175
最終分化　272
再　生　272, 274
再生医療　278
最適温度　48
サイトカイン　247
――受容体ファミリー　253
サイトゾル　13
細　胞　2, 3
――の老化　303
細胞運動　229, 267
細胞外マトリックス　28, 192
細胞間シグナル伝達　246
細胞間接着　198
細胞間相互作用　192
細胞器官　16
細胞系譜　272
細胞骨格　229
細胞骨格系　266
細胞骨格タンパク質　229
細胞質　13
細胞質ダイニン　168, 242
細胞質分裂　171
細胞社会性の喪失　290
細胞周期　143
細胞小器官　8, 16, 214, 242
細胞小器官間輸送　214
細胞説　3

索　引

細胞接着分子　199
細胞内共生説　12
細胞内シグナル伝達　256, 266
細胞内シグナル伝達ネットワーク　269
細胞内消化器官　222
細胞内チロシンキナーゼ　253
細胞内膜系　16
細胞内輸送　242
細胞分裂　164
細胞分裂抑制因子　178
細胞壁　201
細胞膜　13, 202
再利用経路　216
サイレンサー　95
サイレント変異　116
SINE　132
Src　252, 253, 267
src　296
Srcファミリー　253
サテライト　130
サブユニット　36
サルコメア　239
酸　化　54
酸化還元酵素　49
酸化酵素　49
酸化的脱アミノ反応　66
酸化的リン酸化　58, 62
散在性反復配列　130
三次構造　36
30 nm繊維構造　142
酸　性　24
酸性物質　25
三染色体性　160
三ドメイン説　9
300 nm繊維　142
三本鎖DNA　41

し

Ci155　265
Gli　265
Cip/Kipファミリー　150
Gアクチン　229
ジアシルグリセロール　258
CRE　96, 256
CREB　256, 286
GroEL　123
Grb2　262
CEN　139
CENP-E　168, 170
CENP-A　139, 170
GEF　261
G_1期　144
Ced-9　183, 184
Ced-3　183
Ced-4　183
死　因　287
JAMファミリータンパク質　200
JNK　262
CAM　199

cAMP　256, 257
cAMP応答配列　96, 256
CAK　149
GAG　195
CSF　178
GSK3β　187, 260
Chk1　159
Chk1/Chk2　152
Chk2　159
CAD　183
GAP　261
GFAP　235
GFP　156
紫外線　11, 44, 45, 86, 293
C型肝炎ウイルス　294
閾　値　208
Cキナーゼ　258
子宮頸がん　294
軸　索　283
軸　糸　242, 244
軸糸ダイニン　242
シグナル仮説　119
シグナル伝達の最終標的　99
シグナル認識粒子　119
シグナル配列　120
シグナルペプチダーゼ　120
CKI　150
試験管内がん化　291
自己スプライシング　106
自己複製　273
自己分泌　246
自己免疫病　189
自己リン酸化　253
C_3植物　77
自　死　181
CJD　124
cGMP　250, 258
cGMP分解酵素　258
脂　質　29
脂質二重層　202
CCT　123
GCボックス　95
C-Jun　299
糸状仮足　233, 269
自食作用　222
Sis　298
シス　17
シスゴルジ網　220
ジストロフィン　233
シス配列　95
ジスルフィド結合　36
雌性前核　179
G_0期　145
Gタンパク質　250, 256
Gタンパク質共役型受容体　250
実行カスパーゼ　183
Cdh1　151, 161
CDK　148
CDK1　146, 151, 178
Cdc20　151, 170
Cdc25　159

Cdc25 A　159
Cdc25 C　152, 159
Cdc45　163
Cdc42　269
CTD　91
GTPキャップ　233
シトクロムc　62, 186
シトシン　38, 41
シナプシス　175
シナプス　282
シナプス可塑性　285
シナプス後部　284
シナプス前部　284
シナプトネマ構造　175
G_2期　144
GPIアンカー　204
CBP　256
C-Fos　299
脂肪酸　29
姉妹染色分体　136
姉妹染色分体交換　134
C末端繰り返し領域　91
c-Myc　278
JAK　253, 263
JAK-STAT経路　262, 277
JAKファミリー　253
シャペロニン　123
シャペロン　123
自由エネルギー　54
終　期　164
集光装置　72
重合分子　26
終止コドン　111
収縮環　165, 171, 233
従属栄養　71
従属栄養生物　10
周辺ダブレット微小管　244
14-3-3σ　153, 159
14-3-3タンパク質　260
縦列反復配列　130
樹状細胞　280
樹状突起　283
出芽酵母　146
受動拡散　205
腫　瘍　288
腫瘍ウイルス　294
腫瘍壊死因子　187, 247
受容体　246
――の脱感作　213
受容体型チロシンキナーゼ　252, 263
受容体型チロシンホスファターゼ　254
主要四元素　25
ジュール　55
Jun　296
上咽頭がん　296
脂溶性　25
脂溶性ビタミン　249
脂溶性ホルモン　249
常染色体　137

309

310　索　引

少　糖　27
小　胞　214
情報高分子　32
小胞体　17, 118, 215
小胞体関連分解　125
小胞体局在シグナル　216
小胞体ストレス　125, 187
小胞体ストレス応答　125
小胞輸送　19, 214, 216
初期遺伝子　294
初期エンドソーム　19, 215, 222
初期細胞板　172
食作用　212
触　媒　48
植物界　7
植物極　179
食　胞　212
C_4植物　77
自律複製配列　80
真核細胞　13
真核生物　8
心　筋　238
ジンクフィンガー　96
神経回路網　282
神経可塑性　285
神経冠　282
神経管　281
神経系　281
神経膠細胞　282
神経興奮　208
神経細胞　207, 282
神経細胞接着分子　199
神経終末　283
神経接合部　282
神経繊維　283
神経堤　282
神経伝達物質　213, 248, 284
神経伝導　283
神経分化　266
神経ペプチド　247
浸　潤　288, 290
親水性　25, 32
真性クロマチン　140
真正細菌　9
シンタキシン　217
浸透圧　24
真　皮　192

す〜そ

随意筋　238
髄　鞘　283
水素イオン濃度　34
水素結合　23, 24, 41
水溶性　25
スカフォールド結合領域　228
スクロース　28, 77
STAT　262
START　146
ステム　43
ステロイドホルモン　30

ステロール類　30
ストレスファイバー　232
　——の形成　269
ストロマ　18, 72
SNARE　217
スピンドル微小管　167
スフィンゴ糖脂質　30
スフィンゴミエリン　202
スプライシング　103, 104
スプライソソーム　105
スペクトリン　233
スペクトリン-アクチンネット
　　　　　　ワーク　233
Smad　263
Smoothed　264
SUMO　126
スルフヒドリル基　36, 122

精原細胞　174
制限点　146
精細胞　174
静止電位　208
成熟フィラメント　236
星状体　164
星状体微小管　165, 167
生殖幹細胞　275
成人T細胞白血病　296
性染色体　137
生体膜　13, 202
成長因子　247
正の超らせん　43
生　物　2
精母細胞　174
性ホルモン　249
セカンドメッセンジャー　251, 256
赤道板　164
赤道面　164
セキュリン　151
赤血球　280
せっけん　31
接合糸期　174
接触阻害　291
接着域　197
接着結合　199
接着斑　197
Z形DNA　41
Z板（Z線, Z膜）　239
セパラーゼ　168, 169
セパラーゼ阻害因子　151
セルロース　28, 201
セレクチン　199
セロトニン　248
繊維状アクチン　229
前　期　164
旋光性　32
腺　腫　288
染色質　140
染色体　16, 136
染色体乗換え　176
染色体微小管　165, 168

染色体分離チェックポイント
　　　　　　　　　161
染色体領域　228
染色分体　136, 164
選択的スプライシング　106
線　虫　183, 272
前中期　164
セントロメア　139, 164
全能性幹細胞　276
繊　毛　243
繊毛運動　243
走化性　247
創始者細胞　272
増　殖　2
増殖因子　247
増殖細胞核抗原　85
槽成熟モデル　221
相同組換え　88
挿入配列　132
増　幅　299
側　鎖　32
促進拡散　205
側方抑制　266
組　織　3
組織幹細胞　275
Sos　262
疎水性　25, 32
疎水性相互作用　23
Sox2　278
粗面小胞体　17
ゾ　ル　13
ソレノイド構造　142

た

第一極体　179
第一次停止　177
対　合　175
対向輸送体　206
Dicer　109
代　謝　2, 48
代謝回転　125
代謝型グルタミン酸受容体　249
体性幹細胞　275
大腸がん　302
タイチン　239
タイトジャンクション　200
ダイナクチン　242
ダイナミン　217, 218
第二極体　179
第二次停止　178
ダイニン　170, 237, 242
ダイニン腕　245
耐熱性DNAポリメラーゼ　88
タ　ウ　234
ダウン症　138
タキソール　234
多細胞生物　4
多糸染色体　138
唾腺染色体　138

索　引

TATA ボックス　95
脱共役剤　211
Taq ポリメラーゼ　89
脱水素酵素　49
脱分化　278
脱分極　208
脱離素　49
多　糖　27
多ドメインタンパク質　184
多能性幹細胞　275
多能性造血幹細胞　279
タマネギ型複製　133
ターンオーバー　125
単　球　280
単細胞生物　4
炭酸同化　71
胆汁酸類　30
単純多糖　28
単　相　137
単能性幹細胞　276
タンパク質　32
　　――の一次構造　36
　　――の局在化　118
　　――の高次構造　36
　　――の合成　110
　　――の成熟　118
　　――の二次構造　36
　　――の分解　118
　　――の変性　36
タンパク質スプライシング　121

ち, つ

チアミン　53
チアミン二リン酸　53
チェックポイント　157
チェックポイントキナーゼ　152
窒素固定（窒素同化）　66, 68
チミジル酸シンターゼ　70
チミジン　69, 146
チミジンキナーゼ　69
チミン　38, 41
チミン二量体　45, 86
チャネル　205
チャネルタンパク質　206
中間径フィラメント　229
中　期　164
中心小体　19, 166
中心小体周辺物質　19, 166
中心体　19, 164, 166, 220, 234
中心体周辺物質　234
中心体微小管対　244
中枢神経系　282
中　性　24
中性脂肪　29
チューブリン　19, 166
長期増強　285
長期抑制　285
跳躍伝導　284
チラコイド　18
チラコイド膜　72

て

ディアキネシス期　175
TriC　123
TRE　299
tRNA　110, 111
DAG　258
DHFR　69
TATA ボックス　94
DnaseⅡ　189
DNA　32, 38, 82
　　――の超らせん　43
　　――の変性　42
DNA 傷害　86
DNA 損傷　159, 187
DNA 損傷チェックポイント　157
DNA トランスポゾン　132
TNF　187
DNA 複製　80
DNA 複製スリップ　133
TNF 受容体　255
DNA ポリメラーゼ
　　――の校正機能　83
DNA ポリメラーゼ I, Ⅲ　85
DNA ポリメラーゼ δ/ε　83
DNA メチル化　100
Tn5　132
TFⅡH　86
T_m　42
D 形　32
D 型サイクリン　153
T 管　240
T 抗原　84, 294, 301
T 細胞　280
低酸素ストレス　290
TCA 回路　58
Tcf/LEF　265
TGF-β　254
TGF-β ファミリー　263
Dishevelled　265
TGB-β-Smad 経路　262
t-SNARE　217
低　張　24
TPA　300
TBP　94
TPP　53
ディプロテン期　175
低分子　26
低分子 RNA　107
低分子量 G タンパク質（低分子量 GTP 結合タンパク質）　227, 261
Ty　132
デオキシリボ核酸　38
death ドメイン　188
デスミン　235

デスモソーム　197, 199, 200, 236, 266
デスモプラキン　199
テトラヒドロ葉酸　53
デヒドロゲナーゼ　49
テーリン　197
Delta-Notch 系　266
Delta-Notch 経路　268
テロメア　139
テロメラーゼ　84, 139
テロメラーゼ活性　289
転移（がんの）　288, 290
電位依存性チャネル　207
電位依存性 Na$^+$ チャネル　208
転移酵素　49
転移巣　291
電解質　22
電気勾配　208
電気シナプス　201, 285
転　座　299
電　子　21
電子伝達系　57, 62, 72
転　写　90
転写開始機構　93
転写開始前複合体　94
転写後修飾　103
点突然変異　299
デンプン　28, 77
電　離　24
電離放射線　86, 293

と

糖　衣　203
同　化　54
同義コドン　111
動原体　137, 164
動原体微小管　165, 168
糖鎖情報　28
糖　質　27
糖質コルチコイド　249
同質倍数体　138
同種親和性相互作用　199
糖新生　60
糖タンパク質　28
等　張　24
同調培養　146
動的不安定　166
動的不安定性　233
等電点　34
糖付加　121
動物界　7
動物極　179
等方輸送体　206
透明帯　179
独立栄養　71
独立栄養生物　10
突然変異　44, 85, 292
ドーパミン　248
トポイソメラーゼ　43
トランス　17

トランスゴルジ網　217, 220
トランス作用因子　95
トランスデューシン　258
トランスフェラーゼ　49
トランスフォーメーション　292
トランスポゾン　5, 132
トランスポーター　205
トランスロコン　119
トリアシルグリセロール　64
トリソミー　138, 160
トリプレットリピート病　131
ドルトン　22
トレッドミル　230, 233
ドレナリン　63
トロポニン複合体　239
トロポミオシン　230
トロポモジュリン　230, 239

な 行

内因性経路　188
内部細胞塊　276
内分泌　246
内膜　224
Na^+, K^+-ATPase　212
Na^+チャネル　207
Na^+平衡電位　208
7回膜貫通型タンパク質　250
軟骨　193
ナンセンスコドン　111
ナンセンス変異　111, 117

匂い受容体　258
二価染色体　175
肉腫　288
ニコチン性アセチルコリン受容体　210
二次構造（タンパク質の）　36
二次伝達物質　256
二重らせん構造　41
二次卵母細胞　178
ニッチ　273
ニトログリセリン　250
二倍体　136
二本鎖切断修復　87
乳酸発酵　58
ニューロフィラメント　235
ニューロペプチドV　248
ニューロン　207, 282
尿素　42
尿素回路　68

ヌクレオイド　20
ヌクレオシド　38
ヌクレオソーム　101, 102
ヌクレオソーム構造　142
ヌクレオチド　38
ヌクレオチド再利用経路　70
ヌクレオチド除去修復　87
ヌクレオチド新生経路　69
ヌクレオポリン　225

ネクローシス　181
ネスチン　236
熱量　55
ネブリン　239

囊　17
能動輸送　210
ノコダゾール　146
Notch経路　264
Notchシグナル　266
乗換え　173
ノンコーディングRNA　109
ノンストップmRNA　117

は

胚性幹細胞　275, 276
配列特異的転写調節因子　95
バウンダリー　102
バーキットリンパ腫　296
パキテン期　175
発がん
　——のイニシエーション　288
　——の多段階仮説　289
　——のプログレッション　288
　——のマルチヒット仮説　289
発がんイニシエーター　294
発がん物質　293
発がんプロモーター　294
発がん要因　293
白血球　280
白血病　288
発生可塑性　276
Patched　264
HAT培地　69
パピローマウイルス　294
パラ分泌　246
パラログ　133
半数体　137
ハンチントン病　124, 131
パントテン酸　53
バンド4.1タンパク質　233
万能細胞　276
反復配列　130
半保存的複製　80
反矢じり端　229

ひ

Bim　184
PI3-キナーゼ　187, 259
PI3-キナーゼ/Akt経路　259, 301
Bid　184, 188
BiP　125
PIP_2　258
ヒアルロナン　195
PRPP　68
ヒアルロン酸　29, 195
P因子　132
Bax　184

Bax/Bak　185
Bak　184
BSE　124
pH　34
bHLH　96
BH3オンリータンパク質　184
BH3ドメイン　184
Bad　184
BMP　277
PLC　258
PLCγ　258
PLCβ　258
PLP　53
ビオチン　53
B型肝炎ウイルス　294
B形DNA　41
P型ポンプ　212
光リン酸化　58, 73
非競合阻害　51
非許容細胞　294
非筋ミオシン　237
PKA　256
PKC　258
p53　159, 187, 296, 300, 301, 303
p53下流遺伝子　301
B細胞　280
p38　262
PCR　88
PCNA　85, 163
Bcl-2　184
Bcl-2ファミリー　185
Bcl-2ファミリー因子　184
Bcl-2ホモロジードメイン　184
非受容体型チロシンキナーゼ　253
微小管　166, 170, 229, 233
微小管形成中心　166, 234
微小管結合タンパク質　234
微小管モーター　242, 243
微小染色体　135
ヒストン　100
ヒストンオクタマー　142
ヒストンコア　142
ヒストンデアセチラーゼ　99
ヒストンテイル　101, 142
ヒストンフォールド　101, 142
bZip　96
非対称細胞分裂　273
ビタミンC　196
ビタミンD　249
ビタミンB　53
必須アミノ酸　66
PTEN　301
PTBドメイン　253
PDGF　298
ヒトパピローマウイルス　294
ヒドラ　276
ヒドロキシ基　27
ヒドロキシ尿素　146
P700　72

索　引

p21　152, 159
比　熱　24
非反復配列　130
BP230　197
p120　199
P 部位　113
被覆小胞　214, 217
被覆タンパク質　217
ヒポキサンチン　68
非翻訳領域　111
ビメンチン　235
Puma　184
Bud 複合体　170
標準還元電位　54
表　皮　192
HeLa 細胞　6
ピリドキサールリン酸　53
ピリドキシン　53
ピリミジン環　39
微量元素　25
ビリン　233
ビリルビン酸　58
P680　72
ピロリ菌　293
ビンキュリン　197, 199

ふ

ファゴサイトーシス　212
ファゴサイトーシス経路　215
ファゴソーム　212
Fas　187
FACS　144
ファンデルワールス力　23
V 型 H^+ ポンプ　212, 222
v-SNARE　217
フィードバック制御　269
フィードバック調節（阻害）
　　　　　　　　　　52
フィブロネクチン　195
V_{max}　50
フィラデルフィア染色体　138
フィラミン　231
フィンブリン　231
フェレドキシン　73
フォーカス　291
フォーカルアドヒージョン
　　　　　　　　　　197
Fos　296
フォドリン　233
フォールディング　122
フォルミン　230
不競合阻害　51
不均等分裂　172
複合糖質　29
複糸期　175
複製因子　163
複製因子 C　85
複製起点　80, 139
複製起点認識複合体　84
複製のライセンス化　161

複製フォーク　81
複　相　136
フグ毒　210
不死化　139
不随意筋　238
不斉分子　32
太糸期　175
不等乗換え　133, 134
不　捻　138
負の超らせん　43
部分倍数体　138
Fused　265
プライマー　82
プライマーゼ　163
フラグメン　230
プラコグロビン　199
プラコフィリン　199
プラス端　233
プラストキノン　73
プラストシアニン　73
プラスミド　4
プラスモデスム　201
プラナリア　276
フラビンアデニンジヌクレオチ
　　　　　　　ド　53
フラビンモノヌクレオチド　53
プリオン　124
Frizzled　265
プリン環　38
プレクチン　197
不連続合成　82
プロアポトティックタンパク質
　　　　　　　　　　184
プロウイルス DNA　133
プロカスパーゼ　182
プログラム細胞死　180
フローサイトメトリー　144
プロスタグランジン　249
プロスタグランジン類　30
プロタミン　142
プロテアーゼ　182
プロテアソーム　126
プロテインキナーゼ　121
プロテインキナーゼ A　256,
　　　　　　　　　　257
プロテインキナーゼ C　258
プロテオグリカン　195
プロトオンコジーン　298
プロトフィラメント　233, 236
プロトンポンプ　62, 212
プロフィリン　230
プロモーター　92
プロモータークリアランス　95
分　化　272
　――の全能性　276
分化転換　278
分　子　21
分子スイッチ　261
分泌経路　215
分裂期　143
分裂酵母　146

へ, ほ

平滑筋　239
閉鎖型有糸分裂　164
ペクチン　201
β 位　41
β-カテニン　199
β グロビン　134
β 酸化　64
β シート　36
β チューブリン　233
ヘッジホッグ経路　264, 267
ヘテロクロマチン　140
ヘパラン硫酸　195
ヘパリン　29
ペプチドグリカン層　20
ペプチド結合　35
ペプチド増殖因子　252
ペプチドホルモン　247
ヘミセルロース　201
ヘミデスモソーム　197, 236, 266
ペリセントリン　19
ヘリックス・ターン・ヘリック
　　　　　　　ス　96
ペリプラズム間隙　20
ペルオキシソーム　18
変異原　85, 293
変異物質　293
ペントースリン酸回路　65
鞭　毛　243
鞭毛運動　243
紡錘体　164, 234
紡錘体形成チェックポイント
　　　　　　　157, 159, 169
紡錘体微小管　167
傍分泌　246
補欠分子族　52
補酵素　52
補酵素 A　53
ホスファチジルイノシトール
　　　　　3-キナーゼ　259
ホスファチジルイノシトール
　　　　　4,5-ビスリン酸　258
ホスファチジルエタノールアミ
　　　　　　　　　ン　202
ホスファチジルコリン　202
ホスファチジルセリン　189,
　　　　　　　　　　202
3-ホスホグリセリン酸　74
ホスホリパーゼ C　258
ホスホリボシル二リン酸　68
細糸期　174
骨　193
ホーミング　199
ポリ (A) 鎖　104
ポリ (A) シグナル　95
ポリ (A) テイル　104
ポリオーマウイルス　294
ポリグルタミン病　131

索引

ポリシストロニック転写 91
ポリソーム 113
ホリデイ構造 88
ポリヌクレオチド 41
ポリペプチド 35
ポリメラーゼ 82
ポリメラーゼ連鎖反応 88
ポリユビキチン化 126
ホルムアミド 42
ホルモン 246
翻訳 110
翻訳後修飾 120, 121

ま 行

マイクロサテライト 130
マイナス端 233
膜貫通型タンパク質 199, 203
膜結合型リボソーム 118
膜状仮足 233
膜内在性タンパク質 203
膜表在性タンパク質 203
膜輸送 202
マクロファージ 280
マスト細胞 280
末梢神経系 282
MAP 234
MAPキナーゼ 261, 286
MAPキナーゼカスケード 263, 264
MAPキナーゼカスケード経路 261
マトリックス 17
マトリックス結合領域 228
マトリックスメタロプロテアーゼ 290
マルトース 28
マロニルCoA 66
マンノース6-リン酸 218

ミエリン 283
ミオゲニン 273
ミオシン 171, 237, 238
ミオシン重鎖 238
MyoD 273
ミカエリス定数 50
ミカエリス・メンテンの式 50
ミクログリア 283
ミクロフィラメント 229
ミクロボディ 18
ミスセンス変異 116
Myc 296
密着結合 200
密度依存性阻害 291
ミトコンドリア 17, 185
ミトコンドリア経路 186
ミニサテライト 130
ミネラルコルチコイド 249

無気呼吸 56

無機物 25
明帯 240
明反応 71
7-メチルグアノシン 104
メディエーター 99
メルカプト基 122
免疫グロブリンスーパーファミリー 199
メンブレントラフィック 215

網膜芽細胞腫 300
Mos 178, 296
モータータンパク質 229, 237
モネラ界 7
モノシストロニック転写 91
モル 22

や 行

矢じり端 229
Janusキナーゼ 253

融解温度 42
有機物 25
有糸分裂 143, 164
雄性前核 179
誘導多能性幹細胞 278
誘導適合 49
遊離型リボソーム 118
ユークロマチン 140
輸送シグナル 119
輸送小胞 214
輸送体 205
UTR 111
ユニーク配列 130
ユビキチン 126
ユビキチン化 122
ユビキチン-プロテアソーム経路 126, 150

ヨウ化プロピジウム 144
葉酸 53
葉状仮足 233, 269
葉緑体 18, 72
抑制性シナプス後電位 285
四次構造 36
読み枠 113
四分子 175

ら～わ

ライセンス因子 162
LINE 132
ラギング鎖 81
ラクトース 28
Ras 261, 296
Rac 269
Raf 261, 298
Rab 217
Rabサブファミリー 261
Rabタンパク質ファミリー 217

ラミニン 196
ラミン 16, 225
Ran 227
卵割 179
卵原細胞 174
卵成熟 146
卵成熟促進因子 146
ランビエ絞輪 283
卵母細胞 174, 177

リアーゼ 49
リアノジン受容体 259
リガーゼ 49
リガンド 246
リガンド依存性チャネル 207
リグニン 201
RISC 109
リソソーム 18, 125, 212, 215, 221, 222
リソソーム/液胞経路 215
リーダー配列 119
リーディング鎖 81
リパーゼ 49
リブロース1,5-ビスリン酸 74
リボ核酸 38
リボ核タンパク質 228
リボザイム 106
リボース5-リン酸 65
リボソーム 112, 118
リボソーム 202
リボソーム内部進入部位 117
リボヌクレアーゼH 85
リボフラビン 53
流動モザイクモデル 203
良性腫瘍 288
両性電解質 34
リンカーヒストン 142
リン酸化カスケード 170
リン酸ジエステル結合 41
リン脂質 30, 202
リンパ系幹細胞 279
リンパ腫 288

ルビスコ 75
ループ 43

レクチン 28
レトロウイルス 133, 296
レトロトランスポゾン 131
レプトテン期 174
レプリコン 80
レプリソーム 85

Rho 269
ロイシンジッパー 96
六炭糖 28
Rhoサブファミリー 261, 269
ロドプシン 258

Yes 253
YAC 139

田　村　隆　明
　　　　　　た　　む ら　　たか　　あき
　　1952年　秋田県に生まれる
　　1974年　北里大学衛生学部　卒
　　1976年　香川大学大学院農学研究科
　　　　　　修士課程　修了
　　現　千葉大学大学院理学研究科　教授
　　専攻　分子生物学
　　医学博士（慶應義塾大学）

第1版 第1刷 2010年4月1日 発行

基礎細胞生物学

Ⓒ 2010

著　者　　田　村　隆　明
発行者　　小　澤　美奈子
発　行　　株式会社 東京化学同人
東京都文京区千石3丁目36-7（〒112-0011）
電話（03）3946-5311・FAX（03）3946-5316
URL：http://www.tkd-pbl.com

印刷・製本　株式会社 アイワード

ISBN 978-4-8079-0724-3
Printed in Japan

基礎分子生物学
第3版

田村隆明・村松正実 著

A5判 2色刷 272ページ 定価2940円(税込)

初学者を対象に，DNA，RNA，タンパク質，遺伝情報の保存，遺伝子の変異と修復，遺伝子工学，細胞の維持，調節機構など分子生物学のエッセンスを豊富な図と平易な文章で解説する入門書．ゲノム生物学や機能性RNAなどの新しい知見についても記述されている．

クーパー細胞生物学

G.M.Cooper, R.E. Hausman 著
須藤和夫・堅田利明・榎森康文・足立博之・富重道雄 訳

B5変型判 カラー 712ページ 定価8190円(税込)

細胞生物学をもっと広く深く学んでみようという学生に勧めたい定評ある標準教科書．最新の情報を取入れながら生化学・分子生物学・細胞生物学の基礎を解説．単に事実・知識の理解を与えるだけでなく，現代の分子細胞生物学のおもしろさが伝わってくる．

価格は2010年4月現在